"博学而笃志，切问而近思。"

(《论语》)

博晓古今，可立一家之说；
学贯中西，或成经国之才。

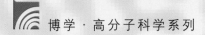

博学·高分子科学系列

# 高分子物理

*Polymer Physics*

## （第三版）

何曼君　张红东
陈维孝　董西侠　编著

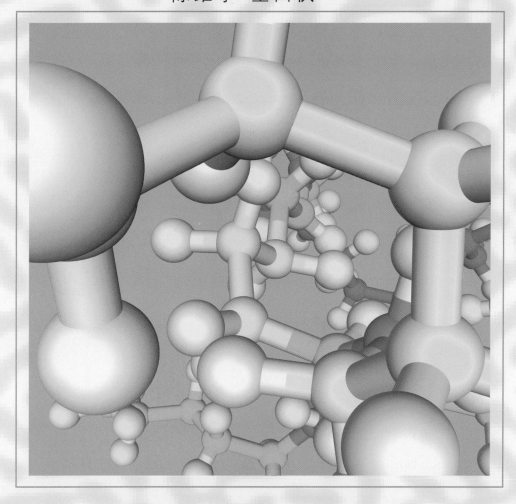

復旦大學 出版社

# 内 容 提 要

本书于1983年首次出版，1990年出版了修订版，曾获得过国家教委颁发的"优秀教材奖"等奖项，二十多年来一直是国内高分子物理教学的首选用书。为了反映高分子科学的飞速发展，编者们结合了多年的教学与科研经验，参考了大量的国内外新教材和有关文献，删繁就简，推陈出新，重新编写了本书，使之更能符合当前教学和科研的需要。

全书较为系统全面地介绍了高分子物理的基本理论及研究方法。共分十章，包括高分子的链结构，高分子的溶液性质，高分子的聚集态结构，高分子多组分体系，聚合物的结晶态、非晶态，聚合物的力学、电学、光学等性质，以及聚合物的分析与研究方法等等。从分子运动的观点出发，阐述高分子的性能与结构之间的关系。

本书内容涉及面较宽，阐述深入浅出，还附有详细的参考资料，适合作为高等学校高分子专业的教材；某些较深入的内容可供教师参考和学有余力的学生阅读，也可供广大科技工作者和研究人员参考。

# 序

    本书自 1983 年出版以来,是国内高分子物理教学的首选用书,虽在 1990 年作了修订,到现在也达十多年了。为了反映高分子科学的飞速发展,需要更新。编者们结合多年来的教学经验,参考了大量的国内外新教材和有关文献,删繁就简,推陈出新,将本书重新编写,使之更能符合当前教学和科研的需要。相信本书会得到广大教师和学生们的欢迎。当然,还会有不尽完善的地方,欢迎使用者对编者提出宝贵意见与建议。

于同隐

2006 年 10 月

# 1990 年修订版　序

高分子科学的发展,以 20 世纪 30 年代 H. Staudinger 建立高分子学说为开端。此后高分子的化学,特别是高分子的合成方面,有了飞跃的发展,现代的大型高分子合成材料工业,大都肇始于这一时期的研究。其中最突出的成就,是 W. H. Carothers 的缩合聚合,K. Ziegler 和 G. Natta 的定向聚合,对理论和生产都是巨大的贡献。

与此同时,高分子物理化学也有相应的发展,主要是研究高分子的溶液,为测定高分子的分子量奠定了基础。

60 年代以来,研究重点转移到高分子物理方面,逐渐阐明了高分子结构和性质的关系,为高分子的理论和实际应用建立了新的桥梁。这一时期的著名代表是 P. J. Flory,他对高分子物理化学和高分子物理都作出了很多贡献。

Staudinger, Ziegler, Natta 和 Flory 都因此获得诺贝尔化学奖金。

本书的内容主要从分子运动的观点,来阐明高分子的结构和性能,着重在力学性质和电学性质方面,同时也兼顾到物理化学和近代的研究方法,可以供大专学校作为教材,也可供有关的高分子工作者参考。

本书由何曼君、陈维孝、董西侠编写,于同隐校订。最初以油印讲义的形式,在复旦大学试用,得到南京大学、四川大学、中国科技大学、交通大学、兰州大学、厦门大学、黑龙江大学、南开大学、华南工学院等单位有关同志的鼓励,特别是顾振军、王源身、史观一等同志提出宝贵意见,在此表示衷心的感谢。复旦大学高分子教研室的许多同志和复旦大学出版社协助本书的出版,也一并表示感谢。

由于高分子物理正处在蓬勃发展的阶段,本书内容有很多值得商讨的地方;加上编者的水平和技术上的原因,本书还存在很多错误,望读者不吝指正。

于同隐

# 第三版前言

本书是为高等学校理科高分子专业高年级本科生编写的，也适用于低年级研究生和其他与高分子相关专业的学生。本书的内容涉及面较宽，阐述深入浅出，便于自学，还附有习题和详细的参考资料，也可供广大科技工作者阅读和参考。

建国初期，我国高分子方面的工作起步较晚，由于钱人元等老一辈科学家纷纷回国，在国内开创了高分子的教学和科研事业，在他们的带领下，少数高校中建立了课题小组或科研组，开始培养高分子方面的人才，并为教育事业打下扎实的基础，一批批的优秀人才脱颖而出，其中有些人已晋升为院士。

随着时代的前进、科技的进步，尤其是改革开放以来，高等教育突飞猛进，大部分高校都设有高分子专业，有的已发展成为一个系甚至一个学院，并设立了很多相关的专业，它们大都把高分子物理作为必修的课程。1983年我和陈维孝、董西侠合编的《高分子物理》一书编印出版，并在1990年作了修订，该书在国内被广泛采用，当时满足了广大师生的需求，得到了好评。此书曾获得国家教委颁发的优秀教材奖。然而，高分子物理这门学科近年来有较大的进展，理论在发展，观念在更新，国内外新的专著也很多。自从我翻阅了2005年全国高分子学术年会的论文后，更加感觉到，我们需要将这些新的内容介绍给读者。为此，本人特邀请陈维孝和董西侠两位抽出时间来和我一起在1990版教材的基础上，重新编写此书，同时还邀请了复旦大学在第一线从事教学工作的张红东教授参加本书的编写。

首先，在本书内加入"第一章 概论"，使初学者对高分子物理有一初步的认识，并将相对分子质量及其分布的内容也写入这一章内；在第二章中引入了 Kuhn 链段的概念，并在高分子构象中介绍了末端距的概率分布函数的另一种推导方法；在第三章的高分子溶液性质中增加了 de Gennes 的标度概念、$\theta$ 温度以下链的塌陷，以及溶液浓度和温度对高分子链尺寸的影响等；在新增加的第四章高分子多组分体系中，介绍共混聚合物和嵌段共聚物的相分离和界面；关于高分子的凝聚态分设为非晶态和晶态两章，在非晶态章中删去了与高分子成型加工课程中有重复的部分，并在其黏流态中介绍了高分子链运动的蛇行理论；原先聚合物的力学性质内容较多，现也分设为第七、第八两章，在第八章中增加了高弹性的分子理论；在第九章中除了介绍聚合物的电学性能外，还介绍了聚合物的光学性质、透气性以及高分子的表面和界面等；在本书的最后一章中，除原先介绍的近代研究方法和有关的一些仪器、它们的原理和应用实例外，还介绍了各种仪器的近代发展情况，如测相对分子质量及其分布的绝对方法——飞行时间质谱、小角中子散射、激光共聚焦显微镜、原子力显微镜等。

本书的分工是：第一章由董西侠编写，本人修改；第二章由张红东编写，本人修改；第三、四、九、十章由我和张红东合编；第五、六、七、八章由陈维孝编写，本人修改；全书由我主审并定稿。

在编写此书时，我总是怀念起老一辈科学家们对我的教导和指点，谨以此书表示对他们的敬意和怀念。在编写过程中还得到了不少专家和学生们的支持和帮助，在此表示感谢。

何曼君

2006 年 10 月 1 日

# 目　　录

第一章　概论 …………………………………………………………………… 1

1.1 高分子科学发展简史 ……………………………………………………… 1

1.2 从小分子到大分子 ………………………………………………………… 4

1.3 高分子的分子量和分子量分布 …………………………………………… 5

　1.3.1 各种平均分子量的定义 ……………………………………………… 5

　1.3.2 分子量分布的表示方法 ……………………………………………… 7

1.4 分子量和分子量分布的测定方法 ………………………………………… 8

　1.4.1 渗透压法 ……………………………………………………………… 9

　1.4.2 蒸气压渗透法 ……………………………………………………… 11

　1.4.3 光散射法 …………………………………………………………… 12

　1.4.4 飞行时间质谱 ……………………………………………………… 15

　1.4.5 黏度法 ……………………………………………………………… 15

　1.4.6 体积排除色谱法 …………………………………………………… 18

1.5 高分子物质的类型 ……………………………………………………… 21

1.6 聚合物的玻璃化转变 …………………………………………………… 22

习题与思考题 ………………………………………………………………… 24

参考文献 ……………………………………………………………………… 25

第二章　高分子的链结构 …………………………………………………… 26

2.1 高分子链的构型 ………………………………………………………… 26

　2.1.1 结构单元的键接方式 ……………………………………………… 27

　2.1.2 结构单元的空间构型 ……………………………………………… 28

　2.1.3 高分子共聚物 ……………………………………………………… 29

　2.1.4 高分子链的支化 …………………………………………………… 31

　2.1.5 高分子链的交联 …………………………………………………… 33

2.2 高分子链的构象 ················································· 34

    2.2.1 高分子链的内旋转构象和链的柔顺性 ················· 34

    2.2.2 理想柔性链的均方末端距 ····························· 37

    2.2.3 线型高分子的均方回转半径 ··························· 41

    2.2.4 用光散射法测定高分子链的均方回转半径 ··········· 41

    2.2.5 蠕虫状链 ············································· 43

附录 理想高分子链末端距的概率分布函数 ····················· 45

习题与思考题 ······················································ 49

参考文献 ··························································· 49


第三章 高分子的溶液性质 ········································ 51

3.1 聚合物的溶解过程和溶剂选择 ······························· 51

    3.1.1 聚合物溶解过程的特点 ······························· 51

    3.1.2 聚合物溶剂的选择 ··································· 52

3.2 Flory-Huggins 高分子溶液理论 ····························· 57

    3.2.1 高分子溶液的混合熵 ································· 58

    3.2.2 高分子溶液的混合热 ································· 60

    3.2.3 高分子溶液的化学位 ································· 61

3.3 高分子的"理想溶液"——$\theta$ 状态 ························· 63

3.4 Flory 稀溶液理论 ·············································· 64

3.5 高分子溶液的相平衡和相分离 ······························· 67

3.6 高分子的标度概念和标度定律 ······························· 69

3.7 高分子的亚浓溶液 ············································· 72

    3.7.1 稀溶液向亚浓溶液的过渡 ····························· 73

    3.7.2 亚浓溶液中高分子链的尺寸 ··························· 73

    3.7.3 亚浓溶液的串滴模型 ································· 74

    3.7.4 亚浓溶液的渗透压 ··································· 75

3.8 温度和浓度对溶液中高分子链尺寸的影响 ··················· 76

3.9 高分子冻胶和凝胶 ············································· 79

3.10 聚电解质溶液 ················································ 82

3.11 高分子在溶液中的扩散 ······································ 85

3.12　柔性高分子在稀溶液中的黏性流动 ················································ 87

习题与思考题 ············································································· 88

参考文献 ················································································· 89

第四章　高分子的多组分体系 ····················································· 90

4.1　高分子共混物的相容性 ··························································· 90

4.2　多组分高分子的界面性质 ························································ 95

4.3　高分子嵌段共聚物熔体与嵌段共聚物溶液 ···································· 96

4.3.1　嵌段共聚物的微相分离 ··················································· 96

4.3.2　嵌段共聚物的溶液性质 ··················································· 99

习题与思考题 ············································································ 101

参考文献 ················································································ 101

第五章　聚合物的非晶态 ··························································· 103

5.1　非晶态聚合物的结构模型 ······················································ 103

5.2　非晶态聚合物的力学状态和热转变 ············································ 105

5.3　非晶态聚合物的玻璃化转变 ···················································· 107

5.3.1　玻璃化温度的测量 ························································ 107

5.3.2　玻璃化转变理论 ·························································· 109

5.3.3　影响玻璃化温度的因素 ··················································· 114

5.4　非晶态聚合物的黏性流动 ······················································ 122

5.4.1　聚合物黏性流动时高分子链的运动 ······································· 124

5.4.2　黏流态中高分子链的蛇行和管道模型 ····································· 126

5.4.3　影响黏流温度的因素 ······················································ 128

5.4.4　聚合物熔体的黏度和各种影响因素 ······································· 129

5.5　聚合物的取向态 ································································· 136

5.5.1　非晶聚合物的取向和解取向 ·············································· 136

5.5.2　取向度及其测定方法 ······················································ 138

5.5.3　高分子链高度取向、局部链段无规取向的非晶聚合物 ·············· 139

附录　聚合物的玻璃化温度 ·························································· 140

习题与思考题 ··········································································· 145

参考文献 ················································································· 146

**第六章　聚合物的结晶态** ················································· 148

6.1　常见结晶性聚合物中晶体的晶胞 ······························· 149

6.2　结晶性聚合物的球晶和单晶 ······································· 154

6.3　结晶聚合物的结构模型 ············································· 160

6.4　聚合物的结晶过程 ···················································· 164

　　6.4.1　结晶速度及其测定方法 ····································· 164

　　6.4.2　Avrami 方程用于聚合物的结晶过程 ·················· 166

　　6.4.3　温度对结晶速度的影响 ····································· 167

　　6.4.4　其他因素对结晶速度的影响 ······························ 169

6.5　结晶聚合物的熔融和熔点 ··········································· 171

　　6.5.1　结晶温度对熔点的影响 ····································· 172

　　6.5.2　晶片厚度对熔点的影响 ····································· 172

　　6.5.3　拉伸对聚合物熔点的影响 ·································· 173

　　6.5.4　高分子链结构对熔点的影响 ······························ 174

　　6.5.5　共聚物的熔点 ················································· 179

　　6.5.6　杂质对聚合物熔点的影响 ·································· 181

6.6　结晶度对聚合物物理和机械性能的影响 ····················· 182

　　6.6.1　结晶度概念及其测定方法 ·································· 182

　　6.6.2　结晶度大小对聚合物性能的影响 ······················ 184

　　6.6.3　分子量等因素对结晶聚合物性能的影响 ············· 186

6.7　聚合物的液晶态 ······················································ 187

　　6.7.1　高分子液晶的结构 ··········································· 187

　　6.7.2　向列型高分子液晶的流动特性 ·························· 191

　　6.7.3　高分子液晶的应用 ··········································· 192

习题与思考题 ·············································································· 193

参考文献 ···················································································· 195

**第七章　聚合物的屈服和断裂** ··········································· 196

7.1　聚合物的拉伸行为 ···················································· 196

7.1.1　玻璃态聚合物的拉伸 ············································· 196

7.1.2　玻璃态聚合物的强迫高弹形变 ······························· 197

7.1.3　结晶聚合物的拉伸 ················································ 198

7.1.4　硬弹性材料的拉伸 ················································ 199

7.1.5　应变诱发塑料—橡胶转变 ······································ 200

7.2　聚合物的屈服行为 ····················································· 201

7.2.1　聚合物单轴拉伸的应力分析 ··································· 202

7.2.2　真应力-应变曲线及 Considère 作图法 ··················· 203

7.3　聚合物的断裂理论和理论强度 ····································· 205

7.3.1　断裂的分子理论 ··················································· 205

7.3.2　非线性断裂理论 ··················································· 206

7.3.3　微裂纹 ······························································· 206

7.3.4　聚合物的理论强度 ··············································· 208

7.4　影响聚合物实际强度的因素 ········································ 210

7.4.1　高分子本身结构的影响 ·········································· 210

7.4.2　结晶和取向的影响 ··············································· 211

7.4.3　应力集中物的影响 ··············································· 211

7.4.4　增塑剂的影响 ······················································ 213

7.4.5　填料的影响 ························································· 213

7.4.6　共聚和共混的影响 ··············································· 216

7.4.7　外力作用速度和温度的影响 ··································· 217

习题与思考题 ·································································· 218

参考文献 ········································································ 218

第八章　聚合物的高弹性与黏弹性 ······································· 220

8.1　高弹性的热力学分析 ·················································· 221

8.2　高弹性的分子理论 ····················································· 223

8.2.1　仿射网络模型 ······················································ 223

8.2.2　虚拟网络模型 ······················································ 225

8.2.3　联结点受约束的模型 ············································· 227

8.2.4　滑动-环节模型 ···················································· 228

8.3 交联网络的溶胀 ································································· 230

8.4 聚合物的力学松弛——黏弹性 ·············································· 232

8.5 黏弹性的力学模型 ···························································· 239

    8.5.1 Maxwell 模型 ························································· 240

    8.5.2 Voigt(或 Kelvin)模型 ·············································· 242

    8.5.3 四元件模型 ··························································· 243

    8.5.4 多元件模型和松弛时间谱 ·········································· 244

8.6 黏弹性与时间、温度的关系——时温等效原理 ························ 246

8.7 聚合物黏弹性的实验研究方法 ·············································· 250

8.8 聚合物的松弛转变及其分子机理 ··········································· 254

习题与思考题 ··········································································· 257

参考文献 ················································································ 258

第九章　聚合物的其他性质 ························································· 259

9.1 聚合物的电学性质 ···························································· 259

    9.1.1 聚合物的介电性质 ·················································· 259

    9.1.2 聚合物的介电松弛与介电损耗 ···································· 263

    9.1.3 聚合物的导电性质 ·················································· 268

    9.1.4 聚合物的电致发光性质 ············································ 272

    9.1.5 聚合物的介电击穿 ·················································· 273

    9.1.6 聚合物的静电现象 ·················································· 275

9.2 聚合物的光学性质 ···························································· 277

9.3 聚合物的透气性 ······························································· 280

    9.3.1 渗透物质(气体)的分子尺寸对渗透系数的影响 ············· 280

    9.3.2 共混聚合物的透气性 ··············································· 281

    9.3.3 通过扩散实现药物的控制释放 ···································· 282

9.4 高分子的表面和界面性质 ··················································· 282

    9.4.1 界面的黏结性能 ···················································· 284

    9.4.2 高分子胶黏剂的性能 ··············································· 284

    9.4.3 表面改性 ····························································· 285

    9.4.4 黏合能与 Drago 常数 ··············································· 286

　　　9.4.5　高分子材料的生物相容性 ················································ 287

习题与思考题 ···················································································· 288

参考文献 ························································································ 289


**第十章　聚合物的分析与研究方法** ················································ 290

10.1　质谱法 ··················································································· 290

　　10.1.1　质谱法的基本原理 ···························································· 290

　　10.1.2　质谱法的工作步骤与应用 ················································ 291

10.2　红外与拉曼光谱法 ···································································· 293

　　10.2.1　红外光谱 ······································································ 294

　　10.2.2　激光拉曼光谱 ································································ 296

10.3　核磁共振法 ············································································ 298

　　10.3.1　化学位移 ······································································ 300

　　10.3.2　傅立叶变换核磁技术 ························································ 301

　　10.3.3　自旋-自旋耦合,偶极去耦与交叉极化 ································ 301

　　10.3.4　魔角旋转 ······································································ 301

　　10.3.5　核磁共振在高分子链结构研究中的应用 ··························· 302

　　10.3.6　核磁共振显微成像技术 ···················································· 303

10.4　小角激光散射法 ······································································ 304

　　10.4.1　用小角激光散射法测定球晶尺寸的原理 ··························· 304

　　10.4.2　用小角激光散射法研究相分离过程 ································· 306

10.5　动态光散射法 ········································································· 306

　　10.5.1　动态光散射的数据处理 ···················································· 309

　　10.5.2　动态光散射的应用 ·························································· 310

10.6　X射线衍射和X光小角散射法 ··················································· 314

　　10.6.1　X射线衍射研究晶体结构 ················································ 314

　　10.6.2　X光小角散射法 ···························································· 318

10.7　小角中子散射法 ······································································ 320

10.8　激光共聚焦显微镜 ···································································· 322

10.9　电子显微镜 ············································································ 323

　　10.9.1　透射电子显微镜的构造原理 ············································· 324

10.9.2　透射电子显微镜的实验方法 ·························································· 325

10.9.3　透射电子显微镜在聚合物研究中的应用 ································· 325

10.9.4　扫描电子显微镜 ········································································· 327

10.10　原子力显微镜 ················································································· 328

10.10.1　原子力显微镜的工作原理及装置组成 ······························· 328

10.10.2　原子力显微镜的工作模式 ·················································· 330

10.10.3　原子力显微镜的应用 ························································· 332

10.11　聚合物的热分析——差示扫描量热法和差热分析 ················· 333

参考文献 ··········································································································· 335

**附录　单位转换表** ··························································································· 337

# 第一章

# 概　论

## 1.1　高分子科学发展简史[1]

高分子物理是一门新兴的学科,是在人们长期的生产实践和科学实验的基础上逐渐发展起来的。很久以前,木材、棉、麻、丝、毛、漆、橡胶、皮革和各种树脂等天然高分子材料都已经在人们的生活和生产中得到了广泛的应用。有些加工方法改变了天然高分子的化学组成,如橡胶的硫化、皮革的鞣制、棉麻的丝光处理,以及把天然纤维制成人造丝、赛璐珞等。尽管应用这些技术取得了重要的结果和丰富的经验,然而,人们并不知道它们的化学组成和结构。直到19世纪中叶,都还属于高分子科学的蒙昧时期。

自19世纪后期,化学家们才开始研究羊毛、蚕丝、纤维素、淀粉和橡胶等天然高分子的化学组成、结构和形态学。另一方面,无意和有意地合成了一批新的高分子化合物。它们通常以黏稠的液体或无定形粉末的形态出现,无法纯化和分析,因而不受注意,往往被当作废物而抛弃。有些高分子化合物虽然投入生产并得到应用,但是人们只知道它是"材料",并不知道它是"高分子"。直到20世纪初期,化学改性和人工合成的高分子才在人们的生活中崭露头角。可以说,这是高分子科学的萌芽时期。

高分子学说是一个"难产儿",它经历了50年的争论才艰难地诞生。而高分子物理学就是在这个过程中产生的,同时,它也为高分子学说的诞生立下了汗马功劳。

1920年,H. Staudinger发表了他的划时代的文献《论聚合》。他根据实验结果,论证了聚合过程是大量的小分子自己结合起来的过程。并预言了一些含有某种官能团的有机物可通过官能团间的反应而聚合。他对聚苯乙烯、聚甲醛、天然橡胶的长链结构式提出了建议。它们是由共价键联结起来的大分子,但分子的长度不完全相同,所以不能用有机化学中"纯粹化合物"的概念来理解大分子。这些大分子是许多同系物的混合物,它们彼此结构相似,性质差别很小,难以分离,其分子量只能是一种平均值……这些光辉的看法拨开了人们眼前的迷雾。

大量的实验事实雄辩地证明了大分子的存在,人们又称它为"高分子"或"聚合物"。高分子学说得到愈来愈多科学家的承认。至1930年左右,高分子学说终于战胜了胶体缔合论。这一时期是高分子学说的争鸣时期,是一个重要的里程碑。从此,高分子科学得到了欣欣向荣的健康发展。

一旦高分子学说被确立起来,便有力地促进了合成高分子工业的发展,一大批合成材料生产出来并迅速商品化,它们可作为纤维、塑料、橡胶、涂料或黏合剂使用。反过来,这些合成高分子的出现又为理论研究提供了大量的实验材料、积累了丰富的数据,促进了高分子物理的发展。在这一时期,Ostwald和Svedberg发展了研究胶体体系的物理化学方法,利用扩散、沉降、黏度和浊度的测定,建立了高分子溶液定量研究的基础。后来,基于 Laue、Bragg、Debye 等 X 射线衍射的发现,Scherrer 指出可用这一方法阐明固态甚至微晶物质的结构,终于发展了用 X 射线来研究聚合物材料的凝聚态结构的方法。

从 20 世纪 30 年代至 40 年代,高分子物理领域中最有代表性的工作有下述几件:W. Kuhn、E. Guth 和 H. Mark 等把统计力学用于高分子链的构象统计,并建立了橡胶高弹性的统计理论;T. Svedberg 把超离心技术发展成为测定高分子的相对分子质量(以下简称分子量)及其分布的方法,并用它测定了蛋白质的分子量;1942 年,P. J. Flory 和 M. L. Huggins 利用似晶格模型推导出高分子溶液的热力学性质,这使渗透压等高分子稀溶液的依数性质得到了理论上的解释;P. Debye 和 B. H. Zimm 等发展了光散射法研究高分子溶液的性质;1949 年,在大量的流体力学理论研究的基础上,Flory 和 Fox 把热力学和流体力学联系起来,使高分子溶液的黏度、扩散、沉降等宏观性质与分子的微观结构有了联系;另外,对高分子凝聚态的黏弹性质(如转变现象、松弛行为等)的研究也取得了重要成果,最著名的是 A. V. Tobolsky、M. L. Williams、R. F. Landel、J. D. Ferry 以及 P. E. Rouse、F. Bueche 和 B. H. Zimm 等人的工作。J. D. Watson 和 F. H. C. Crick 用 X 射线衍射法研究高分子的晶态结构,他们于 1953 年确定了脱氧核糖核酸的双螺旋结构。此后人们发现许多天然高分子和合成高分子都具有这种奇特的结构。此外,像偏振红外吸收光谱、旋光色散、核磁共振、示差热分析、在密度梯度池中的沉降和扩散等聚合物鉴定的新方法都得到了一定程度的发展。至 50 年代,高分子物理学基本形成。

概括起来,高分子物理的内容主要由三个方面组成。第一方面是高分子的结构,包括单个分子的结构和凝聚态的结构,这是很重要的方面。因为结构是对材料的性能有着决定性影响的因素。第二方面是高分子材料的性能,其中主要是黏弹性,这是高分子材料最可贵之处,也是低分子材料所缺乏的性能。研究黏弹性可以借助于力学方法、电学方法以及其他手段。那么,结构和性能之间又是通过什么内在因素而联系起来的呢?这就是分子的运动。因为高分子是如此庞大,结构又是如此复杂,它的运动形式千变万化,用经典力学研究高分子的运动有着难以克服的困难,只有用统计力学的方法才能描述高分子的运动。通过分子运动的规律,把微观的分子结构与宏观的物理性质联系起来。因此,分子运动的统计学是高分子物理的第三个方面。

此后,高分子物理这门学科仍在继续迅速地发展着。20 世纪 50 年代后半期由 Ziegler 发现,Natta 发展的配位催化剂引发的定向聚合,使高分子的结构和物性理论受到很大的推动。用这种催化剂,除了能控制乙烯基聚合物的不对称碳原子的立体构型,控制双烯类聚合物的顺反异构以外,还使烯烃的低压聚合成为可能。这一成果促进了结晶结构和旋转位能的研究。从无支化的低压聚乙烯中首次观察到高分子单晶,以致发现了高分子特有的高次结构,而这种高次结构与各种物理性质有很大的关系。

在高分子科学的发展历程中,高分子化学是基础。高分子化学研究高分子化合物的分子设计、合成及改性,它担负着为高分子科学研究提供新化合物、新材料及合成方法的任务。高分子物理是高分子科学的理论基础,它指导着高分子化合物的分子设计和高聚物作为材料的合理使用。高分子物理研究涉及高分子及其凝聚态结构、性能、表征,以及结构与性能、结构与外场力的影响之间的相互关系。另一方面,高分子工程研究涉及聚合反应工程,高分子成型工艺及聚合物作为塑料、纤维、橡胶、薄膜、涂料等材料使用时加工成型过程中的物理、化学变化及以此为基础而形成的高分子成型理论、成型新方法等内容。然而,当前的高分子科学已形成高分子化学、高分子物理、高分子工程三个分支领域互相交融、互相促进的整体学科[2]。

我国对于高分子科学的研究自20世纪50年代开始,同时高分子工业也突飞猛进地发展起来。目前,高分子材料已对人们的生存、健康与发展产生着重要作用,它们被广泛用于食品包装、日用品、纺织品、文娱体育用品、医用生物材料、涂料、信息材料、宇航材料,广泛用于工业、农业、交通与建筑等各个领域。相应地,理论研究工作也已深入到高分子科学的各个领域,并取得了大量令人瞩目的成果[3~6],表1-1为世界高分子科学大事记。

**表 1-1 世界高分子科学大事记**

| 年 代 | 发 明 者 | 事 迹 |
|---|---|---|
| 1806 | John Gough | 橡胶热弹性效应 |
| 1844 | Charles Goodyear | 天然橡胶的硫化法产生 |
| 1869 | Hyatt 兄弟 | 生产赛璐珞 |
| 1884 | de Chardonnet | 用硝化纤维素制人造丝 |
| 1907 | Backeland | 制备酚醛树脂 |
| 1911 | Einstein | 球状粒子分散体系的黏度理论 |
| 1913 | Nishikawa | 纤维素丝的 X 射线衍射 |
| 1920~1935 | Staudinger | 创建高分子学说 |
| 1923 | Svedberg | 发明超离心平衡法 |
| 1931~ | Carothers | 合成尼龙和聚酯 |
| 1935 | Meyer, Ferri, Kuhn | 橡胶弹性统计理论 |
| 1937 | Flory | 缩聚和加聚机理 |
| 1940 | Houwink, Mark, Sakurada | 线型高分子的特性黏数方程 |
| 1940 | Sakurada | 发明维尼纶 |
| 1942 | Flory, Huggins | 高分子溶液格子理论 |
| 1944 | Debye | 高分子溶液光散射法 |
| 1945 | Flory | 高分子溶液的排除体积理论 |
| 1950 | Sanger | 确定胰岛素的一级结构 |
| 1952 | Ziegler | 发明定向聚合催化剂 |
| 1953 | Watson, Crick | 发现 DNA 双螺旋结构 |
| 1953 | Staudinger | 获诺贝尔化学奖 |
| 1953 | Rouse | 高分子黏弹性的 Rouse 模型 |
| 1955 | Natta | 发明等规立构聚合物 |
| 1956 | Szwarc | 发明活性聚合法 |
| 1957 | Keller | 培养出聚乙烯单晶 |
| 1958 | Lifson, Nagai | 高分子链统计理论 |
| 1958 | Ferry | 高分子的黏弹性-时温等效原理 |
| 1960 | Kendrew | 确定肌红蛋白的结晶结构 |
| 1962 | Moore | 建立凝胶渗透色谱法 |
| 1963 | Ziegler, Natta | 获诺贝尔化学奖 |
| 1963 | Merrified | 固相法合成多肽 |
| 1967 | Du Pont 公司 | 液晶纺丝法制备高模量的 Kevlar 丝 |
| 1971~ | de Gennes | 标度理论,凝聚态物理 |
| 1974 | Porter, Ward | 高结晶度高模量聚乙烯 |
| 1974 | Flory | 获诺贝尔化学奖 |
| 1977 | MacDiarmid, Shirakawa | 合成导电高分子 |
| 1978~ | Tsuchii, Edwards | 管状模型理论 |
| 1991 | de Gennes | 获诺贝尔物理学奖 |
| 2000 | Heeger, MacDiarmid, Shirakawa | 获诺贝尔化学奖 |

# 1.2　从小分子到大分子[7]

从小分子到很高分子量的高分子之间,其性质是连续变化的。作为一个简单的例子,考虑一般的烷烃系列,这些化合物的结构通式为

$$H-(CH_2)_n-H$$

这里$-(CH_2)-$基团数 $n$ 可大至几千。这一系列化合物状态和性质的变化列于表 1-2。

表 1-2　烷烃——聚乙烯系列的状态和性质

| 链中的碳原子数 | 材料的状态和性质 | 用　途 |
| --- | --- | --- |
| 1～4 | 单纯气体 | 瓶装燃气 |
| 5～11 | 单纯液体 | 汽油 |
| 9～16 | 中黏度液体 | 煤油 |
| 16～25 | 高黏度液体 | 油和脂 |
| 25～50 | 结晶固体 | 石蜡 |
| 50～1 000 | 半结晶固体 | 黏合剂与涂料 |
| 1 000～5 000 | 韧性塑料固体 | 容器 |
| $3 \times 10^5 \sim 6 \times 10^5$ | 纤维 | 药用手套,防弹背心 |

在室温下,系列中的前四个成员是气体。正戊烷是沸点为 36.1 ℃ 的低黏度液体。随着系列中分子量的增加,其成员的黏度也增大。由于较低的平均链长,虽然商品汽油中包含许多有支链的物质和芳香族化合物以及直链烷烃,汽油的黏度显著低于煤油、机油和润滑油。

后面的一些材料通常是几种分子组分的混合物。不过它们是很容易分离和鉴定的。有一点很重要,因为聚合物也是"混合物",就是说它有分子量分布。然而在高聚物中,把各个组分分离开来变得非常困难,以至我们只能讨论分子量的平均值。

当烷烃中的碳原子数超过 20～25 时,在室温下会结晶,成为蜡状固体。必须强调的是,当碳原子数增至 50 时,材料仍远非通常意义上的聚合物。

含有 1 000～3 000 个碳原子而不含侧基的聚烷烃即是所谓的聚乙烯,其化学结构是

$$-(CH_2-CH_2)_n-$$

这来源于单体乙烯的结构 $CH_2=CH_2$, $n$ 是聚合度或链中的单体单元数。对于真正的烷烃,其末端是 $CH_3-$ ,而多数聚乙烯的末端是引发剂的残基。

即使是几千个碳原子的长链分子,聚乙烯的熔点仍有微弱的分子量依赖性。不过,多数线型聚乙烯的熔融或熔化温度 $T_f$ 接近 140 ℃,趋向分子量为无穷大时的理论渐近线 145 ℃,见图 1-1。

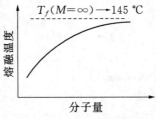

图 1-1　烷烃系列的熔融温度与分子量关系示意图

聚乙烯是一种韧性的硬塑料,因为它有足够长的链把各个主链与由链折叠而成的晶片联结在一起,见图1-2。这些链蜿蜒在晶片之间,把数个晶片联结起来。这种效应强化了晶片内和晶片间的共价键的结合强度。然而,在石蜡中只有范德华(Van der Waals)力来维护,因此它是脆性的固体。另外,在聚乙烯中含有部分无定形的链,这些链处于橡胶态,使整个材料具有柔性;而石蜡却是100%的结晶体。

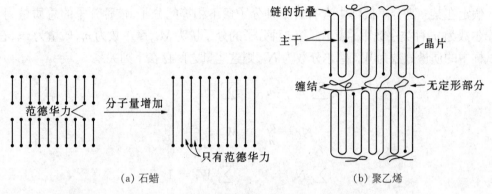

(a) 石蜡                  (b) 聚乙烯

图 1-2 石蜡和聚乙烯结构与形态的比较

长的链可产生缠结作用。缠结有助于整个材料在应力作用下的稳固。在熔融状态,链的缠结可导致黏度的急剧升高。如上文事例说明,尽管一些化合物的化学组成和分子结构相似,但是其物理性质将随着分子量的增加而发生连续的变化。所以,对聚合物来说,分子量是一个很重要的物理量。

# 1.3　高分子的分子量和分子量分布[8]

高分子是由小分子单体聚合而成的,虽然两者的化学结构相似,其物理性能却有很大差异。例如,单体一般是气体、液体,即使是固体,其机械强度和韧性很低,谈不上任何使用价值。然而,当把它们聚合成高分子材料后,其机械强度却可以和木材、水泥甚至钢铁相比,其韧性和弹性不亚于棉、毛和天然橡胶。这说明,高分子的许多优良性能是由于其分子量大而得来的。并且,这些性能还随着分子量的增加而提高。不过,当分子量增大到一定数值后,上述各种性能提高的速度减慢,最后趋向于某一极限值。又因为高聚物的熔体黏度也随着分子量的增加而增加,当分子量大至某种程度时,其熔融状态的流动性很差,给加工成型造成困难。因此,兼顾到使用性能和加工性能两方面的要求,需要对聚合物的分子量加以控制。当然,不同的材料、不同的用途和不同的加工方法,对分子量的要求是不同的。

为了控制聚合物的分子量,必须研究聚合条件对产物分子量的影响,以及分子量对材料的加工和使用性能的影响,自然,这两方面的工作以及有关理论的研究,都要求测定聚合物的分子量和分子量分布。

## 1.3.1　各种平均分子量的定义

合成聚合物的分子量,与低分子化合物相比有两个显著的特点:第一是它的分子量比低分子化合物大几个数量级;第二是其分子量具有多分散性——即分子量的不均一性。对这种多分散性的描述,最为直观的方法是利用某种形式的分子量分布函数或分布曲线。多数情况下,还是直接测定其平均分子量。然而,平均分子量又有各种不同的统计权重,因而具有各种不同的数值。现简单介绍如下。

下面是几种平均分子量的定义:

假定在某一高分子试样中含有若干种分子量不相等的分子,该种分子的总质量为 $w$,总摩尔数为 $n$,种类序数用 $i$ 表示。第 $i$ 种分子的分子量为 $M_i$,摩尔数为 $n_i$,质量为 $w_i$,在整个试样中的质量分数为 $W_i$,摩尔分数为 $N_i$,则这些量之间存在下列关系

$$\sum_i n_i = n \qquad \sum_i w_i = w$$

$$N_i = \frac{n_i}{n} \qquad W_i = \frac{w_i}{w}$$

$$\sum_i N_i = 1 \qquad \sum_i W_i = 1$$

常用的平均分子量有:

以数量为统计权重的数均分子量,定义为

$$M_n = \frac{\sum_i n_i M_i}{\sum_i n_i} = \sum_i N_i M_i \qquad (1\text{-}1)$$

以质量为统计权重的重均分子量,定义为

$$M_w = \frac{\sum_i n_i M_i^2}{\sum_i n_i M_i} = \frac{\sum_i w_i M_i}{\sum_i w_i} = \sum_i W_i M_i \qquad (1\text{-}2)$$

用稀溶液黏度法测得的平均分子量为黏均分子量,定义为

$$M_\eta = \left( \sum_i W_i M_i^a \right)^{1/a} \qquad (1\text{-}3)$$

这里的 $a$ 是特性黏数分子量关系式 $[\eta] = KM^a$ 中的指数。因为

$$M_n = \frac{\sum_i n_i M_i}{\sum_i n_i} = \frac{\sum_i w_i}{\sum_i \frac{w_i}{M_i}} = \frac{1}{\sum_i \frac{W_i}{M_i}}$$

所以,当 $a = -1$ 时,式(1-3)变成

$$M_\eta = \frac{1}{\sum_i \frac{W_i}{M_i}} = M_n$$

如果 $a = 1$ 时,式(1-3)变成

$$M_\eta = \sum_i W_i M_i = M_w$$

通常 $a$ 值在 $0.5 \sim 1$ 之间,所以 $M_\eta$ 小于 $M_w$,而更接近 $M_w$。

### 1.3.2 分子量分布的表示方法

分子量分布,是指聚合物试样中各个组分的含量和分子量的关系。表示的方法可用图解法,也可用函数法。首先,把聚合物试样按分子大小分成若干个级分,再逐一测定每个级分的分子量 $M_i$ 和相应的质量分数 $W_i$,以 $M_i$ 为横坐标,$W_i$ 为纵坐标作图,如图 1-3 所示。这是最简单的情况,其特点是离散型的,只含有限个级分,可粗略地描述各级分的含量和分子量的关系。然而合成聚合物体系要比上述情况复杂得多,它实际上是许多同系物的混合物。各级分的化学组成相同而分子量不同,分子量的最小差值可以是一个结构单元的分子量,故级分数可多至几千甚至几万。结构单元的分子量比起聚合物的分子量又小几个数量级,因此可用连续型的曲线表示分子量分布,见图 1-4。图中横坐标是分子量 $M$,它是一个连续变量,纵坐标是分子量为 $M$ 的组分的相对质量,它是分子量的函数,用 $W(M)$ 表示,称为分子量的质量微分分布函数,其相应的曲线称为质量微分分布曲线,曲线和横坐标所包围的面积为 1。图 1-4 中阴影线条所表示的面积是分子量在 $M_1$ 和 $M_2$ 之间的级分的质量分数。

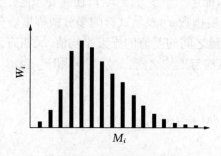

图 1-3 离散型分子量分布

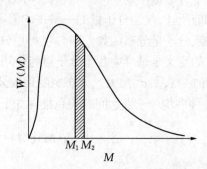

图 1-4 分子量质量微分分布曲线

另外,也可用摩尔分数对分子量作图,称为分子量数量微分分布曲线,相应的函数称为数量微分分布函数,用 $N(M)$ 表示。根据下式可由 $W(M)$ 求 $N(M)$,即

$$N(M) = \frac{\dfrac{W(M)}{M}}{\displaystyle\int_0^\infty \frac{W(M)}{M}\mathrm{d}M} \tag{1-4}$$

分子量分布的另一种表示方法是用质量积分分布函数 $I(M)$ 表示

$$I(M) = \int_0^M W(M)\mathrm{d}M \tag{1-5}$$

显然,以下两式成立

$$I(\infty) = \int_0^\infty W(M)\mathrm{d}M = 1 \tag{1-5a}$$

$$\frac{\mathrm{d}I(M)}{\mathrm{d}M} = W(M) \tag{1-5b}$$

图 1-5 是典型的质量积分分子量分布曲线。

同样,也可用累积摩尔分数对分子量作图,称为数量积分分子量分布曲线。

有了分子量的数量微分分布函数 $N(M)$ 和质量微分分布函数 $W(M)$,我们可以把平均分子量的表达式写成积分式

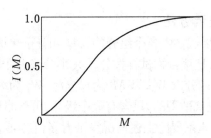

图 1-5　质量积分分子量分布曲线

$$M_n = \int_0^\infty N(M)M\mathrm{d}M$$

$$M_w = \int_0^\infty W(M)M\mathrm{d}M$$

对于分子量不均一的高分子试样,称为多分散试样;而分子量均一的,则称为单分散试样。如前所述,仅用分子量的一种平均值不足以描述一个多分散试样,还需要知道分子量分布曲线或分子量分布函数。同时也可用分布宽度指数 $\sigma^2$ 表示试样的多分散程度。分布宽度指数的定义是试样中各个分子量与平均分子量之间的差值的平方平均值,又叫方差。显然,分布愈宽,则 $\sigma^2$ 愈大。分布宽度指数又有数均与重均之别,分别用 $\sigma_n^2$ 和 $\sigma_w^2$ 表示。现把 $\sigma_n^2$ 与各种平均分子量之间的关系推导如下

$$\sigma_n^2 = \int_0^\infty N(M)(M-M_n)^2\,\mathrm{d}M = (M^2)_n - (M_n)^2$$

由式(1-2)

$$M_w = \frac{\sum_i n_i M_i^2}{\sum_i n_i M_i} = \frac{\sum_i n_i M_i^2 / \sum_i n_i}{\sum_i n_i M_i / \sum_i n_i} = \frac{(M^2)_n}{M_n}$$

即

$$(M^2)_n = M_n M_w$$

代入上面 $\sigma_n^2$ 的表达式,得

$$\sigma_n^2 = M_n M_w - M_n^2 = M_n^2\left(\frac{M_w}{M_n} - 1\right)$$

由方差的定义知,对于单分散式样, $\sigma_n^2 = 0$, $M_w = M_n$;对于多分散式样, $\sigma_n^2 > 0$, $M_w > M_n$。

为了简单的表示分子量的多分散程度,可利用一个参数 $d$,其定义是: $d = M_w/M_n$,称为多分散性指数(polydispersity index)。显然,对于单分散试样, $d = 1$;对于多分散试样, $d > 1$,且 $d$ 的数值越大,表明分子量分布越宽。

## 1.4　分子量和分子量分布的测定方法[8~11]

为了测定不同的平均分子量和分子量分布可以采用不同的实验方法。这些方法是利用稀溶液的性质,并且常常需要在若干浓度下测定,从而求取外推到浓度为零时的极限值,以便计算分子量。有些方法是绝对法,可以独立地测定分子量;有些方法是相对法,需要其他方法配合才能得到真正的分子量。不同的方法适合测定的分子量范围也不完全相同。

表1-3汇总了常用的分子量测定方法,表中$A_2$是一个描述溶液的热力学性质的参数,称为第二维利系数。数均分子量可以用端基分析法(end group analysis)直接测定。但是由于端基密度随着分子量的增大而降低,此法可测定的分子量上限不高。蒸气压渗透法(vapor pressure osmometry, VPO),冰点降低法(cryoscopy),沸点升高法(ebulliometry)以及渗透压法(osmometry)的原理都是基于稀溶液的依数性质,是绝对法,得到的是数均分子量。

表1-3　常用的分子量测定方法

| 方　　　法 | 绝对法 | 相对法 | $M_n$ | $M_w$ | $A_2$ | 分子量范围(g·mol⁻¹) |
|---|---|---|---|---|---|---|
| 端基分析 | * | | * | | | $M < 10\ 000$ |
| 蒸气压渗透(VPO) | * | | * | | * | $M < 30\ 000$ |
| 冰点降低 | * | | * | | * | $M < 30\ 000$ |
| 沸点升高 | * | | * | | * | $M < 30\ 000$ |
| 渗透压 | * | | * | | * | $20\ 000 < M$ |
| 光散射(LS) | * | | | * | * | $10^4 < M < 10^7$ |
| 特性黏度(IV) | | * | | | | $M < 10^6$ |
| 体积排除色谱(SEC) | | * | * | * | | $10^3 < M < 10^7$ |
| SEC-LS 联用 | * | | | * | | $10^4 < M < 10^7$ |
| SEC-IV 联用 | | * | * | * | | $10^3 < M < 10^6$ |
| 飞行时间质谱(TOF-MS) | * | | * | * | | $M < 10^4$ |

下面,我们将介绍几种在溶液中测定分子量的方法。

## 1.4.1　渗透压法

假如有一张半透膜,膜的孔可让溶剂通过,而溶质分子由于体积大而不能通过。用这种膜把一个容器分隔成两个池,如图1-6所示。左边放纯溶剂,右边放溶液。若开始时两边液体的液面高度相等,则溶剂会通过半透膜渗透到溶液池中去,使溶液池的液面上升而溶剂池液面下降。当两边液面高度差达到某一定值时,溶剂不再进入溶液池,最后达到渗透平衡状态。渗透平衡时,两边液体的压力差称为溶液的渗透压,用$\varPi$表示,$\varPi$的单位是 dyn·cm⁻²(1 dyn·cm⁻² = 0.1 Pa)。

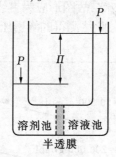

图1-6　渗透压原理示意图

渗透压产生的原因是由于溶液的蒸气压降低之故。因为纯溶剂的化学位比溶液中溶剂的化学位大,两者的差值为

$$\Delta\mu_1 = \mu_1 - \mu_1^0 = RT\ln(p_1/p_1^0) \tag{1-6}$$

式中$\mu_1^0$是纯溶剂的化学位;$\mu_1$是溶液中溶剂的化学位;$p_1^0$和$p_1$分别表示它们的蒸气压。

由于溶液的蒸气压降低所导致的溶剂化学位降低,驱动着溶剂自溶剂池向溶液池中渗透。随着这种渗透过程的进行,溶液池一侧的液面将会升高,从而使半透膜两侧所受到的流体静压力产生差别。溶剂池中溶剂受到的静压力为 $P$,溶液池中溶剂受到的静压力为 $(P+\Pi)$,两者受到的静压力不同,它们的化学位也不同,其差值为

$$\Delta\mu_1 = \widetilde{V}_1 P - \widetilde{V}_1(P+\Pi) = -\widetilde{V}_1\Pi \tag{1-7}$$

式中 $\widetilde{V}_1$ 为溶剂的偏摩尔体积。式(1-7)中的 $\Delta\mu_1$ 是由于液体总压力增加而导致的溶剂化学位增加值,而式(1-6)所表示的是由于溶剂的浓度(蒸气压)降低所导致的溶剂化学位降低值。当此两者的数值相等时,溶剂在半透膜两侧的化学位相等,渗透过程达到平衡。所以

$$\Delta\mu_1 = -\widetilde{V}_1\Pi = RT\ln(p_1/p_1^0)$$

又因为

$$p_1 = p_1^0 x_1$$

上式可写成

$$\widetilde{V}_1\Pi = -RT\ln x_1 = -RT\ln(1-x_2) = RTx_2 = RT\frac{n_2}{n_1+n_2}$$

式中 $x_1$ 和 $x_2$ 分别表示溶液中溶剂与溶质的摩尔分数;$n_1$ 和 $n_2$ 是它们的摩尔数。对于稀溶液,$n_2$ 很小,上式可近似写成

$$\Pi = RT\frac{n_2}{\widetilde{V}_1 n_1} = RT\frac{C}{M} \tag{1-8}$$

上式称为 Van't Hoff 方程,式中 $C$ 是溶液的浓度($g\cdot cm^{-3}$);$M$ 是溶质的分子量。对高分子化合物而言,在一定的温度下测定已知浓度的溶液的渗透压 $\Pi$,可以求出溶质的分子量 $M$。用渗透法测定 $\Pi$ 是测定两个液体池上的液面高度差 $h$,根据溶剂的密度 $\rho$ 和重力加速度 $g$,可算出 $\Pi$ 值 ($\Pi = h\rho g$)。然而高分子溶液的 $\Pi/C$ 与 $C$ 有关,可用下式表示

$$\Pi/C = RT(1/M + A_2 C + A_3 C^2 + \cdots) \tag{1-9}$$

式中 $A_2$、$A_3$ 分别称为第二、第三维利系数,它们表示实际溶液与理想溶液的偏差。

实验方法是:配制一系列不同浓度的溶液,测定每种溶液的渗透压,以 $\Pi/CRT$ 对 $C$ 作图(见图 1-7),因为 $A_3$ 很小,可以忽略,故图形应为直线。直线的截距就是 $RT/M$,斜率就是 $A_2$,因此可求得高分子的分子量。此法测得的渗透压应该是各种不同分子量的高分子对溶液渗透压贡献的总和

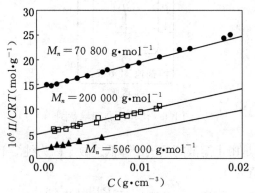

图 1-7　聚 α-甲基苯乙烯样品在甲苯中 25 ℃时
$\Pi/CRT$ 对 $C$ 作图

$$\Pi_{C \to 0} = \sum (\Pi_i)_{C \to 0} = RT \sum \frac{C_i}{M_i} = RTC \frac{\sum \frac{C_i}{M_i}}{\sum C_i} = RTC \frac{\sum n_i}{\sum n_i M_i} = RT \frac{C}{M_n} \qquad (1\text{-}10)$$

所以用渗透压法测得的分子量是高分子的数均分子量。

渗透压法可测定的分子量范围有一定限度,当分子量太大时,由于溶质数目减少而使渗透压值降低,测定的相对误差增大;当分子量太小时,由于溶质分子能够穿过半透膜而使测定不可靠。在测定前,可用一系列分子量已知的窄分布的标准样品进行膜的选择。

渗透压法除了可测定数均分子量外,还可测定第二维利系数 $A_2$。如果选择合适的温度或合适的溶剂总会使体系的 $A_2$ 为 0,即式(1-9)还原成式(1-8),如图 1-8 中那条平行于 $x$ 轴的线所示。这时的温度称为 **$\theta$ 温度**,也叫 **Flory 温度**,这时的溶剂称为 **$\theta$ 溶剂**,这时的溶液相当于高分子的理想溶液。表 1-4 是用渗透压法测定的 $\theta$ 温度。关于 $\theta$ 温度和 $\theta$ 溶剂详见第三章。

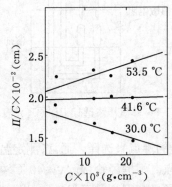

图 1-8 三己酸纤维在二甲基甲酰胺中
不同温度下的 $\Pi/C$ 对 $C$ 图测得
Flory 温度($\theta$ 温度)为 $(41 \pm 1)$℃

**表 1-4 聚合物和它们的 $\theta$ 温度**

| 聚合物 | 溶 剂 | $\theta$ 温度(℃) | 聚合物 | 溶 剂 | $\theta$ 温度(℃) |
| --- | --- | --- | --- | --- | --- |
| 顺丁二烯 | 正己烷 | −1 | 聚苯乙烯 | 环己烷 | 34 |
| 聚乙烯 | 联苯 | 125 | 聚四氢呋喃 | 氯苯 | 25 |
| 聚丙烯酸正丁酯 | 苯/甲醇 52/48 | 25 | 三己酸纤维 | 二甲基甲酰胺 | 41 |

## 1.4.2 蒸气压渗透法

蒸气压渗透法(vapor pressure osmometry, VPO)也是测定溶质数均分子量的一种方法,这里对其原理作简单叙述。在一恒温密闭的容器中充有某挥发性溶剂的饱和蒸气,若在此蒸气中置一滴不挥发性溶质的溶液和一滴纯溶剂,因为溶液面上溶剂的饱和蒸气压低于纯溶剂的饱和蒸气压,于是溶剂分子就会自气相凝聚在溶液滴的表面,并放出凝聚热,从而使溶液的温度升高。而对于纯溶剂来说,其挥发速度和凝聚速度相等,温度不发生变化,那么这两个液滴之间便产生温差。当温差建立起来以后,热量将通过传导、对流、辐射等方式自溶液相散失到蒸气相。达到"定态"(并非热力学平衡态)时,测温元件所反映出的温差不再增高。假定溶液符合理想溶液的性质,则此时溶液滴和溶剂滴之间的温差 $\Delta T$ 将和溶液中溶质的摩尔分数成正比。若用 $A$ 代表比例系数;$n_1$ 和 $n_2$ 分别表示溶剂和溶质的摩尔数;$w_1$ 和 $w_2$ 分别表示两者的重量;$M_1$ 和 $M_2$ 分别表示溶剂和溶质(高分子)的分子量,则

$$\Delta T = A\,\frac{n_2}{n_1 + n_2} \approx A\,\frac{n_2}{n_1} = \frac{w_2/M_2}{w_1/M_1}$$

$$\Delta T = A\,\frac{w_2 M_1}{w_1 M_2} \tag{1-11}$$

上式即为蒸气压渗透法测定高分子分子量的基础。至于如何精确测定 $\Delta T$ 的方法很多,不在此作更多的介绍。图 1-9 是蒸气压渗透计工作原理示意图。

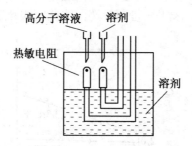

图 1-9　蒸气压渗透计工作原理示意图

关于测定温度,应根据溶剂的沸点来选择。通常,测定温度愈高,达到定态的速度愈快。但是温度必须远低于溶剂的沸点。根据经验,低 30~40 ℃较为合适。

蒸气压渗透法所测定的分子量范围依赖于温差的测定精度,一般测定上限为 $3 \times 10^4$,下限则由试样的挥发性所决定,对于不挥发物质,最低可测至 40。

可以证明,蒸气压渗透法所测定的分子量是数均分子量。

在测定数均分子量的诸方法中,除端基分析法以外,其他都是基于稀溶液的依数性质,即所测定的每一种效应都是由溶液中溶质的数目所决定的。可以想象,如果溶质分子有缔合作用,则所测得的表观分子量将大于其真实分子量;反之,如果溶质有电离作用,则所测得的表观分子量将小于其真实分子量。而且,由于数均分子量对于质点的数目很敏感,一旦高分子试样中混有小分子杂质,则所得的表观分子量将远远低于高分子的真实分子量。这些问题必须注意。

### 1.4.3　光散射法

光散射法(light scattering)的理论非常复杂,这里只能作简单的介绍。光是一种电磁波,其电场和磁场的振动方向互相垂直且同垂直于光的传播方向(如图 1-10 所示)。当一束光(入射光)通过质点(原子或分子)时,因为质点的分子是由原子组成的,而原子具有原子核和外围电子,在光波的电场作用下,分子中的电子产生强迫振动,成为二次波源,向各个方向发射电磁波,这种波就称为散射光。散射光方向与入射光方向间的夹角称为散射角,用 $\theta$ 表示。发出散射光的质点称为散射中心(图中坐标的原点)。散射中心与观察点之间的距离称为观测距离,用 $r$ 表示。

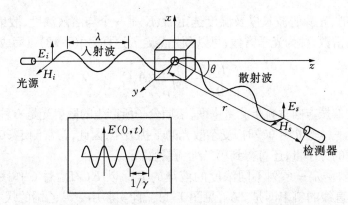

图 1-10 瑞利散射示意图(左下方为质点接受到的电场强度随时间的波动)

通常,高分子溶液的散射光强远远大于纯溶剂的散射光强。而且,散射光强还随溶质分子量和溶液浓度的增大而增大。按照光学原理,光的强度 $I$ 与光的波幅 $A$ 的平方成正比,即 $I \propto A^2$,而波幅是可以叠加的。因此,研究散射光的强度,必须考虑散射光是否干涉。若从溶液中某一分子所发出的散射光与从另一分子所发出的散射光相互干涉,称为外干涉。若从分子中的某一部分发出的散射光与从同一分子的另一部分发出的散射光相互干涉,称为内干涉。在测量时尽量避免外干涉,即溶液配得稀一点。对于分子量小于 $10^5$ 的高分子的稀溶液,溶质的分子尺寸比入射光的波长小得多,小于 $\lambda/20$,不会产生内干涉,则由分子的各部位所发出的散射光波称为不相干波。溶质的散射光强是各个质点散射光强的加和 $I = \sum_i I_i \propto \sum_i A_i^2$,测到散射光强只与高分子的分子量和链段与溶剂的相互作用有关。由光的电磁波理论和涨落理论,可导出每单位体积溶液中溶质的散射光强

$$I = \frac{4\pi^2}{\lambda^4} n^2 \left(\frac{\partial n}{\partial C}\right)^2 \frac{kTCI_0}{\partial \Pi / \partial C} \tag{1-12}$$

式中 $I$、$I_0$ 分别是散射和入射光强;$k$ 是 Boltzmann 常数;$T$ 是温度;$\lambda$、$n$、$\partial n/\partial C$、$C$ 和 $\Pi$ 分别是光的波长、溶液的折光指数、折光指数增量、溶液的浓度和渗透压。根据渗透压公式(1-9)

$$\partial \Pi / \partial C = RT\left(\frac{1}{M} + 2A_2 C\right)$$

将此式代入(1-12)可得

$$I = \frac{4\pi^2}{\tilde{N}\lambda^4} n^2 \left(\frac{\partial n}{\partial C}\right)^2 \frac{CI_0}{\frac{1}{M} + 2A_2 C} \tag{1-13}$$

定义单位散射体积所产生的散射光强 $I$ 与入射光强 $I_0$ 之比乘以观测距离的平方为瑞利(Rayleigh)因子,用 $R_\theta$ 表示,即

$$R_\theta = \frac{r^2 I}{I_0} \tag{1-14}$$

式中 $r^2/I_0$ 可用已知 $R_\theta$ 值的纯溶剂(甲苯或环己烷)事先进行标定。令

$$K = \frac{4\pi^2}{\tilde{N}\lambda^4} n^2 \left(\frac{\partial n}{\partial C}\right)^2$$

当溶质、溶剂、光源的波长以及温度选定后，$K$ 是一个与溶液浓度、散射角度以及溶质的分子量无关的常数，称为光学常数，可以预先测定。这样，式(1-13)可写成

$$\frac{KC}{R_\theta} = \frac{1}{M} + 2A_2C \qquad (1\text{-}15)$$

若入射光的偏振方向垂直于测量平面，溶质分子所产生的散射光是一种球面波，散射光强度与散射角无关。当 $\theta = 90°$ 时，受杂散光的干扰最小，因此，常常测定 $90°$ 的瑞利比 $R_{90}$，以计算溶质分子的分子量，还可得到第二维利系数 $A_2$。

实验方法是，测定一系列不同浓度的溶液的 $R_{90}$，以 $KC/R_{90}$ 对 $C$ 作图，得直线，直线的截距是 $1/M$，直线的斜率即是 $2A_2$，见图 1-11。此实验中聚苯乙烯的尺寸小于 $\lambda/20$，光源为非偏振光，故纵坐标须乘以改正因子 $1/2$。

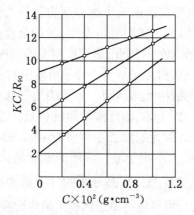

图 1-11　聚苯乙烯丁酮溶液的光散射

现在考虑一下光散射法测得的分子量是什么平均值。由式(1-15)可见，当 $C\rightarrow0$ 时，

$$(R_{90})_{C\rightarrow0} = KCM$$

散射光的强度是由各种大小不同的分子所贡献的，所以

$$(R_\theta)_{C\rightarrow0} = K\sum_i C_iM_i = KC\frac{\sum_i C_iM_i}{\sum_i C_i} = KC\frac{\sum_i w_iM_i}{\sum_i w_i} = KCM_w$$

与上式比较，知

$$M = \frac{\sum_i w_iM_i}{\sum_i w_i} = M_w$$

由此可见，光散射法所测得的是溶质的重均分子量。

通常光散射仪用的光源为 $\lambda = 488$ nm 的氩离子激光或 $\lambda = 633$ nm 的氦氖激光，而高分子的分子量为 $M$ 在 $10^5 \sim 10^7$ 之间，在良溶剂中它们的尺寸 $\langle h^2 \rangle^{1/2}$ 约为 $20\sim300$ nm，远大于 $\lambda/20$，因此散射光产生内干涉。溶质的散射光强比例于叠加波幅的平方，即 $I \propto (\sum_i A_i)^2$，结果使总的散射光强减弱，而且减弱的程度与散射角有关，测到的散射光强不仅与高分子的分子量和链段与溶剂的相互作用有关，而且与高分子链的形态有关。在这里我们只讨论第一种简单的

情况,第二种情况,因光散射与高分子链尺寸的关系密切,有待在第二章作较详细的讨论。

## 1.4.4 飞行时间质谱

传统的质谱(mass spectrometer, MS)方法只能测定一些分子量较小的能够在离子源中被气化的化合物。为解决生物大分子和合成聚合物不能气化的问题,需采用新的质谱技术——基质辅助激光解吸电离飞行时间质谱(MALDI-TOF-MS)。该技术为生物大分子和合成聚合物的分子量和分子量分布的研究提供了良好的手段。它是将样品物质均匀地包埋在特定基质中,置于样品靶上,在脉冲式激光的作用下,受激物质吸收能量,在极短时间内气化,同时将样品分子投射到气相并得到电离。在此过程中,由于激光的加热速度极快和基质的辅助作用,避免了样品分子的热分解,从而观察到分子离子峰,而且很少有碎片离子,尤其是对合成聚合物,主要观察到的是单电荷分子离子。因此基质辅助激光解吸电离技术和飞行时间质谱结合能够精确测定聚合物样品的绝对分子量,进而得到聚合物中单体单元,端基和分子量分布等信息。详见本书第十章。

## 1.4.5 黏度法

用黏度法(viscometry)测定聚合物的分子量是借助 Mark-Houwink 方程

$$[\eta] = KM^a \tag{1-16}$$

式中$[\eta]$称为特性黏度(intrinsic viscosity);$M$是分子量。在一定的分子量范围内 $K$ 和 $a$ 是与分子量无关的常数,只要事先知道 $K$ 和 $a$ 值,即可根据所测得的$[\eta]$值计算试样的分子量。用黏度法测定高分子的分子量时我们所感兴趣的不是液体的绝对黏度,而是溶液的黏度随着高分子在溶液中浓度的增加很快上升的 $\eta$ 值。Huggins 提出,溶液的黏度可以用一个像渗透压中的第二维利系数 $A_2$ 那样的公式来表示

$$\eta = \eta_0(1+[\eta]C+k_H[\eta]^2C^2+\cdots) \tag{1-17a}$$

也可写成

$$\frac{\eta-\eta_0}{\eta_0 C} = [\eta]+k_H[\eta]^2C+\cdots \tag{1-17b}$$

式中 $\eta$ 是溶液的黏度;$\eta_0$ 是溶剂的黏度;$k_H$ 称为 Huggins 常数。式中的$[\eta]$为特性黏度,它是与浓度无关的数值,因此又可称为特性黏数,其量纲是浓度的倒数。美国人的浓度单位喜欢用"g/dL(g/100 cm³)",而欧洲人的浓度单位喜欢用"g/cm³",两者相差 100 倍,因此$[\eta]$的数值也会相差 100 倍,需要注意!

溶液黏度增加的分数用符号 $\eta_{sp}$ 表示,$\eta_{sp}$ 称为增比黏度(specific viscosity)

$$\eta_{sp} = \frac{\eta-\eta_0}{\eta_0} = \frac{\eta}{\eta_0}-1 = \eta_r-1 \tag{1-18}$$

式中 $\eta_r = \frac{\eta}{\eta_0}$ 称为相对黏度(relative viscosity)。增比黏度和相对黏度都是无因次的量。则式(1-17b)可写成

$$\frac{\eta_{sp}}{C} = [\eta]+k_H[\eta]^2C+\cdots \tag{1-17c}$$

上式 $\dfrac{\eta_{sp}}{C}$ 称为比浓黏度,它对 $C$ 作图,得到曲线的截距就是 $[\eta]$,斜率是 $k_H[\eta]^2$。

若 $\eta_{sp} < 1$,对 $\eta/\eta_0$ 取自然对数并按 Taylor 级数展开,即

$$\ln(\eta/\eta_0) = \ln\eta_r = \ln(1+\eta_{sp}) = \eta_{sp} - \frac{1}{2}\eta_{sp}^2 + \frac{1}{3}\eta_{sp}^2 - \cdots$$

将上式除以 $C$ 并用(1-17c)式代入,可得

$$\frac{\ln\eta_r}{C} = [\eta] + \left(k_H - \frac{1}{2}\right)[\eta]^2 C + \cdots \tag{1-19}$$

此式称为 Kraemer 方程,式中 $\dfrac{\ln\eta_r}{C}$ 称为比浓对数黏度。如果用比浓对数黏度 $\dfrac{\ln\eta_r}{C}$ 对 $C$ 作图,与用 Huggins 方程的 $\dfrac{\eta_{sp}}{C}$ 对 $C$ 作图所得的截距是一样的

$$[\eta] = \left(\frac{\eta_{sp}}{C}\right)_{C\to 0} = \left(\frac{\ln\eta_r}{C}\right)_{C\to 0}$$

只是它们的斜率不同。图 1-12 是用以上两种方程处理的结果。有关上述两个方程中的高次项在浓度很稀时可以不考虑。若这种作图呈曲线会得不到相同的截距,则需要在更低一点的浓度下测定。黏度的测量可以非常精确,而且特性黏度可以用两种作图方法来确定,这种作图方法使得它比其他表征高分子的方法精确得多得多。但是要注意温度控制要精确到 $\pm 0.01\ ^\circ\!\text{C}$,而且分子量不能超过 $10^6\ \text{g}\cdot\text{mol}^{-1}$,否则会在毛细管黏度计内引起剪切稀化(shear thinning)。

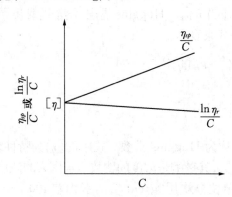

图 1-12　$\dfrac{\eta_{sp}}{C}$ 或 $\dfrac{\ln\eta_{sp}}{C}$ 对 $C$ 的图,从截距求得 $[\eta]$

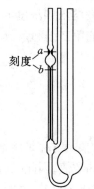

图 1-13　乌氏(Ubbelhode)黏度计

对于多分散性的试样,黏度法所测得的量是一种统计平均值,称为黏均分子量 $M_\eta$。因为

$$[\eta] = \left(\frac{\eta_{sp}}{C}\right)_{C\to 0} = KM_\eta^a$$

也可写成

$$(\eta_{sp})_{C\to 0} = KCM_\eta^a$$

溶液黏度的增加是由于各种不同分子量的高分子对溶液黏度贡献的总和

$$(\eta_{sp})_{C\to 0} = \sum [(\eta_{sp})_{C\to 0}]_i = \sum KC_iM_i^a = KC\frac{\sum C_iM_i^a}{\sum C_i} = KC\sum W_iM_i^a = KCM_\eta^a$$

式中 $M_\eta^a = \sum W_iM_i^a$，即 $M_\eta = (\sum W_iM_i^a)^{1/a}$，这就是式(1-3)中黏均分子量定义的来源。

在求算 $[\eta]$ 时需要知道的是相对黏度 $\eta_r = \dfrac{\eta}{\eta_0}$ 和增比黏度 $\eta_{sp} = \dfrac{\eta - \eta_0}{\eta_0}$，而不是溶剂和溶液的绝对黏度。不过，在选择黏度计时必须考虑溶剂的绝对黏度。测定中最常用的是乌氏(Ubbelhode)黏度计，见图 1-13。它的核心部分是一根毛细管和它上端的小球，小球的体积由刻度 $a$ 和刻度 $b$ 固定，实验室测定小球中的液体流经毛细管所需的时间。若液体为牛顿流体，根据泊肃叶(Poiseuille)定律，固定体积的液体流过毛细管的时间与其黏度成正比。因此可用溶液和溶剂的流出时间 $t$ 和 $t_0$ 来计算 $\eta_r$ 和 $\eta_{sp}$，即

$$\eta_r = \frac{t}{t_0}; \qquad \eta_{sp} = \frac{t}{t_0} - 1$$

在此，需要说明的是，上式的成立是有条件的，即液体流动的动能改正项可忽略不计。在选择黏度计和溶剂时必须考虑这个问题。

乌氏黏度计的优点是可以在同一黏度计内测定不同浓度的相对黏度值，因此使用比较方便。测试的溶液浓度一般配制在 1% 左右，视分子量的大小选择 $\eta_r$ 的数值，一般令其在 1.6 至 2.0 之间。为提高实验精度，起始溶液的流出时间令它在 200 s 左右。然后逐步稀释，依次测定各个浓度的流出时间。如果用式(1-17c)和式(1-19)都得不到直线，无法得到共同的截距 $[\eta]$，这是因为浓度太大之故，可将溶液的浓度配得稀一些。如果用式(1-17c)作图能得到直线，而用式(1-19)得不到直线，则宁可用直线的截距作为 $[\eta]$，而不必考虑式(1-19)的那条上翘的曲线，因为在推导式(1-19)时自然对数用级数展开时作了简化处理所致。至于具体的测定方法可参考有关的高分子实验书籍。

黏度法用于测定分子量只是一种相对的方法，必须在确定的条件下，事先订定黏度与分子量关系中的 $K$ 和 $a$ 值，才能计算聚合物的分子量，$K$ 和 $a$ 值都可从手册中查到。下面列出了某些高分子-溶剂体系的 $K$ 和 $a$ 值(见表 1-5)，以及 $a$ 值与高分子构象的关系(见表 1-6)。

**表 1-5　某些高分子-溶剂体系的 $K$ 和 $a$ 值**

| 聚合物 | 溶　剂 | $T/℃$ | $K \times 10^3\ (cm^3 \cdot mol^{1/2} \cdot g^{-3/2})$ | $a$ |
|---|---|---|---|---|
| 顺聚丁二烯 | 苯 | 30 | 33.7 | 0.715 |
| 等规聚丙烯 | 1-氯代萘 | 139 | 21.5 | 0.67 |
| 聚丙烯酸乙酯 | 丙酮 | 25 | 51 | 0.59 |
| 聚甲基丙烯酸乙酯 | 丙酮 | 20 | 5.5 | 0.73 |
| 聚醋酸乙烯酯 | 苯 | 30 | 22 | 0.63 |
| 聚苯乙烯 | 丁酮 | 25 | 39 | 0.58 |
| 聚苯乙烯 | 环己烷($\theta$溶剂) | 34.5 | 84.6 | 0.50 |
| 聚四氢呋喃 | 甲苯 | 28 | 25.1 | 0.78 |
| 聚四氢呋喃 | 乙酸乙酯己烷($\theta$溶剂) | 31.8 | 206 | 0.49 |
| 三硝基纤维素 | 丙酮 | 25 | 6.93 | 0.91 |

表 1-6　Mark-Houwink 公式中的 $a$ 值与高分子构象的关系

| $a$ | 构象 | $a$ | 构象 |
|---|---|---|---|
| 0 | 球状 | 1.0 | 刚性线团状 |
| 0.5~0.8 | 无规线团状 | 2.0 | 棒状 |

订定 $K$ 和 $a$ 的方法是,制备若干个分子量均一的聚合物样品。然后用测分子量的绝对方法分别测定每个样品的分子量和特性黏数。分子量可以用任何一种绝对方法进行测定。由式(1-16),两边取对数,得

$$\lg[\eta] = \lg K + a \lg M$$

这样,以各个样品的 $\lg[\eta]$ 对 $\lg M$ 作图应得一直线,直线的斜率是 $a$,其截距即是 $\lg K$。

黏度法的优点是仪器设备简单,操作便利,又有相当好的精确度。若与其他方法联合,可以研究高分子在溶液中的尺寸、形态以及高分子与溶剂分子之间的相互作用等信息[12]。

### 1.4.6　体积排除色谱法[8]

体积排除色谱法(size exclusion chromatography, SEC)又称为凝胶渗透色谱(gel permeation chromatography, GPC),是一种新型的液体色谱。它是用于测定聚合物分子量和分子量分布的,其核心部件是一根装有多孔性颗粒的柱子。最早被采用的颗粒是苯乙烯和二乙烯基苯共聚的交联聚苯乙烯凝胶,含有大量彼此贯穿的孔,孔的内径大小不等,近来也发展了许多其他类型的材料,如多孔硅球和多孔玻璃等。进行实验时,以某种溶剂充满色谱柱,使之占据颗粒之间的全部空隙和颗粒内部的空洞,然后以同样溶剂配成的聚合物溶液从柱头注入,再以这种溶剂自头至尾以恒定的流速淋洗(见图1-14),同时从色谱柱的尾端接收淋出液。计算淋出液的体积并测定淋出液中聚合物的浓度。自溶液试样进柱到被淋洗出来,所接收到的淋出液总体积称为该聚合物的淋出体积 $V_e$。当仪器和实验条件都确定后,聚合物的 $V_e$ 与其分子量有关,分子量愈大,其 $V_e$ 愈小。若聚合物是多分散的,则可按照淋出的先后次序收集到一系列分子量从大到小的级分。

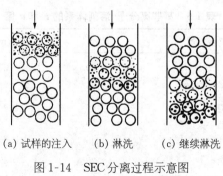

(a) 试样的注入　　(b) 淋洗　　(c) 继续淋洗

图 1-14　SEC 分离过程示意图

圆球表示颗粒;黑点表示溶质分子

假定颗粒内部的空洞体积为 $V_i$,颗粒的粒间体积为 $V_0$,$(V_0 + V_i)$ 是色谱柱内的空间。因为溶剂分子的体积很小,可以充满颗粒内的全部空间,它的淋出体积 $V_e = V_0 + V_i$。对高

分子来说,情况有所不同,假如高分子的体积比空洞的尺寸大,任何空洞它都进不去,只能从颗粒的粒间流过,其淋出体积 $V_e = V_0$。假如高分子的体积很小,远远小于所有的空洞尺寸,它在柱内活动的空间与溶剂分子相同,淋出体积 $V_e = V_0 + V_i$。假如高分子的体积是中等大小,而孔的形状是尺寸不等的锥体,则高分子可进入较大的孔而不能进入较小的孔,这样,它不但可以在粒间体积扩散还可以进入部分空洞体积中去,它在柱子中活动的空间增大了,因此它的淋出体积 $V_e$ 大于 $V_0$ 而小于 $(V_0 + V_i)$。以上说明淋出体积 $V_e$ 仅仅由高分子尺寸和颗粒的孔的尺寸决定,由此看来,高分子的分离完全是由于体积排除效应所致。如果高分子的分子量(即分子体积)不均一,当它们被溶剂带着流经色谱柱时,就逐渐地按其体积的大小进行了分离。图 1-14 是高分子在 SEC 仪中的分离过程示意图。图 1-15 是体积排除色谱(SEC)与小角激光光散射(low angle laser light scattering, LALLS)联机的仪器原理示意图。

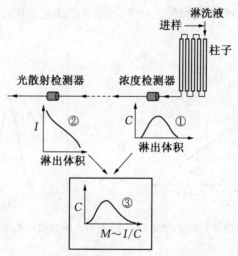

图 1-15　SEC-SALLS 联机仪器原理示意图

为了测定聚合物的分子量,不仅需要把它按照分子量的大小分离出来,还需要测定各级分的含量和各级分的分子量。

各级分的含量就是淋出液的浓度,可以用示差折光仪、紫外吸收、红外吸收等各种检测浓度的仪器测定。各级分的分子量(分子尺寸)可用淋出体积 $V_e$ 代替,所以从 SEC 得到的谱图就是浓度对淋出体积的图(如图 1-15 中的曲线①),它反映了聚合物的分子量分布。如果把谱图中的横坐标淋出体积换算成分子量 $M$,就成了分子量分布曲线(图 1-15 中的曲线③)。如果在测定淋出液浓度的同时,测定其黏度或光散射,可直接求出其分子量,而不需要将淋出体积换成分子量了。否则,需要事先对柱子作出 $\ln M$ 对 $V_e$ 的标定曲线。

实验证明,分子量的对数值与 $V_e$ 之间存在线性关系,即

$$\ln M = A - BV_e$$

式中 $A$ 和 $B$ 都是常数。

标定曲线的作法是:用一组分子量不等的单分散的试样作为标准样品(简称标样),分别

测定它们的淋出体积和分子量。以 $\ln M$ 对 $V_e$ 作图,见图 1-16。由图中直线的截距和斜率求常数 $A$ 和 $B$。$A$、$B$ 之值与溶质、溶剂、温度、颗粒及仪器结构有关。至于 $V_e$ 的单位,不需要绝对值,只要淋出体积的序数便可。

从图 1-16 可见,$\ln M$ 对 $V_e$ 关系只在一段范围内呈直线。当 $M > M_a$ 时,直线向上翘,变得与纵轴相平行。这就是说,此时淋出体积与溶质的分子量无关。实际上,这时的淋出体积就是颗粒的粒间体积 $V_0$。因为分子量比 $M_a$ 大的溶质全都不能进入孔中,而只能从粒间流过,故它们具有相同的淋出体积。这意味着此种颗粒对于分子量比 $M_a$ 大的溶质没有分离作用,$M_a$ 称为该颗粒的渗透极限。$V_0$ 值即是根据这一原理测定的。另外,当 $M < M_b$ 时,直线向下弯曲,也就是说,当溶质的分子量小于 $M_b$ 时,其淋出体积与分子量的关系变得很不敏感。说明这种溶质分子的体积已经相当小,其淋出体积已经接近 $(V_0 + V_i)$ 值。小分子物质的淋出体积可看作是 $(V_0 + V_i)$,由此可测 $V_i$ 值。显然,标定曲线只对分子量在 $M_a$ 和 $M_b$ 之间的溶质适用,故 $M_a \sim M_b$ 称为颗粒的分离范围,其值决定于颗粒的孔径及其分布。

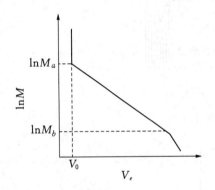
　　图 1-16　分子量-淋出体积标定曲线

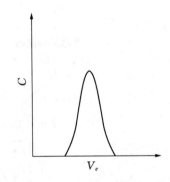
图 1-17　单分散性试样经色谱柱的扩展效应

关于淋出体积的测定,想来比较简单。然而,由于试样在柱中流动时会受各种因素的影响,以至使它沿着流动方向发生扩散,即使是分子量完全均一的试样,淋出液的浓度对淋出体积的谱图中也会有一个分布,如图 1-17 所示。这一现象称为色谱柱的扩展效应,它会影响分子量分布的宽度。效应的大小与颗粒的结构、堆积密度以及仪器的构造等有关。近年来,人们对 SEC 仪器作了大量的改进,使扩展效应减少到最小,对测分子量分布来说,可以不予考虑。

按照体积排除分离机理,显然,用某一种高分子标样作出的标定曲线不一定适合另一种高分子。因为虽然它们在溶液中的体积相等,但分子量不一定相等。严格地说,如果要测定某种聚合物的分子量,必须用它本身的标样作标定曲线。因此,SEC 法不是测分子量的绝对方法,它是一种相对方法。标样的分子量要靠其他绝对方法测定。

其实 SEC 是按分子的尺寸来分离的,标定曲线应该是分子尺寸对淋出体积的图。

由 Einstein 公式知

$$[\eta] \propto \frac{V_h}{M} \quad 或 \quad [\eta]M \propto V_h$$

式中 $V_h$ 是流体力学体积,而分子的尺寸是比例于 $V_h$ 的,即比例于 $[\eta]M$,所以近代的柱子用 $[\eta]M$ 的对数对 $V_e$ 的曲线作为标定曲线。图 1-18 就是这种标定曲线。

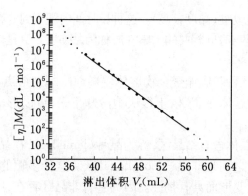

图 1-18 SEC 的标定曲线

实验点是聚丁二烯在四氢呋喃溶液中
于 25 ℃ 时通过交联聚苯乙烯柱子

因为 $[\eta]M = KM^{a+1}$，可写成

$$M = \left( \frac{[\eta]M}{K} \right)^{1/(a+1)} \tag{1-20}$$

对于未知聚合物样品，只要它能溶解在与淋洗液相同的溶剂中，一旦测出它的淋出体积后，可以从标定曲线找出对应的 $[\eta]M$ 值。根据未知样品的 $K$ 和 $a$ 值，可按式(1-20)算出它的分子量。

至于标定曲线的绘制，可用一组分子量不等的单分散性聚合物作为标样(常用的是阴离子聚合的聚苯乙烯)，分别测定它们的淋出体积和 $[\eta]M$，得到如图 1-18 中的那段斜率为负值的直线，称为分子尺寸-淋出体积标定曲线。曲线的前后两段不成直线的部分表示对那些分子量太大或分子量太小的试样不能分离。

若光散射仪与 SEC 仪联用，在得到浓度谱图的同时还可以得到散射光强对淋出体积的谱图(如图 1-15 中的曲线 B)，从而可计算出分子量分布曲线和试样的各种平均分子量。计算中不需要标定曲线，使测定与计算工作大为简化。另外可以用 SEC 与自动黏度计联用，可测定支化聚合物的分子量分布和支化度分布。若紫外、红外等与示差折光仪结合的双检测器与 SEC 仪联机，可同时测定共聚物的组成分布和分子量分布。

## 1.5 高分子物质的类型

高分子物质有三类：聚合物液体、聚合物固体、聚合物液晶。

### 1. 聚合物液体

聚合物液体可分为溶液和熔体两大类。聚合物溶解在溶剂中形成了聚合物的溶液，例如木材的保护层(清漆和聚氨酯涂料)、地板的光亮剂。根据浓度的不同又可分为聚合物的稀溶液和亚浓溶液。如果聚合物溶液中没有溶剂，聚合物成了一整块液体，称为聚合物熔体，在它的玻璃化温度 $T_g$ 和熔融温度 $T_m$ 以上，这种聚合物熔体是匀称的聚合物液体。

对一整块聚合物熔体在短时间内可观察到它有一定的形状和弹性，但是经长时间观察这种熔体会表现出液体的流动性(黏度较高)。这种长时间内观察到的黏性流动和短时间内观察到的弹性两者相结合而且与时间相关的力学性质称为黏弹性。这是聚合物固有的特性。

**2. 聚合物固体**

聚合物固体也有好几种。假如聚合物熔体慢慢地冷却到熔点 $T_m$ 以下,可以形成半结晶性的固体,如果聚合物熔体在 $T_g$ 以上很快地冷却下来,可以形成聚合物的玻璃(相当于过冷的液体)。

半结晶性的聚合物固体含有结晶区,称为晶片(lamellae),在晶片中链的一部分是彼此平行堆砌的,晶片与晶片之间是非晶(amorphous)区。这种多相的结构使得半结晶性聚合物混浊而不透明,却可以变形而具有韧性。因为它有非晶区存在,所以材料在 $T_g$ 以上使用时具有韧性。

等规的和间规的均聚物的分子都有规整的构型,故容易结晶。若高分子的规整度较差,如聚甲基丙烯酸酯和聚苯乙烯,在冷却时趋于形成脆性玻璃态。然而有些是例外的,在技术上倒是很重要,如聚碳酸酯在室温下虽然是玻璃态的,却有很好的韧性,可作为建筑材料,用于暖房和天窗等。

如果聚合物熔体的高分子链用化学反应使它们彼此间生成交联点,如图 1-19 所示,这种交联的聚合物是固体的。在玻璃化温度以上,由于交联聚合物中交联点之间的链可以局部移动,但不是全部移动,因此这种交联聚合物称为**软固体**。硫化的天然橡胶、交联的聚异戊二烯、交联的聚二甲基硅氧烷等就是这类交联聚合物。

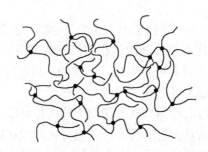

图 1-19    聚合物网络示意图(• 表示交联点)

交联聚合物用溶剂溶胀后会成为高分子凝胶,溶剂加得多了使凝胶进一步变软。由于在凝胶中连接高分子链的是永久性的化学键,所以凝胶总是保持一定形状的固体。例如,常见的果冻也是交联聚合物,它是高分子凝胶和水的混合物。

**3. 聚合物液晶**

聚合物在结晶性固体和非晶性液体之间还有很多各种各样的状态,例如,聚合物液晶,它既非液体也不是晶体,详见本书第六章。

# 1.6    聚合物的玻璃化转变

由液体结晶成为固体这种转变称为一级转变。大多数的小分子都有一级转变,例如水结晶成冰这种转变大家都很熟悉。可是聚合物中玻璃态向橡胶态的转变不是经典的转变,但是对于聚合物来说却是一个很主要的转变,称为**玻璃化转变**。这种转变有一个温度范围而且转变时没有热效应。所以,有些报道称玻璃化转变为二级转变。

图 1-20 是非晶态聚合物的模量随温度变化的示意图。在玻璃化转变温度 $T_g$ 以上,聚合物的非晶区部分会变软。许多聚合物是全部非晶态的。在温度较低时($T_g$ 以下),高分子只有振动运动,因此聚合物是硬的,而且像玻璃那样脆性的(图中①区);在玻璃化转变区(②区),聚合物链除了能振动外还有分子的协同运动,因此聚合物变软,模量下降了 3 个数量级,材料变得像橡胶状;③、④区称为橡胶平台区;⑤区是黏性流动区。在各个温度区域,聚合物的力学性质有很大差异。

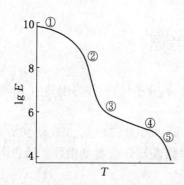

图 1-20　非晶态聚合物的模量-温度曲线　　图 1-21　不同聚合物的应力-应变曲线

图 1-21 是典型的应力-应变曲线。最左边的一根曲线对应于图 1-20 中的第①区,聚合物处于玻璃态,性质硬而脆,当被拉伸时,伸长率很小即会断裂,但是其杨氏模量却很高,曲线的斜率即是模量,此时的分子运动形式只有键长、键角的改变,形变属于弹性形变。这种状态的材料属于脆性塑料,如室温下的聚甲基丙烯酸甲酯。图 1-21 中左边的第二根曲线属于玻璃化转变区,即图 1-20 中的第②区,聚合物有很大的伸长率,有时还会出现屈服点,即在应力-应变曲线上出现一个峰,这种状态的材料属于韧性塑料。处于橡胶平台区的聚合物,即图 1-21 中的第③、④区,有很高的弹性,伸长率可以达到 500% 甚至更高,见图 1-21 中的第三根曲线。在这个区域,分子中的链段发生了运动,使长链分子由蜷曲状变成伸展状,当解除外力后,形变可完全恢复,材料的这种性质称为高弹性。

交联的聚合物在它们的玻璃化温度以上时呈橡胶状,例如橡胶带和汽车轮胎橡胶。一般说,弹性体(elastomers)在平台区的杨氏模量 $E$($E = 3nRT$,$n$ 代表网络中单位体积内两端均键合的链段的摩尔数;$R$、$T$ 分别为气体常数和绝对温度) 高于相应的线性聚合物。

聚合物也可能是部分结晶的,它的其余部分为非晶态。这种材料在常温下,可能处于它的玻璃化温度以上或以下。据此,又可以细分出四种材料,见表 1-7。

表 1-7　不同 $T_g$ 的聚合物在室温下使用的例子

| 使用温度 | 晶 态 | 非晶态 | 使用温度 | 晶 态 | 非晶态 |
|---|---|---|---|---|---|
| $T_g$ 以上 | 聚乙烯 | 天然橡胶 | $T_g$ 以下 | 纤维素 | 聚甲基丙烯酸甲酯 |

例如,聚乙烯和天然橡胶的 $T_g$ 都低于室温;天然橡胶是全部非晶态的,它柔软而富有弹性,可是聚乙烯因为大部分是结晶的,只是含有小部分的非晶区,即使是在非晶区的 $T_g$

以上,还是弹性很差,而有一定的强度。纤维素和聚甲基丙烯酸甲酯的 $T_g$ 都比室温高,后者即使是全部非晶态的,也不能像天然橡胶那样具有弹性,它的商品就是有机玻璃。有机玻璃与无机玻璃相比还是显得较软,容易引起表面发毛且易划伤。棉花几乎是纯粹的纤维,纸浆则含有 80%～90% 的纤维,而加工后的纤维有人造丝和赛璐芬(包糖果用的玻璃纸)等,因为纤维素是全部结晶的,而且它的 $T_g$ 又很高,所以纤维素的成品都是强度很高的材料。

实际上,半结晶性聚合物有两个模量区。如果非晶部分的 $T_g$ 在室温以下,则通常模量是在玻璃态和橡胶态之间。如果非晶部分的 $T_g$ 在室温以上,是玻璃态的,那么该聚合物实际上会比 100% 的玻璃态聚合物更加刚性一点。

# 习题与思考题

1. 请你列举出 20 种日常生活中经常接触到的高分子材料,并写出其中 10 种聚合物的名称和化学式。

2. 有 8 本小说,它们的厚度不同,分别为 250 页、280 页、300 页、350 页、400 页、450 页、500 页和 600 页,请算出它们的数均页数和重均页数以及分布宽度指数。请思考为什么重均页数大于数均页数。

3. 试比较聚苯乙烯与苯乙烯在性能上有哪些差别。

4. 为什么说黏度法测得的分子量是相对的分子量,渗透压法测得的是数均分子量,光散射法测得的是重均分子量?

5. 如果知道聚合物的分子量分布函数或分布曲线,如何求得 $M_n$ 和 $M_w$?

6. 证明 $M_w \geqslant M_\eta \geqslant M_n$。

7. 今有一混合物,由 1 g 聚合物 A 和 2 g 同样类型的聚合物 B 组成。A 的分子量 $M_A = 1 \times 10^5$ g·mol$^{-1}$;B 的分子量 $M_B = 2 \times 10^5$ g·mol$^{-1}$。计算该混合物的数均分子量 $M_n$ 重均分子量 $M_w$ 和多分散指数 $d$。

8. 利用高分子稀溶液的依数性质测定其分子量时,常常需要将所测的物理量对溶液浓度外推,求取浓度为零时的外推值作为计算的依据,为什么? 在什么条件下不需外推? 只需由单一浓度的数据即可计算出正确结果?

9. 在 20 ℃,100 cm$^3$ 的容量瓶中配制天然橡胶的苯溶液。干胶重 1.00 g,密度为 0.911 g·cm$^{-3}$,分子量为 $2 \times 10^5$ g·mol$^{-1}$,苯的摩尔体积为 89.0 cm$^3$·mol$^{-1}$。假定混合时没有体积变化,计算此溶液的浓度 $C$(g·cm$^{-3}$),溶质的摩尔数 $n_2$,摩尔分数 $x_2$,体积分数 $\phi_2$。

10. 在用稀溶液的依数性质测定聚合物的分子量时,若试样在测定条件下有缔合作用或电离作用,将对测定结果产生什么影响,试分别讨论之。

11. 于 25 ℃,测定不同浓度的聚苯乙烯甲苯溶液的渗透压,结果如下:

| $C \times 10^3$(g·cm$^{-3}$) | 1.55 | 2.56 | 2.93 | 3.80 | 5.38 | 7.80 | 8.68 |
| --- | --- | --- | --- | --- | --- | --- | --- |
| $\Pi$(g·cm$^{-2}$) | 0.15 | 0.28 | 0.33 | 0.47 | 0.77 | 1.36 | 1.60 |

试求此聚苯乙烯的数均分子量和第二维利系数 $A_2$。

12. 现有 7 个阴离子聚合法制备的单分散聚苯乙烯试样。用光散射法测定了各试样的

分子量,并在 30 ℃的苯溶液中测定了各试样的特性黏数$[\eta]$,结果如下:

$M_w \times 10^{-4}(\mathrm{g \cdot mol^{-1}})$      43.25    31.77    26.18    23.07    15.89    12.62    4.83

$[\eta](\mathrm{mL \cdot g^{-1}})$          147      117     101      92      70      59     29

根据上述数据求出黏度公式 $[\eta] = KM^a$ 中的两个常数 $K$ 和 $a$。

13. 同样都是高分子材料,在具体用途分类中为什么有的是纤维,有的是塑料,有的是橡胶? 同样是纯的塑料薄膜,为什么有的是全透明的,有的是半透明的?

# 参 考 文 献

[ 1 ] 施良和,胡汉杰. 高分子科学的今天与明天[M]. 北京:化学工业出版社,1994.

[ 2 ] 董建华. 高分子通报,2005(5):1.

[ 3 ] 张俐娜,薛奇,莫志深,金熹高. 高分子物理近代研究方法[M]. 武汉:武汉大学出版社,2003:第1章.

[ 4 ] 江明,府寿宽. 高分子科学的近代论题[M]. 上海:复旦大学出版社,1998.

[ 5 ] 杨玉良,胡汉杰. 高分子物理[M]. 北京:化学工业出版社,2001.

[ 6 ] 殷敬华,莫志深. 现代高分子物理学[M]. 北京:科学出版社,2001.

[ 7 ] SPERLING L H. Introduction to Physical Polymer Science[M]. 4th ed. New York: John Wiley & Sons, 2006: Chapter 1.

[ 8 ] RUBINSTEIN M. Colby R. Polymer Physics[M]. Oxford, Eng. : Oxford University Press, 2002.

[ 9 ] 钱人元,等. 高聚物的分子量测定[M]. 北京:科学出版社,1958.

[10] FLORY P J. Principles of Polymer Chemistry[M]. New York: Cornell University Press, 1953: Chapter 7.

[11] 马德柱,何平笙,徐种德,周漪琴. 高聚物的结构与性能[M]. 2版. 北京:科学出版社,1995.

[12] YAMAKAWA H. Modern Theory in Polymer Solutions[M]. New York: Harper & Row Publishers Inc, 1971: Chapter 7.

# 第二章

# 高分子的链结构

高聚物的结构是非常复杂的,与低分子物质相比有如下几个特点:

(1) 高分子是由很大数目($10^3\sim10^5$ 数量级)的结构单元组成的。每一结构单元相当于一个小分子,这些结构单元可以是一种(均聚物),也可以是几种(共聚物),它们以共价键相连接,形成线型分子、支化分子、网状分子等。

(2) 一般高分子的主链都有一定的内旋转自由度,可以使主链弯曲而具有柔性。并由于分子的热运动,柔性链的形状可以不断改变。如果化学键不能作内旋转,或结构单元有强烈的相互作用,则形成刚性链而具有一定的形状。

(3) 高分子结构的不均一性是一个显著特点。即使是相同条件下的反应产物,各个分子的分子量、单体单元的键合顺序、空间构型的规整性、支化度、交联度以及共聚物的组成及序列结构等都存在着或多或少的差异。

(4) 由于一个高分子链包含很多结构单元,因此结构单元间的相互作用对其聚集态结构和物理性能有着十分重要的影响。

(5) 高分子的聚集态有晶态和非晶态之分,高聚物的晶态比小分子晶态的有序程度差很多,存在很多缺陷。但高聚物的非晶态却比小分子液态的有序程度高,这是因为高分子的长链是由结构单元通过化学键联结而成的,所以沿着主链方向的有序程度必然高于垂直于主链方向的有序程度,尤其是经过受力变形后高分子材料更是如此。

(6) 要使高聚物加工成有用的材料,往往需要在其中加入填料、各种助剂、色料等,有时用两种或两种以上的高聚物共混改性,这些添加物与高聚物之间以及不同的高聚物之间是如何堆砌成整块高分子材料的,又存在着所谓织态结构问题。织态结构也是决定高分子材料性能的重要因素。

高分子的链结构又分为近程结构和远程结构。近程结构属于化学结构,又称**一级结构**。远程结构包括分子的大小与形态,链的柔顺性及分子在各种环境中所采取的构象,又称**二级结构**。链结构是指单个分子的结构和形态。聚集态结构是指高分子材料整体的内部结构,包括晶态结构、非晶态结构、取向态结构、液晶态结构等织态结构,它们是描述高分子聚集体中的分子之间是如何堆砌的,又称**三级结构**。一些更高级的织态结构和高分子在生物体中的结构则属于**更高级的结构**。

高分子物理工作者的任务是用各种物理量对这些结构进行表征,并且用各种方法进行定量的测量。

## 2.1 高分子链的构型

高分子链的构型(configuration)包括单体单元的键合顺序、空间构型的规整性、支化度、交联度以及共聚物的组成及序列结构。现分别阐述于下。

## 2.1.1 结构单元的键接方式

在缩聚和开环聚合中,结构单元的键接方式一般都是明确的,但在加聚过程中,单体的键接方式有所不同。例如单烯类单体($CH_2\!\!=\!\!CHR$)在聚合过程中可能的键接方式有"头—头"(或"尾—尾")键接

$$-CH_2-\underset{R}{CH}-\underset{R}{CH}-CH_2-CH_2-\underset{R}{CH}-\underset{R}{CH}-$$

和"头—尾"键接

$$-CH_2-\underset{R}{CH}-CH_2-\underset{R}{CH}-CH_2-\underset{R}{CH}-CH_2-\underset{R}{CH}-$$

之分,当然也有可能是两种方式同时出现的无规键接。这种由结构单元间的连接方式不同所产生的异构体称为顺序异构体。许多实验证明:在自由基或离子型聚合的产物中,大多数是头—尾键接的。

分子链中结构单元的连接方式往往对聚合物的性能有比较明显的影响,用来作为纤维的高聚物,一般都要求分子链中单体单元的排列规整,使聚合物结晶性能较好,强度高,便于抽丝和拉伸。例如,用聚乙烯醇做维尼纶,只有头—尾键接才能使之与甲醛缩合生成聚乙烯醇缩甲醛。如果是头—头键接的,羟基就不易缩醛化,使产物中仍保留一部分羟基,这是维尼纶纤维缩水性较大的根本原因;而且羟基的数量太多会使纤维的强度下降。为了控制高分子链的结构,往往需要改变聚合条件。一般来说,离子型聚合的比自由基聚合的产物,头—尾结构的含量要高一些。

我们可以通过裂解色谱的方法,把高分子链断裂成许多碎片,从碎片的结构中知道它们的键接情况。例如,对表 2-1 中列出的聚苯乙烯的热裂解产物进行定性和定量分析,知道它的单元都是头—尾键接的。

表 2-1 聚苯乙烯的热解产物(1 atm = 101.325 kPa)

| 热 解 产 物 | 热解产物中的含量(%) | |
| --- | --- | --- |
| | 1 atm 下,310~350 ℃热解 | 高真空,290~320 ℃热解 |
| $CH_2\!\!=\!\!CH$ (苯基) | 63 | 38 |
| $CH_2\!\!=\!\!C-CH_2-CH_2$ (苯基), $CH_2-CH_2-CH_2$ (苯基) | 19 | 19 |
| $CH_2\!\!=\!\!C-CH_2-CH-CH_2-CH_2$ (苯基), $CH_2-CH_2-CH-CH_2-CH_2$ (苯基) | 4 | 23 |

（续表）

| 热　解　产　物 | 热解产物中的含量(%) | |
| --- | --- | --- |
| | 1 atm 下，310～350 ℃热解 | 高真空，290～320 ℃热解 |
| CH₂=C—CH₂—CH—CH₂—CH—CH₂—CH₂<br>CH₂—CH₂—CH—CH₂—CH—CH₂—CH₂ | — | 4 |
| 残　　　　渣 | 10 | 12 |

## 2.1.2　结构单元的空间构型

结构单元为—CH₂—CHR—型的高分子,在每一个结构单元中都有一个手性碳原子。这样,每一个链节就有两种**旋光异构体**,它们在高分子链中有三种键接方式:假若高分子全部由一种旋光异构体键接而成,则称为**全同立构**(立体构型);由两种旋光异构单元交替键接,称为**间同立构**;两种旋光异构单元完全无规键接时,则称为**无规立构**。

图2-1是聚合物链的各种空间构型,图(a)、(b)、(c)分别表示全同、间同和无规立构。假定把主链上的碳原子排列在平面上成为锯齿状,则全同立构链中的取代基 R 都位于平面的同一侧,间同立构链中的 R 基交替排列在平面的两侧,无规立构链中的 R 基随机排列在平面两侧。

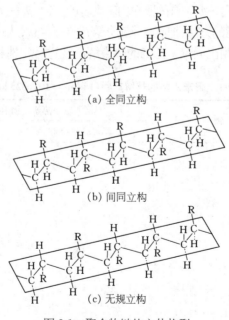

(a) 全同立构

(b) 间同立构

(c) 无规立构

图 2-1　聚合物链的立体构型

分子的立体构型不同时,材料的性能也有不同,例如,全同立构的聚苯乙烯结构比较规整,能结晶,熔点为 240 ℃;而无规立构的聚苯乙烯结构不规整不能结晶,软化温度为 80 ℃。全同或间同的聚丙烯,结构比较规整,容易结晶,可以纺丝做成纤维;而无规聚丙烯则不能结晶,是一种橡胶状的弹性体。通常自由基聚合的高聚物大都是无规的,只有用特殊的催化剂才能制得有规立构的高聚物,这种聚合方法称为定向聚合。

全同立构的和间同立构的高聚物有时统称为**等规高聚物**,**等规度**是指高聚物中含有全同立构和间同立构的总的百分数。我们可找到合适的溶剂把无规的和等规的高聚物分离开来,测定等规度。

对小分子和生物大分子来说,不同的空间构型常有不同的旋光性,而人工合成的高分子链虽然含有许多手性碳原子,但由于内消旋或外消旋作用,即使空间规整性很好的高聚物,也没有旋光性。

另一类聚合物如1,4-加成的双烯类聚合物,由于内双键上的基团在双键两侧排列的方向不同而有顺式构型与反式构型之分,它们称为**几何异构体**。例如,用钴、镍和钛催化系统可制得顺式构型含量大于94%的顺丁橡胶,其结构式如下

$$\begin{array}{ccc} & H_2 & \\ HC=CH & C & \\ | & | & \\ C & C & HC=CH \\ H_2 & H_2 & \end{array} \quad 顺式$$

而用钒系或醇烯催化剂所制得的聚丁二烯橡胶,主要为反式构型,其结构式如下

$$\begin{array}{ccc} H & H_2 & H \\ C & C & C \\ \| & \| & \| \\ C & C & C & C \\ H_2 & H & H_2 & H \end{array} \quad 反式$$

虽然都是聚丁二烯,由于结构的不同,性能就不完全相同,1,2-加成的全同立构或间同立构的聚丁二烯,由于结构规整,容易结晶,弹性很差,只能作为塑料使用;顺式的1,4-聚丁二烯,分子链与分子链之间的距离较大,在室温下是一种弹性很好的橡胶;反式1,4-聚丁二烯分子链的结构也比较规整,容易结晶,在室温下是弹性很差的塑料。几何构型对1,4-聚异戊二烯性能的影响也是大体如此。表2-2列出了几何构型不同对性能的影响。

表 2-2 几何构型对熔点和玻璃化温度的影响

| 聚合物 | 熔点 $T_m$(℃) | | 玻璃化温度 $T_g$(℃) | |
|---|---|---|---|---|
| | 顺式1,4 | 反式1,4 | 顺式1,4 | 反式1,4 |
| 聚异戊二烯 | 30 | 70 | −70 | −60 |
| 聚丁二烯 | 2 | 148 | −108 | −80 |

天然橡胶含有98%以上的1,4-顺式异戊二烯及2%左右的3,4-聚异戊二烯,$T_m = 28℃$,$T_g = -73℃$,柔软而具有弹性。古塔波胶为反式聚异戊二烯,有两种结晶状态,$T_m$分别为65℃和56℃,$T_g = -53℃$,在室温为硬韧状物。

## 2.1.3 高分子共聚物[1]

由 A 和 B 两种单体单元所生成的二元共聚物,按其连接方式可分为交替共聚物、无规共聚物、嵌段共聚物与接枝共聚物几种类型

无规共聚物的结构中还存在序列问题。如 A、B 两种单体共聚,其相邻两单元的键接就可能有(AA),(AB)及(BB)三种方式;其相邻三单元的键接就可能有(AAA)、(BBB)、(AAB)、(ABB)、(ABA)和(BAB)六种方式,相邻四单元甚至更多相邻单元的键接方式按排列组合规律将会更多。共聚物序列的长度和分布与单体的性质、配比和聚合条件有关。

为描述共聚物的序列结构,常用的参数有各单体单元的平均序列长度和嵌段数 $R$。以下面由 A 和 B 两种单体单元所组成的共聚物分子为例

$$\underline{A}\ \underline{B}\ \underline{AA}\ \underline{BBB}\ \underline{A}\ \underline{BB}\ \underline{AA}\ \underline{BBBB}\ \underline{AAA}\ \underline{B}$$

短划表示序列,就是由同类单体直接相连的嵌段,对于单体 A 和单体 B 来说,其平均序列长度分别为 $\langle L_A \rangle_n$ 和 $\langle L_B \rangle_n$,本例中可以算出

$$\langle L_A \rangle_n = 9/5 \quad 和 \quad \langle L_B \rangle_n = 11/5$$

嵌段数 $R$ 的定义是指在 100 个单体单元中出现的各种嵌段的总和(A 和 B 序列的总和)。可以证明,$R$ 与平均序列长度之间存在下式关系

$$R = 200/(\langle L_A \rangle_n + \langle L_B \rangle_n)$$

当 $R$ 为 100 时,表明是交替共聚;对于嵌段共聚物,当分子为无限长时,$R$ 的极限值为零;而无规共聚物的 $R$ 值介于两者之间。因此,$R$ 值可表征共聚物的类型,$R$ 愈大愈富有交替性,$R$ 愈小愈富有嵌段性。对上述例子,$R = 50$。

不同的共聚物结构,对材料性能的影响也各不相同。在无规共聚物的分子链中,两种单体无规则地排列,既改变了结构单元的相互作用,也改变了分子间的相互作用,因此,无论在溶液性质、结晶性质或力学性质方面,都与均聚物有很大的差异。例如,聚乙烯、聚丙烯均为塑料,而丙烯含量较高的乙烯-丙烯无规共聚的产物则为橡胶;Kel-F 橡胶是三氟氯乙烯和偏氟乙烯的共聚物;聚四氟乙烯是不能熔融加工的塑料,但四氟乙烯与六氟丙烯的共聚产物则为热塑性塑料。聚氨酯是由刚性段和柔性段组成的多嵌段共聚高聚物,改变分子量、刚性段和柔性段化学组成和比例以及嵌段序列,可设计出一系列从涂料、胶黏剂、弹性体、发泡塑料到硬塑料等适用范围很宽的高分子材料。

为了改善高聚物的某种适用性能,往往采取几种单体进行共聚的方法,使产物兼有几种均聚物的优点。例如,聚甲基丙烯酸甲酯是一种塑料,性能与聚苯乙烯类似。由于聚甲基丙

烯酸甲酯的分子带有极性的酯基,使分子与分子之间的作用力比聚苯乙烯大,因此在高温的流动性差,不宜采取注塑成型法加工。如果将甲基丙烯酸甲酯与少量苯乙烯共聚,可以改善树脂的高温流动性,能适用于注塑成型。又如,苯乙烯与少量丙烯腈共聚后,其冲击强度、耐热性、耐化学腐蚀性都有所提高,可供制造耐油的机械零件。

ABS树脂是丙烯腈、丁二烯和苯乙烯的三元共聚物。共聚的方式是无规共聚与接枝共聚相结合,结构非常复杂:可以是以丁苯橡胶为主链,将苯乙烯,丙烯腈接在支链上;也可以是丁腈橡胶为主链,将苯乙烯接在支链上;当然也可以以苯乙烯-丙烯腈的共聚物为主链,将丁二烯和丙烯腈接在支链上等等,这类接枝共聚物都称为ABS。虽然分子结构不同,材料的性能也有差别,但总的来说,ABS三元接枝共聚物兼有三种组分的特性。其中丙烯腈有CN基,能使聚合物耐化学腐蚀,提高制品的抗张强度和硬度;丁二烯使聚合物呈现橡胶状的韧性,这是材料抗冲强度增高的主要因素;苯乙烯的高温流动性能好,便于加工成型,且可改善制品的表面光洁度。因此,ABS是一类性能优良的热塑性塑料。

用阴离子聚合法制得的苯乙烯与丁二烯的嵌段共聚物称为SBS树脂,其分子链的中段是顺式聚丁二烯,两端是聚苯乙烯。聚丁二烯在常温下是一种橡胶,而聚苯乙烯是硬性塑料,两者是不相容的,因此SBS具有两相结构。聚丁二烯段形成连续的橡胶相,聚苯乙烯段形成微区分散在树脂中,它对聚丁二烯起着物理交联的作用。由于聚苯乙烯是热塑性的,起物理交联作用的聚苯乙烯微区在高温下能破坏,室温下又可重组,所以SBS是一种可用注塑的方法进行加工而不需要硫化的橡胶。与之情况相类似的一些材料,如聚氨酯等,都可统称为**热塑性弹性体**。

已有报道称可以通过在聚合过程中转变有机金属催化剂的结构,合成出有规立构(全同或间同)聚丙烯和无规立构聚丙烯的嵌段共聚物,从广义上说也是嵌段共聚物的结构,这样可以兼具两种不同立构聚丙烯的性能特点,获得一种性能优良的由同一种单体构成的热塑性弹性体。

## 2.1.4　高分子链的支化[1,2]

一般高分子都是线型的,如果在缩聚过程中有官能度 $f \geqslant 3$ 的单体存在,或在加聚过程中,有自由基的链转移反应发生;或双烯类单体中第二双键的活化等,都能生成支化的或交联的高分子。

支化高分子的化学性质与线型高分子相似,但支化对物理性能的影响有时相当显著。例如,高压聚乙烯(低密度聚乙烯LDPE),由于支化破坏了分子的规整性,使其结晶度大大降低。低压聚乙烯(高密度聚乙烯HDPE)是线型分子,易于结晶,故在密度、熔点、结晶度和硬度等方面都高于前者,见表2-3。

表2-3　高压聚乙烯与低压聚乙烯性能比较表

| | 密　度(g·cm⁻³) | 熔　点(℃) | 结晶度(%) | 用　途 |
|---|---|---|---|---|
| 高压聚乙烯 | 0.91~0.94 | 105 | 60~70 | 薄膜(软性) |
| 低压聚乙烯 | 0.95~0.97 | 135 | 95 | 瓶、管、棒等(硬性) |

支化高分子又有星型、梳型、无规支化以及树枝状聚合物(dendrimer)之分,它们的性能也有差别。图2-2表示高分子链的支化与交联情况。一般说来,支化对于高分子材料的使用性能是有影响的。支化程度越高,支链结构越复杂,则影响越大。例如,无规支化往往降低高聚物薄膜的拉伸度,以无规支化高分子制成的橡胶,其抗张强度及伸长率均不及线型分子制

成的橡胶。对支化的高分子可以用支化点的情况和支化参数 $g$ 来表征支化高分子的构型。

图 2-2　高分子的支化与交联

**1. 支化点的情况**

(1) 支化点的官能度 $f$。

如果单体单元的官能度 $f=2$，不会支化；$f \geqslant 3$ 时才能支化。如果高分子只有一个支化点，而支化点的官能度为 $f$，它相当于由 $f$ 条长短不同的支链组成的星型高分子。

(2) 支化点的分布：是指整个链上支化点的数目以及这些支化点是如何分布在链上的。

(3) 支链的长度以及长度的分布。

**2. 支化参数 $g$[3]**

支化高分子情况很复杂，可用一个参数 $g$ 来表示高分子支化的形态，它的定义是

$$g \equiv \frac{\langle R_g^2 \rangle_{0\text{支}}}{\langle R_g^2 \rangle_{0\text{线}}} \tag{2-1}$$

如果支化的与线型的两者分子量相同，则两者的均方半径之比就是支化参数，因为支化的均方半径比线型的小，所以 $g$ 总是小于 1 的，支化度愈大，$g$ 愈小。

至于链中有两个或三个支化点的分子，$g$ 的表达式就更复杂些。

$$g = 6\left[\sum_{\text{整个链}}\left(\frac{Z_\gamma^2}{2} - \frac{Z_\gamma^3}{3Z}\right) + 6\frac{Z_{ab}}{Z}\left(\sum_{\gamma_a=1}^{f_a-1} Z_{\gamma_a} \sum_{\gamma_b=1}^{f_b-1} Z_{\gamma_b}\right)\right] \qquad \text{(链中有两个支化点)}$$

式中 $Z_{ab}$ 是指联结两个支化点($a$ 和 $b$)之间那段链的链段数；$Z$ 是整个分子的链段数；$f_a$ 和 $f_b$ 是支化点 $a$ 和支化点 $b$ 的官能度数；$Z_\gamma$ 是各条支链上的链段数；$Z_{\gamma_a}$ 和 $Z_{\gamma_b}$ 是分别指由支化点 $a$ 和支化点 $b$ 出发的各条支链的链段数。

实际上一块高聚物，往往是由链段数 $Z$ 相等和支化官能度 $f$ 相等的高分子组成，而每条支链上链段数的分布却是无规的，这样 $g$ 可简化为

$$g = 6f/(f+1)(f+2) \qquad \text{(一个支化点)}$$

$$g = 3(5f^2 - 6f + 2)/f(4f^2 - 1) \qquad \text{(两个支化点)}$$

$$g = 2(13f^2 - 20f + 8)/f(9f^2 - 9f + 2) \qquad \text{(三个支化点)}$$

若用特性黏度 $[\eta]$ 表征链的支化程度，则

$$\frac{[\eta]_{\theta\text{支}}}{[\eta]_{\theta\text{线}}} = g^b \quad (g^b < 1) \tag{2-2}$$

在一般情况下，$b=2-a$（这里的 $a$ 是 $[\eta]=KM^a$ 中的 $a$），$\theta$ 溶液中 $a=1/2$，所以 $b=3/2$。为了避免溶剂所引起的排斥体积效应，$g$ 值必须在 $\theta$ 条件下测定。表 2-4 为某些支化分子的 $g$ 值。

表 2-4 某些支化分子的 *g* 值

| 支化点数目 | 支化官能度 | $g = \dfrac{b\langle R_g^2 \rangle}{Z_b^2}$ | |
| --- | --- | --- | --- |
| | | 支链长度相等 | 支链长度不等 |
| 0 | 1~2 | 1 | 1 |
| 1 | 3 | 0.778 | 0.900 |
| | 4 | 0.625 | 0.800 |
| | 8 | 0.344 | 0.533 |
| 2 | 3 | 0.712 | 0.829 |
| | 4 | 0.525 | 0.690 |
| 3 | 3 | 0.668 | 0.774 |
| | 4 | 0.496 | 0.618 |

　　树枝状高分子(dendrimer)是具有高度支化结构的聚合物,它有两种情况:一类是具有完美树枝型结构的大分子;一类是具有缺陷的树枝状生长。通常所说的树枝状聚合物是具有完美树枝型结构的大分子,而具有缺陷的树枝状聚合物则赋予其另外的名称——超支化高分子(hyperbranched polymer)。

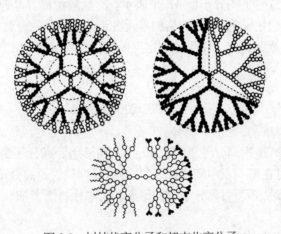

图 2-3 树枝状高分子和超支化高分子

## 2.1.5 高分子链的交联

　　高分子链之间通过支化联结成一个三维空间网型大分子时即称为**交联结构**。交联与支化是有本质的区别的,支化高分子能够溶解,而交联高分子是不溶不熔的,只有当交联度不太大时能在溶剂中溶胀。热固性塑料(如酚醛、环氧、不饱和聚酯等)和硫化橡胶都是交联高分子。

　　橡胶的硫化是使聚异戊二烯的分子之间产生"硫桥"。

$$\begin{array}{c} CH_3 \\ | \\ \sim\sim CH_2-C=CHCH_2\sim\sim \end{array} \xrightarrow{S} \begin{array}{c} CH_3 \\ | \\ \sim\sim CHC=CHCH_2\sim\sim \\ | \\ S \\ | \\ S \quad CH_3 \\ | \quad | \\ \sim\sim CH-C=CH-CH_2\sim\sim \end{array}$$

未经硫化的橡胶,分子之间容易滑动,受力后会产生永久变形,不能回复原状。因此没有使用价值。经硫化的橡胶,分子之间不能滑移,才有大的可逆弹性变形,所以橡胶一定要经过硫化变成交联结构后才能使用。

又如聚乙烯,虽然熔点在 125 ℃以上,但在 100 ℃以上使用时会发软。经过辐射交联或化学交联后,可使其软化点及交联度大大提高,见表 2-5。交联聚乙烯大都用作电器接头、电缆和电线的绝缘套管。

**表 2-5　包装用辐射聚乙烯薄膜的性能**

| 聚合物类型 | 拉伸强度(MPa) | 断裂伸长率(%) | 热封温度范围(℃) |
| --- | --- | --- | --- |
| 交联聚乙烯 | 50～100 | 60～90 | 150～250 |
| 高压聚乙烯 | 10～20 | 50～600 | 125～175 |
| 低压聚乙烯 | 20～70 | 5～400 | 140～175 |

高分子的交联度不同,性能也不同,交联度小的橡胶(含硫 5%以下)弹性较好,交联度大的橡胶(含硫 20%～30%)弹性就差,交联度再增加,机械强度和硬度都将增加,最终失去弹性而变脆。这些现象在定性上可由橡胶弹性的分子理论所解释。所谓交联度,通常用相邻两个交联点之间的链的平均分子量 $M_c$ 来表示。交联度愈高,$M_c$ 越小。或者用交联点密度表示。交联点密度的定义为,交联的结构单元占总结构单元的分数,即每一结构单元的交联几率。由溶胀度的测定和力学性质的测定可以估计交联度和 $M_c$。

## 2.2　高分子链的构象[4~7]

高分子链的"构象"是指高分子链的大小、尺寸和形态。高分子链的大小可用分子量和分子量分布表示,这已在第一章中阐述过了。在此,我们只讨论高分子链的尺寸和形态。在讨论高分子链的尺寸时,必须对高分子链的形态和柔顺性有所了解。

### 2.2.1　高分子链的内旋转构象和链的柔顺性[8]

高分子的主链虽然很长,但通常并不是伸直的,它可以蜷曲起来,使分子采取各种形态。从整个分子来说,它可以蜷曲成椭球状,也可以伸直成棒状。从分子链的局部来说,它可以呈锯齿形或螺旋形。这些形态可以随条件和环境的变化而变化。

为什么高分子链有蜷曲的倾向呢? 这要从单链的内旋转谈起。在大多数的高分子主链中,都存在许多的单键,例如聚乙烯,聚丙烯,聚苯乙烯等,主链完全由C—C单键组成,在聚丁二烯和聚异戊二烯的主链中也有 3/4 是单键。

单键是由 σ 电子组成,电子云分布是轴对称的,因此高分子在运动时 C—C 单键可以绕轴旋转,称为内旋转。当碳链上不带有任何其他原子或基团时,C—C 键的内旋转应该是完全自由的,就是说在旋转过程中没有位阻效应。当然各个键之间的键角将保持不变。C—C 键的键角为 109°28′,如图 2-4 所示,如果将高分子链中第一个C—C键($\sigma_1$)固定在 z 轴上,则第二个 C—C 键($\sigma_2$)只要保持键角不变,就有很多位置可供选择。即由于 $\sigma_1$ 的内旋转(自转),带动 $\sigma_2$ 跟着旋转(公转),$\sigma_2$ 的轨迹将形成一个圆锥面,以致 $C_3$ 可以出现在圆锥体底面圆周的任何位置上。

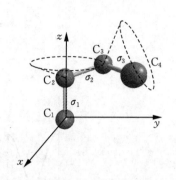

图 2-4 高分子链的内旋转构象

当 $\sigma_1$ 键和 $\sigma_2$ 键的位置固定以后,由于 $\sigma_2$ 的自转又会带动 $\sigma_3$ 绕 $\sigma_2$ 公转,形成另一个圆锥,使 C$_4$ 出现在另一个圆锥体底面圆周的任何一个位置上。当 $\sigma_2$ 键和 $\sigma_3$ 键同时内旋转时,C$_4$ 活动的余地就更大了。一个高分子链中有许多单键,每个单键都能内旋转,因此很容易想象,高分子在空间的形态可以有无穷多个。

由于单键内旋转而产生的分子在空间的不同形态称为**构象**(conformation)。由于热运动,分子的构象在时刻改变着,因此高分子链的构象是统计性的。由统计规律可知,分子链呈伸直构象的几率是极小的,而呈蜷曲构象的几率较大。

如此看来,单键的内旋转是导致高分子链呈蜷曲构象的原因,内旋转愈自由,蜷曲的趋势愈大。我们称这种不规则的蜷曲的高分子链的构象为**无规线团**(random coil)。

实际上,内旋转完全自由的 C—C 单键是不存在的,因为碳键总要带有其他的原子或基团,当这些原子或基团充分接近时,原子的外层电子云之间将产生排斥力,使之不能接近。这样,单键的内旋转受到阻碍,旋转需要消耗一定的能量,以克服内旋转所受到的阻力,因此内旋转总是不完全自由的。

高分子链能够改变其构象的性质称为柔顺性,这是高聚物许多性能不同于小分子物质的主要原因。链的柔顺性可从静态和动态两个方面来理解。

### 1. 静态柔顺性

由图 2-5 可见,单键内旋转时由于非近邻原子之间的相互作用使反式和旁式之间相互跃迁的位垒 $\Delta E$ 不等,两者之差为 $\Delta\varepsilon$。如果 $\Delta\varepsilon$ 很小,小于热能 $kT$,即 $\dfrac{\Delta\varepsilon}{kT}<1$ 时,相间的单键处于反式构象的机会与旁式的差不多,即在一条高分子链中单键的反式构象和旁式构象无规排列,使链呈无规线团,这里每个单键作为一个连接单元,是较柔顺的情况。如果 $\dfrac{\Delta\varepsilon}{kT}$ 值稍大,则单键的反式构象占优势,使链的局部变刚性,而从链的整体来说还是柔顺的。我们可以把这条链看作由许多刚性的"链段"组成的柔性链,只是把每个链段看作是一个连接的单元,当然链段长度 $a$ 比单键长度 $l$ 要长,取决于 $\dfrac{\Delta\varepsilon}{kT}$ 的值,即

$$a = l\exp\left(\frac{\Delta\varepsilon}{kT}\right)\ (\Delta\varepsilon > 0) \tag{2-3}$$

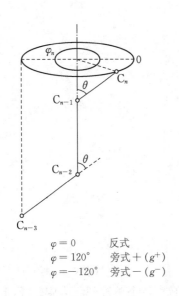 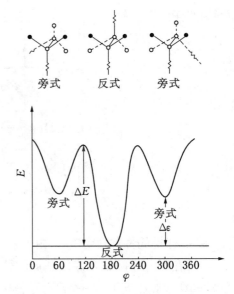

$$\varphi = 0 \qquad \text{反式}$$
$$\varphi = 120° \qquad \text{旁式} + (g^+)$$
$$\varphi = -120° \qquad \text{旁式} - (g^-)$$

图 2-5　聚乙烯的内旋转位能曲线

$a$ 又称为持续长度(persistence length)。当 $\Delta\varepsilon \to 0$ 时,$a \to l$ 是最柔顺的链,当 $\Delta\varepsilon$ 增大, $\frac{\Delta\varepsilon}{kT} \gg 1$ 时,$a$ 随之增大,如果 $a$ 大到与整个链的长度 $L$ 一样时 $(L = nl)$,高分子链相当于由一个刚性的链段组成,这就是最刚性的棒状分子(rodlike chain),没有什么柔性可言了,由此可见,链的静态柔顺性可用持续长度与整个分子的长度之比 $x$ 来表示

$$x = \frac{a}{L} = \frac{1}{n} \exp\left(\frac{\Delta\varepsilon}{kT}\right)$$

只有当 $x$ 很小的时候,或主链的数目 $n$ 很大,$\frac{\Delta\varepsilon}{kT}$ 很小时,链才能具有柔性行为。

### 2. 动态柔顺性

主链中相继的两个单键可以处于反式构象或旁式构象,这两种构象之间的转变需要时间 $\tau_p$,$\tau_p$ 取决于位垒 $\Delta E$。假定 $\Delta E \ll kT$,则反式与旁式之间的转变可以在大约 $10^{-11}$ s 的时间内完成,我们说这个链的动态柔顺性很好。如果 $\Delta E$ 很大,则 $\tau_p$ 呈指数性增长

$$\tau_p = \tau_0 \exp\left(\frac{\Delta E}{kT}\right) \tag{2-4}$$

在这里 $\tau_p$ 称为持续时间(persistence time)。如果高分子链中链段运动的频率 $\omega < \frac{1}{\tau_p}$,我们可以说这个链是动态柔性的。

静态柔性和动态柔性是两种概念,有时一致,有时并不一致。例如,带有庞大侧基的具有一定静态柔性的链,它的位垒 $\Delta E$ 很高,相当于基本上被冻结成某种构象的无规线团,像一根弯曲着的玻璃丝,它的动态柔性很差。按理无规线团在溶液中应该有无数个构象,可是这种高分子链因为动态柔顺性差,在稀溶液中可以称它为"单链玻璃",应该具有某些特殊的力学性质。

实际上高分子的结构要比低分子复杂得多,无法推算也无法测定 $\Delta\varepsilon$ 和 $\Delta E$,因此 $a$ 和 $\tau_p$ 也无法从式(2-3)式(2-4)中求得。为了进一步说明高分子链的柔顺性,提出了"理想

链"的概念,相当于在气体中讨论理想气体一样。

所谓理想的柔性链,是指高分子的主链由无数个不占体积的很小的键自由结合而成,键的长度为 $l$,键的数目为 $n(n \rightarrow \infty)$。每个相连接的键热运动时没有键角的限制,而旋转也没有位垒的障碍,每个键在任何方向取向的几率都相等。这种理想链又称为**自由结合链**或**自由连接链**(freely jointed chain)。由于每个键的取向是无规的,也称它为无规链或无规线团。这当然是最柔顺的情况,是真实体系重要的参照物。

## 2.2.2　理想柔性链的均方末端距[6]

如何表征无规线团的尺寸大小呢? 我们可用链的两端之间的直线距离(末端距) $h$ 和链的回转半径 $R_g$ 表示它们的尺寸和大小。因为柔性的高分子链在不断地热运动,它的形态是瞬息万变的,所以只能用它们的平均值来表示,又因为末端距 $h$ 是矢量,它的数值可正可负,所以要取 $h$ 的平方的平均 $\langle h^2 \rangle$ 而不是 $h$ 的平均 $\langle h \rangle$。

均方末端距有两个特点:

(1) 均方末端距与主链中的数目 $n$ 成正比。

链的末端距矢量 $h$ 应该是每个键的矢量之和

$$h = l_1 + l_2 + \cdots + l_n = \sum_n l_n \tag{2-5}$$

令 $e$ 为单位矢量,其模为1,其方向与 $l_i$ 方向一致,则 $l_i = le_i$。根据矢量运算规则

$$e_1 \cdot e_1 = e_2 \cdot e_2 = \cdots = e_{n-1} \cdot e_{n-1} = e_n \cdot e_n = 1$$

式(2-5)可写成

$$h^2 = l^2 \sum_{i=1}^n \sum_{j=1}^n e_i \cdot e_j \tag{2-6}$$

$$\sum_{i=1}^n \sum_{j=1}^n e_i \cdot e_j = n + 2 \sum_{i=1}^{n-1} \sum_{j=i+1}^n e_i \cdot e_j \tag{2-7}$$

将式(2-7)代入式(2-6),求平均值,可得均方末端距

$$\langle h^2 \rangle = l^2 \left( n + 2 \left\langle \sum_{i=1}^{n-1} \sum_{j=i+1}^n e_i \cdot e_j \right\rangle \right) \tag{2-8}$$

因为键在各方向取向的几率相等,故上式右面第二项的平均值为零。那么

$$\langle h^2 \rangle_0 = nl^2 \tag{2-9}$$

这里下标0表示理想链。由以上结果可知,自由结合链的尺寸比完全伸直链的尺寸 $nl$ 要小很多。

自由结合链是极端理想化的模型,实际上共价键是有方向性的,例如饱和直链烃中的 C—C 键,相互之间有严格的键角,为 $109°28'$。因此,键在空间的取向不是任意的,而只能在一定的范围内取向。

(2) 末端距的分布函数是高斯函数的形式。

如果将高分子链的一端固定在球坐标的原点而另一端出现在离原点距离为 $h \rightarrow h + dh$ 的球壳 $4\pi h^2 dh$ 内的几率,即末端距的径向分布函数 $W(h)$,它在数学上类似于三维空间的无规飞行(random flight)问题(见附录)。它有如下的形式

$$
\begin{cases}
W(h)\mathrm{d}h = \left(\dfrac{\beta_0}{\sqrt{\pi}}\right)^3 \mathrm{e}^{-\beta_0^2 h^2} 4\pi h^2 \mathrm{d}h \\[2mm]
\beta_0^2 = \dfrac{3}{2nl^2}
\end{cases}
\tag{2-10}
$$

可算出均方末端距为

$$
\langle h^2 \rangle_0 = \int_0^\infty h^2 W(h)\mathrm{d}h = nl^2
$$

因为末端距的径向分布函数是高斯(Gauss)型的,故又称为高斯链。高斯链是最典型的柔性链。

不管用几何的方法还是用统计的方法,它们的结果是一致的,都是

$$
\langle h^2 \rangle_0 = nl^2
$$

末端距 $h$ 可以用均方根末端距表示

$$
h_0 \equiv \langle h^2 \rangle^{1/2} = n^{1/2} l
$$

如果我们的着眼点在于末端距与分子量的关系,那么可写成

$$
h_0 \sim n^{1/2} \quad \text{或} \quad h_0 \sim n^\nu (\nu = 1/2)
$$

### 1. Kuhn 等效链段

实际上高分子主链中每个键都不是自由结合的,有键角的限制。内旋转也不是自由的,一个键转动时要带动附近一段链一起运动,也就是说相继的键它们的取向是彼此相关的,我们只要把相关的那些键组成一个"链段"作为独立运动的单元。这样,高分子链相当于由许多自由结合的链段组成,这种链段称为 Kuhn 链段(如图 2-6 所示),只要链段的数目足够多,它还是柔性的,称它为等效自由结合链。当然,它没有自由结合链来得柔性大。

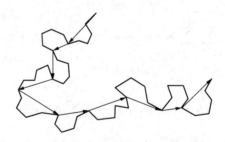

图 2-6　等效自由结合链

如果 Kuhn 链段的平均长度为 $b$,数目为 $Z$,只要 $Z$ 足够多,末端距的分布仍旧是高斯型的

$$
\begin{cases}
W(h)\mathrm{d}h = \left(\dfrac{\beta_0'}{\sqrt{\pi}}\right)^3 \mathrm{e}^{-\beta_0'^2 h^2} 4\pi h^2 \mathrm{d}h \\[2mm]
\beta_0'^2 = \dfrac{3}{2Zb^2}
\end{cases}
$$

均方末端距为

$$
\langle h^2 \rangle_0 = \int h^2 W(h)\mathrm{d}h = \frac{3}{2\beta_0'^2} = Zb^2
\tag{2-11}
$$

如果等效自由结合链的伸直长度与自由结合链的相等 ($L = Zb = nl$)，则前者的 $\langle h^2 \rangle_0$ 大于后者(由于 $Zb^2 > nl^2$)，也就是说链愈柔顺则均方末端距愈短。另外，链愈柔顺则链段愈短，链段的长度 $b$ 短到与化学键的长度 $l$ 一样时是最柔顺的情况；反之，链愈刚性则链段愈长，链段的长度 $b$ 长到与主链的伸直长度一样时，整个分子就像一根不可弯曲的棒。因此可用链段长度 $b$ 来表示高分子链的柔性程度。以上讨论的是高斯链的均方末端距 $\langle h^2 \rangle_0$ 与链段数 $Z$、链段长度 $b$ 之间的关系。

虽然自由连接链适用于柔性的高分子，但都没有考虑到造成与实际情况偏离的两种主要效应。

效应 I：实际的单个高分子只有在稀溶液中能稳定存在，在这种情况下，就会引入链节与链节之间的体积排除和链与周围环境的相互作用如链和溶剂分子之间，链与链之间的相互作用等。

效应 II：化学键旋转的不自由。

在实际情况下，这些效应往往是不能被忽略的，尤其是效应 I 造成均方末端距与键数的依赖关系并不是简单的一次方关系。在稀溶液中，效应 I 的克服方法是在某个特殊的实验条件下，利用链节和溶剂分子之间的排斥作用屏蔽链内链节之间的体积排除效应，这个实验条件就是处于 $\theta$ 状态的溶液，这时实验测到均方末端距就是**无扰均方末端距** $\langle h^2 \rangle_0$，与键数的一次方呈正比关系，这样才具备与自由连接链模型比较的可能。虽然高分子链中由效应 II 引起的单键旋转时互相牵制，一个键转动，要带动附近一段链一起运动，每个键不成为一个独立运动单元。但我们可把由若干个键组成的一段链算作一个独立的单元，称它为"链段"，令链段与链段自由结合，并且无规取向，相当于将处于无扰状态的高分子链进行粗粒化划分，变为由有效的链段长度和有效的链段数目构成的一条"新"的等效自由结合链，也就相当于克服了效应 II，但必须是在解决好了效应 I 的基础之上才能再解决效应 II 所带来的问题。

将处于无扰状态的高分子链划分成等效自由连接链，必须满足以下条件

$$\langle h^2 \rangle_0 = Zb^2 \tag{2-11}$$

$$L = Zb \tag{2-12}$$

其中 $L$ 是高分子链的伸直长度(或称轮廓长度)。由此就可计算出，等效自由连接链的链段数目和链段长度

$$Z = \frac{L^2}{\langle h^2 \rangle_0} \tag{2-13a}$$

$$b = \frac{\langle h^2 \rangle_0}{L} \tag{2-13b}$$

### 2. 高斯等效链段

我们还可以仿照等效自由连接链的方法，采用另一种方法把一条键数为 $n$ 的高分子链重新作粗粒化划分。这条长链可以划分成由若干个小的高斯链段所组成，如图 2-7，每条小高斯链段内键的数目为 $\lambda$。每个小高斯链段的长度，称为高斯统计链段长度。经过这样划分，链上任意两点之间的构象分布函数都呈高斯分布，可称之为完全连续化的高斯链模型，这给理论带来极大的方便，例如通过此种方法就可以引入理论物理中的场论方法来处理高

分子链的一些基本问题[7]。

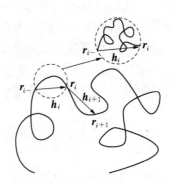

图 2-7　由高斯统计链段组成的高斯链

与等效自由连接链的 Kuhn 链段长度概念相比,形成高斯链段的长度要求是 $\lambda$ 比较大,而对于等效自由连接链的 Kuhn 链段来说,只要求整条链变成一个自由连接链,而链段内部并不一定是需要满足高斯分布的高斯链段,链段内的链节数目也不要求很大。高斯统计链段和 Kuhn 链段分别对应于高分子链段概念的上下限。

均方末端距是一个反映高分子链大尺度的整体(global)行为的统计量,它在 $n$ 很大时,高分子链的局部细节并不导致质的差别。只要我们的问题所涉及的空间尺度远大于有效链段长度的尺寸,链模型只要能够反映高分子的链状特征、数学上易于把握即可。所以从这点上看,自由连接链的概念在高分子物理中显得更为重要。

柔性高分子链可用统一的等效自由连接链或高斯链模型描述,但不同种类的真实高分子链性质肯定是有差别的,这主要体现在不同的分子结构必定导致分子柔顺性的不同,我们可以寻找一些由实验测定的参数来定量描述分子的柔顺性。

(1) Flory 特征比 $C$

$$C = \langle h^2 \rangle_0 / nl^2 \tag{2-14}$$

$C$ 为测得的无扰均方末端距直接与自由结合链的均方末端距之比。当链较短时,其值随着键数的增加而增大,最后趋向一固定值,用 $C_\infty$ 表示,称为极限特征比。显然 $C_\infty$ 愈小,链愈柔顺。

(2) 高分子的无扰尺寸 $A$

$$A = (\langle h^2 \rangle_0 / M)^{1/2} \tag{2-15}$$

因为在 $\theta$ 条件下无扰的均方末端距与键数 $n$ 成正比,而 $n$ 又比例于分子量 $M$,所以可用单位分子量的无扰均方末端距作为衡量分子柔顺性的参数。$A$ 值愈小,分子愈柔顺。若分子量不是太小,$A$ 值只取决于分子的近程结构,与试样的分子量无关,也就是说对同一种构型的高分子,$A$ 值基本上是一个固定的特征常数。

(3) Kuhn 链段长度 $b$

$$b = \langle h^2 \rangle_0 / L \tag{2-16}$$

它是无扰末端距与链的总长度的比例关系。$b$ 越小则链越柔顺,可以表征不同高分子链的柔顺性。

### 2.2.3 线型高分子的均方回转半径[6]

均方末端距是表征线型聚合物分子尺寸的常用的参数。然而,对于支化聚合物来说,随着支化类型和支化度的不同,一个分子将有数目不同的末端;对于环形聚合物来说,甚至没有端点,这样讨论均方末端距就没有什么物理意义了。并且,末端距不是可以直接测量的量。实验上可以直接测量的表征分子尺寸的参数为均方回转半径,用 $\langle R_g^2 \rangle$ 表示。它的定义是:假定高分子链中包含许多链单元,每个链单元的质量为 $m_i$,设从高分子链的质心到第 $i$ 个链单元的距离为 $r_i$,它是一个矢量,取全部链单元的 $r_i^2$ 对质量 $m_i$ 的平均,就是链的均方回转半径

$$\langle R_g^2 \rangle \equiv \frac{\sum m_i r_i^2}{\sum m_i} \tag{2-17}$$

对于柔性分子的无规线团,$r_i^2$ 值依赖于链的构象。将 $r_i^2$ 对分子链所有可能的构象取平均,也可得到均方回转半径 $\langle R_g^2 \rangle$

$$\langle R_g^2 \rangle = \frac{1}{n} \sum_{i=1}^{n} \langle (r_i - r_{cm})^2 \rangle = \frac{1}{n^2} \sum_{i=1}^{n} \sum_{j=1}^{n} \langle (r_i - r_j)^2 \rangle \tag{2-18}$$

式中 $r_{cm}$ 是质心离开原点的矢量;$r_i$ 是各链单元离开原点的矢量。

经数学证明,对于自由连接链和等效自由连接链,当分子量为无限大时,其均方末端距与均方回转半径间存在着这样的关系

$$\langle R_g^2 \rangle_0 = \frac{1}{6} \langle h^2 \rangle_0 \tag{2-19}$$

均方回转半径更为直观地反映了链平均尺寸的大小,它是可直接测得的物理量。

### 2.2.4 用光散射法测定高分子链的均方回转半径[9]

在第一章中已经介绍了光散射法测定重均分子量,在此我们将介绍此法如何应用于测定高分子链的回转半径。当高分子的尺寸大于入射光波长 $\lambda$ 的 1/20 时,会引起散射光的内干涉效应,即同一高分子的两个散射中心所发出的散射光之间有光程差,从而使两个波之间产生不可忽略的相位差,这样的波的叠加波幅比起没有相位差时的叠加波幅要小,因而使总的散射光强减弱,其减弱程度随着光程差的增加而增加。而光程差又与散射角 $\theta$ 有关。

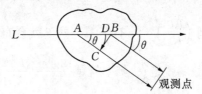

图 2-8 内干涉散射光的光程差示意

图 2-8 是表示这种关系的示意,图中 $A$ 和 $B$ 分别表示同一高分子的两个散射中心,它们的散射光的光程差 $\Delta$ 为

$$\Delta = DB = AB - AD = AB(1 - \cos\theta)$$

光程差使得前向散射光强 ($90°>\theta>0°$) 大于后向散射光强 ($180°>\theta>90°$)。散射光的不对称性可用一个参数 $P(\theta)$ 来表征。$P(\theta)$ 称为散射因子,它是高分子尺寸和散射角的函数

$$P(\theta) = 1 - \frac{1}{3}(q^2\langle R_g^2\rangle) + \cdots$$

式中 $q$ 是散射波矢,其大小为

$$q = \frac{4\pi n}{\lambda}\sin\frac{\theta}{2}$$

因此

$$P(\theta) = 1 - \frac{16\pi^2 n^2}{3\lambda^2}\langle R_g^2\rangle\sin^2\frac{\theta}{2} + \cdots \tag{2-20}$$

式中 $\langle R_g^2\rangle$ 是均方回转半径。由此,可将测定 $M_w \leqslant 10^4$ 的光散射公式 $\frac{KC}{R_\theta} = \frac{1}{M} + 2A_2C$ 修改成

$$\frac{KC}{R_\theta} = \frac{1}{MP(\theta)} + 2A_2C$$

利用 $1/(1-x) = 1 + x + x^2 + \cdots$ 的数学关系,可得无规线团的光散射公式为

$$\frac{KC}{R_\theta} = \frac{1}{M}\left(1 + \frac{16\pi^2 n^2}{3}\frac{\langle R_g^2\rangle}{\lambda^2}\sin^2\frac{\theta}{2} + \cdots\right) + 2A_2C \tag{2-21}$$

式中 $K$ 称为光学常数

$$K = \frac{4\pi^2}{\widetilde{N}\lambda^4}n^2\left(\frac{\partial n}{\partial C}\right)^2$$

式中 $n$ 是溶液的折光率。当溶质、溶剂、光源的波长以及温度选定后,$K$ 是一个与溶液浓度、散射角度以及溶质的分子量无关的常数。$R_\theta$ 称为瑞利(Rayleigh)因子,它的定义是单位散射体积所产生的散射光强 $I_S$ 与入射光强 $I_0$ 之比乘以观察距离 $r$ 的平方

$$R_\theta = r^2\frac{I_S}{I_0}$$

$r$ 和 $I_0$ 是可以事先标定的,因此 $R_\theta$ 就是散射光强,但必须指出散射体积是随着散射角而变的,$R_\theta$ 要乘以 $\sin\theta$ 进行修正。

根据式(2-21),只要在不同的浓度下测定不同 $\theta$ 时的 $R_\theta$,将在固定的 $\theta$ 下所测得的 $\frac{KC}{R_\theta}$ 值随浓度变化作图,可以得到 $\left(\frac{KC}{R_\theta}\right)_{C\to0}$,有一系列的 $\theta$ 就会有一系列的 $\left(\frac{KC}{R_\theta}\right)_{C\to0}$,然后作 $\left(\frac{KC}{R_\theta}\right)_{C\to0}$ 对 $\sin^2\frac{\theta}{2}$ 的曲线,截距就是 $\frac{1}{M}$,斜率就是 $\frac{16\pi^2 n^2}{3}\frac{\langle R_g^2\rangle}{\lambda^2}$。同样,在固定的浓度下测得的 $\frac{KC}{R_\theta}$ 值对 $\sin^2\frac{\theta}{2}$ 作图,可以得到 $\left(\frac{KC}{R_\theta}\right)_{\theta\to0}$,有一系列的 $C$ 就会有一系列的 $\left(\frac{KC}{R_\theta}\right)_{\theta\to0}$ 值,然后作 $\left(\frac{KC}{R_\theta}\right)_{\theta\to0}$ 对浓度 $C$ 的图,截距就是 $\frac{1}{M}$,斜率就是 $2A_2$。因此,用光散射法同时可测得 $M_w$、$A_2$ 和 $\langle R_g^2\rangle$。若将这里的实验数据点以及斜率和截距等结果在同一张图上表示出来,这就是著名的 Zimm 作图法。

### 2.2.5　蠕虫状链[6, 10~12]

对于自由结合链,相邻键或相邻链段间的夹角是任意的。这种模型适合描述柔性链的构象。而实际高分子链,键角是一定的,一旦第一个键的方向确定,在其后面的各个键在空间的取向就要受到约束,不再是任意的了。这导致了链的柔性降低,或者说使之具有一定的刚性。刚性与柔性是相对而言的,称柔性占主导地位的链为柔性链,称刚性占主导地位的链为刚性链,介于中间的则称为半刚性链。不过,在这几种链之间并没有截然的界限。

刚性链的无扰尺寸 $A$ 与特征比 $C$ 不再趋向于某极限值,而是随着分子量增加而一直增加。已知的典型刚性链有纤维素衍生物、聚异氰酸酯、脱氧核糖核酸(DNA)、肌动蛋白(actin filaments)等。可以想象,对于普通柔性高分子,当其分子量很低时(如齐聚物),由于链单元数量很少,以致其构象不符合统计规律,也就成为半柔性或半刚性分子。

为了描述半刚性高分子链,Porod 和 Kratky 提出了一种模型,称为蠕虫状链(wormlike chain),这是一种连续空间曲线模型。

假定高分子是自由旋转链,包含 $n$ 个长度为 $l$ 的键,键角为 $\pi-\theta$,总长(或称轮廓长度)为 $L=nl$,假定把第一个键固定在 $z$ 轴方向,求此链在 $z$ 轴上的投影的平均值,以 $\langle z \rangle$ 表示,则

$$\langle z \rangle = l + l\cos\theta + l\cos^2\theta + \cdots + l\cos^{n-1}\theta = \frac{1-\cos^n\theta}{1-\cos\theta}l \quad (2\text{-}22)$$

因 $\cos\theta < 1$,对无限长的链,$n\to\infty$, $\cos^n\theta\to 0$,则

$$\lim_{n\to\infty}\langle z \rangle = \frac{l}{1-\cos\theta}$$

此值称为持续长度(persistence length),用 $a$ 来表示

$$a = \frac{1}{l}\sum_{i=1}^{\infty}\langle l_1 \cdot l_i \rangle = l\sum_{i=1}^{\infty}\cos^i\theta = \frac{l}{1-\cos\theta} \quad (2\text{-}23)$$

持续长度 $a$ 的物理意义是无限长的自由旋转链在第一个键的方向上投影的平均值。它可以看作是链保持某个给定方向的倾向,也是高分子链的刚性尺度。从上式可见,$a$ 值与链单元的结构有关,它随键长与键角的增大而增大。

下面,我们再求另一个极限。假定使分子的总长 $L$ 和持续长度 $a$ 保持不变,把键长无限分割,而且 $\theta$ 角也无限缩小,以致 $\theta\to 0$,使高分子链的形状从棱角清晰的无规折线变成方向逐渐改变的蠕虫状线条。分割后,$l$ 减小而 $n$ 增大,$L=nl$ 与式(2-23)的关系仍旧不变。这样,可利用下列近似关系

$$\theta\to 0, \cos\theta\to 1, 1-\cos\theta\ll 1$$

利用级数展开式

$$e^{-x} = 1 - x + \frac{x^2}{2!} - \frac{x^3}{3!} + \cdots$$

忽略高次项,从而得

$$e^{-(1-\cos\theta)} \approx \cos\theta$$

$$\cos^n\theta = e^{-n(1-\cos\theta)} = e^{-L/a} \quad (2\text{-}24)$$

将式(2-23)、式(2-24)代入式(2-22),得

$$\langle z \rangle = a(1 - e^{-L/a}) \tag{2-25}$$

上式表达了高分子链在第一个键方向上的平均投影与轮廓长度 $L$ 及持续长度 $a$ 之间的关系。如果是一条无限长的链,$L \to \infty$,$\langle z \rangle \to a$,这与式(2-23)所表达的 $a$ 的物理意义刚好一致。

根据式(2-25),我们可以求链的均方末端距与 $L$ 及 $a$ 的关系。假定由链端沿第一个键的方向延伸一无穷小段 $dh$,$|dh| = dL$,则有如下关系

$$h dh = \langle z \rangle dL \quad \text{和} \quad 2h dh = 2\langle z \rangle dL$$

以式(2-25)代入上式,得

$$d\langle h^2 \rangle = 2a(1 - e^{-L/a}) dL$$

积分上式,得

$$\langle h^2 \rangle = 2aL \left[ 1 - \frac{a}{L}(1 - e^{-L/a}) \right] \tag{2-26}$$

同样,均方回转半径可写成

$$\langle R_g^2 \rangle = a^2 \left[ \frac{2a^2}{L^2} \left( \frac{L}{a} - 1 + e^{-L/a} \right) - 1 + \frac{L}{3a} \right] \tag{2-27}$$

从式(2-25)至式(2-27)即是由蠕虫状链模型所导出的各种关系式。这种模型不仅可以描述刚性链,也可描述柔性链。对柔性链来说,$L \gg a$,$e^{-L/a} \to 0$,所以

$$\langle h^2 \rangle = 2aL - 2a^2$$

或进一步简化成

$$\langle h^2 \rangle = 2aL \tag{2-28}$$

将上式与式(2-13a)及式(2-13b)相比,可见,此处的 $L$ 相当于高斯链完全被伸直的长度,此处的 $a$ 相当于 Kuhn 统计链段长度 $b$ 的 $1/2$。

类似地,式(2-27)可简化成

$$\langle R_g^2 \rangle = \frac{aL}{3} \left( 1 - \frac{3a}{L} + \frac{6a^2}{L^2} - \frac{6a^3}{L^3} \right) \tag{2-29}$$

略去高次项,得

$$\langle R_g^2 \rangle = \frac{aL}{3} = \frac{\langle h^2 \rangle}{6} \tag{2-30}$$

此结果与式(2-19)完全一致。

对于刚性链来说,$L \ll a$,$L/a \ll 1$,仍然利用 $e^{-x}$ 的级数展开式将式(2-26)和式(2-27)展开如下

$$\langle h^2 \rangle = L^2 \left[ 1 - \frac{L/a}{3} + \frac{(L/a)^2}{12} - \cdots \right]$$

$$\langle R_g^2 \rangle = \frac{L^2}{12} \left[ 1 - \frac{L/a}{5} + \frac{(L/a)^2}{30} - \cdots \right]$$

如果 $L/a \to 0$, 则

$$\langle h^2 \rangle = L^2$$

$$\langle R_g^2 \rangle = \langle h^2 \rangle / 12 \qquad (2\text{-}31)$$

这就是刚性棒状分子的情况。

可见,蠕虫状链的模型可以描述从完全伸直的棒到非常柔性的无规线团之间的所有情况。可是,它更适合描述刚性分子,因为描述柔性链的高斯模型更简单一些。

## 附录 理想高分子链末端距的概率分布函数[5, 7]

无论是均方末端距还是均方回转半径,都只是平均量,获得的只是高分子链的平均尺寸信息。要确切知道高分子的具体形状尺寸,从原则上来说光知道一个平均值往往是不够的,最好的办法是知道末端距的分布函数,也就是处在不同末端距值时所对应的高分子构象实现概率大小或构象数比例,这样任何与链尺寸有关的平均物理量和链的具体形状都可由这个末端距分布函数求出。末端距的分布函数有多种推导方法[5],这里只介绍其中的一种。

这里仍然讨论自由结合链,我们首先讨论链中一根长度为 $l$ 的键矢量在全空间的概率分布函数,自由结合链中任意一个键矢量以其起点作为原点,可以等概率地在以 $l$ 为半径的球面上取值,如图 2-9 所示。因此它的矢量末端处在全空间中某一位置的概率密度为

$$\psi(\boldsymbol{l}) = \frac{1}{4\pi l^2} \delta(\mid \boldsymbol{l} \mid - l) \qquad (2\text{-}32)$$

$\delta(\mid \boldsymbol{l} \mid - l)$ 函数的意义是指化学键的键长是固定的,只要键的末端空间坐标处在以 $l$ 为半径球面上时,概率密度为 $\frac{1}{4\pi l^2}$;一旦指定的键末端空间坐标处在球面内或球面外,不满足键长等于 $l$ 的条件,$\delta = 0$,概率密度自动为零。系数 $\frac{1}{4\pi l^2}$ 是为了保证概率的归一化,即 $\int_0^{\infty} \psi(\boldsymbol{l}) \mathrm{d}\boldsymbol{l} = 1$。

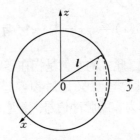

图 2-9 高分子链中某个单键的构象状态

因为自由结合链每个单键的旋转有独立性,由式(2-32),只要给出单键的空间坐标,就可写出键处在这一状态的概率。对于一条含有 $n$ 个单键的自由结合链的,如果已知道链内每个单键所处的空间位置 $\{\boldsymbol{l}_i\} = (\boldsymbol{l}_1, \boldsymbol{l}_2, \cdots, \boldsymbol{l}_n)$,要计算这条链处在这一给定状态的概率密度,等于链上所有键矢量概率密度的连乘

$$\Psi(\{l_i\}) = \prod_{i=1}^{n} \psi(l_i) \quad \{l_i\} = (l_1 \cdots l_n) \tag{2-33}$$

由于空间坐标$\{l_i\}$的选取是任意的,当这套空间坐标取得合适,保证了每个单键矢量的键长都等于$l$时,这一构象状态的概率密度有非零值$\Psi(\{l_i\}) = (1/4\pi l^2)^n$;这套空间坐标也有可能取得并不合适,只要其中某一个单键矢量的键长不等于$l$,违反了固定键长的条件,整条链构象状态实现的概率为零,说明这种链构象状态不可能存在,因此链的概率密度$\Psi(\{l_i\})$自动保证了相邻单键的连接性质。式(2-33)虽然包含了链在全空间中所有构象状态是否能实现的概率和概率大小,但它只是个形式上的表达,真的要给出数值的话,就要对空间上所有的空间坐标位置进行搜索,不光要记住构象能实现的空间坐标,还要剔除大量的构象不能实现的空间坐标,工作量将非常大,尤其对链很长时是不可能的。问题的关键在于如何对式(2-33)限定条件,提取出我们最关心的有用信息。

以末端距矢量作为限制条件,是对信息进行筛选的好方法。我们知道末端距矢量为

$$\boldsymbol{h} = \sum_{i=1}^{n} \boldsymbol{l}_i \tag{2-34}$$

高分子链的每一个构象都相应地拥有一个末端距,但满足末端距为某一数值的构象却不一定只有一种,可能有许多种。现在要统计链构象末端距满足$\boldsymbol{h}$的所有构象在全部构象中占的比例或概率密度$\Phi(\boldsymbol{h}, n)$,就要让包含全部构象信息的$\Psi(\{l_i\})$对所有空间坐标进行搜索,满足$\sum_{i=1}^{n} \boldsymbol{l}_i = \boldsymbol{h}$条件的就累加起来,$\sum_{i=1}^{n} \boldsymbol{l}_i \neq \boldsymbol{h}$的要自动剔除。因每个单键矢量的空间坐标$\boldsymbol{l}_i$都是连续变化的,这里所谓的加和实际上是对$\boldsymbol{l}_i$积分

$$\Phi(\boldsymbol{h}, n) = \int d\boldsymbol{l}_1 \int d\boldsymbol{l}_2 \cdots \int d\boldsymbol{l}_n \delta\left(\sum_{i=1}^{n} \boldsymbol{l}_i - \boldsymbol{h}\right) \Psi(\{l_i\}) \tag{2-35}$$

这里省略了每个积分限都是从0到∞。这里又引入一个$\delta$函数,相当于是一个统计权重,规定了我们只累加满足$\sum_{i=1}^{n} \boldsymbol{l}_i = \boldsymbol{h}$条件的概率。

再利用$\delta$函数的性质,得

$$\delta(x) = \frac{1}{(2\pi)^3} \int_{-\infty}^{+\infty} e^{i\boldsymbol{q} \cdot x} d\boldsymbol{q} \tag{2-36}$$

这是在频谱分析中的一个常用公式,此式的左侧是指在零点处的一个脉冲信号,右侧表示对常数为1所作的Fourier变换,其物理意义是对频率趋于无穷小的方波(直流信号)作Fourier变换,得到的将是一个频率为零的脉冲信号。把它代入式(2-35),就有

$$\Phi(\boldsymbol{h}, n) = \frac{1}{(2\pi)^3} \int_{-\infty}^{+\infty} d\boldsymbol{q} \int d\boldsymbol{l}_1 \int d\boldsymbol{l}_2 \cdots \int d\boldsymbol{l}_n \exp\left[i\boldsymbol{q} \cdot \left(\sum_{i=1}^{n} \boldsymbol{l}_i - \boldsymbol{h}\right)\right] \Psi(\{l_i\}) \tag{2-37}$$

由于$\exp(-i\boldsymbol{q} \cdot \boldsymbol{h})$与所有$\boldsymbol{l}_i$变量无关,可提取到$\boldsymbol{l}_i$的多重积分之外,e指数上的加和符号变成对e指数函数的连乘符号。因式(2-33)也是连乘形式,将其代入(2-37)式后,得

$$\Phi(\boldsymbol{h}, n) = \frac{1}{(2\pi)^3} \int d\boldsymbol{q} e^{-i\boldsymbol{q} \cdot \boldsymbol{h}} \int d\boldsymbol{l}_1 \cdots d\boldsymbol{l}_n \prod_{i=1}^{n} \exp(i\boldsymbol{q} \cdot \boldsymbol{l}_i) \psi(l_i) \tag{2-38}$$

此式中虽然含有对 $l_i$ 多重积分,实际上由于每个键都是独立的,对 $n$ 个变量独立的连乘函数的 $n$ 重积分就可化作对 $n$ 个独立的单重积分的连乘,又由于每个单重积分的积分方式是完全相同的,进一步可将式(2-39)转变为对一个函数的单重积分求 $n$ 次方

$$\Phi(\boldsymbol{h},\ n) = \frac{1}{(2\pi)^3}\int \mathrm{d}\boldsymbol{q}\,\mathrm{e}^{-i\boldsymbol{q}\cdot\boldsymbol{h}}\left[\int \mathrm{d}\boldsymbol{l}\exp(i\boldsymbol{q}\cdot\boldsymbol{l})\psi(\boldsymbol{l})\right]^n \tag{2-39}$$

对于方括号内的积分,可根据球壳的散射公式

$$\int_0^\infty \mathrm{d}\boldsymbol{r}\exp(i\boldsymbol{q}\cdot\boldsymbol{r})\psi(\boldsymbol{r}) = \frac{1}{4\pi l^2}\int_0^\infty \mathrm{d}rl^2\delta(r-l)\int_0^{2\pi}\mathrm{d}\phi\int_0^\pi \mathrm{d}\theta\sin\theta\exp(iqr\cos\theta)$$

$$= \frac{1}{4\pi l^2}\int_0^\infty \mathrm{d}rl^2\delta(r-l)\int_0^{2\pi}\mathrm{d}\phi\int_1^{-1}\mathrm{d}x[-\exp(iqrx)]$$

$$= \frac{1}{2l^2}\int_0^\infty \mathrm{d}rl^2\delta(r-l)\frac{2}{qr}\sin qr$$

$$= \frac{1}{2l^2}l^2\frac{2}{ql}\sin ql$$

$$= \frac{\sin ql}{ql}$$

因此,式(2-39)可简化成

$$\Phi(\boldsymbol{h},\ n) = \frac{1}{(2\pi)^3}\int \mathrm{d}\boldsymbol{q}\,\mathrm{e}^{-i\boldsymbol{q}\cdot\boldsymbol{h}}\left(\frac{\sin ql}{ql}\right)^n \tag{2-40}$$

当 $ql \leqslant 1$ 时,可利用近似

$$\left(\frac{\sin ql}{ql}\right)^n \approx \left(1-\frac{q^2l^2}{6}\right)^n \approx \exp\left(-\frac{nq^2l^2}{6}\right) \tag{2-41}$$

$$\Phi(\boldsymbol{h},\ n) \approx \frac{1}{(2\pi)^3}\int \mathrm{d}\boldsymbol{q}\,\mathrm{e}^{-i\boldsymbol{q}\cdot\boldsymbol{h}}\exp\left(-\frac{nq^2l^2}{6}\right) \tag{2-42}$$

对矢量 $\boldsymbol{q}$ 的积分也就是对 $q_x$、$q_y$、$q_z$ 三个方向各自独立积分的乘积,因此

$$\Phi(\boldsymbol{h},\ n) = \frac{1}{(2\pi)^3}\prod_{\alpha=x,\ y,\ z}\left[\int_{-\infty}^\infty \mathrm{d}q_\alpha\exp(-iq_\alpha h_\alpha - nq_\alpha^2l^2/6)\right]$$

利用积分表查到的高斯积分公式 $\int_{-\infty}^{+\infty}\exp(-ax^2+bx)\mathrm{d}x = \left(\frac{\pi}{a}\right)^{1/2}\exp\left(\frac{b^2}{4a}\right)$,其中 $a = \frac{nl^2}{6}$,$b = -h_\alpha\sqrt{-1}$,最后可得到

$$\Phi(\boldsymbol{h},\ n) = \frac{1}{(2\pi)^3}\prod_{\alpha=x,\ y,\ z}\left(\frac{6\pi}{nl^2}\right)^{1/2}\exp\left(-\frac{3}{2nl^2}h_\alpha^2\right)$$

$$= \frac{1}{(2\pi)^3}\left(\frac{6\pi}{nl^2}\right)^{3/2}\exp\left(-\sum_{\alpha=x,\ y,\ z}\frac{3}{2nl^2}h_\alpha^2\right) \tag{2-43}$$

$$= \left(\frac{3}{2\pi nl^2}\right)^{3/2}\exp\left(-\frac{3\boldsymbol{h}^2}{2nl^2}\right)$$

$\Phi(\boldsymbol{h},\ n)$也可称作每个末端距 $\boldsymbol{h}$ 对应下的构象分数,在这个末端距矢量下的构象数越多,链末端停留在此矢量终点的机会越多,它与链末端出现在终点的概率大小成正比,其物理意义也可表述为固定了链的一端,链的另一端出现在给定终点位置的概率分布,因此 $\Phi(\boldsymbol{h},\ n)$ 也经常被称为末端距概率分布函数或简称末端距分布函数。甚至还可换种说法,固定了起点和终点的空间坐标,固定步长(键长)和步数(键数),可随机选择多少条路径从起点走到终点。因而也把无限长的自由结合链模型称作无规行走或无规飞行模型。末端距的分布函数是高斯正态分布函数,因此还可把这种模型称作高斯链模型,它与末端距 $\boldsymbol{h}$ 的关系如图 2-10(a)所示。

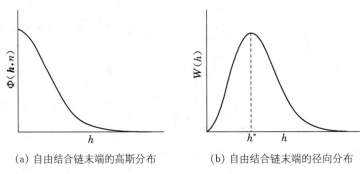

(a) 自由结合链末端的高斯分布　　　　(b) 自由结合链末端的径向分布

图 2-10　自由结合链末端的两种分布函数图

很多情况下我们只考虑末端距长度,并不关心末端距在空间中所处的方向,可把所有末端距相同但方向不同的构象状态看作简并态,把满足同一末端距长度的这些简并态的概率密度统统加和起来。也就是固定末端距长度,在以 $h$ 为半径的球面上对出现在所有方向的末端概率分布进行加和,得到

$$W(h,\ n) = \int_0^{2\pi}\int_0^{\pi}\Phi(h,\ n)h^2\sin\theta\mathrm{d}\theta\mathrm{d}\phi = \left(\frac{3}{2\pi nl^2}\right)^{3/2}\exp\left(-\frac{3h^2}{2nl^2}\right)4\pi h^2 \tag{2-44}$$

这就是末端距的径向分布函数,如图 2-10(b)所示。它的物理意义是以链的一端作为原点,固定步长和步数,链另一端出现在以 $h$ 作为半径的球面上的几率。利用径向分布函数我们就可以求出均方末端距 $\langle h^2\rangle$,最可几的末端距 $h^*$ 和平均末端距 $\langle h\rangle$

$$\langle h^2\rangle = \int_0^{\infty}h^2\left(\frac{3}{2\pi nl^2}\right)^{3/2}\exp\left(-\frac{3h^2}{2nl^2}\right)4\pi h^2\mathrm{d}h = nl^2 \tag{2-45}$$

$$\frac{\partial W(h,\ n)}{\partial h} = 0 \Rightarrow h^* = \left(\frac{2}{3}n\right)^{1/2}l \tag{2-46}$$

$$\langle h\rangle = \int_0^{\infty}h\left(\frac{3}{2\pi nl^2}\right)^{3/2}\exp\left(-\frac{3h^2}{2nl^2}\right)4\pi h^2\mathrm{d}h = \frac{2}{\sqrt{\pi}}\left(\frac{2n}{3}\right)^{1/2}l \tag{2-47}$$

从式(2-45)和式(2-47)为了得到上述两个具有平均意义的末端距,分别用到了无穷积分公式 $\int_0^{\infty}\mathrm{e}^{-ax^2}x^{2m}\mathrm{d}x = \frac{(2m-1)!!}{2^{m+1}a^m}\sqrt{\frac{\pi}{a}}$ 和 $\int_0^{\infty}x^p\mathrm{e}^{-ax}\mathrm{d}x = \frac{p!}{a^{p+1}}$,其中 $m=2$, $p=1$, $a=\frac{3}{2nl^2}$。显然按不同统计方式计算得到的平均末端距,会有 $\langle h^2\rangle^{1/2} > h^* > \langle h\rangle$。但都与 $n^{1/2}$ 成正比。

无穷长($n \gg 1$)的自由结合链包括等效自由连接链的末端距分布,即以末端距作为变量

的构象数目的分布函数满足高斯分布,故简称这种链模型为高斯链。由于高斯链模型的导出采用了式(2-41)的近似,造成即使链段数目是有限的,但固定一端的高斯链,另一端的概率分布可布满整个空间,这是高斯链模型的一个不足之处,但它的优点在于理论处理的方便,假设了各种构象状态都能实现而且以等概率的方式出现,只是在不同的末端距下概率分布大小不同。它代表了构象熵的最大状态,高分子链总是要尽可能地实现这种构象熵的最大状态,可以称之为构象熵的最大化效应。如果还有其他的能量效应存在如排除体积效应,如不同高分子链之间链段与链段的相互作用,链段与溶剂之间的相互作用等,最终每种构象状态出现的概率要通过焓与构象熵最大化效应两者之间的竞争和平衡来决定。

# 习题与思考题

1. 假若聚丙烯的等规度不高,能不能用改变构象的办法提高其等规度? 说明理由。
2. 为何采用均方末端距和均方回转半径而不直接用平均末端距或平均回转半径以及轮廓长度来描述高分子的尺寸?
3. 根据定义式(2-18)推导自由结合链的均方回转半径。
4. 推导自由旋转链的均方末端距和均方回转半径,验证是否满足式(2-19)。
5. 既然可用几何平均的方法计算理想高斯链均方末端距和均方回转半径, 为何还要去推导高斯链的构象统计理论?
6. (1) 根据C—C链化学键的键角 $109.5°$,求自由旋转链的 Kuhn 链段长度和等效链段数以及其他柔顺性参数。
   (2) 实验测得聚乙烯在溶剂十氢萘中的无扰尺寸为 $A = 0.107\ 0$ nm, 键长 $0.154$ nm, 求聚乙烯链的 Kuhn 链段长度和等效链段数和其他柔顺性参数。
   (3) 从题(1)和题(2)计算结果的比较说明了一些什么问题。
   (4) 解释某些高分子材料在外力作用下可以产生很大形变的原因。
7. 推导由 $n$ 根长度为 $l$ 的单键组成的完全刚性高分子的 $\langle h^2 \rangle$、和 $\langle R_g^2 \rangle$ 及 $\langle h^2 \rangle / \langle R_g^2 \rangle$, 比较一下与柔性高分子有何不同?
8. 理想的柔性高分子链可以用自由连接链或高斯链模型来描述,但真实高分子链在通常情况下并不符合这一模型,原因是什么? 这一矛盾是如何解决的?
9. 根据图 2-10(a),高斯链的两个末端相遇的概率应该是最高的,那么柔性链的末端距就应该趋于零,应该如何去理解这一问题?

# 参 考 文 献

[ 1 ] ELLIAS H G. Macromolecules[M]. New York: Plenum Press, 1977:Chapter 3.
[ 2 ] NEWKOME G R, MOOREFIELD C N, VOGTLE F. Dendrimers and Dendrons[M]. Wiley-VCH, 2002:Chapter 1.
[ 3 ] ZIMM B H, STOCKMAYER W H. J. Chem. Phys. , 1949, 17(12), 1301.

[ 4 ] FLORY P J. Principles of Polymer Chemistry[M]. New York：Cornell University Press, 1953：Chapter 10.

[ 5 ] BUECHE F. Physical Properties of Polymers[M]. Interscience Publishers, 1962：Chapter 1.

[ 6 ] 吴大诚. 高分子构象统计理论导引[M]. 成都：四川教育出版社,1985：第 3 章.

[ 7 ] DOI M, EDWARDS S F. The Theory of Polymer Dynamics[M]. Oxford, Eng.：Clarendon Press, 1988：Chapter 2.

[ 8 ] De GENNES P G. Scaling Concepts in Polymer Physics[M]. New York：Cornell University Press, 1979：21~25.

[ 9 ] TERAOKA I. Polymer Solutions：An Introduction to Physical Properties[M]. Wiley Interscience, 2002：Chapter 2.

[10] KRATKY O, POROD G. Rec. Trav. Chim. , 1949, 68：1106.

[11] SAITO N, TAKAHASHI K, YUNOKI Y. J. Phys. Soc. Japan, 1967, 22：219.

[12] YAMAKAWA H. Modern Theory of Polymer Solutions[M]. Harper & Row Publishers, 1971：Chapter 2.

# 第三章

# 高分子的溶液性质

聚合物以分子状态分散在溶剂中所形成的均相混合物,称为"高分子溶液",它是人们在生产实践和科学研究中经常碰到的对象。高分子溶液的性质随浓度的不同而有很大的变化。就以溶液的黏性和稳定性而言,浓度在1%以下的稀溶液,黏度很小而且稳定,在没有化学变化的条件下其性质不随时间而变;纺丝所用的溶液一般在15%以上,属于浓溶液范畴,其黏度较大,稳定性也较差;油漆或胶浆的浓度高达60%,黏度更大。当溶液浓度变大时,高分子链相互接近甚至相互贯穿而使链与链之间产生物理交联点,使体系产生冻胶或凝胶,呈半固体状态而不能流动。如果在聚合物中混入增塑剂,则是一种更浓的溶液,呈固体状,而且有一定的机械强度。此外,能相容的聚合物共混体系因每条高分子链周围都是聚合物,也可看作是一种高分子浓溶液。高分子溶液体系在基础理论方面的重要性,在于它涵盖了从稀溶液到接近熔体的浓溶液,可以反映高分子从独立的单链性质如何逐步过渡到接近聚集态的链之间有相互作用的多链性质。高分子的很多重要的物理量如分子量和分子量分布、链尺寸等基本上都是在溶液状态下测得的。

高分子的溶液性质包括很多内容,例如,溶解过程中体系的焓、熵、体积的变化,高分子溶液的渗透压,高分子在溶液中的分子形态与尺寸,高分子与溶剂的相互作用,高分子溶液的相分离等,称为热力学性质;高分子溶液的流动性和黏度,高分子在溶液中的扩散和沉降等,称为流体力学和流体动力学性质;还有高分子溶液的光散射、折光指数、透明性、偶极矩、介电常数等光学和电学性质。本章将着重讨论高分子溶液的热力学性质。

聚合物要成为高分子溶液,首先遇到的问题是溶解。因此我们先要从聚合物的溶解谈起。

## 3.1 聚合物的溶解过程和溶剂选择

### 3.1.1 聚合物溶解过程的特点

由于聚合物结构的复杂性——分子量大而且具有多分散性,分子的形状有线型、支化和交联的不同,高分子的聚集态又有非晶态与晶态之分,因此聚合物的溶解现象比小分子物质的溶解要复杂得多。

首先,高分子与溶剂分子的尺寸相差悬殊,两者的分子运动速度也差别很大,溶剂分子能比较快地渗透进入聚合物,而高分子向溶剂的扩散却非常慢。这样,聚合物的溶解过程要经过两个阶段,先是溶剂分子渗入聚合物内部,使聚合物体积膨胀,称为溶胀;然后才是高分子均匀分散在溶剂中,形成完全溶解的分子分散的均相体系。对于交联的聚合物,在与溶剂接触时也会发生溶胀,但因有交联的化学键束缚,不能再进一步使交联的分子拆散,只能停留在溶胀阶段,不会溶解。

其次,溶解度与聚合物的分子量有关,分子量大的溶解度小,分子量小的溶解度大。对交联聚合物来说,交联度大的溶胀度小,交联度小的溶胀度大。

非晶态聚合物的分子堆砌比较松散,分子间的相互作用较弱,因此溶剂分子比较容易渗入聚合物内部使之溶胀和溶解。晶态聚合物由于分子排列规整,堆砌紧密,分子间相互作用力很强,以致溶剂分子渗入聚合物内部非常困难,因此晶态聚合物的溶解比非晶态聚合物要困难得多。

### 3.1.2 聚合物溶剂的选择

溶解过程是溶质分子和溶剂分子互相混合的过程,在恒温恒压下,这种过程能自发进行的必要条件是 Gibbs 自由能的变化 $\Delta F_M < 0$, 即

$$\Delta F_M = \Delta H_M - T\Delta S_M < 0 \qquad (3\text{-}1)$$

式中 $T$ 是溶解时的温度;$\Delta S_M$ 是混合熵,即聚合物和溶剂在混合时熵的变化。因为在溶解过程中,分子的排列趋于混乱,熵的变化是增加的,即 $\Delta S_M > 0$,因此 $\Delta F_M$ 的正负取决于混合热 $\Delta H_M$ 的正负及大小。

对于极性聚合物在极性溶剂中,由于高分子与溶剂分子的强烈相互作用,溶解时放热 ($\Delta H_M < 0$),使体系的自由能降低($\Delta F_M < 0$),所以溶解过程能自发进行。

对非极性聚合物,溶解过程一般是吸热的($\Delta H_M > 0$),故只有在升高温度 $T$ 或者减小混合热 $\Delta H_M$ 才能使体系自发溶解。至于非极性聚合物与溶剂互相混合时的混合热 $\Delta H_M$ 可以借用小分子的 Hildebrand 溶度公式来计算

$$\Delta H_M = V_M \phi_1 \phi_2 [(\Delta E_1/V_1)^{1/2} - (\Delta E_2/V_2)^{1/2}]^2 \qquad (3\text{-}2)$$

式中 $\Delta E/V$ 是在零压力下单位体积的液体变成气体的气化能,称为内压或内聚能密度;$\phi$ 是体积分数,下标 1 与 2 分别表示两种液体;$V_M$ 是两种液体分子的摩尔混合体积。如果我们把内聚能密度的平方根用一符号 $\delta$ 来表示

$$\delta = (\Delta E/V)^{1/2}$$

Hildebrand 溶度公式可简写为

$$\Delta H_M = V_M \phi_1 \phi_2 (\delta_1 - \delta_2)^2 \qquad (3\text{-}3)$$

$\delta$ 称为**溶度参数**,它的量纲是 $J^{1/2} \cdot m^{-3/2}$ 或 $cal^{1/2} \cdot cm^{-3/2}$;$V_M$ 则是摩尔混合体积。

$\Delta H_M$ 的大小取决于两种液体的 $\delta$ 值,如果 $\delta_1$ 和 $\delta_2$ 愈接近,则 $\Delta H_M$ 愈小,两种液体愈能相互溶解。小分子液体的 $\delta$ 值都可以从手册中查到(见表 3-1)。非极性聚合物也可以看作液体,它们的 $\delta$ 值也可以从手册中查到(见表 3-2)。

**表 3-1　常用溶剂的沸点、摩尔体积、溶度参数和极性分数**

| 溶　剂 | 沸点(℃) | $V(cm^3 \cdot mol^{-1})$ | $\delta(cal^{1/2} \cdot cm^{-3/2})$ | $P$ |
|---|---|---|---|---|
| 二异丙醚 | 68.5 | 141 | 7.0 | |
| 正戊烷 | 36.1 | 116 | 7.05 | 0 |
| 异戊烷 | 27.9 | 117 | 7.05 | 0 |

（续表）

| 溶　　剂 | 沸点(℃) | $V(cm^3 \cdot mol^{-1})$ | $\delta(cal^{1/2} \cdot cm^{-3/2})$ | $P$ |
|---|---|---|---|---|
| 正己烷 | 69.0 | 132 | 7.3 | 0 |
| 正庚烷 | 98.4 | 147 | 7.45 | 0 |
| 乙醚 | 34.5 | 105 | 7.4 | 0.033 |
| 正辛烷 | 125.7 | 164 | 7.55 | 0 |
| 环己烷 | 80.7 | 109 | 8.2 | 0 |
| 甲基丙烯酸丁酯 | 160 | 106 | 8.2 | 0.096 |
| 氯乙烷 | 12.3 | 73 | 8.5 | 0.319 |
| 1,1,1-三氯乙烷 | 74.1 | 100 | 8.5 | 0.069 |
| 乙酸戊酯 | 149.3 | 148 | 8.5 | 0.070 |
| 乙酸丁酯 | 126.5 | 132 | 8.55 | 0.167 |
| 四氯化碳 | 76.5 | 97 | 8.6 | 0 |
| 正丙苯 | 157.5 | 140 | 8.65 | 0 |
| 苯乙烯 | 143.8 | 115 | 8.66 | 0 |
| 甲基丙烯酸甲酯 | 102.0 | 106 | 8.7 | 0.149 |
| 乙酸乙烯酯 | 72.9 | 92 | 8.7 | 0.052 |
| 对二甲苯 | 138.4 | 124 | 8.75 | 0 |
| 二乙基酮 | 101.7 | 105 | 8.8 | 0.286 |
| 间二甲苯 | 139.1 | 123 | 8.8 | 0.001 |
| 乙苯 | 136.2 | 123 | 8.8 | 0.001 |
| 异丙苯 | 152.4 | 140 | 8.86 | 0.002 |
| 甲苯 | 110.6 | 107 | 8.9 | 0.001 |
| 丙烯酸甲酯 | 80.3 | 90 | 8.9 | 0.001 |
| 邻二甲苯 | 144.4 | 121 | 9.0 | 0.001 |
| 乙酸乙酯 | 77.1 | 99 | 9.1 | 0.167 |
| 1,1-二氯乙烷 | 57.3 | 85 | 9.1 | 0.215 |
| 甲基丙烯腈 | 90.3 | 83.5 | 9.1 | 0.746 |
| 苯 | 80.1 | 89 | 9.15 | 0 |
| 三氯甲烷 | 61.7 | 81 | 9.3 | 0.017 |
| 丁酮 | 79.6 | 89.5 | 9.3 | 0.510 |
| 四氯乙烯 | 121.1 | 101 | 9.4 | 0.010 |
| 甲酸乙酯 | 54.5 | 80 | 9.4 | 0.131 |
| 氯苯 | 125.9 | 107 | 9.5 | 0.058 |
| 苯甲酸乙酯 | 212.7 | 143 | 9.7 | 0.057 |
| 二氯甲烷 | 39.7 | 65 | 9.7 | 0.120 |
| 顺式-二氯乙烯 | 60.3 | 75.5 | 9.7 | 0.165 |
| 1,2-二氯乙烷 | 83.5 | 79 | 9.8 | 0.043 |
| 乙醛 | 20.8 | 57 | 9.8 | 0.715 |
| 萘 | 218 | 123 | 9.9 | 0 |
| 环己酮 | 155.8 | 109 | 9.9 | 0.380 |
| 四氢呋喃 | 64~65 | 81 | 9.9 | 0 |
| 二硫化碳 | 46.2 | 61.5 | 10.0 | 0 |
| 二氧六环 | 101.3 | 87 | 10.0 | 0.029 |
| 溴苯 | 156 | 105 | 10.0 | 0.029 |
| 丙酮 | 56.1 | 74 | 10.0 | 0.695 |
| 硝基苯 | 210.8 | 103 | 10.0 | 0.625 |
| 四氯乙烷 | 93 | 101 | 10.4 | 0.092 |

（续表）

| 溶　剂 | 沸点(℃) | $V(cm^3 \cdot mol^{-1})$ | $\delta(cal^{1/2} \cdot cm^{-3/2})$ | $P$ |
|---|---|---|---|---|
| 丙烯腈 | 77.4 | 66.5 | 10.45 | 0.802 |
| 丙腈 | 97.4 | 71 | 10.7 | 0.753 |
| 吡啶 | 115.3 | 81 | 10.7 | 0.174 |
| 苯胺 | 184.1 | 91 | 10.8 | 0.063 |
| 二甲基乙酰胺 | 165 | 92.5 | 11.1 | 0.682 |
| 硝基乙烷 | 16.5 | 76 | 11.1 | 0.710 |
| 环己醇 | 161.1 | 104 | 11.4 | 0.075 |
| 正丁醇 | 117.3 | 91 | 11.4 | 0.096 |
| 异丁醇 | 107.8 | 91 | 11.4 | 0.111 |
| 正丙醇 | 97.4 | 76 | 11.9 | 0.152 |
| 乙腈 | 81.1 | 53 | 11.9 | 0.852 |
| 二甲基甲酰胺 | 153.0 | 77 | 12.1 | 0.772 |
| 乙酸 | 117.9 | 57 | 12.6 | 0.296 |
| 硝基甲烷 | −12 | 54 | 12.6 | 0.780 |
| 乙醇 | 78.3 | 57.6 | 12.7 | 0.268 |
| 二甲基亚砜 | 189 | 71 | 13.4 | 0.813 |
| 甲酸 | 100.7 | 37.9 | 13.5 | |
| 苯酚 | 181.8 | 87.5 | 14.5 | 0.057 |
| 甲醇 | 65 | 41 | 14.5 | 0.388 |
| 碳酸乙烯酯 | 248 | 66 | 14.5 | 0.924 |
| 二甲基砜 | 238 | 75 | 14.6 | 0.782 |
| 丙二腈 | 218~219 | 63 | 15.1 | 0.798 |
| 乙二醇 | 198 | 56 | 15.7 | 0.476 |
| 丙三醇 | 290.1 | 73 | 16.5 | 0.468 |
| 甲酰胺 | 111[20] | 40 | 17.8 | 0.88 |
| 水 | 100 | 18 | 23.2 | 0.819 |

**表 3-2　聚合物的溶度参数**

| 聚合物 | $\delta$ | 聚合物 | $\delta$ |
|---|---|---|---|
| 聚甲基丙烯酸甲酯 | 9.0~9.5 | 聚三氟氯乙烯 | 7.2 |
| 聚丙烯酸甲酯 | 9.8~10.1 | 聚氯乙烯 | 9.5~10.0 |
| 聚乙酸乙烯酯 | 9.4 | 聚偏氯乙烯 | 12.2 |
| 聚乙烯 | 7.9~8.1 | 聚氯丁二烯 | 8.2~9.4 |
| 聚苯乙烯 | 8.7~9.1 | 聚丙烯腈 | 12.7~15.4 |
| 聚异丁烯 | 7.7~8.0 | 聚甲基丙烯腈 | 10.7 |
| 聚异戊二烯 | 7.9~8.3 | 硝酸纤维素 | 8.5~11.5 |
| 聚对苯二甲酸乙二酯 | 10.7 | 聚丁二烯-丙烯腈 | |
| 聚己二酸己二胺 | 13.6 | 82/18 | 8.7 |
| 聚氨酯 | 10.0 | 75/25-70/30 | 9.25~9.9 |
| 环氧树脂 | 9.7~10.9 | 61/39 | 10.3 |
| 聚硫橡胶 | 9.0~9.4 | 聚乙烯-丙烯橡胶 | 10.3 |
| 聚二甲基硅氧烷 | 7.3~7.6 | 聚丁二烯-苯乙烯 | |
| 聚苯基甲基硅氧烷 | 9.0 | 85/15-87/13 | 8.1~8.5 |
| 聚丁二烯 | 8.1~8.6 | 75/25-72/28 | 8.1~8.6 |
| 聚四氟乙烯 | 6.2 | 60/40 | 8.7 |

聚合物是不能气化的,也就没有气化能。如果在手册上查不到它的 $\delta$ 值,可用稀溶液黏度法或测定交联网溶胀度的方法测定聚合物的溶度参数。因为溶剂与高分子的溶度参数愈接近,则 $\Delta H_M$ 值愈小,自发溶解的倾向愈大,这时不仅可使高分子一个个地分散在溶剂中,而且每个分子链还能充分伸展,导致溶液黏度增大。如果我们用若干种溶度参数不同的液体作为溶剂,分别测定聚合物在这些溶剂中的特性黏数 $[\eta]$,从特性黏数与溶剂的溶度参数关系中可找到特性黏数极大值所对应的溶度参数,作为聚合物的溶度参数。溶胀度法与此法类似。

聚合物的溶度参数还可由重复单元中各基团的摩尔引力常数 $F$ 直接计算得到。[1]表 3-3 是各种基团的摩尔引力常数。只要将重复单元中所有基团的摩尔引力常数加起来,除以重复单元的摩尔体积 $\overline{V}$,就可算出聚合物的溶度参数 $\delta_2$

$$\delta_2 = \frac{\sum F}{\overline{V}} \tag{3-4}$$

**表 3-3 摩尔引力常数 $F(\mathrm{cal}^{1/2} \cdot \mathrm{cm}^{3/2} \cdot \mathrm{mol}^{-1})$**

| 基 团 | $F$ | 基 团 | $F$ | 基 团 | $F$ | 基 团 | $F$ |
|---|---|---|---|---|---|---|---|
| —CH$_3$ | 148.3 | —O— 醚,乙缩醛 | 115.0 | —NH$_2$ | 226.6 | —Cl 芳香族 | 161.0 |
| —CH$_2$— | 131.5 | —O— 环氧化物 | 176.2 | —NH— | 180.0 | —F | 41.3 |
| >CH— | 86.0 | —COO— | 326.6 | —N— | 61.1 | 共轭 | 23.3 |
| >C< | 32.0 | >C=O | 263.0 | —C≡N | 354.6 | 顺 | −7.1 |
| CH$_2$= | 126.5 | —CH | 292.6 | —NCO | 358.7 | 反 | −13.5 |
| —CH= | 121.5 | (CO)$_2$O | 567.3 | —S— | 209.4 | 六元环 | −23.4 |
| >C= | 84.5 | —OH→ | 225.8 | Cl$_2$ | 342.7 | 邻位取代 | 9.7 |
| —CH=芳香族 | 117.1 | —H 芳香族 | 171.0 | —Cl 第一 | 205.1 | 间位取代 | 6.6 |
| —C=芳香族 | 98.1 | —H 聚酸 | −50.5. | —Cl 第二 | 208.3 | 对位取代 | 40.3 |

以聚甲基丙烯酸甲酯为例,每个重复单元中有一个 —CH$_2$—、两个 —CH$_3$、一个

—C— 和一个 —COO—,从表中查得每种基团的 $F$ 值进行加和得

$$\sum F = 131.5 + 2 \times 148.3 + 32.0 + 326.6 = 786.7$$

重复单元的分子量为 100.1,聚合物的密度为 1.19,则

$$\delta_2 = \frac{\sum F}{\overline{V}} = 786.7 \times \frac{1.19}{100.1} = 9.35$$

事实上,Hildebrand 溶度公式只适用于非极性的溶质和溶剂的相互混合,它是"相似相容"经验规律的量化。对于稍有极性的聚合物的溶解,溶度公式可作进一步的修正如下

$$\Delta H_M = V_M \phi_1 \phi_2 [(\omega_1 - \omega_2)^2 + (\Omega_1 - \Omega_2)^2] \tag{3-5}$$

式中 $\omega$ 是指极性部分的溶度参数;$\Omega$ 是指非极性部分的溶度参数

$$\omega^2 = P\delta^2; \quad \Omega^2 = d\delta^2 \tag{3-6}$$

$P$ 是分子的极性分数;$d$ 是非极性分数。表 3-1 中列出了一些溶剂的 $P$ 值。

从式(3-5)可知,对于极性的聚合物,不但要求它与溶剂的溶度参数中的非极性部分接近,还要求极性部分也接近,才能溶解。例如,聚苯乙烯是弱极性的,$\delta_2 = 9.1$,因此溶度参数 $\delta_1$ 在 $8.9\sim10.8$ 的甲苯、苯、氯仿、顺式-二氯乙烯、苯胺等极性不大的液体都是它的溶剂,而丙酮($\delta_2 = 10.0$)却不能溶解聚苯乙烯,这是由于丙酮的极性太强所致。又如极性很强的聚丙烯腈不能溶解在溶度参数与它接近的乙醇、甲醇、苯酚、乙二醇等溶剂中,这是因为这些溶剂的极性太弱了。而只有极性分数在 $0.682\sim0.924$ 的二甲基甲酰胺、二甲基乙酰胺、乙腈、二甲基亚砜、丙二腈和碳酸乙烯酯等才能使其溶解。如果溶质与溶剂间能生成氢键,则将大大有利于溶质的溶解。

结晶性非极性聚合物的溶剂选择最为困难。它的溶解包括两个过程:其一是结晶部分的熔融;其二是高分子与溶剂的混合。两者都是吸热过程,$\Delta H_M$ 比较大,即使溶度参数与聚合物相近的液体,也很难满足 $|\Delta H_M| < T|\Delta S_M|$ 的条件,因此只能提高温度,使 $T\Delta S_M$ 值增大,才能溶解,例如,聚乙烯要在 120 ℃以上才能溶于四氢萘、对二甲苯等非极性溶剂中;聚丙烯要在 135 ℃才溶于十氢萘中。结晶性极性聚合物,如果能与溶剂生成氢键,即使温度很低也能溶解。这是因为氢键的生成是放热反应 $\Delta H_M < 0$,因此满足式(3-1)的关系,从而使溶解过程得以进行。例如,尼龙在室温下能溶于甲酸、冰醋酸、浓硫酸和酚类;涤纶树脂能溶于苯酚、间甲酚与邻氯苯酚等;聚甲醛能溶于六氟丙酮水合物,都是因为溶质与溶剂间生成氢键所致。

在选择聚合物的溶剂时,除了使用单一溶剂外还可使用混合溶剂,有时混合溶剂对聚合物的溶解能力甚至比单独使用任一溶剂时还要好(见表 3-4)。混合溶剂的溶度参数 $\delta_{\text{mix}}$ 大致可以按下式进行调节

$$\delta_{\text{mix}} = \phi_1\delta_1 + \phi_2\delta_2 \tag{3-7}$$

式中 $\phi_1$ 和 $\phi_2$ 分别表示两种纯溶剂的体积分数;$\delta_1$ 和 $\delta_2$ 是两种纯溶剂的溶度参数。例如,聚苯乙烯的 $\delta = 9.1$,我们可以选用一定组成的丙酮($\delta = 10.0$)和环己烷($\delta = 8.2$)的混合溶剂,使其溶度参数接近聚苯乙烯的溶度参数,从而使它具有良好的溶解性能。

需要指出的是,以上的介绍都是近似地把 $\delta$ 看作是与温度无关,用溶度参数只是粗略地估计高分子和溶剂分子是否能互溶。如果要考察在某一个特定温度下是否互溶,还是要确切知道混合焓的具体数值,这样才能通过 $|\Delta H_M| < T|\Delta S_M|$ 的关系来判别是否能真正互溶。

**表 3-4　可溶解聚合物的非溶剂混合物**

| 聚合物 | $\delta$ | 非溶剂 | $\delta$ | 非溶剂 | $\delta$ |
|---|---|---|---|---|---|
| 无规聚苯乙烯 | 9.1 | 丙酮 | 10.0 | 环己烷 | 8.2 |
| 无规聚丙烯腈 | 12.8 | 硝基甲烷 | 12.6 | 水 | 23.2 |
| 聚氯乙烯 | 9.5 | 丙酮 | 10.0 | 二硫化碳 | 10.0 |
| 聚氯丁二烯 | 8.2 | 乙醚 | 7.4 | 乙酸乙酯 | 9.1 |
| 丁苯橡胶 | 8.3 | 戊烷 | 7.05 | 丙二酸二甲酯 | 10.3 |
| 丁腈橡胶 | 9.4 | 甲苯 | 8.9 | | |
| 硝化纤维 | 10.6 | 乙醇 | 12.7 | | |

## 3.2　Flory-Huggins 高分子溶液理论[2]

从高分子溶液的热力学来看,高分子稀溶液是分子分散体系,溶液性质不随时间的延续而变化,是热力学稳定体系。为了叙述问题方便起见,在讨论溶液性质时,也像讨论气体性质时引入理想气体的概念一样,引入理想溶液的概念。所谓"理想溶液",是指溶液中溶质分子间、溶剂分子间和溶质溶剂分子间的相互作用能都相等,溶解过程没有体积的变化 $(\Delta V_M^i = 0)$,也没有焓的变化 $(\Delta H_M^i = 0)$。这里的下标 $M$ 是指混合过程,上标 $i$ 是指理想溶液,理想溶液的蒸气压服从 Raoult 定律

$$p_1 = p_1^0 X_1 \tag{3-8}$$

式中 $p_1$ 和 $p_1^0$ 分别表示溶液中溶剂的蒸气压和纯溶剂在相同温度下的蒸气压。理想溶液的混合熵为

$$\Delta S_M^i = -k(N_1 \ln X_1 + N_2 \ln X_2) \tag{3-9}$$

式中 $N$ 是分子数目;$X$ 是摩尔分数,下标 1 是指溶剂,2 是指溶质;$k$ 是 Boltzmann 常数。理想溶液的混合自由能为

$$\Delta F_M^i = \Delta H_M^i - T\Delta S_M^i = kT(N_1 \ln X_1 + N_2 \ln X_2) \tag{3-10}$$

理想溶液和理想气体一样,实际上是不存在的。除了光学异构体的混合物、同位素化合物的混合物、立体异构体的混合物以及紧邻同系物的混合物等可以(或近似地)算作理想溶液外,一般溶液大都不具有理想溶液的性质。但是作为研究实际溶液的参比标准,理想溶液有其重要的意义。

高分子溶液的热力学性质与理想溶液的偏差有两个方面:首先是溶剂分子之间,高分子重复单元之间以及溶剂与重复单元之间的相互作用能都不相等,所以混合热 $\Delta H_M \neq 0$;其次是因为高分子是由许多重复单元组成的长链分子,或多或少具有一定的柔顺性,即每个分子本身可以采取许多种构象,因此高分子溶液中分子的排列方式比同样分子数目的小分子溶液的排列方式来得多,这就意味着混合熵 $\Delta S_M > \Delta S_M^i$。从以上分析看,理想溶液不足以正确描述高分子的溶液性质,必须建立一个真正体现高分子链状分子性质的溶液理论。

Flory-Huggins 提出了高分子溶液的"似晶格"模型,这个模型有以下三点假定:

(1) 溶液中分子的排列也像晶体一样,是一种晶格的排列,每个溶剂分子占一个格子,每个高分子占有 $x$ 个相连的格子,如图 3-1 所示。$x$ 为高分子与溶剂分子的体积比,也就是

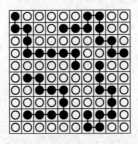

图 3-1　高分子溶液的似晶格模型

○ 表示溶剂分子;● 表示高分子的一个链段

把高分子看作由 $x$ 个链段组成的,每个链段的体积与溶剂分子的体积相等。$x$ 不一定与聚合度完全相等,但必定与高分子的聚合度成正比。这就是"似晶格"假定。

(2) 高分子链是柔性的,所有构象具有相同的能量。

(3) 溶液中高分子链段是均匀分布的,即链段占有任一格子的几率相等。

这样可运用统计热力学方法推导出高分子溶液的混合熵、混合热等热力学性质的表达式,最终写出混合自由能的完整表达式。

### 3.2.1 高分子溶液的混合熵

根据统计热力学可知体系的熵与体系的微观状态数 $\Omega$ 有如下关系

$$S = k\ln\Omega$$

式中 $k$ 是 Boltzmann 常数,其值等于气体常数 $R$ 与 Avogadro 常数 $\widetilde{N}$ 之比, $k = R/\widetilde{N}$。

由 $N_1$ 个溶剂分子和 $N_2$ 个高分子组成的溶液的微观状态数 $\Omega$ 等于在 $N = N_1 + xN_2$ 个格子内放置 $N_1$ 个溶剂分子和 $N_2$ 个高分子的排列方法总数。

假定已经有 $j$ 个高分子被无规地放在晶格内了,还剩下 $(N-xj)$ 个空格,现在要计算第 $(j+1)$ 个高分子放入 $(N-xj)$ 个空格中去的放置方法数 $W_{j+1}$。

第 $(j+1)$ 个高分子的第一个链段可以放在 $(N-xj)$ 个空格中的任意一个格子内,放置方法数就有 $(N-xj)$ 种可能性。放置了 $(xj+1)$ 个链段后还剩余空格子总数 $(N-xj-1)$,接下来放置第二个链段时却不能在 $(N-xj-1)$ 的空格中任意选,由于链有连接性的限制,只能放在第一个链段相邻近的空格内。假定晶格的配位数为 $Z$,第一个链段邻近的空格数目不一定为 $Z$,因为邻近的格子有可能已被放进去的高分子链段所占据。根据高分子链段在溶液中均匀分布的假定,第一个链段邻近的平均空格数应与配位数 $Z$ 成正比,还与根据剩余空格子总数计算出的平均每个格子不被高分子链段所占据的平均概率 $\dfrac{N-xj-1}{N}$ 成正比,因此第二个链段的放置方法数为 $Z\left(\dfrac{N-xj-1}{N}\right)$。放置了 $(xj+2)$ 个链段后剩余的空格子总数 $(N-xj-2)$。在放置第三个链段时,与第二个链段相邻近的 $Z$ 个格子中已经有一个被第一个链段所占,邻近的 $Z-1$ 个格子中平均每个格子不被高分子链段所占据的平均概率为 $\dfrac{N-xj-2}{N}$,所以第三个链段的放置方法数为 $(Z-1)\left(\dfrac{N-xj-2}{N}\right)$。第四、第五等链段的放置方法在配位数计算上与第三个链段完全一样,只是每个格子不被高分子链段所占据的平均概率依次类推。因此第 $(j+1)$ 个高分子在 $(N-xj)$ 个空格内放置的方法数为

$$W_{j+1} = Z(Z-1)^{x-2}(N-xj)\left(\frac{N-xj-1}{N}\right)\left(\frac{N-xj-2}{N}\right)\cdots\left(\frac{N-xj-x+1}{N}\right)$$

$Z$ 是常数,与 $Z-1$ 相差不大,假定 $Z$ 近似等于 $Z-1$,则上式可写成

$$W_{j+1} = \left(\frac{Z-1}{N}\right)^{x-1}\frac{(N-xj)!}{(N-xj-x)!} \tag{3-11}$$

$N_2$ 个高分子在 $N$ 个格子中放置方法的总数为

$$\Omega = \frac{1}{N_2!} \prod_{j=0}^{N_2-1} W_{j+1} \tag{3-12}$$

这里除以 $N_2!$ 是因为 $N_2$ 个高分子是等同的,当它们互换位置时并不提供新的放置方法。将式(3-11)代入式(3-12),得

$$\Omega = \frac{1}{N_2!}\left(\frac{Z-1}{N}\right)^{N_2(x-1)} \frac{N!}{(N-xN_2)!} \tag{3-13}$$

在 $N$ 个格子中已经放置了 $N_2$ 个高分子,余下的 $N_1$ 个空格再放入溶剂分子,因为溶剂分子也是等同的,彼此不可区分,故只有一种放置方法。所以式(3-13)所表示的 $\Omega$ 就是溶液的总的微观状态数。因此溶液的熵值为

$$S_{溶液} = k\ln\Omega = k\left[N_2(x-1)\ln\frac{Z-1}{N} + \ln N! - \ln N_2! - \ln(N-xN_2)!\right]$$

利用 Stirling 公式 $(\ln A! = A\ln A - A)$ 简化上式可得溶液的熵为

$$S_{溶液} = -k\left[N_1\ln\frac{N_1}{N_1+xN_2} + N_2\ln\frac{N_2}{N_1+xN_2} - N_2(x-1)\ln\frac{Z-1}{e}\right] \tag{3-14}$$

高分子溶液的混合熵 $\Delta S_M$ 是指体系混合前后熵的变化,式(3-14)所表示的是混合后溶液的熵。混合前的熵由纯溶剂和聚合物两部分组成,纯溶剂只有一个微观状态,其相应的熵为零;至于聚合物的熵,要看聚合物处于什么状态而定。因为聚合物的晶态、取向态及解取向态的熵值都不同,现在我们把聚合物的解取向态作为混合前聚合物的微观状态,则相应的熵不为零,可以由式(3-14)令 $N_1 = 0$, 求得

$$S_{聚合物} = kN_2\left[\ln x + (x-1)\ln\frac{Z-1}{e}\right]$$

$$\Delta S_M = S_{溶液} - (S_{纯溶剂} + S_{聚合物})$$

所以

$$\Delta S_M = -k\left(N_1\ln\frac{N_1}{N_1+xN_2} + N_2\ln\frac{xN_2}{N_1+xN_2}\right)$$

$$= -k(N_1\ln\phi_1 + N_2\ln\phi_2)$$

这里的 $\phi_1$ 和 $\phi_2$ 分别表示溶剂和聚合物在溶液中的体积分数

$$\phi_1 = \frac{N_1}{N_1+xN_2}; \quad \phi_2 = \frac{xN_2}{N_1+xN_2}$$

如果用摩尔数 $n$ 代替分子数 $N$,可得

$$\Delta S_M = -R(n_1\ln\phi_1 + n_2\ln\phi_2) \tag{3-15}$$

由以上的推导可知,$\Delta S_M$ 仅表示由于高分子链段在溶液中排列的方式与在本体中排列的方式不同所引起的熵变,称它为混合构象熵,在此并没有考虑在溶解过程中由于高分子与溶剂分子相互作用变化所引起的熵变。

式(3-15)与理想溶液的混合熵式(3-9)相比,只是摩尔分数 $X$ 换成了体积分数 $\phi$。如

果溶质分子和溶剂分子的体积相等,$x=1$,则式(3-15)与式(3-9)就完全一样了。由式(3-15)计算得到的 $\Delta S_M$ 比式(3-9)的大得多,这是因为一个高分子在溶液中不止起一个小分子的作用;但是高分子中每个链段是相互连接的,一个高分子又起不到 $x$ 个小分子的作用,所以式(3-15)计算得到的 $\Delta S_M$,又比 $xN_2$ 个小分子与 $N_1$ 个溶剂分子混合时的熵变来得小。

对于多分散性的聚合物

$$\Delta S_M = -k\left(N_1 \ln \phi_1 + \sum_i N_i \ln \phi_i\right)$$

式中 $N_i$ 和 $\phi_i$ 分别为各种聚合度的溶质的分子数和体积分数;$\sum\limits_i$ 是对多分散试样的各种聚合度的组分进行加和,并不包括溶剂。

### 3.2.2　高分子溶液的混合热

为了简化起见,从似晶格模型出发推导高分子溶液的混合热 $\Delta H_M$ 时只考虑最邻近一对分子之间的相互作用。我们仍然用符号 1 表示溶剂分子,符号 2 表示高分子的一个链段,符号[1-1]、[2-2]和[1-2]分别表示相邻的一对溶剂分子,相邻的一对链段和相邻的一个溶剂与链段对。混合过程可用下式表示

$$\frac{1}{2}[1\text{-}1] + \frac{1}{2}[2\text{-}2] = [1\text{-}2]$$

用 $\varepsilon_{11}$、$\varepsilon_{22}$ 和 $\varepsilon_{12}$ 分别表示它们的结合能,则生成一对[1-2]时能量的变化为

$$\Delta\varepsilon_{12} = \varepsilon_{12} - \frac{1}{2}(\varepsilon_{11} + \varepsilon_{22})$$

假定溶液中有 $P_{12}$ 对[1-2],混合时没有体积的变化,则

$$\Delta H_M = P_{12}\Delta\varepsilon_{12}$$

一个高分子周围共有 $((Z-2)x+2)$ 个格子,$Z$ 为晶格的配位数,当 $x$ 很大时,可近似等于 $(Z-2)x$。但周围的每个格子不一定都能与高分子链段形成[1-2],能否形成[1-2],还与每个格子是否被溶剂分子所占据的概率有关,每个格子被溶剂分子所占的平均概率可以用溶剂分子的体积分数 $\phi_1$ 来表示,也就是说每个高分子可以生成 $(Z-2)x\phi_1$ 对的[1-2]。在溶液中共有 $N_2$ 个高分子,则

$$P_{12} = (Z-2)x\phi_1 N_2 = (Z-2)N_1\phi_2$$

所以

$$\Delta H_M = (Z-2)N_1\phi_2\Delta\varepsilon_{12}$$

若令

$$\chi = \frac{(Z-2)\Delta\varepsilon_{12}}{kT} \tag{3-16}$$

则

$$\Delta H_M = kT\chi N_1\phi_2 = RT\chi n_1\phi_2 \tag{3-17}$$

$\chi$ 称为 **Huggins 参数**,它是高分子物理中最重要的物理参数之一。根据式(3-16)它反映高分子与溶剂或高分子与高分子混合时相互作用能的变化。$\chi kT$ 的物理意义表示当一个溶剂分子放到聚合物中去时所引起的能量变化。

### 3.2.3　高分子溶液的化学位

由热力学关系式可知

$$\Delta F_M = \Delta H_M - T\Delta S_M = RT(n_1 \ln \phi_1 + n_2 \ln \phi_2 + \chi n_1 \phi_2) \tag{3-18}$$

有了自由能就可以导出化学位,通过对化学位的理论计算值和实验测量结果的比较,可验证 Flory-Huggins 理论的正确性。

高分子溶液中溶剂的化学位变化 $\Delta\mu_1$ 和溶质的化学位变化 $\Delta\mu_2$ 分别为

$$\Delta\mu_1 = \left(\frac{\partial \Delta F_M}{\partial n_1}\right)_{T,P,n_2} = RT\left[\ln\phi_1 + \left(1-\frac{1}{x}\right)\phi_2 + \chi\phi_2^2\right] \tag{3-19a}$$

$$\Delta\mu_2 = \left(\frac{\partial \Delta F_M}{\partial n_2}\right)_{T,P,n_1} = RT\left[\ln\phi_2 + (1-x)\phi_1 + x\chi\phi_1^2\right] \tag{3-19b}$$

因为溶剂的化学位 $\Delta\mu_1 = RT\ln\frac{p_1}{p_1^0}$,所以

$$RT\ln\frac{p_1}{p_1^0} = \Delta\mu_1 = \mu_1 - \mu_1^0 = RT\left[\ln(1-\phi_2) + \left(1-\frac{1}{x}\right)\phi_2 + \chi\phi_2^2\right]$$

从高分子溶液蒸气压 $p_1$ 和纯溶剂蒸气压 $p_1^0$ 的测量可计算出高分子-溶剂相互作用参数 $\chi$,也可用渗透压实验直接测定聚合物的分子量和 $\chi$。

第一章的 1.4.1 节中已经导出渗透压为

$$\Delta\mu_1 = -\widetilde{V}_1\Pi \tag{1-7}$$

用 Flory-Huggins 溶液理论的公式(3-19a)代入可得高分子溶液的渗透压为

$$\Pi = -\frac{RT}{\widetilde{V}_1}\left[\ln(1-\phi_2) + \left(1-\frac{1}{x}\right)\phi_2 + \chi\phi_2^2\right] \tag{3-20a}$$

由于稀溶液的 $\phi_2 \ll 1$,将 $\ln(1-\phi_2)$ 展开,略去高次项,可得

$$\Pi = \frac{RT}{\widetilde{V}_1}\left[\frac{1}{x}\phi_2 + \left(\frac{1}{2}-\chi\right)\phi_2^2 + \frac{1}{3}\phi_2^3\right] = \frac{RT}{\widetilde{V}_1}\left[\frac{1}{x}\phi_2 + \left(\frac{1}{2}-\chi\right)\phi_2^2\right] \tag{3-20b}$$

$$\Pi = \frac{RT}{\widetilde{V}_1}\left[\frac{\widetilde{V}_1}{M}C + \left(\frac{1}{2}-\chi\right)\frac{C^2}{\rho_2^2}\right] = RT\left[\frac{C}{M} + \left(\frac{1}{2}-\chi\right)\frac{C^2}{\widetilde{V}_1\rho_2^2}\right] \tag{3-20c}$$

式中 $\widetilde{V}_1$ 是溶剂的偏摩尔体积;$\rho_2$ 是聚合物的密度。式(3-20c)与式(1-9) $\Pi = RT(C/M + A_2C^2 + A_3C^3 + \cdots)$ 相比,得

$$A_2 = \left(\frac{1}{2} - \chi\right)\frac{1}{\widetilde{V}_1 \rho_2^2} \tag{3-21}$$

$\widetilde{V}_1$ 和 $\rho_2$ 都是已知的,所以可以从 $A_2$ 中求得 $\chi$。$A_2$ 被称作**第二维利系数**,它的物理意义是高分子链段和链段间的内排斥与高分子链段和溶剂分子间能量上相互作用、两者相互竞争的一个量度。它与溶剂化作用和高分子在溶液里的形态有密切关系。

在良溶剂中,高分子链由于溶剂化作用而扩张,高分子线团伸展,$A_2$ 是正值,$\chi < 1/2$。随着温度的降低或不良溶剂的加入,$\chi$ 值逐渐增大,当 $\chi > 1/2$ 时,高分子链紧缩,$A_2$ 为负值。当 $\chi = 1/2$ 时,$A_2 = 0$。此时式(3-20c)与理想溶液的 Van't Hoff 方程(式(1-8))一致,即溶液已符合理想溶液的性质。这时的溶剂称为 $\theta$ 溶剂,这时的温度称为 $\theta$ 温度。通过渗透压的测定可求高分子溶液的 $\theta$ 温度。方法是在一系列不同的温度下测定某聚合物溶剂体系的渗透压,求出第二维利系数 $A_2$,以 $A_2$ 对温度作图,得一曲线,此曲线与 $A_2 = 0$ 线的交点所对应的温度即是 $\theta$ 温度。另一方面,根据 $A_2$ 值,可由式(3-21)计算出 $\chi$ 与温度的依赖关系。计算时,因为溶液很稀,可把溶剂的摩尔体积当作偏摩尔体积。$\chi$ 值是判断溶剂良与不良的一个半定量标准。

照道理来说 $\chi$ 应该与高分子溶液浓度无关。但是实验事实并不如此,除了个别体系外,大都与理论有偏差。从图 3-2 可见,只有天然橡胶-苯溶液的 $\chi$ 值与浓度无关,其他都与理论有很大偏离。不妨将 $\chi$ 作如下简单形式的修正

$$\chi = \frac{A}{T} + B\phi + C \tag{3-22}$$

$A$ 值可正也可负。作这样推广的好处是可以包含溶剂与高分子有特殊相互作用(如极性、氢键等)的体系,也就是溶解热为负的体系。

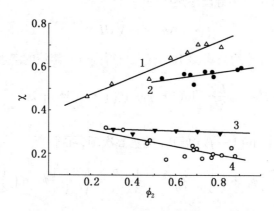

图 3-2  实验测定 $\chi$ 与浓度的关系

1—聚二甲基硅氧烷-苯体系;2—聚苯乙烯-丁酮体系;
3—天然橡胶-苯体系;    4—聚苯乙烯-甲苯体系

以上说明似晶格模型理论的推导过程有诸多不合理的地方:

首先,没有考虑到由于高分子的链段之间、溶剂分子之间以及链段与溶剂之间的相互作

用不同会破坏混合过程的链构象的随机性,这将导致溶液熵值的减小,所以式(3-15)的结果会被高估。但是另一方面,高分子在解取向态中,分子之间相互牵连,有许多构象是不能实现的,而在溶液中原来不能实现的构象就有可能表现出来,因此过高地估计了 $S_{聚合物}$,使式(3-15)的结果又偏低了。混合热实际上也与链的构象有关,高分子链在不同温度下对应的各种平衡构象下链段与近邻格子接触对的数目是不同的,因此严格意义上来说只用 $\chi$ 来衡量混合热是不够的,还应引入构象熵对链段-空格接触对数目的修正。

此外,高分子链段均匀分布的假定只是在浓溶液中才比较合理,而在稀溶液中,链段分布是不均匀的。高分子是一个一个分散在溶液中的链段,彼此不接触,高分子所在的地方链段的密度较大,而高分子不在的地方链段密度为零。因此,式(3-18)描述浓溶液比较适合。

Flory-Huggins 溶液理论尽管有种种的不合理,但它理论形式简洁对称,物理意义十分清楚,定性上可基本正确地描述高分子溶液的热力学性质。尽管人们对此做了大量的修正工作,但被普遍接受的仍然是这一简单理论形式,因此仍为大家所采用。[3, 4]

## 3.3 高分子的"理想溶液"——$\theta$ 状态

Flory 将似晶格模型的结果应用于稀溶液,假定 $\phi_2 \ll 1$,则

$$\ln \phi_1 = \ln(1 - \phi_2) = -\phi_2 - \frac{1}{2}\phi_2^2 - \cdots$$

可将 Flory-Huggins 溶液理论得到的溶剂化学位式(3-19a)改写成

$$\Delta \mu_1 = RT\left[-\frac{1}{x}\phi_2 + \left(\chi - \frac{1}{2}\right)\phi_2^2 - \cdots\right] \tag{3-23}$$

对于很稀的理想溶液,可结合式(3-10)得出

$$\Delta \mu_1^i = \frac{\partial \Delta F_M^i}{\partial n_1} \approx RT \ln X_1 \approx -RTX_2 \approx -RT\phi_2/x$$

因此式(3-23)近似到二阶表达式的右边第一项相当于理想溶液中溶剂的化学位变化,第二项相当于非理想部分。非理想部分用符号 $\Delta \mu_1^E$ 表示,称为过量化学位。

$$\Delta \mu_1^E = RT\left(\chi - \frac{1}{2}\right)\phi_2^2$$

这里上标 $E$ 是指过量的意思,即

$$\Delta \mu_1 = \Delta \mu_1^i + \Delta \mu_1^E$$

从上面的结果可知:高分子溶液即使浓度很稀也不能看作是理想溶液,必需是 $\chi = 1/2$ 溶液才能使 $\Delta \mu_1^E = 0$,从而使高分子溶液符合理想溶液的条件。当 $\chi < 1/2$ 时,$\Delta \mu_1^E < 0$,使溶解过程的自发趋势更强,此时的溶剂称为该聚合物的良溶剂。当 $\chi > 1/2$ 时,$\Delta \mu_1^E > 0$,使溶解过程的自发趋势很弱,此时的溶剂称为该聚合物的不良溶剂。

通常,可以通过选择溶剂和温度以满足 $\Delta\mu_1^E = 0$ 的条件,使高分子溶液符合理想溶液的条件,Flory 把这种条件称为 $\theta$ 条件,或 $\theta$ 状态。$\theta$ 状态下所用的溶剂称为 $\theta$ 溶剂,$\theta$ 状态下所处的温度称为 $\theta$ 温度,又称为 Flory 温度。

$\theta$ 溶剂和 $\theta$ 温度两者是密切有关相互依存的。对于某种聚合物,当溶剂选定以后,可以改变温度以满足 $\theta$ 条件,也可选定某一温度,然后改变溶剂的品种,或利用混合溶剂,调节溶剂的成分以达到 $\theta$ 条件。表 3-5 列出了一些聚合物的 $\theta$ 溶剂和 $\theta$ 温度。

**表 3-5　一些聚合物的 $\theta$ 溶剂和 $\theta$ 温度**

| 聚合物 | $\theta$ 溶剂 | $\theta$ 温度(℃) | 聚合物 | $\theta$ 溶剂 | $\theta$ 温度(℃) |
|---|---|---|---|---|---|
| 聚丁烯-1(无规) | 苯甲醚 | 86.2 | 聚苯乙烯(无规) | 十氢萘 | 31 |
| 聚乙烯 | 二苯醚 | 161.4 | | 环己烷 | 35 |
| 聚异丁烯 | 乙苯 | −24.0 | 聚氯乙烯(无规) | 苯甲醇 | 155.4 |
| | 甲苯 | −13.0 | 丙烯腈-苯乙烯共聚物 | 苯/甲醇 66.7/33.3 | 25 |
| | 苯 | 24.0 | 聚甲基丙烯酸甲酯(无规) | 丙酮 | −55 |
| | 四氯化碳/二氧六环 63.8/36.2 | 25.0 | | 丙酮/乙醇 47.7/52.3 | 25 |
| | 氯仿/正丙醇 77.1/22.9 | 25.0 | 丁苯橡胶 70/30 | 正辛烷 | 21 |
| 聚丙烯(无规) | 氯仿/正丙醇 74/26 | 25.0 | 尼龙 66 | 2.3 mol·L$^{-1}$ KCl 的 90%甲酸溶液 | 28 |
| 聚丙烯(等规) | 二苯醚 | 145～146.2 | 聚二甲基硅氧烷 | 乙酸乙酯 | 18 |
| 聚苯乙烯(无规) | 环己烷/甲苯 86.9/13.1 | 15 | | 甲苯/环己醇 66/34 | 25 |
| | 甲苯/甲醇 20/80 | 25 | | 氯苯 | 68 |

但必须指出:$\theta$ 状态与真正的理想溶液还是有区别的,真正的理想溶液没有热效应,在任何温度下都呈现理想行为,而在 $\theta$ 温度时的高分子稀溶液只是 $\Delta\mu_1^E = 0$ 而已。偏摩尔混合热 $\Delta H_1$ 和偏摩尔混合熵 $\Delta S_1$ 都不是理想值,只是两者的非理想效应近似相互抵消。所以 $\theta$ 温度相当于实际气体的 Boyle 温度,在高分子科学中的理想溶液是一种具有热效应的假的理想溶液。

至于高分子稀溶液与理想溶液有什么差别,Flory 等提出了他们的稀溶液理论。

## 3.4　Flory 稀溶液理论

Flory 稀溶液理论是以高斯链模型为基础的。由于高分子在稀溶液中存在着多种相互作用,原本在高斯链模型中可以以等概率方式实现的各种链构象,由于能量效应会发生统计概率上的变化:有些构象因为能量高,实现的可能性会比原来小,而有些构象在能量上较低,实现的概率就大一些。为了计算不同构象的排列方式数,一种简单的方法是算出每种构象对应的平均能量,根据波尔兹曼因子得到每种链构象的统计权重,按统计热力学的原则得到真实链的构象分布函数

$$Z(h, n) \approx W_0(h, n)Q(h)\exp\left[-\frac{\overline{E}(h)}{kT}\right] \tag{3-24}$$

其中 $W_0(h, n)$ 是由第二章导出的理想高斯链的末端距径向分布函数,也就是每个末端距下

对应的构象分布函数,以 $b$ 表示 Kuhn 链段长度,$h$ 是末端距,即

$$W_0(h,\ n) = \left(\frac{3}{2\pi nb^2}\right)^{3/2} \exp\left(-\frac{3h^2}{2nb^2}\right)4\pi h^2 \tag{3-25}$$

$Q(h)$ 和 $\exp[-\bar{E}(h)/kT]$ 分别为链段与链段间的内排斥体积和引入溶剂与链段的两体相互作用所导致的构象数变化的统计权重,可以分别进行如下的估算。

$Q(h)$:假如一条链在溶液中所占的体积为 $h^3$,如图 3-3(a)所示,在这个体积中,不光包含链段还包含大量溶剂,但每个链段所占的实际体积为 $v_c \approx b^3$,由于链内体积的排斥,每个链段都不能与其他链段发生位置交叠。一条高分子链可看作是一串 $n$ 个的链段在体积为 $h^3$ 内的排列方式总数

$$Q(h) = B\prod_{i=0}^{n-1}\left(1-i\frac{v_c}{h^3}\right) = \exp\left[\ln B\prod_{i=0}^{n-1}\left(1-i\frac{v_c}{h^3}\right)\right] = B\exp\left[\sum_{i=0}^{n-1}\ln\left(1-i\frac{v_c}{h^3}\right)\right]$$

由于稀溶液中的 $i\dfrac{v_c}{h^3} \ll 1$,利用近似,上式中的 $\ln\left(1-i\dfrac{v_c}{h^3}\right) \approx -i\dfrac{v_c}{h^3}$,即

$$Q(h) \approx B\exp\left(-\frac{v_c}{h^3}\sum_{i=0}^{n-1}i\right) \approx B\exp\left(-\frac{n^2 v_c}{2h^3}\right) \tag{3-26}$$

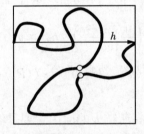
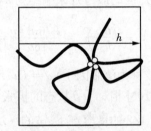

(a) 任意两个链段间的体积排斥效应　　　　(b) 任意 3 个链段间的体积排斥效应

图 3.3　稀溶液中一条高分子链内部链段间的相互作用

$\bar{E}(h)$:由式(3-17),Huggins 给出了 $N_2$ 条高分子链在溶液中的混合热 $\Delta H_M$,则一条高分子链在溶液中的平均混合热为 $\bar{E}(h) \approx \Delta H_M/N_2 = kT\chi n\phi_1 = kT\chi n(1-\phi_2)$,在图 3-3(a)所示的体积范围内,高分子实际所占的体积分数应为 $\phi_2 = nv_c/h^3$,因此

$$\bar{E}(h) = C - kT\chi\frac{n^2 v_c}{h^3} \tag{3-27}$$

式(3-27)中 $C$ 是与末端距无关的常数,其中 Huggins 参数仍为 $\chi = (Z-2)\Delta\varepsilon_{12}/kT$,分别将式(3-25)、$Q(h)$ 和 $\bar{E}(h)$ 代入式(3-24),则可合并成

$$Z(h,\ n) = C'4\pi h^2\exp\left[-\frac{3h^2}{2nb^2} - \frac{n^2}{2}\frac{v_c}{h^3}(1-2\chi)\right] \tag{3-28}$$

其中 $C'$ 也是与末端距无关的常数。定义 $\tau = (1-\theta/T) = (1-2\chi)$ 为无量纲的约化温度,可把 $v = v_c(1-2\chi) = v_c\tau$ 看作排斥体积参数,用它来衡量排斥体积被溶剂屏蔽的程度。式(3-28)说明,对于真实的高分子链在溶液中的排斥体积可分为两部分:一部分是外排斥

体积,另一部分是内排斥体积。外排斥体积是由于溶剂与高分子链段的相互作用大于高分子链段与高分子链段之间的相互排斥,高分子被溶剂化而扩张或溶剂化很差而收缩;内排斥体积是由于分子有一定的粗细,链的一部分不能同时停留在已为链的另一部分所占有的空间所引起的,造成链的扩张。如果链段与链段之间的排斥作用较大则内排斥体积为正值;如果链段与链段之间的吸引力较大,链相互接触的两部分体积可以小于它们各自在理想高斯链状态下所占的体积之和,则内排斥体积为负值。在特殊情况下,正的外排斥体积和负的内排斥体积刚好抵消 $v = 0$,线团的行为好像无限细的(不占体积的)链一样,处于无干扰的状态,这种状态的尺寸称为无扰尺寸,这时的溶液可看作高分子的理想溶液。这种状态就是 $\chi = 1/2$ 的 $\theta$ 状态,真实链的构象分布函数 $Z(h, n)$ 就合理地还原到理想链的高斯函数,链的尺寸为 $\langle h^2 \rangle_0 \propto nb^2$。

下面再对良溶剂和不良溶剂下的情况分别进行讨论。

(1) 当处在 $\chi < 1/2$ 的良溶剂状态时,可采用对构象分布函数(3-28)或单链自由能 $F = -kT\ln Z(h, n)$ 求极值的方法来获得链的最可几末端距

$$\left.\frac{\partial Z(h, n)}{\partial h}\right|_{h=h^*} \propto 2h^* - h^{*2}\left(\frac{3h^*}{nb^2} - \frac{3n^2}{2}\frac{v}{h^{*4}}\right) = 0$$

利用理想高斯链对应的最可几末端距为 $h_0^* = (2nb^2/3)^{1/2}$ 和 $h^* \gg h_0^*$,上式可整理成

$$\left(\frac{h^*}{h_0^*}\right)^5 - \left(\frac{h^*}{h_0^*}\right)^3 = \frac{9\sqrt{6}n^{1/2}v}{16b^3} \Rightarrow h^* = \left(\frac{9\sqrt{6}n^{1/2}v}{16b^3}\right)^{1/5} h_0^* \propto n^{3/5}\tau^{1/5} \quad (3\text{-}29)$$

扩张因子(或称为溶胀因子) $\alpha = (h^*/h_0^*) \approx (\langle h^2 \rangle/\langle h^2 \rangle_0)^{1/2} \approx (\langle R_g^2 \rangle/\langle h_g^2 \rangle_0)^{1/2}$,反映在良溶剂中的链尺寸相对于 $\theta$ 状态的扩张程度。

因此在 $\chi < 1/2$ 的良溶剂下,链的平均尺寸比高斯链大的原因主要是溶剂与链段的能量上的吸引作用,或者排斥作用不足以抵消链段与链段之间的内排斥体积。通过溶剂化作用,相当于在高分子链的外面套了一层由溶剂组成的套管,它使蜷曲着的高分子链伸展。温度愈高,溶剂化作用愈强,相当于套管愈厚,链也愈伸展。

排斥体积参数 $v$ 与第二维利系数 $A_2$ 是有关联的,在 Flory-Huggins 的溶液理论中已预先假设溶剂的摩尔体积与链段单元的摩尔体积相同 $\widetilde{V}_1 = \widetilde{N}v_c$, $\rho_2 = M/n\widetilde{V}_1 = M/n\widetilde{N}v_c$,则根据式(3-21)可得出

$$A_2 = \frac{1/2 - \chi}{\widetilde{V}_1\rho_2^2} = \frac{\widetilde{N}v}{2M_0^2} \quad (3\text{-}30)$$

其中 $M_0$ 为聚合物链段单元的分子量,因此用第二维利系数 $A_2$ 确实可以表征排斥体积被屏蔽的程度。$A_2$ 与整个分子的分子量关系比较复杂。当整个链处于 $T \gg \theta$ 的极端情况下,整个分子过于伸展,已完全非理想化了,可看作是体积为 $u$ 的不可穿透的刚球,只能把整个分子看作是一个分子量为 $M$ 的链段,$A_2$ 与刚球与刚球之间的排斥体积 $u \approx R_g^3 \propto n^{1.8}$ 有关,$A_2 = \frac{\widetilde{N}u}{2M^2} \propto n^{-0.2}$。随着温度远离 $\theta$,$A_2$ 与链段数的关系逐步趋于 $n^{-0.2}$。

(2) 如果溶剂是 $\chi > 1/2$ 的不良溶剂,如直接按式(3-27)分析将得到错误的结果。造成结果不正确的原因在于式(3-27)只考虑了链段与链段或链段与溶剂的两体相互作用,忽略

了 3 个链段之间的三体相互作用,如图 3-3(b)所示。在良溶剂下这样的近似还算合理,但在不良溶剂下,由于溶剂对链段的排斥,造成链段与链段之间更倾向于相互靠近,导致发生三体相互作用的概率大大增加,三体相互排斥起到了抵抗链进一步收缩的作用,故不能再忽略了。两体相互作用体现在式(3-26)和(3-27)中 $n$ 的平方项中,三体作用就自然而然地应该体现在被忽略的 $n$ 的三次方项上。为简单起见,我们利用包含高次项的溶剂化学位式(3-23),它与溶液中单链的自由能成正比,即

$$\Delta \mu_1 = RT\left[-\frac{1}{n}\phi_2 + \left(\chi - \frac{1}{2}\right)\phi_2^2 - \frac{1}{3}\phi_2^3\right]$$

因 $\phi_2 = nv_c/h^3 \propto n$,故式(3-23)与 $\phi_2$ 有关的二次方项和三次方项分别自动包含了两体和三体相互作用。既然是不良溶剂,高分子溶解后较易处于两相状态,形成的稀相与浓相就会存在相平衡,两相的平衡条件为 $\Delta \mu_1' = \Delta \mu_1''$。$\Delta \mu_1'$ 和 $\Delta \mu_1''$ 分别对应稀相与浓相的化学位,对于稀相来说,由于是不良溶剂,几乎不含高分子,近似看作是纯溶剂状态,$\Delta \mu_1' = \mu_1 - \mu_1^0 \approx 0$,因此

$$\Delta \mu_1'' = RT\left[-\frac{1}{n}\phi_2'' + \left(\chi - \frac{1}{2}\right)\phi_2''^2 - \frac{1}{3}\phi_2''^3\right] = 0 \tag{3-31}$$

又由于高分子的分子量很大,$n \to \infty$,则 $(\chi - 1/2)\phi_2''^2 - \phi_2''^3/3 = 0$,得

$$\phi_2'' = 3\left(\chi - \frac{1}{2}\right) \tag{3-32}$$

假定浓相中高分子的浓度并不太高,每条链还是孤立的,仍可利用 $\phi_2'' = nv_c/h^3$,

$$h^* \approx v_c^{1/3} n^{1/3} \left(\chi - \frac{1}{2}\right)^{-1/3} = n^{1/3} |\tau|^{-1/3} b \tag{3-33}$$

因此在 $\chi > 1/2$ 的不良溶剂下,链的平均尺寸变小。显然,按前面定义的排斥体积参数计算 $v = v_c(1 - 2\chi)$ 为负。这种内排斥体积为负值的链称为坍陷线团(collapse coil)。不良溶剂下链的平均尺寸从本质上来说取决于两体排斥作用和三体相互作用之间的平衡。

需要注意的是,这里的理论分析采用了浓相中高分子链与高分子链没有发生交叠的假定,因此上述结论适用于不良溶剂形成的稀溶液。如果浓相中高分子的浓度很高,不良溶剂的含量很少,高分子链与高分子链之间更倾向于发生交叠,属于亚浓溶液的范畴,我们还将在 3.7 中继续予以讨论。

## 3.5　高分子溶液的相平衡和相分离

高分子的溶解过程具有可逆性,一般说来,温度降低时,高分子在溶剂中溶解度减小而使溶液分成两相,温度上升后又能相互溶解成一相。

图 3-4 是聚苯乙烯级分在环己烷中的溶解度曲线,图中注出各级分的分子量,$\phi_2$ 是溶液中聚苯乙烯的体积分数。图中钟形曲线极大处的温度就是**临界共溶温度** $T_c$。由此图可见,溶质的分子量愈大,溶液的临界共溶温度愈高。当温度降至 $T_c$ 以下某一定值时,就会分离成稀相和浓相,当体系分成两相最终达到相平衡时,每种组分在两相间的扩散达到动态平

衡,这就要求每种组分在两相间的化学位达到相等,即

$$\mu_1' = \mu_1''$$

$$\mu_2' = \mu_2''$$

这里上标"′"指的是稀相,上标"″"指的是浓相。

由本章可知溶剂的化学位变化 $\Delta\mu_1$ 与溶液浓度 $\phi_2$ 的关系为

$$\Delta\mu_1 = RT\left[\ln(1-\phi_2) + \left(1-\frac{1}{x}\right)\phi_2 + \chi\phi_2^2\right] \tag{3-19a}$$

假定 $x=1000$,可作出一系列不同 $\chi$ 值的 $\Delta\mu_1$ 对 $\phi_2$ 的理论曲线,见图 3-5。当 $\chi$ 值比较小时(图中 $\chi \leqslant 0.532$),$\Delta\mu_1$ 随 $\phi_2$ 单调下降;当 $\chi$ 值比较大时,$\Delta\mu_1$ 有极小值和极大值。当两个极值点重合成为拐点时称为**临界点**。临界点就是相分离的起始条件,在临界点,溶液的两个相的浓度相等。临界点的位置可用数学式算出

$$\begin{cases} \left[\dfrac{\partial(\Delta\mu_1)}{\partial\phi_2}\right]_{T,P} = 0 \\ \left[\dfrac{\partial^2(\Delta\mu_1)}{\partial\phi_2^2}\right]_{T,P} = 0 \end{cases}$$

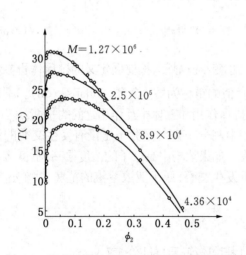

图 3-4　聚苯乙烯级分在环己烷中的溶解度曲线

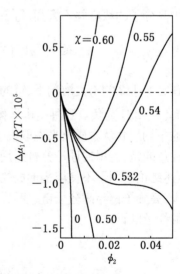

图 3-5　$x=1000$ 时 $\Delta\mu_1/RT$ 对 $\phi_2$ 作图

图中标明的是 $\chi$ 的数值

将式(3-19a)代入上面两式求导可得

$$\begin{cases} \dfrac{1}{1-\phi_2} - 1 + \dfrac{1}{x} - 2\chi\phi_2 = 0 \\ \dfrac{1}{(1-\phi_2^2)^2} - 2\chi = 0 \end{cases} \tag{3-34}$$

解上面的联立方程,得

$$\phi_{2c} = \frac{1}{1 + x^{1/2}}$$

当 $x \gg 1$ 时

$$\phi_{2c} = \frac{1}{x^{1/2}} \tag{3-35}$$

$\phi_{2c}$ 称为**临界浓度**,即出现相分离的起始浓度。对于高分子来说,$\phi_{2c}$ 很小,假定 $M = 10^6$,$x \approx 10^4$,则 $\phi_{2c} = 0.01$。

将式(3-35)代入式(3-34),当 $x \gg 1$ 时,可得 $\chi$ 的临界值(即图 3-5 中的 0.532)

$$\chi_c = \frac{1}{2} + \frac{1}{x^{1/2}} + \frac{1}{2x} \tag{3-36}$$

式(3-36)也可近似写成

$$\chi_c = \frac{1}{2} + \frac{1}{x^{1/2}}$$

上式表明,临界点的 $\chi_c$ 值与分子量有关。对于不太大的分子,$\chi_c$ 可以超过 $1/2$。当 $M \to \infty$ 时,$\chi_c \to 1/2$,即体系处于 $\theta$ 状态,也就是 $M$ 趋近于无穷大时的 $\theta$ 温度就是临界温度 $T_c$。

分子量大的组分在浓相中所占的比例较大,这就是相分离的分子量依赖性。根据这一性质,可以用逐步降温法把聚合物按分子量大小分离开来。也可以在恒温的溶液中逐步加入能与溶剂互溶的沉淀剂,即混合溶剂对高分子的溶解能力减小,不足以克服高分子间的内聚能,使临界共溶温度升高而导致溶液分相。当然,也可以将两种结合起来使用进行分级,以求得分子量的分布。

图 3-4 是具有最高临界共溶温度(UCST)的溶解度曲线。有些聚合物则具有最低临界共溶温度(LCST),某些高分子溶液兼有 UCST 和 LCST。在通常情况下的 $T_c$ 是指 UCST。

现在已经有常用的仪器可测定分子量分布,不需要对样品进行分级处理,可是有些科研工作需要分子量窄分布的样品,分级是获得这种样品的有效方法。

## 3.6  高分子的标度概念和标度定律[5]

物理学家 P. G. de Gennes 认为很多物理体系具有自相似性,不管测量的尺度缩小或放大,测到的性质几乎不变。因此就把标度概念应用于高分子物理中[5]。他认为只要改变一下测量的尺度,抓住描写高分子物理量的参数,进行量纲分析,就可以把问题简单化。

以单链为例,如果它是一条理想链(高斯链),它的均方末端距 $\langle h^2 \rangle_0$ 和均方旋转半径 $\langle R_g^2 \rangle_0$ 分别为

$$\langle h^2 \rangle_0 = nl^2 ; \qquad \langle R_g^2 \rangle_0 = \frac{1}{6}nl^2$$

式中 $n$ 是单体单元的数目(聚合度);$l$ 是单体单元的长度(见本书第二章)。

如果把尺度改变一下,将原先一条理想高分子链中的单体单元改变为链段,链段的末端距为 $b$,每一链段中包含 $\lambda$ 个单体单元,如图 3-6 所示,图中假定 $\lambda = 5$。

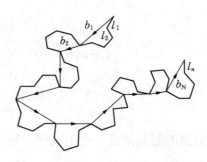

图 3-6　标度变换后的高分子链示意图

经过标度变换后,原来的物理量(例如$\langle h^2 \rangle$或$\langle R_g^2 \rangle$)是不变的,因此,必须使得与链的$l$和$n$有关的函数$f(l, n)$保持不变。例如,链的均方根末端距$h = n^{1/2}l$,则

$$N = n/\lambda, \quad b = \lambda^{1/2}l$$

$$f(\lambda^{1/2}l, n/\lambda) = f(b, N)$$

上式用重整化理论处理后,得到可适用于真实链的更一般的表达式

$$f(\lambda^\nu l, n/\lambda) = f(b, N)$$

这里指数$\nu$和溶剂的性质有关,在$\theta$溶剂中一条理想链$\nu = 1/2$,在良溶剂中一条真实的链$\nu = 3/5$。

　　一般说来,柔性的高分子$N$很大,决定链的总体性质的物理量$A$满足以下的关系

$$A(\lambda^\nu l, n/\lambda) = \lambda^x A(b, N) \tag{3-37}$$

上式中$x$是一个指数,它决定于被研究的物理量,该关系被称为标度定律[5]。de Gennes 把这一标度定律应用于描述高分子的物理量中,他认为上式中$\lambda^x$是一个可变的系数,不是一个可变的参数,不必拘泥于系数的细节,它仅仅是一个数值而已,只要把等号"="改写成比例号"≈"就行了,应该把讨论的重点放在可变的参数上。例如,均方根旋转半径可写成$R_g \approx n^\nu l$或者$R_g \approx N^\nu b$,在以后的讨论中我们常用"≈"或"∝",而不用"="。

　　下面举一个应用标度概念的例子。如果单链的能量用热力学函数 Helmholtz 自由能$F$表示

$$F = U - TS$$

式中$U$是单链的内能;$S$是单链的构象熵。根据统计热力学可知,体系的熵$S$与体系的微观状态数$\Omega$有如下的关系

$$S = k\ln\Omega$$

一条高分子链的单体单元数为$n$,末端距为$\boldsymbol{h}$,则高分子链的构象熵为

$$S(\boldsymbol{h}, n) = k\ln\Omega(\boldsymbol{h}, n)$$

高分子链的末端距落在$\boldsymbol{h}$和$\boldsymbol{h} + \Delta\boldsymbol{h}$之间的状态数应该是总的状态数乘几率分布函数

$$\Omega(\boldsymbol{h}, n) = \Phi(\boldsymbol{h}, n)\int\Omega(\boldsymbol{h}, n)\mathrm{d}\boldsymbol{h}$$

理想链的几率分布函数$\Phi(\boldsymbol{h}, n)$是

$$\Phi(\boldsymbol{h}, n) = \left(\frac{3}{2\pi n l^2}\right)^{3/2} \exp\left(-\frac{3\boldsymbol{h}^2}{2nl^2}\right)$$

所以

$$S(\boldsymbol{h}, n) = -\frac{3}{2}k\frac{\boldsymbol{h}^2}{nl^2} + \frac{3}{2}k\ln\left(\frac{3}{2\pi nl^2}\right) + k\ln\left[\int\Omega(\boldsymbol{h}, n)\mathrm{d}\boldsymbol{h}\right]$$

上式中的最后两项只和 $n$ 有关,和末端距 $\boldsymbol{h}$ 无关,所以上式可改写成

$$S(\boldsymbol{h}, n) = -\frac{3}{2}k\frac{\boldsymbol{h}^2}{nl^2} + S(0, n)$$

这说明理想链的末端距从 0 增大到 $\boldsymbol{h}$,熵减少了 $\frac{3}{2}k\frac{\boldsymbol{h}^2}{nl^2}$,熵的减少完全是由于高分子链的构象发生了变化而引起的。

理想链的内能 $U$ 与末端距无关,可以写成 $U(0, n)$,理想链的 Helmholtz 自由能

$$F(\boldsymbol{h}, n) = U(0, n) - TS(\boldsymbol{h}, n) = U(0, n) - \frac{3}{2}kT\frac{\boldsymbol{h}^2}{nl^2} - TS(0, n)$$

把上式中 $U(0, n) - TS(0, n)$ 写成 $F(0, n)$,那么上式可写成

$$F(\boldsymbol{h}, n) = \frac{3}{2}kT\frac{\boldsymbol{h}^2}{nl^2} + F(0, n) \tag{3-38}$$

式中 $F(0, n)$ 是表示链的两个端点在同一点上的自由能。上式说明理想链的末端距从 0 增大到 $\boldsymbol{h}$,自由能增加了 $\frac{3}{2}kT\frac{\boldsymbol{h}^2}{nl^2}$,而且自由能增加的幅度比熵减少的幅度还要大。上式还说明由熵变引起自由能变化的体系类似于满足虎克定律的弹簧,这种弹簧的弹性称为熵弹性。也就是说理想链的末端距 $\boldsymbol{h}$ 需要有一对大小相等、方向相反、与 $\boldsymbol{h}$ 成比例的外力 $(\boldsymbol{f}, -\boldsymbol{f})$ 作用在链的两端。$\boldsymbol{h}$ 是 $x$、$y$、$z$ 三维空间的矢量,对 $x$ 方向而言,外力 $f_x$ 应该是自由能对 $x$ 方向长度的偏微分

$$f_x = \frac{\partial F(\boldsymbol{h}, n)}{\partial h_x} = \frac{3kT}{nl^2}h_x$$

上式可以写成更为普遍的式子

$$\boldsymbol{f} = \frac{3kT}{nl^2}\boldsymbol{h}$$

式中比例系数 $\frac{3kT}{nl^2}$ 是理想链的熵弹性常数。高分子的 $n$ 越大、$l$ 越大、温度越低,高分子越容易拉长。只要增加一点力,链就被拉长了。以上这种 $\boldsymbol{f}$ 和 $\boldsymbol{h}$ 的线性关系只有在 $|\boldsymbol{h}| \ll h_{max} = nl^2$ 时才有用;如果链伸长到 $|\boldsymbol{h}| \geqslant h_{max}$,这种线性关系就不成立了。

末端距和力之间的线性关系也可以用很简单的标度方法得到。一条理想的高分子链可以被想象为由一连串尺寸为 $\xi$ 的小球(blob)组成,每个小球内含有 $g$ 个单体单元,在小球内部的链段是符合高斯统计规律 $\xi^2 \propto gl^2$ 的。在理想链的末端距被拉长成 $h_x$ 时,小球被排列成直线,而小球内部的链段仍能保持高斯统计规律,如图 3-7 所示。

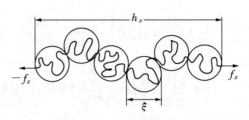

图 3-7 理想链的末端距拉长成 $h_x$ 时，小球及内部链段示意

那么 $\xi$ 的最小值应该是多少？ 小球内单体单元数 $g$ 至少是多少呢？

因为整个链由 $n/g$ 个小球组成，

$$h_x \propto \xi \frac{n}{g} \propto \frac{nl^2}{\xi}$$

就可解出小球的尺寸 $\xi$ 和小球内单体单元数 $g$

$$\xi \propto \frac{nl^2}{h_x}; \quad g \propto \frac{n^2 l^2}{h_x^2}$$

小球排成直线后，运动的自由度受到限制，由三维减成两维。一维热运动的自由能为 $kT/2$，两维的热运动自由能为 $kT$，所以每个小球的热运动自由能为 $kT$，整个链的自由能为

$$F \propto kT \frac{n}{g} \propto kT \frac{h_x^2}{nl^2} \tag{3-39}$$

这样就简单地运用标度概念推导出与式(3-38)一样的结果。

## 3.7  高分子的亚浓溶液[5]

在前几节中，我们根据热力学原理讨论了高分子溶液的性质，特别是高分子在良溶剂中的尺寸、形态以及高分子和溶剂相互作用的有关参数，例如扩张因子 $\alpha$、排斥体积 $u$、Huggins 参数 $\chi$ 和第二维利系数 $A_2$ 等。这些物理量只与高分子的分子量、溶质与溶剂的性质以及溶液的温度有关，而与溶液的浓度无关。因为在稀溶液中，高分子线团是彼此分离互不相关的。当溶液浓度增大后，高分子互相接近时，溶液的热力学性质和分子尺寸都会发生变化，前面的理论就不适用了，必须用新的标度理论处理这种溶液。

标度理论是 de Gennes 等人研发出来的，它涉及的是指数(普适性质)而不是系数(局部性质)。理论的基本假定是：有一个参数 $x$，当 $x$ 达到某一临界值 $x^*$ 时体系向另一个状态过渡，体系的变量 $S_0$ 会变成另一种形式 $S$，按标度定律理论的基本假定可写成

$$S = S_0 f(x)$$

并且规定了

$$f(x) = 1 \ (x < x^*)$$
$$f(x) = x^m \ (x > x^*) \tag{3-40}$$

### 3.7.1 稀溶液向亚浓溶液的过渡

首先提出亚浓溶液概念的是 de Gennes,他认为在稀溶液中,高分子线团是互相分离的,高分子链段的分布也是不均一的,如图 3-8 中(a)所示;当溶液浓度增大到某种程度后,高分子线团互相穿插交叠,整个溶液中链段的分布趋于均一,如图中(c)所示,这种溶液称为亚浓溶液。在稀溶液与亚浓溶液之间,随着浓度从稀向浓逐渐增大,孤立的高分子线团则逐渐靠拢,直到成为线团密堆积时的浓度,称为临界交叠浓度(又称接触浓度),用 $C^*$ 或 $\phi^*$ 表示,如图中(b)所示。

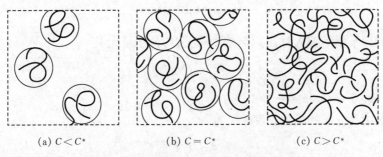

(a) $C < C^*$      (b) $C = C^*$      (c) $C > C^*$

图 3-8 稀溶液向亚浓溶液过渡的示意

这里的浓度 $C^*$ 是以单位体积溶液中所含溶质的质量表示的,$\phi^*$ 是指单位体积溶液中溶质的体积。在浓度达到临界值时,高分子在溶液中已处于密堆积的程度,所以溶液的浓度可按每个高分子在溶液中所占的体积($\propto R_g^3$)中该分子的重量 $M$ 或体积 $nl^3$ 计算。我们可以近似地写出 $C^*$ 和 $\phi^*$ 的表达式为

$$C^* \approx \frac{M}{R_g^3}; \qquad \phi^* \approx \frac{nl^3}{R_g^3}$$

在良溶剂的稀溶液中 $R_g \approx M^{3/5}$,所以

$$C^* \approx M^{-4/5} \quad \text{或} \quad C^* \approx n^{-4/5} \tag{3-41}$$

这说明分子量越大 $C^*$ 越小,例如分子量为 $3.8 \times 10^6$ 的聚苯乙烯在苯中的 $R_g$ 为 119 nm,估计 $C^*$ 只有 $0.425\%$,这是一个很小的数字,超过这个数字就是亚浓溶液了。

### 3.7.2 亚浓溶液中高分子链的尺寸

当浓度 $C \gg C^*$ 时,高分子是相互交叠的,如果我们给亚浓溶液中高分子在某一瞬间的构象拍一照片的话,则如图 3-9 所示,看上去很像具有某种网眼的交联网,网眼的平均尺寸用 $\xi$ 表示,$\xi$ 称为相关长度(correlation length)。

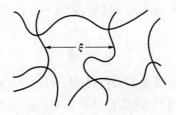

图 3-9 相关长度示意图

用 $\xi_0$ 和 $\xi$ 分别表示在良溶剂的稀溶液中和亚浓溶液中高分子的相关长度,按标度定律

$$\xi = \xi_0 \left( \frac{C}{C^*} \right)^m$$

在稀溶液中,相关长度 $\xi_0 \approx R_g$,而 $C^* \approx n^{-4/5}$,那么上式就可写成

$$\xi \approx R_g C^m n^{4m/5}$$

因为在良溶剂中 $R_g \approx n^{3/5}$,所以

$$\xi \approx C^m n^{(3/5+4m/5)}$$

假设高分子的分子量足够大时,$\xi$ 只与浓度有关,与分子量无关

$$\xi \approx C^m n^0$$

因此,$3/5 + 4m/5 = 0$, $m = -3/4$。

亚浓溶液中高分子的相关长度 $\xi$ 应为

$$\xi \approx C^{-3/4} \tag{3-42}$$

这说明在亚浓溶液中浓度越大,网眼尺寸 $\xi$ 越小,即使完全没有溶剂时 $C \to 1$,网眼的尺寸也不会等于零,总会有一定的空隙,所以高分子材料有渗透性。

### 3.7.3 亚浓溶液的串滴模型

现在我们把注意力集中在亚浓溶液中一条特定的链,Daoud 把这条特定的链看作由一串尺寸为 $\xi$ 的单元或"小滴"(blob)组成(见图 3-10)。

小滴(g 个单体单元)

图 3-10 Daoud 串滴模型

在一个小滴内部的链不与其他的链相作用,这样,一个小滴的内部仍可借用 $R_g \propto n^{0.6}$ 的关系得出 $\xi \propto g^{0.6}$($n$ 是一个高分子内的单体数,$g$ 是一个小滴内的单体数),因为 $\xi \propto C^{-3/4}$,所以 $g \propto C^{-5/4}$,也能写成

$$g \propto C\xi^3 \tag{3-43}$$

因为小滴内的浓度是 $g/\xi^3$,整个溶液的浓度是 $C$,所以式(3-42)说明小滴内的浓度与整个溶液的浓度一样,溶液基本上是一种小滴的密堆积体系。对整条链来说,又可以看作由 $n/g$ 个长度为 $\xi$ 的小滴组成的高斯链,链的均方半径为

$$\langle R_g^2 \rangle = \frac{n}{g}\xi^2 \propto C^{-1/4}n \quad (C > C^*) \tag{3-44}$$

也就是说在亚浓溶液中链的尺寸与浓度有关。这是 Daoud 利用串滴模型推导出来的结果,它与 Flory 的结果不同,实验支持了这一结果。图 3-11 是 Daoud 用中子散射法测定了一条标记的聚苯乙烯链溶解在浓度为 $C$ 的聚苯乙烯溶液中,其均方半径$\langle R_g^2 \rangle$随浓度 $C$ 的变化,在 $C > C^*$ 时,$\langle R_g^2 \rangle$随 $C^{-1/4}$下降。

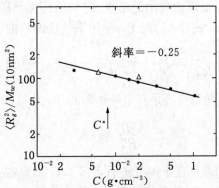

图 3-11　氘化聚苯乙烯溶解在氢化聚苯乙烯的二硫化碳溶液中
均方半径$\langle R_g^2 \rangle$与浓度 $C$ 的关系
● $M = 1.14 \times 10^5$；△ $M = 5 \times 10^5$

### 3.7.4　亚浓溶液的渗透压

在 $T \gg \theta$ 的良溶剂中,Flory 等推导出稀溶液($C < C^*$)的渗透压为

$$\Pi = RT\left(\frac{C}{M} + \frac{\widetilde{N}u}{2M^2}C^2 + \cdots\right)$$

式中 $u$ 是高分子的排斥体积,它应与 $R_g^3$ 成正比,上式可写成

$$\frac{\Pi}{RT} = \left(\frac{C}{M}\right) + BR_g^3\left(\frac{C}{M}\right)^2 + 0\left(\frac{C}{M}\right)^3 + \cdots$$

因为 $C^* = \dfrac{M}{\widetilde{N}u}$,上式也可写成

$$\frac{\Pi}{RT} = \frac{C}{M}\left(1 + B\frac{C}{C^*} + 0\frac{C^2}{C^{*2}} + \cdots\right)$$

当浓度 $C \gg C^*$ 时,溶液中高分子的链段分布已经均一了,由许多分子量为 $M$ 的链组成的溶液和由一个分子量为无穷大的单链充满整个容器所组成的溶液相比,只要两者的浓度相等,其热力学性质应该没有差别,即热力学性质只与浓度有关而与分子量无关,必须消除上式中的 $M$,在上式右面括号内不应该是$\frac{C}{C^*}$的级数展开,而应该是$\frac{C}{C^*}$的简单幂次,即

$$\frac{\Pi}{RT} = \frac{C}{M}\left[B\left(\frac{C}{C^*}\right)^m\right]$$

根据式(3-41) $C^* \approx M^{-4/5}$, 则

$$\frac{\Pi}{RT} = B'C^{1+m}M^{(4m/5)-1}$$

以上的 $B$ 和 $B'$ 都是常数。若要使渗透压与分子量无关,必须使 $M$ 的指数 $4m/5-1=0$,所以 $m = 5/4$,代入上式得

$$\frac{\Pi}{RT} \approx C^{9/4} \tag{3-45}$$

式(3-45)是 de Gennes 用标度理论得出的结果,它与已经由光散射和渗透压等实验验证了的 des Cloiseaux 定律一致。式(3-45)与 Flory 用平均场理论推导的结果不同。Flory 认为

$$\frac{\Pi}{RT} = \frac{C}{M}\left(1 + B\frac{C}{C^*} + 0\frac{C^2}{C^{*2}} + \cdots\right)$$

在浓度 $C \gg C^*$ 时,等式后面第二项是起主导作用的,因此

$$\frac{\Pi}{RT} \approx C^2 \tag{3-46}$$

式(3-45)和式(3-46)两者的差别在于前者比后者多了 $C^{1/4}$,反映了亚浓溶液中有相关效应,使得渗透压随着 $C^{1/4}$ 而减小,$C^{1/4}$ 称为相关因子。因为亚浓溶液的浓度 $C$ 可以小到 $10^{-3}$,因此相关因子的数量级可以达到 $10^{-1}$,它是很重要的。

# 3.8  温度和浓度对溶液中高分子链尺寸的影响

在这一节中我们要讨论稀溶液中,$T > \theta$ 时高分子链的尺寸随温度的变化,以及 $T < \theta$ 而还未分相前高分子链的尺寸随温度的变化,此外,还要讨论在亚浓溶液中高分子链的尺寸随温度的变化。在下面首先讨论稀溶液的情况。

在 Flory 的稀溶液理论中早就指出当 $T > \theta$ 时高分子链要扩张,高分子的均方半径 $\langle R_g^2 \rangle = \alpha^2 \langle R_g^2 \rangle_0$,$\alpha$ 是扩张因子,根据扩张因子公式(3-29)

$$\alpha^5 - \alpha^3 = 2C_m\Psi_1\left(1 - \frac{\theta}{T}\right)M^{1/2}$$

当 $\alpha \gg 1$ 时

$$\alpha \propto \left(1 - \frac{\theta}{T}\right)^{1/5}M^{0.1}$$

所以

$$R_g \propto \alpha\langle R_g^2 \rangle_0^{1/2} \propto \alpha M^{1/2} \propto M^{3/5}\left(1 - \frac{\theta}{T}\right)^{1/5}$$

当 $T = \theta$ 时,因为扩张因子中的 $\alpha = 1$,所以 $R_g = \langle R_g^2 \rangle_0^{1/2} \propto M^{1/2}$。当 $T < \theta$ 时排斥体积中的 $u$ 将变为负值,这是不合理的。因此 Flory 的扩张因子公式只适用在 $T \geqslant \theta$ 的情况。

Ptitsyn[6] 和 de Gennes[7] 认为,根据式(3-33)的结论,对于 $T < \theta$ 的情况要在 Flory 的扩张因子公式(3-29)中再加一项,而这添加的一项在亚浓溶液中就特别重要,可写成

$$\alpha^5 - \alpha^3 - \frac{K_1}{\alpha^3} = K_2M^{1/2}\tau \tag{3-47}$$

这里的 $\tau = \dfrac{T-\theta}{T}$，$K_1$ 和 $K_2$ 是与分子量和温度都无关的常数。由上式可得

$T > \theta$ 时，$\qquad\qquad \alpha \propto M^{1/10}\tau^{1/5}$，$\qquad\qquad R_g \propto M^{3/5}\tau^{1/5}$ $\qquad\qquad$ (3-48)

$T = \theta$ 时，$\qquad\qquad \alpha = 1$，$\qquad\qquad\qquad\qquad R_g \propto M^{1/2}$ $\qquad\qquad\qquad$ (3-49)

$T < \theta$ 时，$\qquad\qquad \alpha \propto M^{-1/6}(-\tau)^{-1/3}$，$\qquad R_g \propto M^{1/3}(-\tau)^{-1/3}$ $\qquad$ (3-50)

Bauer 和 Ullman[8] 用动态光散射法着重研究了 $\theta$ 温度以下的聚苯乙烯 ($M = 5.0 \times 10^4 \sim 4.4 \times 10^7$) 在环己烷中的流体力学半径 $R_h$，发现链的尺寸随温度下降而收缩，分子量愈大则收缩得愈严重（见图 3-12）。他们称尺寸小于高斯链尺寸 $\langle R_g^2 \rangle_0^{1/2}$ 的高分子为"塌陷线团"（collapsed coil）。

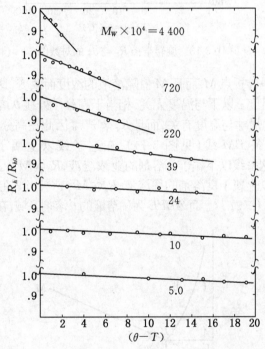

图 3-12　聚苯乙烯在环己烷中 $R_h/R_{h0}$ 与温度的关系

另外 Iwasa[9] 也指出聚乙酸乙烯酯在四氯化碳中，当 $T < \theta$ 时 $[\eta]$ 也随温度下降而下降，分子量愈大则下降得更快。Chiba[10] 用小角 X 光散射法测定了 $M_n = 5.5 \times 10^5$ 的聚对氯苯乙烯在正丙苯中比 $\theta$ 低 16 ℃时（未沉淀前）的回转半径，它比 $\theta$ 时的回转半径缩小 10%。又例如 $M = 4.4 \times 10^7$ 的聚苯乙烯在环己烷中当 $(\theta - T) = 1.4$ ℃时回转半径下降了 40%，即使在最低的温度下，测定的 $R_g$ 值也有 121 nm，它比完全塌陷时的线团的尺寸 $R_g = 19.8$ nm 来说还大很多。这些链都是属于部分塌陷的。

关于高分子在浓溶液中的尺寸因为链相互贯串纠缠在一起，很难用实验测定，近年来自从有中子散射的实验以后，利用标记的高分子链可以进行浓溶液中高分子链尺寸的测定。Daoud[11] 将氘化的聚苯乙烯溶解在氢化的聚苯乙烯环己烷的溶液中配成氘化聚苯乙烯浓度为 $10^{-2}$ g·cm$^{-3}$ 的稀溶液，这时聚苯乙烯的总浓度为 $10 \times 10^{-2}$ g·cm$^{-3}$，都属于亚浓溶液的

范畴。氘化的和氢化的聚苯乙烯的分子量都是 $1.6 \times 10^5$ ,在不同温度下用中子小角散射法测得的均方半径,见图 3-13。

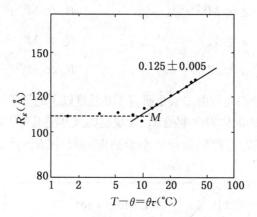

图 3-13    旋转半径 $R_g$ 与 $\theta\tau$ 的对数图

图 3-13 中曲线有一转折点 $M$ ,而且 $M$ 值随溶液的浓度而改变,这说明在亚浓溶液中,高分子链的尺寸在某一温度 $\tau$ 以下与温度无关,相当于高分子处在 $\theta$ 溶液中的情况,而在某一温度 $\tau$ 以上高分子链的尺寸与温度有关,而且 $R_g \propto \tau^{1/8}$ 。因此在高分子溶液的 $\tau$-$C$ 图中可在亚浓溶液范围内作一条 $BM$ 线(见图 3-14),在这条线以上属于良溶剂的亚浓溶液, $R_g \propto M^{1/2} C^{-1/8} \tau^{1/8}$ ,在这条线以下属于 $\theta$ 溶剂的亚浓溶液, $R_g \propto M^{1/2}$ 。在 $\tau$-$C$ 图中的稀溶液范围内,当 $\tau$ 在 $AB$ 线以上属于良溶剂的稀溶液, $R_g \propto M^{3/5} \tau^{1/5}$ ;当 $\tau$ 在 $EF$ 线以下属于稀溶液的塌陷线团, $R_g \propto M^{1/3} (-\tau)^{-1/3}$ 。而 $ABFE$ 为稀溶液的 $\theta$ 溶剂区域,在这个区域内 $R_g \propto M^{1/2}$ 。

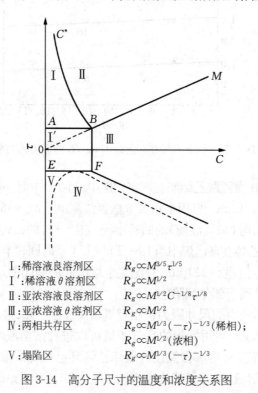

I :稀溶液良溶剂区　　　　　$R_g \propto M^{3/5} \tau^{1/5}$
I':稀溶液 $\theta$ 溶剂区　　　　　$R_g \propto M^{1/2}$
II :亚浓溶液良溶剂区　　　　$R_g \propto M^{1/2} C^{-1/8} \tau^{1/8}$
III :亚浓溶液 $\theta$ 溶剂区　　　　$R_g \propto M^{1/2}$
IV :两相共存区　　　　　　　$R_g \propto M^{1/3} (-\tau)^{-1/3}$ (稀相);
　　　　　　　　　　　　　　$R_g \propto M^{1/2}$ (浓相)
V :塌陷区　　　　　　　　　$R_g \propto M^{1/3} (-\tau)^{-1/3}$

图 3-14    高分子尺寸的温度和浓度关系图

区域之间的分界线是两个区域的共存线,分界线上的 $R_g$ 应同时满足两个区域的数值大小,容易得出 BM 线的方程为 $\tau = C$,AB 线的方程为 $\tau = M^{-1/2}$,EF 线的方程为 $\tau = -M^{-1/2}$,$C^*B$ 线的方程为 $C = M^{-4/5}\tau^{-3/5}$。

近代动态光散射,X 光小角散射及中子小角散射等实验技术的发展也证实了图 3-14 中各区域内高分子链尺寸随温度和浓度而变化的不同情况。

Daoud 还建议将图 3-15 的 $T$-$\phi_2$ 图改为 $\theta\tau M^{1/2}$-$CM^{1/2}$ 的图,可将该图上的四条钟形曲线变换成一条与分子量无关的普适溶解曲线(见图 3-16),曲线下面是两相共存区,其中一相是稀相,$R_g \propto M^{1/3}(-\tau)^{-1/3}$,另一相是浓相 $R_g \propto M^{1/2}$,属于高斯链。

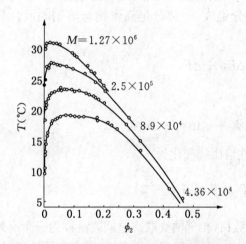

图 3-15 聚苯乙烯-环己烷体系的溶解度曲线 级分的分子量如图中所注,$\phi_2$ 为溶液中 PS 的体积分数

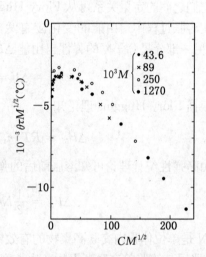

图 3-16 四种不同分子量的聚苯乙烯环己烷两相共存曲线

# 3.9 高分子冻胶和凝胶[4,12]

高聚物溶液失去流动性时,即成为凝胶和冻胶,例如溶胀后的高聚物、食物中的琼脂、许多蛋白质、动植物的组织等。

"冻胶"是由范德华力交联形成的,加热可以拆散范德华力交联,使冻胶溶解。冻胶可分两种:一种是形成分子内的范德华力交联,成为分子内部交联的冻胶。高分子链为球状结构,不能伸展,黏度小。若将此溶液真空浓缩成为浓溶液,其中每一个高分子本身是一个冻胶。所以,可得到黏度小而浓度高达 30%~40% 的浓溶液。如果在溶液纺丝时遇到这样的冻胶溶液,由于分子链自身的蜷曲而不易取向,得不到高强度的纤维。另一种是形成分子间的范德华力交联,则得到伸展链结构的分子间交联的冻胶,黏度较大。用加热的方法可以使分子内交联的冻胶变成分子间交联的冻胶,此时溶液的黏度增加。因此用同一种高聚物,配成相同浓度的溶液,其黏度可以相差很大,用不同的处理方法可以得到不同性质的两种冻胶,也可以得到两种冻胶的混合物。

"凝胶"是高分子链之间以化学键形成的交联结构的溶胀体,加热不能溶解也不能熔融。

它既是高分子的浓溶液,又是高弹性的固体,小分子物质能在其中渗透或扩散。自然界的生物体都是凝胶,一方面有强度可以保持形状而又柔软;另一方面允许新陈代谢、排泄废物和吸取营养。

交联结构的高聚物不能为溶剂所溶解,却能吸收一定量的溶剂而溶胀,形成凝胶。在溶胀过程中,一方面溶剂力图渗入高聚物内使其体积膨胀;另一方面,由于交联高聚物体积膨胀导致网状分子链向三度空间伸展,使分子网受到应力而产生弹性收缩能,力图使分子网收缩。当这两种相反的倾向相互抵消时,达到了溶胀平衡。交联高聚物在溶胀平衡时的体积与溶胀前体积之比称为溶胀比,溶胀比与温度、压力、高聚物的交联度及溶质、溶剂的性质有关。它们之间的定量关系可从 Flory-Huggins 溶液理论和高斯链模型导出。

在溶胀过程中自由能的变化应有两部分组成,一部分是高聚物与溶剂的混合自由能 $\Delta F_M$;另一部分是分子网的弹性自由能 $\Delta F_d$

$$\Delta F = \Delta F_M + \Delta F_d$$

根据 Flory-Huggins 理论知

$$\Delta F_M = RT(n_1 \ln \phi_1 + n_2 \ln \phi_2 + \chi n_1 \phi_2)$$

由高弹性统计理论可知溶胀前后的弹性自由能变化为

$$\Delta F_d = \frac{1}{2} NkT(\lambda_1^2 + \lambda_2^2 + \lambda_3^2 - 3)$$

式中 $N$ 是单位体积内交联高聚物的有效链数目(相邻两交联点之间的链称为一个有效链);$\lambda$ 是溶胀后与溶胀前交联高聚物各边长度之比。对一般高聚物来说,是各向同性的,所以溶胀后

$$\lambda_1 = \lambda_2 = \lambda_3 = \left(\frac{V}{V_0}\right)^{1/3} = \left(\frac{1}{\phi_2}\right)^{1/3}$$

$$\Delta F_d = \frac{1}{2} NkT(3\lambda^2 - 3) = \frac{1}{2} NkT(3\phi_2^{-2/3} - 3) = \frac{3\rho_2 RT}{2\langle M_c \rangle}(\phi_2^{-2/3} - 1)$$

式中 $\rho_2$ 是高聚物的密度;$\langle M_c \rangle$ 是有效链的平均分子量;$V$ 是溶胀的体积。

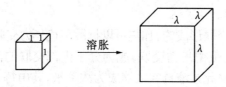

图 3-17    各向同性交联高聚物的溶胀示意图

在交联高聚物达到溶胀平衡时,溶胀体内部溶剂的化学位与溶胀体外部纯溶剂的化学位相等,即 $\Delta\mu_1 = 0$

$$\Delta\mu_1 = \frac{\partial \Delta F}{\partial n_1} = \frac{\partial \Delta F_M}{\partial n_1} + \frac{\partial \Delta F_d}{\partial \phi_2} \frac{\partial \phi_2}{\partial n_1} = 0 \tag{3-51}$$

对于交联网,整块试样就是一个高分子,链段数 $x$ 可当作无穷大,且 $\phi_2 = V_0/(V_0 + n_1 \overline{V}_1)$,

$\overline{V}_1$ 是溶剂的摩尔体积,$V_0$ 是溶胀前高分子所占的体积,故式(3-51)成为

$$\frac{\Delta\mu_1}{RT} = \ln(1-\phi_2) + \phi_2 + \chi\phi_2^2 + \frac{\rho_2\,\overline{V}_1}{\langle M_c\rangle}\phi_2^{1/3} = 0 \tag{3-52}$$

定义"平衡溶胀比"为达到溶胀平衡后,溶胀体体积与交联体体积的比值,高聚物在溶胀体中所占的体积分数 $\phi_2$ 就是平衡溶胀比的倒数

$$Q = V/V_0 = 1/\phi_2$$

对于交联度不高的聚合物,$\langle M_c\rangle$ 较大,在良溶剂中 $Q$ 可以超过 10,$\phi_2$ 很小,将式(3-52)中的 $\ln(1-\phi_2)$ 展开,略去高次项,可得如下近似式

$$\frac{\langle M_c\rangle}{\rho_2\,\overline{V}_1}\left(\frac{1}{2}-\chi\right) = Q^{5/3} \tag{3-53}$$

由上式可知,如果 $\chi$ 值已知,则从交联高聚物的平衡溶胀比 $Q$ 可求得交联点之间的有效链的平均分子量 $\langle M_c\rangle$;反之,如果 $\langle M_c\rangle$ 已知,则可从平衡溶胀比求得参数 $\chi$。

$\langle M_c\rangle$ 是交联高聚物分子结构的一个重要参数,但由于高聚物的交联网是非理想的,可能有高分子链相互穿插纠缠,限制分子链构象熵的作用;或者在同一高分子链上发生内交联,生成封闭环,对交联网的弹性没有贡献,此外高分子链的末端并未固定在交联点上,对弹性也无贡献,这些因素都需要加以校正。但目前还没有更完善的理论,因此 $\langle M_c\rangle$ 只是一个很粗略的数值,它的概念并不像高聚物的分子量那样明确。现在研究高聚物交联度的方法还很少,存在着一定的困难,溶胀法还是被广泛采用的一种方法。

在本章第一节中谈到测定非极性聚合物溶度参数的方法之一——溶胀法,就是根据如上原理。若把 $\langle M_c\rangle$ 相同的某种交联高聚物置于一系列溶度参数不同的溶剂中,在一定温度下测其平衡溶胀比 $Q$,由于聚合物的溶度参数与各溶剂的溶度参数之差不等,有效链在各种溶剂中的扩张程度也不等,因此在溶度参数 $\delta_1$ 不同的各种溶剂中交联高聚物应具有不同的 $Q$ 值。只有当溶剂的溶度参数 $\delta_1$ 与高聚物的溶度参数 $\delta_2$ 相等时,溶胀性能最好,即 $Q$ 值最大。因此可以把 $Q$ 的极大值所对应的溶剂的溶度参数作为聚合物的溶度参数(见图3-18)。

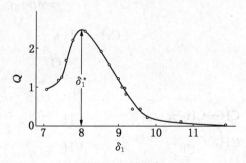

图 3-18　交联丁苯橡胶在各种不同溶剂中的溶胀比 $Q$ 与溶剂的溶度参数 $\delta_1$ 的关系图

$Q$ 值可根据交联高聚物溶胀前后的体积或质量求得

$$Q = \frac{V_1 + V_0}{V_0} = \frac{W_1/\rho_1 + W_0/\rho_0}{(W_0/\rho_0)}$$

式中 $V$ 是体积;$W$ 是质量;$\rho$ 是密度;下标 1 是溶剂、0 是高聚物。

# 3.10 聚电解质溶液[13]

在侧链中有许多可电离的离子性基团的高分子称为聚电解质(polyelectrolyte)。当聚电解质溶于介电常数很大的溶剂(如水)中时,就会发生离解,结果生成高分子离子和许多低分子离子。低分子离子称为抗衡离子。例如聚丙烯酸在水溶液中可离解出若干个氢离子,同时高分子链上生成相同数量的阴离子—COO⁻

$$
\begin{Bmatrix} \text{—COOH} \\ \text{—COOH} \\ \text{—COOH} \\ \text{—COOH} \\ \text{—COOH} \end{Bmatrix} \rightleftharpoons \begin{Bmatrix} \text{—COOH} \\ \text{—COO}^- \\ \text{—COOH} \\ \text{—COO}^- \\ \text{—COOH} \end{Bmatrix} + 2H^+
$$

高分子离子是多官能度的,其离解度随离解条件而变。聚丙烯酸链上的离子全是阴离子。

高分子离子分为聚阳离子、聚阴离子,以及具有正负两种离解性基团的高分子,即两性高分子电解质。各举例如下:

## 1. 聚阳离子

聚(N-丁基-4-乙烯基吡啶溴化物)　聚(乙烯亚胺盐酸盐)　聚(N, N, N′, N′-四甲基-N-对甲苯乙撑二胺氯化物)

聚(N, N′-二甲基-3, 5-二甲叉氮六环氯化物)　聚(2-丙烯酰乙撑二甲基硫氯化物)　聚(缩水甘油三丁基磷氯化物)

## 2. 聚阴离子

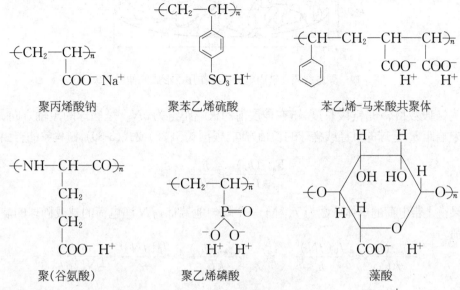

聚丙烯酸钠     聚苯乙烯硫酸     苯乙烯-马来酸共聚体

聚(谷氨酸)     聚乙烯磷酸     藻酸

## 3. 两性高分子电解质

丙烯酸-乙烯基吡啶共聚体     蛋白质     核苷酸

蛋白质和核苷酸等生物大分子也属于两性高分子电解质。

与生命活动有关的很多生物大分子就是聚电解质,因此它们可用电泳法(electrophoresis)分离,如 DNA、RNA 由于结构内存在大量磷酸基团而带负电荷。蛋白质则随着 pH 值不同携带不同电荷,但当某些化学试剂存在时会带负电荷。这些带有电荷的生物大分子在本身又是电解质的体液中实现基本的结构和功能,它们在生物体内的相互作用以及合成、复制、扩散和输运等过程构筑了生命活动中不可或缺的重要环节。

聚电解质的溶液性质与所用的溶剂关系很大。若采用非离子化溶剂,则其溶液性质与普通高分子相似。但是,在离子化溶剂中,它不仅和普通高分子的溶液性质不同,而且表现出在低分子电解质中也看不到的特殊行为。溶液中的聚电解质和中性聚合物一样,呈无规线团状,离解作用所产生的抗衡离子分布在高分子离子的周围。然而,随着溶液浓度与抗衡离子浓度的不同,高分子离子的尺寸要发生变化。

这里我们主要讨论聚电解质链在离解情况下的形态,由于链内电荷排斥作用的存在会使链呈现各向异性,形成一个球或椭球,如图 3-19 所示。

链的总自由能可以简单地认为有主要两个部分的自由能构成

$$\frac{F(h_e)}{kT} = \frac{F_{conf}(h_e)}{kT} + \frac{F_{electr}(h_e)}{kT}$$

(3-54)

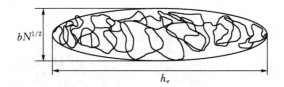

图 3-19　聚电解质在链内电荷排斥作用下形成的伸展构象

$N$ 为链段数目，$b$ 是链段长度，链在伸展前的末端距链为 $bN^{1/2}$ 是椭球的短轴方向，伸展后链的末端距 $h_e$ 是球的直径或椭球的长轴方向，根据式(3-38)或式(3-39)，链构象的自由能为

$$\frac{F_{conf}(h_e)}{kT} \approx \frac{h_e^2}{Nb^2}$$

如果链上带电荷的单体分数为 $f$，对于一个均匀地带有 $efN$ 净电荷的球或椭球的静电排斥能分别为

$$\frac{F_{electr}(h_e)}{kT} \approx \frac{l_B(fN)^2}{h_e} \quad 或 \quad \frac{F_{electr}(h_e)}{kT} \approx \frac{l_B(fN)^2}{h_e}\ln\left(\frac{h_e}{N^{1/2}b}\right)$$

式中 $l_B$ 为 Bjerrum 长度

$$l_B = e^2/(\varepsilon kT)$$

它的物理意义是在介电常数 $\varepsilon$ 的液体中的两个点电荷，当相互作用能恰好与热涨落能 $kT$ 同数量级时所处的距离。将 $l_B$ 与链段长度之比定义成一个新的相互作用参数 $u$

$$u = l_B/b$$

对式(3-54)求极小

$$\frac{\partial F(h_e)}{\partial h_e} = 0$$

通过直接求解(球)或迭代方法(椭球)解出 $h_e$ 的大小分别为

$$h_e \approx bNu^{1/3}f^{2/3} \quad 或 \quad h_e \approx bNu^{1/3}f^{2/3}\{\ln[eN(uf^2)^{2/3}]\}^{1/3} \tag{3-55}$$

近来的研究表明，当 $N$ 很大时，更支持后者。因此聚电解质在离解情况下的尺寸与链段数目的依赖性 $h_e \propto N$，远大于普通柔性链的 $h \propto N^{1/2}$ 或 $h \propto N^{0.6}$。

现以聚丙烯酸钠为例来看高分子离子链在水中溶液的形态。水是聚丙烯酸钠的良溶剂（$\chi < 1/2$），当浓度较稀时，由于许多钠离子远离高分子链，高分子链上的阴离子互相产生排斥作用，以致链的构象比中性高分子更为舒展，尺寸较大，如图 3-20(a)所示。当浓度增大（如大于 1%）时，则由于高分子离子链互相靠近，构象不太舒展。而且，钠离子的浓度增加，在聚阴离子链的外部与内部进行扩散，使部分阴离子静电场得到平衡，以致其排斥作用减弱，链发生蜷曲，尺寸缩小，如图 3-20(b)所示。如果在溶液中添加食盐之类的强电解质，就增加了抗衡离子的浓度，其中一部分渗入高分子离子中而遮蔽了有效电荷，由阴离子间的排斥引起的链的扩展作用减弱，强化了蜷曲作用，使尺寸更为缩小，如图 3-20(c)所示。这样，当添加足够量的低分子电解质时，聚电解质的形态及其溶液性质几乎与中性高分子相同。在不良溶剂下（$\chi > 1/2$）链也会塌陷，当分子量足够大时高分子链还会受链内电荷长程排斥作用和溶剂与链段短程排斥作用的影响形成特殊的串珠状 pearl-necklace 结构。如图 3-20(d)所示。

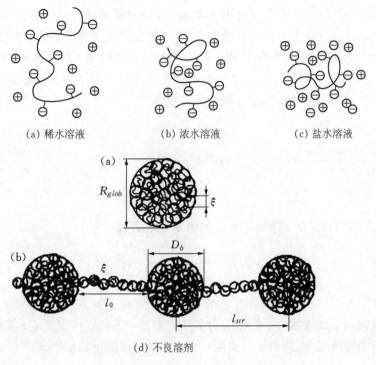

(a) 稀水溶液    (b) 浓水溶液    (c) 盐水溶液

(d) 不良溶剂

图 3-20　溶液中的高分子离子

由于聚电解质在溶液中的特殊行为,导致与此有关的一系列溶液性质诸如黏度、渗透压和光散射等都出现反常现象。因此,在研究这些溶液性质时,必须考虑聚电解质的特殊规律。

## 3.11　高分子在溶液中的扩散

高分子在溶液中由于局部浓度或温度的不同,有浓度梯度(或温度梯度),引起高分子向浓度低的或温度低的方向迁移,这种现象称为扩散,又称为平移扩散。描写平衡态平移扩散现象的数学表达式称为 Fick 第一扩散定律

$$j = -D\frac{\mathrm{d}C}{\mathrm{d}r} \tag{3-56}$$

式中 $\frac{\mathrm{d}C}{\mathrm{d}r}$ 是浓度梯度;$j$ 是单位时间内穿过单位面积的质量,称为流量。物质流量正比于浓度梯度,比例系数 $D$ 称为扩散系数,它的单位是 $\mathrm{m^2 \cdot s^{-1}}$,是描写扩散的一个物理量。其实,浓度梯度随着溶质的扩散会发生变化,描写非平衡态的就有 Fick 第二扩散定律,它的表达式为

$$\frac{\partial C}{\partial t} = D\frac{\partial^2 C}{\partial r^2} \tag{3-57}$$

如果高分子的构象是不对称的,呈棒状或椭球状,在溶液中高分子会绕其自身的轴而转动,称为旋转扩散。

　　如果把溶液中的高分子看作尺寸为 $R$ 的微粒(纳米级),微粒悬浮在液体中,受到无数液体分子的热运动对它各个方向进行撞击,高分子微粒产生了无规运动,称为布朗运动,它与扩散有共同的本质,又称为布朗扩散。高分子微粒经过时间 $t$ 后从原来的位置移动了 $r$ 距离,$r$ 是三维空间中的一个矢量。因为布朗扩散是没有方向性的,所以 $r$ 要取平均值,用统计的方法可计算出微粒移动的均方距离与时间成正比

$$\langle r^2 \rangle = 6Dt \tag{3-58}$$

在一维空间里,经过 $t$ 之后,微粒的均方位移可按下式计算

$$\langle x^2 \rangle = \int_{-\infty}^{\infty} x^2 P(x,\ t)\mathrm{d}x$$

式中 $P(x,\ t)$ 是微粒经时间 $t$ 出现在 $x$ 处的概率分布函数

$$P(x,\ t) = \frac{1}{\sqrt{4\pi Dt}}\exp\left(-\frac{x^2}{4Dt}\right)$$

代入上式可算出 $\langle x^2 \rangle = 2Dt$,因此在三维空间里 $\langle r^2 \rangle = 6Dt$。

　　微粒在液体中受到液体分子的撞击力 $f$ 使它向某一方向以恒定速度 $v$ 扩散时必须克服液体分子对它的摩擦阻力,外力 $f$ 与速度 $v$ 的比例就是摩擦系数 $\zeta$

$$f = \zeta v$$

按 Stokes 定律,摩擦系数与液体的黏度 $\eta$、颗粒的尺寸 $R$ 成正比关系

$$\zeta = 6\pi\eta R \tag{3-59}$$

Einstein 认为扩散系数和摩擦系数有下面的关系

$$D = \frac{kT}{\zeta}$$

因此
$$D = \frac{kT}{6\pi\eta R} \tag{3-60}$$

这就是 Stokes-Einstein 关系式。如果用实验测得扩散系数 $D$,可求出微粒的尺寸 $R$。实际上高分子在溶液中不是一个实心的微粒而是一个松散的线团,这个线团在运动时还会带走一部分溶剂,所以用式(3-60)得到的 $R$ 是高分子的流体力学半径 $R_h$

$$R_h = \frac{kT}{6\pi\eta D} \tag{3-61}$$

　　测定高分子在溶液中扩散系数的方法很多,其中最常用的是动态光散射法(详见本书10.4),该法除了测定平移扩散系数外,对某些棒状高分子,例如蛋白质、病毒等还可以测出它们的旋转扩散系数。

　　对高分子溶液来说,扩散系数还有浓度依赖性和分子量依赖性,扩散系数的浓度依赖性可表示为

$$D = D_0(1 + K_D C + \cdots) \tag{3-62}$$

式中 $D_0$ 是无限稀释时的平移扩散系数,因此以上所有各式中的 $D$ 都是指 $D_0$。扩散系数与

分子量的关系可表示为

$$D_0 = K_D M^{-b} \tag{3-63}$$

常数 $K_D$ 和 $b$ 值都可以在高分子手册中查到，它们与高分子的形状和溶剂化程度有关。

## 3.12 柔性高分子在稀溶液中的黏性流动

处于溶液中的高分子，由于溶剂化作用使链发生扩张，因此高分子发生迁移运动时要携带溶剂分子一起迁移，其中一部分溶剂分子是与高分子有溶剂化作用的，另一部分是单纯被携带的。这样，高分子在溶剂中迁移时的有效质量和有效体积都比高分子本身的质量和体积来得大（高分子的有效体积 $V_h$ 又称为流体力学体积）。此外，被携带的溶剂分子数目又与高分子的分子量和溶液的浓度、温度等有关；高分子在迁移过程中还会发生构象的改变等等，使问题很复杂。

当高分子溶解在溶剂中成为溶液时，溶液的黏度 $\eta$ 往往大于纯溶剂的黏度 $\eta_0$，而且溶液越浓黏度越大。经常用一个相对值 $[\eta]$ 来表示高分子对溶液黏度的贡献，其定义是

$$[\eta] \equiv \left(\frac{\eta - \eta_0}{\eta_0 C}\right)_{C \to 0} \tag{3-64}$$

$[\eta]$ 称为极限黏度或特性黏度(intrinsic viscosity)。

在稀溶液中流动的线性柔性高分子 Kirkwood 和 Riseman 把它比作由 $x$ 个半径为 $r$ 的珠子连成的一串项链，称为"项链模型"，其中珠子代表高分子的链段或单体单元。假定不考虑高分子的溶剂化作用，项链中每个珠子都处在流速不等的流层中，如图 3-21(b)所示。珠子与溶剂之间的摩擦系数为 $\zeta$，因此整条项链与溶剂之间的摩擦系数为 $x\zeta$。每个珠子的运动会受到链上其他珠子的牵连，另外由于珠子与溶剂之间的摩擦作用使项链内部溶剂的流速比项链外部的流速慢，也就是说在项链的质心处溶剂的相对流速最小，随着离质心距离的增加，溶剂的相对流速逐渐加大直至与项链外面的流速相同，如图 3-21(c)所示。溶剂在高分子质心处的流速与外面流速的差值取决于珠子的密度和珠子分布的情况，珠子的摩擦系数 $\zeta$ 比例于溶剂的黏度 $\eta_0$，所以用一个与溶剂黏度无关的量 $\zeta/\eta_0$ 表示流速的差别。在层流的情况下，假如 $\zeta/\eta_0$ 很小，则流速之差缩减到最小，这时溶剂在高分子质心处的流速与外部相同，高分子迁移时不带走高分子内部的溶剂，溶剂的流动与高分子的存在无关，此种情况称为溶剂自由穿流，如图 3-21(a)所示。反之，若 $\zeta/\eta_0$ 很大，则流速之差增大，溶剂只能在高分子的外缘作相对运动，即高分子迁移时带走高分子内部所有的溶剂，高分子与它所携带

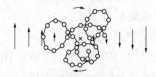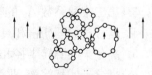

(a) 珠子与溶剂间的摩擦力很小 溶剂自由穿流　　(b) 每个珠子处在溶液的不同流层中会使项链旋转而变形　　(c) 珠子与溶剂间摩擦力较大会使溶剂的流速减慢

图 3-21　高分子在溶液中的项链模型示意图
（图中 × 表示项链的质心，→ 表示溶剂的流速大小和流向）

的溶剂之间没有相对运动。这种情况称为非穿流。这是两种极端的情况。一般情况下,高分子迁移时总会带走一部分的溶剂一起迁移,称为部分穿流。根据这种项链模型,Kirkwood 和 Riseman 推导出部分穿流高分子溶液的特性黏度为

$$[\eta] = \left(\frac{\pi}{6}\right)^{3/2} \frac{\widetilde{N}}{100} XF(X) \frac{\langle h^2 \rangle^{3/2}}{M}$$

$$X = (6\pi^3)^{-1/2} x\zeta/\eta_0 \langle h^2 \rangle^{1/2}$$

式中 $F(X)$ 是 $X$ 的函数;$\langle h^2 \rangle$ 是分子量为 $M$ 的高分子的均方末端距;$\widetilde{N}$ 是 Avogadro 常数,假如 $x\zeta/\eta_0$ 足够大,而且 $M > 10^4$,则 $XF(X)$ 将趋向于一个极限值 1.588。

Flory 将上式写成更简单的形式[2]

$$[\eta] = \Phi \frac{\langle h^2 \rangle^{3/2}}{M} = \Phi \left(\frac{\langle h^2 \rangle}{M}\right)^{3/2} M^{1/2} \tag{3-65}$$

在 $\theta$ 溶剂中,式(3-65)可写成

$$[\eta]_\theta = \Phi_0 \left(\frac{\langle h^2 \rangle_0}{M}\right)^{3/2} M^{1/2} \tag{3-66}$$

这就是 Flory-Fox 黏度公式。式中 $\frac{\langle h^2 \rangle_0}{M}$ 是表征高分子链柔性的参数;$[\eta]$ 的单位为 mg·g$^{-1}$;$\langle h^2 \rangle$ 的单位是 cm$^2$;系数 $\Phi_0$ 与高分子的性质无关,是一个普适常数。式(3-65)、式(3-66)与 Mark-Houwink 方程完全一致

$$[\eta] = KM^a \tag{3-67}$$

Flory 提出 $\Phi_0 = 2.84 \times 10^{23}$ mol$^{-1}$,故称为 Flory 普适常数。式(3-65)中的 $\Phi$ 不等于 $\Phi_0$,因为 $\Phi$ 值与高分子在溶液中的溶剂化程度有关。$\Phi = \Phi_0(1 - 2.63\epsilon + 2.86\epsilon^2)$,而 $\epsilon$ 与式(3-67)中的 $a$ 有关,$\epsilon = (2a-1)/3$。

用黏度法在 $\theta$ 溶剂中测定已知分子量高分子的特性黏度,利用式(3-66)可算出它们的无扰均方末端距 $\langle h^2 \rangle_0$ 和无扰均方旋转半径 $\langle R_g^2 \rangle_0$,因为 $\langle R_g^2 \rangle_0 = \langle h^2 \rangle_0 / 6$。

# 习题与思考题

1. 高分子的溶解过程与小分子相比,有什么不同?
2. 什么是高分子的"理想溶液"? 它应符合哪些条件?
3. 第二维利系数 $A_2$ 的物理意义是什么?
4. 高分子的理想链和真实链有哪些差别?
5. 高分子的回转半径和流体力学半径有什么区别? 用什么方法测定?
6. 高分子的稀溶液、亚浓溶液、浓溶液有哪些本质区别?
7. 估算在亚浓的 $\theta$ 溶液中的高分子尺寸,相关长度和渗透压。
8. 经典的 Hildebrand 溶度公式与 Huggins 混合热公式,以及 Huggins 参数与溶度参数有何联系,请证明。

# 参 考 文 献

[ 1 ] HOY K L. J. Paint Tech. , 1970, 42:76.

[ 2 ] FLORY P J. Principles of Polymer Chemistry[M]. New York: Cornell University Press, 1953: Chapter 12.

[ 3 ] WOOD S M, WANG Z G. J. Chem. Phys. , 2002, 16(5):2289.

[ 4 ] DOI M. Introduction to Polymer Physics[M]. Oxford, Eng. : Clarendon Press, 1997.

[ 5 ] De GENNES P G. Scaling Concepts in Polymer Physics[M]. New York: Cornell University Press, 1979.

[ 6 ] PTITSYN O B, KRON A K, et al. J. Polym. Sci. , 1968, C16:3509.

[ 7 ] De GENNES P G. J. Phys. (Paris) lett. , 1975, 36:L55.

[ 8 ] BAUER D R, ULLMAN R. Macromolecules, 1980, 13:392.

[ 9 ] IWASA Y, et al. Rep. Prog. Polym. Phys. Jpn. , 1974, 17:95.

[10] CHIBA A, et al. Rep. Prog. Polym. Phys. Jpn. , 1974, 17:105.

[11] DAOUD M. J. Polymer Sci. , 1977, C61:305.

[12] TANAKA T, HIROKAWA N. Kobunshi, 1986, 35:237.

[13] DOBRYNIN A V, RUBINSTEIN M. Prog. Polym. Sci. , 2005, 30:1049.

第四章

# 高分子的多组分体系

高分子多组分体系是指二元以上组分的共混聚合物和二元以上组分的共聚物。本章讨论它们的聚集态结构和组分之间的相容性。

## 4.1　高分子共混物的相容性[1, 2]

为了扩展聚合物的适用性和改善它们的加工性能,除了用共聚的方法外,人们已开发了多种高分子共混物(polyblend),也称为"高分子合金"。从广义上说,高分子共混物也是一种浓溶液。要使高分子共混物达到热力学上的完全相容(miscible),其混合自由能 $\Delta F_M$ 必须小于零。但它跟高分子与溶剂混合时的情况不同,由于高分子的链节相互牵连,使其混合熵很小。混合过程又常为吸热过程,使得 $\Delta F_M = \Delta H_M - T\Delta S_M > 0$。所以绝大多数共混物都不能达到分子水平或链段水平的互容。但是也有一些共混高聚物在某一温度范围内能互容或部分互容,像高分子溶液一样,有溶解曲线,称两相共存线(binodal curve)或相平衡线,它具有高温互容低温分相的高临界共溶温度(UCST)或低温互容高温分相的低临界共溶温度(LCST)。图 4-1 是聚苯乙烯(PS)/聚己内酯(PCL)混合物的相图,横坐标是 PS 的体积分数,这一体系具有 UCST。图 4-2 是聚苯乙烯(PS)/聚甲基乙烯基醚(PVME)混合物的相图,横坐标是 PS 的质量分数,这一体系具有 LCST。

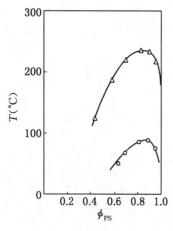

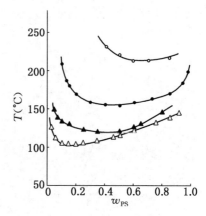

图 4-1　PS/PCL 共混物的 UCST 相图
PS 的 $M_w$ 为○ 550, △ 950

图 4-2　PS/PVME 共混物的 LCST 相图
PVME 的 $M_w$ 为 51 500, PS 的 $M_w$ 为○ 10 000,
● 20 400, ▲ 51 000, △ 110 000

有些共混物同时具有 UCST 和 LCST。表 4-1 列出了一些部分互容的非晶态共混高聚物。

表 4-1 非晶态共混高聚物的相容类型

| 聚合物 A | 聚合物 B | 相容类型 |
| --- | --- | --- |
| 聚苯乙烯 | 聚异戊二烯 | UCST |
| 聚苯乙烯 | 聚异丁烯 | UCST |
| 聚二甲基硅氧烷 | 聚异丁烯 | UCST |
| α-甲基苯乙烯与乙烯基甲苯共聚物 | 聚丁烯 | UCST |
| 聚氧化丙烯 | 聚丁二烯 | UCST |
| 聚苯乙烯 | 聚丁二烯 | UCST |
| 苯乙烯与丁二烯共聚物 | 聚丁二烯 | UCST |
| 聚 ε-己内酯 | 聚苯乙烯 | UCST |
| 聚苯乙烯 | 聚甲基苯基硅氧烷 | UCST |
| 聚甲基丙烯酸甲酯 | 氯化聚氯乙烯 | UCST, LCST |
| 聚氯乙烯 | 聚甲基丙烯酸正己酯 | LCST |
| 聚氯乙烯 | 聚甲基丙烯酸正丙酯 | LCST |
| 聚氯乙烯 | 聚甲基丙烯酸正丁酯 | LCST |
| 聚苯乙烯 | 聚乙烯基甲醚 | LCST, UCST |
| 苯乙烯与丙烯腈共聚物 | 聚 ε-己内酯 | LCST |
| 苯乙烯与丙烯腈共聚物 | 聚甲基丙烯酸甲酯 | LCST |
| 聚硝基乙烯酯 | 聚丙烯酸甲酯 | LCST |
| 乙烯与醋酸乙烯酯共聚物 | 氯化聚异戊二烯 | LCST |
| 聚 ε-己内酯 | 聚碳酸酯 | LCST |
| 聚 ε-己内酯 | 聚乙烯基甲醚 | LCST |
| 聚偏氟乙烯 | 聚丙烯酸甲酯 | LCST |
| 聚偏氟乙烯 | 聚丙烯酸乙酯 | LCST |
| 聚偏氟乙烯 | 聚甲基丙烯酸甲酯 | LCST |
| 聚偏氟乙烯 | 聚甲基丙烯酸乙酯 | LCST |
| 聚偏氟乙烯 | 聚乙烯基甲基酮 | LCST |
| 聚苯乙烯 | 聚邻氯苯乙烯 | UCST |

为了用热力学的观点解释共混高聚物的相分离现象,假定有 $N_A$ 个链段数为 $x_A$(正比于分子量)的高分子 A 与 $N_B$ 个链段数为 $x_B$ 的高分子 B 互相混合,它们的体积分数分别为 $\phi_A$ 和 $\phi_B$。按 Flory 的晶格模型理论得知,非晶态聚合物的混合熵和混合焓分别为

$$\Delta S_M = -k(N_A \ln \phi_A + N_B \ln \phi_B)$$

$$\Delta H_M = kT\chi N_A x_A \phi_B$$

式中 $\chi$ 为 Huggins 相互作用参数。令 $\phi_A = \phi = 1 - \phi_B$,混合自由能为

$$\Delta F_M = kT[N_A \ln \phi + N_B \ln(1-\phi) + \chi x_A N_A(1-\phi)]$$

或

$$\frac{\overline{V}_s}{V_M}\Delta F_M = kT\left(\frac{\phi_A}{x_A}\ln \phi_A + \frac{\phi_B}{x_B}\ln \phi_B + \chi \phi_A \phi_B\right) \tag{4-1}$$

为简化起见,可认为高聚物具有相同的链段摩尔体积 $\overline{V}_{sA} = \overline{V}_{sB}$,$\chi$ 与体系的浓度和温度有关

$$\chi = \frac{A}{T} + B\phi + C$$

$A$、$B$、$C$ 都是与体系有关的常数,一旦体系确定后,还可调节温度和浓度使 $\chi$ 小于某临界值 $\chi_c$,使共混物的 $\Delta H_M$ 变小而达到完全互容。关于共混聚合物具有 UCST 或 LCST 的区别取决于相互作用参数 $\chi$ 的温度依赖性,即上式中 $A$ 值的正负。

图 4-3 是 LCST 型共混物在不同温度下的 $\Delta F_M$ 对浓度 $\phi$ 的理论曲线。当 $T_1 < T_{bn}$ (分相温度)时,$\Delta F_M$ 值在任何组成下均小于零,因此,两种聚合物可以以任何比例互容。当 $T_{sp} > T_2 > T_{bn}$ 时($T_{sp}$ 是亚稳极限温度),曲线出现两个极值和两个拐点。用 $\phi'$ 和 $\phi''$ 表示存在一条唯一的共切线在自由能上同时产生的两个共切点,可以证明这两个共切点完全满足相平衡的化学位相等条件,此时尽管在整个组成范围内 $\Delta F_M$ 都小于零,但两种聚合物不是在任何比例下都可互容。在 $T_3 \gg T_{sp}$ 时,$\Delta F_M$ 均大于零,两种聚合物只有在很窄的浓度范围 ($\phi < \phi_3'$, $\phi > \phi_3''$) 才能互容。如果我们将一系列不同温度下的 $\Delta F_M$ 对 $\phi$ 曲线上满足相平衡的化学位相等条件的两个共切点位置($\phi'(T)$,$\phi''(T)$)连起来,即得到图 4-4 中的实线,就是两相共存线。图 4-4 是典型的 LCST 型相图。若将一系列拐点连起来,即得到图 4-4 中的虚线,称为亚稳极限线(spinodal curve)。被亚稳极限线包围的区域称为不稳区(unstable),亚稳极限线和两相共存线之间的区域称为亚稳区(metastable)。

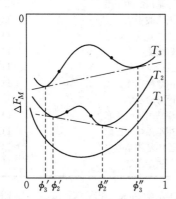

图 4-3　两组分共混聚合物的混合自由能对组成的曲线($T_1 < T_{bn}$,$T_{bn} < T_2 < T_{sp}$,$T_3 > T_{sp}$)

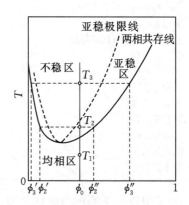

图 4-4　LCST 型共混聚合物的相图

从数学上可知出现拐点的条件是函数的二阶导数为零,而临界条件应当是两个极值与两个拐点重合于一点,即三阶导数为零。所以,可以从

$$\frac{\partial^2(\Delta F_M)}{\partial \phi_A^2} = 0 \quad \text{和} \quad \frac{\partial^3(\Delta F_M)}{\partial \phi_A^3} = 0$$

的联立方程中解出 $\phi_A$ 和 $\chi$ 的临界值为

$$\phi_A = \frac{x_B^{1/2}}{x_A^{1/2} + x_B^{1/2}} \tag{4-2}$$

$$\chi_c = \frac{1}{2}\left(\frac{1}{x_A^{1/2}} + \frac{1}{x_B^{1/2}}\right)^2 \tag{4-3}$$

假定 A 和 B 两种高分子的分子量相等,$x_A = x_B = x$,则 $\chi_c = 2/x$,聚合物的 $x$ 很大,故 $\chi_c$

是一个很小的数字。可是聚合物只有在玻璃化温度 $T_g$ 和分解温度 $T_d$ 之间才具有液体可流动的性质，而这个温度范围并不宽，往往很难在这个温度范围内使 $\chi$ 调节到小于 $\chi_c$，所以两种聚合物之间，没有特殊相互作用而能完全互容的体系很少。

近年来人们发现如果聚合物 A 的链上带有少量正电荷的侧基，聚合物 B 的链上带有少量负电荷的侧基，或者两种聚合物之间能形成氢键，如下所示，那么这类共混聚合物能完全互容。

除了共混物的相图外，分相过程对共混物的形态结构和物理性能有很大影响。例如共混物的初始浓度为 $\phi_0$（见图 4-4），当 LCST 体系的初始温度 $T_1$ 处于 $T_{bn}$ 以下时是互容的，体系的混合自由能 $\Delta F_M$ 为负值（见图 4-3），体系很稳定，不会分相。当初始温度升高到略高于两相共存线温度，即温度 $T_2$ 时，体系处在亚稳区，如果体系有一微小的变化（热运动）时还是稳定的，只有在浓度变化较大（热运动引起的涨落较大）时体系会分离成浓度为 $\phi'$ 和 $\phi''$ 的两种相，形成一种相分布在另一种相中的"海岛"结构。这个过程需要克服成核位垒，被称为成核和生长（nucleation and growth）（见图 4-5(a)），因成核不分先后，故形成的相结构容易大小不均一。当初始温度升到高于亚稳极限线温度，即温度 $T_3$ 时，则体系处在不稳区，开始时两相组成差别很小，无需大的热涨落，体系就会自发出现浓度周期波动，最后也分离成浓度为 $\phi'$ 和 $\phi''$ 的两种相，它们的聚集态结构不是海岛状的而是一种"网络状"的相分布在另一种相中，这种分相过程称为亚稳极限分解（spinodal decomposition）（见图 4-5(b)），形成的相结构相对比较均一。

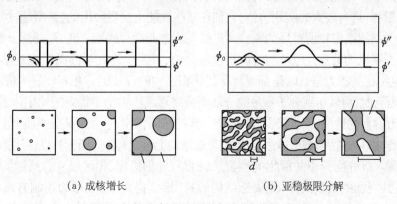

(a) 成核增长　　　　　　　　(b) 亚稳极限分解

图 4-5　相分离过程的浓度涨落和形态演化

分相机理实际上由如上讨论的相分离初始温度以及共混物的初始浓度共同决定(见图 4-4),随着初始浓度的变化,也会改变所在的相图区域,造成不同的分相机理,形成不同的聚集态结构,一般含量少的组分形成分散相,而含量多的组分形成连续相,随着分散相含量的逐渐增加,分散相从球状分散变成棒状分散,到两个组分含量相近时,则形成层状结构,这时两个组分在材料中都成连续相(见图 4-6)。

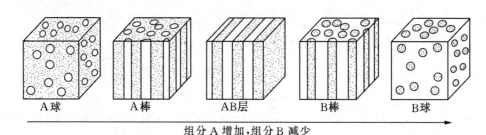

图 4-6  非均相多组分聚合物的织态结构

组分 A:白色  组分 B:黑色

大多数实际的多组分聚合物的织态结构要更复杂些,通常也没有这样规则,可能出现过渡形态,或者几种形态同时存在,例如球和短棒或不规则的条、块等形状同时作为分散相存在于同一多组分聚合物中。另外,当以溶胀的办法把一种组分的单体引入另一种组分的交联聚合物中去,然后进行聚合时,这样得到的多组分聚合物两组分均为连续相,是一种互相贯穿的网状结构。上述的模型用于描述嵌段共聚物特别合适,例如在二嵌段共聚物中,改变两种嵌段的相对长度来调节组成比,便可依次得到上述五种形态。后来在三嵌段共聚物试样上也得到类似的结果。

高分子共混物的分相过程的一大特点是比一般低分子不稳定混合体系缓慢得多,原因在于高分子混合物的黏度很大,分子或链段的运动实际上处于一种冻结的状态,或者说运动的速度是极慢的,热力学不稳定的不同分相阶段就很容易被冻结和被实验跟踪。

不同的聚集态结构又会造成材料性能的不同,高分子混合物的分散程度决定于组分间的相容性。相容性太差时,两种高分子混合程度很差,或者根本混不起来,即使混起来,材料通常呈现宏观的相分离,出现分层现象,两相界面的黏结力也差,因而很少有实用的价值。两种高分子的相容性愈好,则混合得愈好,得到的材料两相分散得愈小,愈均匀。正是这类相容性适中的共混高聚物,具有较大的实用价值,它们在某些性能上呈现突出的(甚至超过两种组分)优异性能。这类共混高聚物所呈现的相分离是微观的或亚微观的相分离,在外观上是均匀的,而不再有肉眼看得见的分层现象。当分散程度较高时,甚至于连光学显微镜也观察不到两相的存在,但用电镜在高放大倍数时还是观察得到两相结构的存在的。相容性好的极限是相容,相容的高分子混合时,可以达到分子水平的分散而最终形成热力学上稳定的均相体系。完全相容的高分子共混体系的性质,除了极少数情况有一定的协同作用,也会在某些性质上出现互相促进的有价值的作用外,通常与增塑体系相似,聚集态结构上也没有什么新的特点,应用价值并不大。

因此,深入研究高分子共混物的相容性(相图、分相机理、相区尺寸、分相动力学等)能更主动地掌握共混物的成型条件,聚集态结构形貌、相结构大小、分布的控制方法以及共混物的聚集态结构和性能关系,这对高分子共混物材料的开发和使用具有现实意义。

　　研究高分子共混物两相共存曲线和分相过程的方法较多,最方便的方法是测定共混物雾点随温度的变化,以及各种测定 $T_g$ 的方法。如果形成均相体系,这样的材料只有一个玻璃化温度。而不完全相容的那些共混高聚物,由于发生亚微观相分离,形成两相体系,两相分别具有相对的独立性,各有自己的玻璃化转变。这一种性质可被利用来检定各种共混高聚物的相分离情况和了解组分的相容性。此外还有电镜法、各种光散射法、借助于溶剂的反相色谱法等。

　　何曼君、江明等[3]曾对含有羟基的改性聚苯乙烯与聚甲基丙烯酸丁酯的共混物进行了研究,用浊点法和温度跃变光散射法分别测出它们的两相共存线和亚稳极限线,这些结果对该材料的加工和聚集态结构的控制有一定启示。

# 4.2　多组分高分子的界面性质[4]

　　多相高分子材料的诸多物理性能不仅依赖于各组分的本体性质,而且还依赖于组分间相界面的性质。界面的能量和结构直接影响两相的黏合。

　　空气与高聚物熔体的表面,或者多相高聚物内部形成两相的界面,某一组分的浓度或密度会由一相连续地向另一相变化,两相之间的边界面附近的部分称为界面层(表面层)。在气-液的表面、液-液的界面处,假如界面(表面)倾向于收缩,对界面(表面)收缩起作用的是表面(界面)张力。现假想一具有很大平面界面的物系。要使物系的面积 $A$ 改变 $dA$,则所需的功 $dW$ 可写为 $dW = \gamma dA$,这就是表面(界面)张力 $\gamma$ 的定义。恒温恒压下测量两种黏合的物质分离时对单位界面面积所做的可逆功叫做黏合功

$$W_e = \gamma_1 + \gamma_2 - 2\gamma_{12} \tag{4-4}$$

式中 $\gamma_1$ 和 $\gamma_2$ 是两种物质各自的表面张力,$\gamma_{12}$ 是两种物质的界面张力。

　　描述多相高分子界面最成功的分子理论是由 Helfand 等提出的平均场理论[5],他们基于高斯链模型,通过自洽场方法导出了具有相同 Kuhn 链段长度的两种高分子的界面张力 $\gamma_{12}$ 和界面厚度公式 $\xi$

$$\gamma_{12} = \frac{kT}{b^2}\sqrt{\frac{\chi}{6}} \tag{4-5}$$

$$\xi = b/(6\chi)^{1/2}$$

以及以相界面中心为起点 $z = 0$ 的界面轮廓的浓度公式

$$\phi(z) = \frac{1}{2}[1 + \tanh(z/\xi)]$$

式中 $b$ 就是链段长度;$\chi$ 是 Huggins 参数;tanh 为双曲正切函数符号。该理论也不难推广到两种高分子链段长度不等的体系。

　　对于不相容共混高聚物两相界面的良好黏合要求两相在界面处互相浸润(wetting),即达到分子水平的接触,继之以两种链段的相互渗透以构成一定厚度的界面。由式(4-4)可知,两相的黏合强度随 $\gamma_{12}$ 的降低而增高,据式(4-5)$\gamma_{12}$ 又可知随 $\chi$ 的减小而降低,两相的黏合强度随相容性的改善而增加。

# 4.3  高分子嵌段共聚物熔体与嵌段共聚物溶液[6,7]

嵌段共聚物是指由化学结构不同的嵌段组成的大分子。嵌段共聚物的发展始于无终止活性阴离子聚合的出现。两种不同的单体(如苯乙烯和异戊二烯)顺序进行阴离子聚合便可得到 A-B 嵌段共聚物,嵌段共聚物包括多种不同的分子结构,如 A、B 单体通过两步阴离子聚合可得到 A-B 两嵌段共聚物;通过三步聚合可得到 A-B-A 或 B-A-B 三嵌段共聚物,引入第三种单体则可形成 A-B-C 三嵌段共聚物。另外活性的两嵌段共聚物与官能度为 $n > 3$ 的偶联剂反应可得到 (A-B)$_n$X 型星型嵌段共聚物,由于采用了活性聚合,因此所得的嵌段共聚物的分子量分布较窄,$M_w/M_n < 1.1$,目前人们已经采用多种新的聚合方法(如缩聚、Ziegler-Natta 催化聚合、活性自由基聚合等)合成了各种结构的嵌段共聚物,主要用来制备塑料工业中有重要用途的兼有可加工性又有高弹性的热塑性弹性体(thermoplastic elastomer)材料。

## 4.3.1  嵌段共聚物的微相分离

嵌段共聚物的另一个重要特点是在一定温度下也会像高分子共混物一样发生相分离时,但由于嵌段间具有化学键的连接,形成的平均相结构微区的大小只有几十到几百纳米尺度,与单个嵌段的尺寸差不多,因此被称为**微相分离**(microphase separation)。这些相结构微区在一定条件下进行适当处理后(如退火,力场和电场作用下),还可在宏观上排列成非常规整的类似晶格点阵的形态结构。这一特点在纳米技术和信息产业中有潜在的应用前景。

嵌段共聚物发生微相分离的相转变温度被称为**微相分离温度** $T_{MST}$,或有序-无序转变(order-to-disorder transition)温度 $T_{ODT}$。嵌段共聚物熔体的相行为和相转变温度主要取决于几个可通过实验调节的参数:总聚合度 $N$、拓扑结构参数(官能度)$n$(即 (A-B)$_n$X 中的 $n$,$n=1$ 和 $n=2$ 分别是两嵌段和三嵌段共聚物)、嵌段组成 $f$(某嵌段组分所占的体积分数)和嵌段之间的 Flory-Huggins 相互作用参数 $\chi$。参数($N$, $n$, $f$)可通过化学计量聚合来调节。它们影响热力学函数中的熵,而 $\chi$ 的大小决定于单体的种类,影响热力学函数的焓,$\chi$ 与温度的依赖关系仍可由下式给出

$$\chi = \frac{A}{T} + B\phi + C \approx \frac{A}{T} + C$$

图 4-7 是嵌段共聚物的微相分离形态和相图,目前基于高斯链模型的自洽场方法计算得到理论相图与实验结果至少在定性上是一致的。从理论相图我们可以看到嵌段共聚物微相分离的临界点位于 $\chi_c \approx \frac{10.5}{N}$。常把相图上温度位于 $\chi N \geqslant 10.5$ 附近的区域称作弱分凝(weak segregation)区域,通过微相分离形成的相界面相对比较平缓;而把 $\chi N \gg 10.5$ 称作强分凝(strong segregation)区域,相界面相对比较陡峭(见图 4-8)。嵌段共聚物微相分离的临界点与高分子共混物相比,共混物两组分的分子量几乎相等和相差很大时分别为 $\chi_c = \frac{2}{N}$

和 $\chi_c \approx \dfrac{1}{2N_B}(N_A > N_B)$，前者远比后两者大，说明嵌段共聚物相容的温度范围还是比较大的，相分离没有共混物那么容易。现在我们就来分析一下造成这一结果的原因。

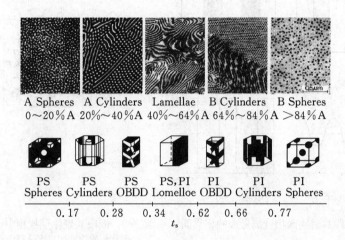

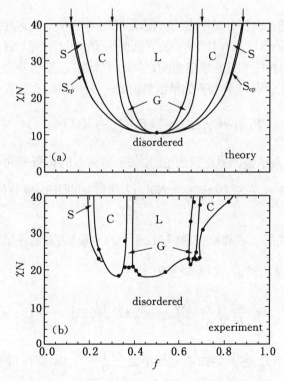

图 4-7　AB 两嵌段共聚物的微相分离形态和相图

上图是实验观测到的 PS-PI 两嵌段共聚物的形态和 AB 两嵌段共聚物形态示意图
下图是理论计算的 AB 两嵌段共聚物的相图和实验观测到的 PS-PI 两嵌段共聚物相图
下图中：S：体心立方的球状相（bcc spheres）；　Scp：密堆积球状相（close-packed spheres）；
　　　　C：六方柱状相（hexagonal cylinders）；　L：层状相（lamellar）；
　　　　G：类似于 OBDD（ordered bicontinuous double diamond）的双连续回转状相（gyroid）

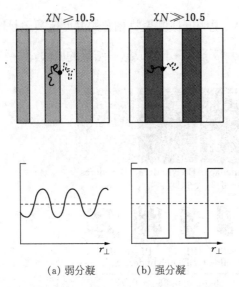

$\chi N \geqslant 10.5$　　$\chi N \gg 10.5$

(a) 弱分凝　　(b) 强分凝

图 4-8　嵌段共聚物微相分离形成的相界面　　图 4-9　嵌段共聚物层状相中链的排列
层状相的周期和厚度分别为 $L$、$L/2$

$L/2$

　　假设嵌段共聚物通过微相分离形成层状相,形成的两相中几乎是纯的嵌段,因而混合热的贡献非常小,而层状相的厚度只有几十纳米,界面面积所占的比例很大(见图 4-9)。整个体系的自由能主要由界面自由能和链构象自由能之间的平衡决定,那么整个体系的自由能是以下每条链段数和链段长度分别为 $N$ 和 $b$ 的单链自由能的线性叠加,在层状相中单链自由能为

$$F_{LAM} = \gamma_{AB}\Sigma + \frac{3}{2}kT\frac{(L/2)^2}{Nb^2} + F(0,\,n) \tag{4-6}$$

式(4-6)右边的第一项为单链的界面自由能,由每条链所占的体积 $V$ 可估算出每条链所占的界面面积 $\Sigma$,$Nb^3 = V = \frac{L}{2}\Sigma$,因此 $\Sigma = Nb^3/(L/2)$,而两相的界面张力已由式(4-5)给出

$\gamma_{AB} = \frac{kT}{b^2}\sqrt{\frac{\chi}{6}}$。右边的第二项和第三项(与 $L$ 无关的常数)为限制在层状相中链的构象自由能(式 3-38)。根据上面的讨论,式(4-6)变为

$$F_{LAM} = \frac{kT}{b^2}\sqrt{\frac{\chi}{6}}\frac{Nb^3}{(L/2)} + \frac{3}{2}kT\frac{(L/2)^2}{Nb^2} + F(0,\,n) \tag{4-7}$$

　　让自由能对 $L$ 作微分,求其自由能的极小值 $\frac{\partial F_{LAM}}{\partial L} = 0$,就可得到最优的层状相周期长度

$$L_{opt} \approx bN^{2/3}\chi^{1/6} \tag{4-8}$$

　　说明嵌段共聚物相区域尺寸与链段数目或分子量的依赖性为 $N^{2/3}$,链的尺寸与链段数目或分子量的依赖性也为 $N^{2/3}$,比良溶剂中还要大一些,链的构象由微相分离前的无扰尺寸变为微相分离的伸展构象,已有很多实验支持这一结果。

将式(4-8)重新代入式(4-7),就可得到

$$F_{\text{LAM}} \approx 1.2kTN^{1/3}\chi^{1/3} + F(0, n)$$

在临界点时,有序的层状相与混溶的无序相达到相平衡,有序相与无序相的单链自由能应该完全相等,为求临界点,这里还需要写出无序相的单链自由能

$$F_{\text{disorder}} \approx \frac{V_M}{\overline{V}_s}\chi\phi_A\phi_B kT + \frac{3}{2}kT + F(0, n) \approx N\chi\phi_A\phi_B kT + F(0, n)$$

上式第一项为混合自由能,假定两种嵌段在无序相中是均匀混合的,可以参照忽略混合熵(因 $\Delta S_M \propto 1/N$)的 Flory-Huggins 理论表达式(4-1),$V_M$ 是单链的总体积,而 $\overline{V}_s$ 是单个链段所占的体积,故而 $V_M/\overline{V}_s = Nb^3/b^3 = N$。在两个嵌段长度相等情况下,$N_A = N_B$,$\phi_A = \phi_B = N_A/(N_A + N_B) = 1/2$,第二项和第三项仍为链的构象自由能。

由 $F_{\text{LAM}} = F_{\text{disorder}}$,可得到

$$1.2kTN^{1/3}\chi^{1/3} = \frac{1}{4}N\chi kT$$

$$\chi_c N = (4.8)^{3/2} \approx 10.5$$

经过多年理论与实验的努力,人们对于两嵌段共聚物的相形态已了解得比较清楚。然而对于高分子多嵌段共聚物,出现的微观有序相形态种类远比两嵌段多,相关工作仍在开展之中。

### 4.3.2 嵌段共聚物的溶液性质

将嵌段共聚物溶解在小分子溶剂中,如果溶剂溶解共聚物嵌段时没有很强的选择性,那么嵌段共聚物的溶液性质与一般均聚物的溶液性质没有大的差别。但如果溶剂对其中的某一嵌段有很强的相互吸引作用,在固定温度改变浓度或固定浓度改变温度两种条件下,嵌段共聚物类似于小分子的表面活性剂,与溶剂作用强的嵌段倾向于与溶剂混合,而另一嵌段就倾向于与其他链的相似嵌段聚集在一起,形成胶束,形成胶束的临界条件分别被称为**临界胶束浓度**(critical micelle concentration, CMC)和**临界胶束温度**(critical micelle temperature, CMT)。进一步增加浓度,这些胶束逐渐发生交叠,形成物理凝胶,几乎不能流动,形成凝胶的临界浓度被称为**临界凝胶浓度**(critical gel concentration, CGC)。如图 4-10 所示。

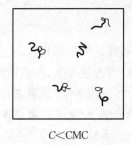 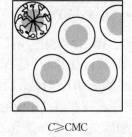 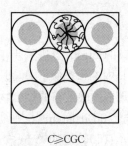

$C<\text{CMC}$ $\qquad C\geqslant\text{CMC}$ $\qquad C\geqslant\text{CGC}$

图 4-10 溶液中嵌段共聚物临界胶束浓度和临界凝胶浓度的示意

各级光散射技术(如可见光、X 射线、中子散射)都可以用来测定是否形成了胶束的

CMC 和 CMT。与聚合物分子量的测定相同,静态光散射通过测定溶液中所形成结构的平均分子量来估算是否形成了胶束,如图 4-11 是用静态光散射技术测定的嵌段共聚物在选择性溶剂中的胶束形成情况。在 65 ℃,从瑞利比得到溶液中高分子形成的尺寸其分子量大约是单个分子。当温度降为 25 ℃,通过分子量可判断出溶液中几乎全部形成了胶束。在 25～65 ℃之间,单分子和胶束两者共存。需要注意的是,因涉及嵌段组分之间以及嵌段与溶剂的折光指数差异的复杂关系,用光散射法测定嵌段聚合物或胶束的 $M_w$、$R_g$ 和 $A_2$ 都是表观值,不能同时获得分子尺寸和胶束尺寸的信息,而且严格意义上说不具定量上的意义。动态光散射法则通过直接测定嵌段共聚物在溶液中所形成的结构的平移扩散系数,再根据 Einstein-Stokes 关系来计算流体力学半径,可以同时得到分子的尺寸和胶束尺寸的信息,可弥补静态光散射的不足。

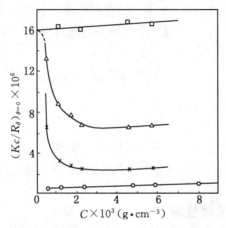

图 4-11 对 PI 有选择性的正癸烷溶剂中 PS-b-PI 的光散射数据[8]
○—25 ℃;×—45 ℃;△—55 ℃;□—65 ℃

嵌段共聚物形成的胶束与溶剂中的多臂星形高分子有很大的相似性,理论上就可以借鉴多臂星型高分子的处理方法,如果比较短的嵌段 A 倾向于暴露在溶剂一侧,de Gennes 预言这种类型的胶束的尺寸主要由嵌段 B 决定[9]

$$R_B \propto b N_B^{2/3} (\gamma_{AB} b^2 / T)$$

式中 $b$ 是链段尺寸;$N_B$ 是链段数目;$\gamma_{AB}$ 是嵌段之间的界面张力;$T$ 是温度,而胶束内的聚合物链数

$$p \propto N_B \gamma_{AB} b^2 / T$$

Daoud 和 Cotton[10]进一步根据星型聚合物模型预言了胶束的内部结构分为三个区域(见图 4-12):(1)内部是类似于 B 嵌段的熔体;(2)中间层是 AB 的界面过渡区,A 嵌段仿佛接枝在"内核"上,形成比较致密的聚合物"刷"(brush);(3)最外层以 A 嵌段为主,是溶胀的聚合物刷。

Zhulina 和 Birnstein[11]则研究了暴露在溶剂相中的 A 嵌段长度对胶束结构的影响,如图 4-13 所示:(1)较短的 A 嵌段互相孤立,$R_B$ 和 $p$ 只取决于与 $N_B$ 的大小,这是 de Gennes 理论所描述的情形;(2)A 嵌段较长时,互相开始交叠;(3)A 嵌段进一步增长时,胶束尺寸也开始依赖于 $N_A$ 的大小,$R_B$ 和 $p$ 随着 $R_A$ 的增加而相应减小;(4)A 嵌段远远大于 B 嵌段时,胶束核的曲率较大,A 嵌段占有比较大的界面面积,$R_B$ 和 $p$ 与 $N_A$ 的依赖性消失。

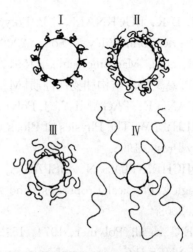

图 4-12　胶束内部结构的示意　　图 4-13　胶束结构随与溶剂互溶性
较好的 A 嵌段长度的关系

　　在嵌段共聚物的亚浓溶液和浓溶液,随着浓度增加,聚合物链开始发生交叠,依次形成球状胶束的正方相,柱状胶束的六方相或层状相等溶致液晶态(见图 4-14),并会伴随着凝胶的形成。如果将形成这些有序相的温度和浓度条件以及嵌段共聚物的组成转化成相图,相图是非常复杂的,而且不同的嵌段共聚物形成有序相的相图完全不同,至今还没有一个令人满意的理论。本书受篇幅所限,不再详述。

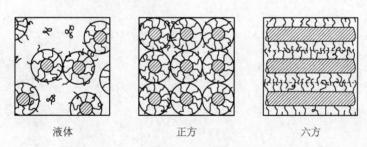

液体　　　　　　　　正方　　　　　　　　六方

图 4-14　改变温度或浓度下嵌段共聚物溶液依次形成的各种有序相

# 习题与思考题

　　1. 什么是两种聚合物共混的先决条件? 在什么情况下共混聚合物会分相? 分相时为什么会出现亚稳分相区?

　　2. 一般共混物的相分离与嵌段共聚物的微相分离在本质上有何差别?

　　3. 如何理解 p92 页图 4-3 中尽管 $\Delta F_M < 0$, 但两种聚合物不是在任何比例下都互溶。

# 参 考 文 献

[ 1 ] 江明. 高分子合金的物理化学[M]. 成都:四川教育出版社,1988.

[ 2 ] PAUL D R, BUCKNALL C B. Polymer Blends: Formation & Performance [M]. New York: John Wiley & Sons, 2000.

[ 3 ] HE M, et al. Macromolecules, 1991, 34:464.

[ 4 ] 李斌才. 高聚物的结构和物理性质[M]. 北京:科学出版社,1989.

[ 5 ] HELFAND E, TAGAMI Y. J. Polym. Sci., 1971, 9(10):741.

[ 6 ] HAMLEY I W. The Physics of Block Copolymers [M]. Oxford, Eng. : Oxford University Press, 1998.

[ 7 ] HADJICHRISTIDIS N, PISPAS S, FLOUDAS G. Block Copolymers: Synthetic Strategies, Physical Properties, and Applications [M]. New York: John Wiley & Sons, 2003.

[ 8 ] PRICE C, et al. Polymer, 1974, 15:228.

[ 9 ] De GENNES P G. Macromolecules and Liquid Crystals: Reflections on Certain Lines of Research [J]. Solid State Physics, 1978, Vol. 14 (ed. L. Liebert):1.

[10] DAOUD M, COTTON J P. J. Phys., 1982, 43:531.

[11] ZHULINA E B, BIRNSTEIN O V. Polym. Sci. (USSR), 1987, 27:570.

# 第五章

# 聚合物的非晶态

高分子的凝聚态结构是指高分子链之间的排列和堆砌结构。

高分子的链结构是决定聚合物基本性质的内在因素,凝聚态结构随着形成条件的改变会有很大的变化,因此凝聚态结构是直接决定聚合物本体性质的关键因素。

高分子凝聚态结构的研究,具有重要的理论和实际意义。正确的凝聚态结构概念是建立聚合物各种本体性质理论的基础,而且研究高分子凝聚态结构特征、形成条件及其与材料性能之间的关系,可以为通过控制加工成型条件获得具有预定凝聚态结构和性能的材料提供科学的依据。

高分子的凝聚态结构包括非晶态结构、晶态结构、液晶态结构、取向态结构和共混聚合物的织态结构等,由于篇幅较大,分为两章讲述,本章讨论非晶态和取向态。

## 5.1 非晶态聚合物的结构模型

对非晶态结构的认识是在不断发展的,在历史上曾经提出过很多模型。目前有两种代表性的模型,分别作简单的介绍。

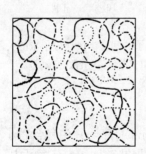 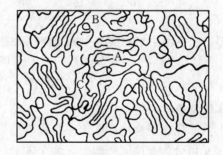

图 5-1  无规线团模型          图 5-2  折叠链缨状胶束粒子模型示意

A—有序区,B—粒界区,C—粒间相

### 1. 无规线团模型

Flory 提出,在非晶态聚合物的本体中,分子链的构象与在溶液中一样,呈无规线团状(见图 5-1),线团的尺寸与在 $\theta$ 状态下高分子的尺寸相当,线团分子之间是任意相互贯穿和无规缠结的,链段的堆砌不存在任何有序的结构,因而非晶态聚合物在凝聚态结构上是均相的。

无规线团模型有许多实验证据。其中特别值得注意的是:

（1）橡胶的弹性理论完全是建立在无规线团模型的基础上的，而且实验证明，橡胶的弹性模量和应力-温度系数关系并不随稀释剂的加入而有反常的改变，说明在非晶态下，分子链是完全无序的，并不存在可被进一步溶解或拆散的局部有序结构。

（2）在非晶聚合物的本体和溶液中，分别用高能辐射使高分子发生交联，实验结果并未发现本体体系中发生分子内交联的倾向比溶液中更大，说明本体中并不存在诸如紧缩的线团或折叠链那些局部有序结构。

（3）用 X 光小角散射实验测定含有标记分子的聚苯乙烯本体试样中聚苯乙烯分子的旋转半径，与在溶液中聚苯乙烯分子的回转半径相近，表明高分子链无论在本体中还是在溶液中都具有相同的构象。

（4）许多中子小角散射的实验结果，特别有力地支持了无规线团模型。不管是对非晶态聚合物本体和溶液中分子链回转半径的测定结果，还是测定不同分子量聚合物试样在本体和溶液中分子链的回转半径和分子量的关系的结果，都证明非晶态高分子的形态是无规线团。图 5-3 是 R. G. Kirste 等人得到的一个典型的结果。可以看到，对于分子量相同的聚甲基丙烯酸甲酯试样，用不同方法（光散射、X 光散射和中子散射），在不同条件下（本体或溶液中），测得分子的回转半径相近。并且，本体的数据与 θ 溶剂氯代正丁烷中的数据以及所得直线的斜率（≈1/2）更为一致，证明非晶态本体中，分子的形态与它在 θ 溶剂中一样，它们的尺寸都是无扰尺寸。

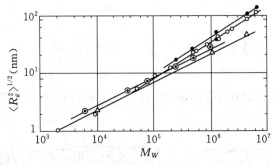

图 5-3　各种方法测得的聚甲基丙烯酸甲酯分子的回转半径与分子量的关系
●—二氧六环（光散射）；　　　○—丙酮（光散射，X 光散射）；
△—氯代正丁烷（X 光散射）；　⊙—本体（中子散射）

### 2. 两相球粒模型

Yeh 等认为，非晶态聚合物存在着一定程度的局部有序。其中包含粒子相和粒间相两个部分，而粒子又可分为有序区和粒界区两个部分（见图 5-2）。在有序区中，分子链是互相平行排列的，其有序程度与链结构、分子间力和热历史等因素有关。它的尺寸在 2～4 nm 之间。有序区周围有 1～2 nm 大小的粒界区，由折叠链的弯曲部分、链端、缠结点和连接链组成。粒间相则由无规线团、低分子物、分子链末端和连结链组成，尺寸在 1～5 nm 之间。模型认为一根分子链可以通过几个粒子和粒间相。

这个模型解释了下列事实：

（1）模型包含了一个无序的粒间相，从而能为橡胶弹性变形的回缩力提供必要的构象熵，因而可以解释橡胶弹性的回缩力。

（2）实验测得许多聚合物的非晶和结晶密度比 $\rho_a/\rho_c \approx 0.85 \sim 0.96$ 而按分子链成无规

线团形态的完全无序的模型计算 $\rho_a / \rho_c < 0.65$，这种密度比的偏高，说明非晶聚合物的密度比完全无序模型计算的要高，两相球粒模型指出有序的粒子相与无序的粒间相并存，两相中由于链段的堆砌情况有差别，导致了密度的差别，粒子相中的链呈有序堆砌，其密度应较接近 $\rho_c$，而总的密度自然就偏高。

（3）模型的粒子中链段的有序堆砌，为结晶的迅速发展准备了条件，这就不难解释许多聚合物结晶速度很快的事实。

（4）某些非晶态聚合物缓慢冷却或热处理后密度增加，电镜下还观察到球粒增大，这可以用粒子相有序程度的增加和粒子相的扩大来解释。

支持无规线团模型的小角中子散射的实验仪器经历了几代技术改进，已趋成熟。测量的试样的类型包括不同柔顺性和极性的分子链，结晶性和非晶聚合物，玻璃态和熔融态本体；测量得到的数据精度令人满意。表 5-1 列出了若干测量结果，表中 $(\langle R_g^2 \rangle / M_w)^{1/2}$ 值是每一个聚合物的一个特征常数，当分子链处于无扰状态时，它与分子量无关。小角中子散射测得的值，不管是非晶玻璃态，或者是结晶的熔融态，都与光散射法测得的 $\theta$ 溶液中的值相同（在实验误差之内），证明在非晶态本体中，分子链取无规线团形态。小角中子散射方法受到的质疑是它对局部有序区结构测量的灵敏度问题。而且分子链取无规线团模型，并不排斥局部范围的有序，因为局部有序结构的形成并不需要改变分子链的总体形态以至于影响其回转半径，就像结晶结构模型中的插线板模型那样。

**表 5-1　若干聚合物的 $(\langle R_g^2 \rangle / M_w)^{1/2}$ 值**

| 聚　合　物 | 本体状态 | $(\langle R_g^2 \rangle / M_w)^{1/2}$ (Å·mol$^{1/2}$·g$^{-1/2}$) | | |
| --- | --- | --- | --- | --- |
| | | SANS 本体 | 光散射 $\theta$ 溶液 | SAXS |
| 聚苯乙烯 | 玻璃态 | 0.275 | 0.275 | 0.27 |
| 聚苯乙烯 | 玻璃态 | 0.28 | 0.275 | — |
| 聚乙烯 | 熔融态 | 0.46 | 0.45 | — |
| 聚乙烯 | 熔融态 | 0.45 | 0.45 | — |
| 聚甲基丙烯酸甲酯 | 玻璃态 | 0.31 | 0.30 | — |
| 聚氯乙烯 | 熔融态 | 0.343 | | |
| 聚氯乙烯 | 玻璃态 | 0.30 | 0.37 | — |
| 聚碳酸酯 | 玻璃态 | 0.457 | | |

总体上看，无规线团构象目前已被大多数高分子科学家所接受，但是同时又不排除线团内部小的区域，例如 1～2 nm 范围存在几个链单元的局部平行排列的可能。随着研究和争论的深入，理论将不断完善，高分子凝聚态结构最终是可以弄清楚的。

## 5.2　非晶态聚合物的力学状态和热转变

如果取一块非晶聚合物试样，对它施加一恒定的力，观察试样发生的形变与温度的关系，我们便会得到如图 5-4 中所示的曲线，通常称为温度-形变曲线或热机械曲线。当温度较低时，试样呈刚性固体状，在外力作用下只发生非常小的形变；温度升到某一定范围后，试样的形变明显地增加,并在随后的温度区间达到一相对稳定的形变,在这一个区域中,试样变成柔软的弹性体,温度继续升高时,形变基本上保持不变;温度再进一步升高,则形变量又逐渐加大,试样最后完全变成黏性的流体。

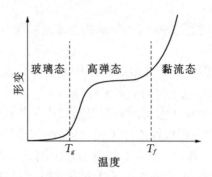

图 5-4　非晶态聚合物的温度形变曲线

　　根据试样的力学性质随温度变化的特征,可以把非晶态聚合物按温度区域不同划为三种力学状态——玻璃态、高弹态和黏流态。玻璃态与高弹态之间的转变,称为玻璃化转变,对应的转变温度即玻璃化转变温度,简称为玻璃化温度,通常用 $T_g$ 表示。而高弹态与黏流态之间的转变温度称为黏流温度,用 $T_f$ 表示。

　　非晶聚合物随温度变化出现三种力学状态,这是内部分子处于不同运动状态的宏观表现。

　　在玻璃态下,由于温度较低(绝大多数非晶聚合物在 200 K 以下都处于玻璃态),分子运动的能量很低,不足以克服主链内旋转的位垒,因此不足以激发起链段的运动,链段处于被冻结的状态,只有那些较小的运动单元,如侧基、支链和小链节等才能运动,因此高分子链不能实现从一种构象到另一种构象的转变,也可以说,链段运动的松弛时间几乎为无穷大,它大大地超过了实验测量的时间范围。此时聚合物所表现的力学性质和小分子的玻璃差不多。当非晶态聚合物在较低的温度下受到外力时,由于链段运动被冻结,只能使主链的键长和键角有微小的改变(如果改变太大就会使共价键破坏),因此从宏观上来说,聚合物受力后的形变是很小的,形变与受力的大小成正比,当外力除去后形变能立刻回复。这种力学性质称虎克型弹性,又称普弹性,非晶态聚合物处于具有普弹性的状态,称为**玻璃态**。

　　随着温度的升高,分子热运动能量逐渐增加,当达到某一温度时,虽然整个分子的移动仍不可能,但分子热运动的能量已足以克服内旋转的位垒,分子通过主链中单键的内旋转不断改变构象,这时链段运动被激发(见图 5-5),也就是说,当温度升高到某一温度,链段运动的松弛时间减少到与实验测量时间标尺同一个数量级时,我们便可以觉察到链段的运动了,聚合物进入高弹态。

　　在高弹态下,聚合物受到外力时,分子链可以通过单键的内旋转和链段的改变构象以适应外力的作用。例如受到拉伸力时,分子链可从蜷曲状态变为伸展状态,因而表现在宏观上可以发生很大的形变。一旦外力除去,分子链又要通过单键的内旋转和链段运动回复到原来的蜷曲状态(因为蜷曲状态的熵比伸展状态大),在宏观上表现为弹性回缩。由于这种变形是外力作用促使聚合物主链发生内旋转的过程,它所需的外力显然比聚合物在玻璃态

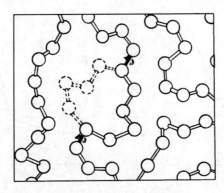

图 5-5 链段运动示意图

时变形(改变化学键的键长和键角)所需要的外力要小得多,而变形量却大得多,这种力学性质称为**高弹性**,它是非晶聚合物处在高弹态下特有的力学特征。这是两种不同尺寸的运动单元处于两种不同的运动状态的结果:就链段运动来看,它是液体,就整个分子链来看,它是固体,所以这种凝聚态是双重性的,既表现出液体的性质,又表现出固体的性质。高弹性的模量为 $10^5 \sim 10^7$ Pa($10^6 \sim 10^8$ dyn·cm$^{-2}$),比普弹性的模量 $10^{10} \sim 10^{11}$ Pa($10^{11} \sim 10^{12}$ dyn·cm$^{-2}$)小得多;高弹形变为 $100\% \sim 1\,000\%$,比普弹形变 $0.01\% \sim 0.1\%$ 大得多。有关高弹态的性能将在第七章中作详细讨论。

温度继续升高,链段运动的松弛时间继续缩短,而且整个分子链移动的松弛时间也缩短到与我们实验观察的时间标尺同数量级,这时聚合物在外力作用下便发生黏性流动,它是整个分子链互相滑动的宏观表现。这种流动同低分子液体流动相类似,是不可逆的变形,外力除去后,变形不再能自发回复。

# 5.3 非晶态聚合物的玻璃化转变[1~6, 13]

玻璃化转变是聚合物的一种普遍现象,因为即使是结晶聚合物,也难以形成 100% 的结晶,总有非晶区存在。在聚合物发生玻璃化转变时,许多物理性能发生了急剧的变化,特别是力学性能。在只有几度范围的转变温度区间前后,模量将改变 3~4 个数量级(见图 1-20),使材料从坚硬的固体,变成柔软的弹性体,完全改变了材料的使用性能。作为塑料使用的聚合物,当温度升高到发生玻璃化转变时,便失去了塑料的性能,变成了橡胶;而作为橡胶使用的材料,当温度降低到发生玻璃化转变时,便丧失橡胶的高弹性,变成硬而脆的塑料。因此,玻璃化转变是聚合物的一个非常重要的性质。研究玻璃化转变现象,有着重要的理论和实际意义。

## 5.3.1 玻璃化温度的测量

在聚合物发生玻璃化转变时,许多物理性能发生了急剧的变化。因此,可以利用测量这些物理性质的变化来确定玻璃化转变温度,例如比容、线膨胀系数、折光率、溶剂在聚合物中的扩散系数、比热容、动态力学损耗等随温度的变化如图 5-6 至图 5-11 所示。最方便的方法是用示差扫描量热计(differential scanning calorimeter, DSC)测量比热容随温度的变化。

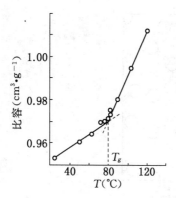

图 5-6　聚苯乙烯的比容-温度曲线

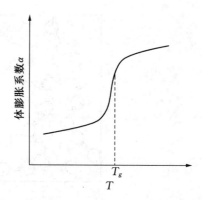

图 5-7　非晶聚合物的体膨胀系数和温度的关系

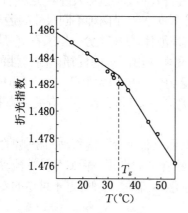

图 5-8　聚甲基丙烯酸丙酯的
折光率-温度曲线

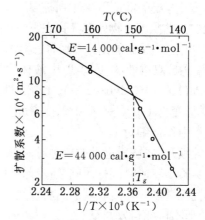

图 5-9　正戊烷在聚苯乙烯中的
扩散系数对温度倒数作图

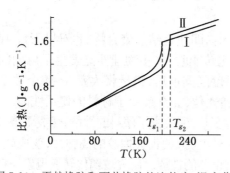

图 5-10　天然橡胶和丁苯橡胶的比热容-温度曲线
Ⅰ—天然橡胶 $T_g = -73\,℃$；
Ⅱ—丁苯橡胶 $T_g = -60\,℃$

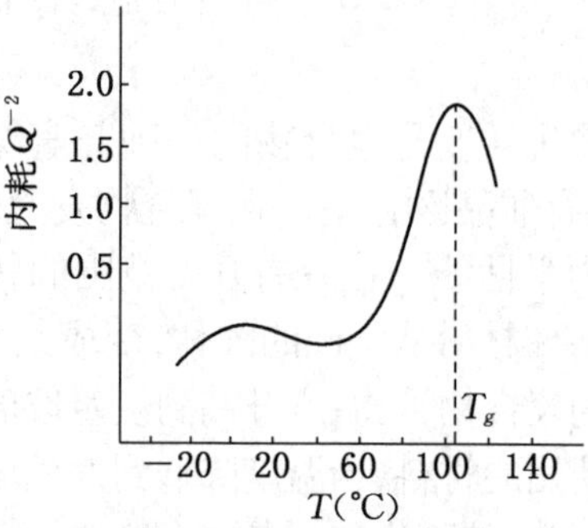

图 5-11　聚甲基丙烯酸甲酯动态力学
损耗-温度曲线
$T_g = 105\,℃$

　　此外,还可用核磁共振谱仪 NMR 测定玻璃化温度,因为在较低的温度下,分子运动被冻结,分子中的各种质子处于各种不同的状态,因此反映质子状态的 NMR 谱线很宽,而在较高的温度时,分子运动速度加快,质子的环境起了平均化的作用,谱线变窄,在发生玻璃化转变时,谱线的宽度有很大的改变,图 5-12 中的 $\Delta H$ 即样品的 NMR 谱线宽度,对应于 $\Delta H$

急剧降低的温度即 $T_g$ 值。

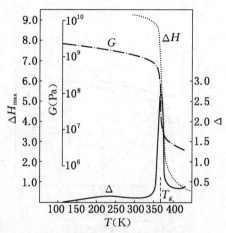

图 5-12　聚氯乙烯的 $\Delta H$, $G$, $\Delta$ 和 $T$ 的关系

## 5.3.2　玻璃化转变理论

对于玻璃化转变现象,至今尚无完善的理论可以作出完全符合实验事实的正确解释。已经提出的理论很多,主要的有三种:自由体积理论、热力学理论和动力学理论。这里将着重讨论自由体积理论。

自由体积理论最初是由 Fox 和 Flory 提出来的。他们认为液体或固体物质,其体积由两部分组成:一部分是被分子占据的体积;另一部分是未被占据的自由体积。后者以"孔穴"的形式分散于整个物质之中,正是由于自由体积的存在,分子链才可能发生运动。自由体积理论认为,当聚合物冷却时,起先自由体积逐渐减少,到某一温度时,自由体积将达到一最低值,这时聚合物进入玻璃态。在玻璃态下,由于链段运动被冻结,自由体积也被冻结,并保持一恒定值,自由体积"孔穴"的大小及其分布也将基本上维持固定。因此,对任何聚合物,玻璃化温度就是自由体积达到某一临界值的温度,在这临界值以下,已经没有足够的空间进行分子链构象的调整了。因而聚合物的玻璃态可视为等自由体积状态。

在玻璃态下,聚合物随温度升高发生的膨胀,只是由于正常的分子膨胀过程造成的,包括分子振动幅度的增加和键长的变化。到玻璃化转变点,分子热运动已具有足够的能量,而且自由体积也开始解冻而参加到整个膨胀过程中去,因而链段获得了足够的运动能量和必要自由空间,从冻结进入运动。在玻璃化温度以上,除了这种正常的膨胀过程之外,还有自由体积本身的膨胀,因此,高弹态的膨胀系数 $\alpha_r$ 比玻璃态的膨胀系数 $\alpha_g$ 来得大。这个情况可用图 5-13 来描述。如果以 $V_0$ 表示玻璃态聚合物在绝对零度时的已占体积,$V_g$ 表示在玻璃化温度时聚合物的总体积,则

$$V_g = V_f + V_0 + \left(\frac{\mathrm{d}V}{\mathrm{d}T}\right)_g T_g \tag{5-1}$$

式中 $V_f$ 就是玻璃态下的自由体积。类似地,当 $T > T_g$ 时,聚合物的体积为

$$V_r = V_g + \left(\frac{\mathrm{d}V}{\mathrm{d}T}\right)_r (T - T_g) \tag{5-2}$$

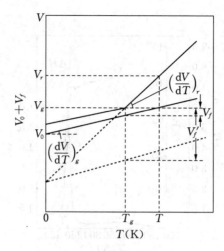

图 5-13　自由体积理论示意图

而高弹态某温度 $T$ 时的自由体积则为

$$(V_f)_T = V_f + (T - T_g)\left[\left(\frac{\mathrm{d}V}{\mathrm{d}T}\right)_r - \left(\frac{\mathrm{d}V}{\mathrm{d}T}\right)_g\right] \tag{5-3}$$

其中高弹态的与玻璃态的膨胀率的差 $(\mathrm{d}V/\mathrm{d}T)_r - (\mathrm{d}V/\mathrm{d}T)_g$ 就是 $T_g$ 以上自由体积的膨胀率。如果在 $T_g$ 上下聚合物的膨胀系数分别为

$$\alpha_r = \frac{1}{V_g}\left(\frac{\mathrm{d}V}{\mathrm{d}T}\right)_r \tag{5-4}$$

$$\alpha_g = \frac{1}{V_g}\left(\frac{\mathrm{d}V}{\mathrm{d}T}\right)_g \tag{5-5}$$

则 $T_g$ 附近的自由体积的膨胀系数 $\alpha_f$ 就是 $T_g$ 上下聚合物的膨胀系数差 $\Delta\alpha$，即

$$\alpha_f = \Delta\alpha = \alpha_r - \alpha_g \tag{5-6}$$

于是，玻璃化温度以上某温度 $T$ 时的自由体积分数可以由下式表示

$$f_T = f_g + \alpha_f(T - T_g) \quad (T > T_g) \tag{5-7}$$

式中 $f_g$ 是玻璃态聚合物的自由体积分数，即

$$f_T = f_g \quad (T = T_g)$$

关于自由体积的概念，M. L. Williams，R. F. Landel 和 J. D. Ferry 认为不管什么聚合物，发生玻璃化转变时，自由体积分数都等于 0.025，并且提出了一个半经验方程，即著名的 WLF 方程

$$\lg \frac{\eta(T)}{\eta(T_g)} = -\frac{17.44(T - T_g)}{51.6 + (T - T_g)} \tag{5-8}$$

式中 $\eta(T)$ 和 $\eta(T_g)$ 分别是温度 $T$ 和 $T_g$ 时聚合物的黏度。WLF 方程是聚合物黏弹性研究中的一个非常重要的方程，这个方程可以从 Doolittle 方程出发进行推导。

Doolittle 方程把液体的黏度与自由体积联系起来

$$\eta = A\exp(BV_0/V_f) \tag{5-9}$$

式中 $A$ 和 $B$ 是常数。将式(5-9)写成对数形式,在温度 $T$ 时有

$$\ln\eta(T) = \ln A + BV_0(T)/V_f(T) \tag{5-10}$$

当 $T = T_g$ 时

$$\ln\eta(T_g) = \ln A + BV_0(T_g)/V_f(T_g) \tag{5-11}$$

式(5-10)减去式(5-11)得

$$\ln\frac{\eta(T)}{\eta(T_g)} = B\left[\frac{V_0(T)}{V_f(T)} - \frac{V_0(T_g)}{V_f(T_g)}\right] \tag{5-12}$$

根据自由体积概念,自由体积分数有

$$f_T = \frac{V_f(T)}{V_0(T) + V_f(T)} \approx \frac{V_f(T)}{V_0(T)} \tag{5-13}$$

则式(5-12)可写成

$$\ln\frac{\eta(T)}{\eta(T_g)} = B\left(\frac{1}{f_T} - \frac{1}{f_g}\right) \tag{5-14}$$

将式(5-7)代入式(5-14),并将自然对数化成常用对数,则得

$$\lg\frac{\eta(T)}{\eta(T_g)} = -\frac{B}{2.303f_g}\frac{T-T_g}{f_g/\alpha_f + (T-T_g)} \tag{5-15}$$

上式与 WLF 方程式(5-8)具有相同的形式,将两式加以比较可得

$$\frac{B}{2.303f_g} = 17.44; \quad f_g/\alpha_f = 51.6 \tag{5-16}$$

通常 $B$ 很接近于 1,取近似 $B \approx 1$,则得

$$f_g = 0.025 = 2.5\%; \quad \alpha_f = 4.8 \times 10^4 \ ℃^{-1} \tag{5-17}$$

这结果证明了,WLF 自由体积定义认为发生玻璃化转变时,聚合物的自由体积分数都等于 2.5%。

　　D. Panke 和 W. Wunderlich 用实验验证了 WLF 自由体积分数值。实验观察了聚甲基丙烯酸甲酯和甲基丙烯酸甲酯的混合物的比容随混合组成的变化,发现混合物的比容起先随聚合物的浓度增加而线性地下降,但是在较高的浓度下,混合物的黏度变得很大,使聚合物的链段不再能自由运动,由于这种冻结过程,非晶态聚合物的比容 $v_{am}$ 大于同一温度下理想液体聚合物的比容 $v_l$(见图 5-14)。WLF 自由体积分数可以由下式计算

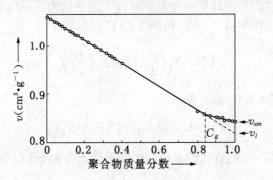

图 5-14　PMMA 与 MMA 混合物的比容和聚合物重量分数的关系图

$$f_{\text{WLF}} = \frac{v_{am} - v_l}{v_{am}} \tag{5-18}$$

实验测得 $v_{am} = 0.842\ \text{cm}^3\cdot\text{g}^{-1}$，$v_l = 0.820\ \text{cm}^3\cdot\text{g}^{-1}$，因而聚甲基丙烯酸甲酯的自由体积分数为 $0.026 = 2.6\%$，与 WLF 方程预言的自由体积分数十分接近。对其他聚合物进行类似实验测量的结果表明，WLF 自由体积分数值与聚合物的类型无关，数据均在 $2.5\%$ 左右(见表 5-2)。

**表 5-2　几种非晶聚合物 $T_g$ 时的不同定义自由体积分数值**

| 聚　合　物 | 自　　由　　体　　积　　分　　数 | | | |
|---|---|---|---|---|
| | $f_{\text{Vac}}$ | $f_{\text{exp}}$ | $f_{\text{WLF}}$ | $f_{\text{flu}}$ |
| 聚苯乙烯 | 0.375 | 0.127 | 0.025 | 0.003 5 |
| 聚醋酸乙烯酯 | 0.348 | 0.14 | 0.028 | 0.002 3 |
| 聚甲基丙烯酸甲酯 | 0.335 | 0.13 | 0.025 | 0.001 5 |
| 聚甲基丙烯酸丁酯 | 0.335 | 0.13 | 0.026 | 0.001 0 |
| 聚异丁烯 | 0.320 | 0.125 | 0.026 | 0.001 7 |

表 5-2 中同时还列出另外定义的三种自由体积分数值。空体积分数 $f_{\text{Vac}}$ 定义为

$$f_{\text{Vac}} = \frac{v_{am} - v_{\text{VdW}}}{v_{am}} \tag{5-19}$$

式中 $v_{\text{vdW}}$ 是以 Van der Waals 半径算出的比体积。可以看到空体积分数值相当大，这与低分子液体一样。在聚合物中，这部分体积也不能完全为热运动所利用，因为受到构象的限制，热运动无法利用全部空位。

膨胀体积分数 $f_{\text{exp}}$ 就是指热膨胀所利用的体积分数，其定义为

$$f_{\text{exp}} = \frac{v_{am}^0 - v_{cry}^0}{v_{am}^0} \tag{5-20}$$

式中 $v_{am}^0$ 和 $v_{cry}^0$ 分别为非晶聚合物和结晶聚合物的比容的绝对零度的外推值。

涨落体积分数 $f_{flu}$ 是由声速法测量的，它描述热运动所造成的分子重心的运动。

此外，R. Simha 和 R. F. Boyer 提出另一种自由体积定义，他们将几十个聚合物的膨胀系数实验数据，作 $\alpha_f = \alpha_r - \alpha_g$ 对 $1/T_g$ 图(见图 5-15)，得到一根直线。因此，他们建议玻璃态聚合物在 $T = 0\ \text{K}$ 时的自由体积应该是该温度下聚合物的实际体积和由液体体积外推到 $T = 0$ 的外推值之差。按照这一定义，由图 5-13 可以得到

$$V_f' = T_g\left(\frac{\mathrm{d}V}{\mathrm{d}T}\right)_r - T_g\left(\frac{\mathrm{d}V}{\mathrm{d}T}\right)_g \tag{5-21}$$

将式(5-4)和式(5-5)代入式(5-21)，便得

$$V_f' = V_g(\alpha_r - \alpha_g)T_g = V_g\alpha_f T_g \tag{5-22}$$

由上式可以看出，从图 5-15 的直线斜率可以得到玻璃态下的 SB 自由体积分数为

$$f_{\text{SB}} = V_f'/V_g = 0.113 \tag{5-23}$$

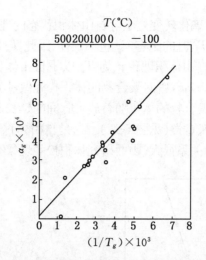

图 5-15 某些聚合物的高弹态和玻璃态膨胀系数差对玻璃化温度倒数作图

WLF 和 SB 两种自由体积值的差异是由于他们关于自由体积的定义不同引起的,但两者都认为玻璃态下,自由体积不随温度而变化。

自由体积理论简单明了,可以解释玻璃化转变的许多实验事实,或预测有关效应,因而是很有用的。在下一小节我们将要应用这一理论讨论各种因素对玻璃化温度的影响。作为自由体积理论的应用举例,这里我们先来看看它处理玻璃化温度与压力的关系的结果。

可以直观地想象,压力增加会"挤出"自由体积,使 $T_g$ 升高,实际结果正是如此。效应的大小可以预计如下。假定聚合物从状态 $1(P_1,T_{g1})$ 变到状态 $2(P_2,T_{g2})$。对于一般任何从状态 1 到状态 2 的变化,我们可以写出

$$f_2 = f_1 + \alpha_f(T_{g2} - T_{g1}) - K_f(P_2 - P_1) \qquad (5\text{-}24)$$

式中 $K_f$ 是自由体积等温压缩系数,假定它在我们所讨论的范围内与压力无关。如果从状态 1 变到状态 2 的同时,维持聚合物处于玻璃化转变温度,则 $f_2 = f_1$,因为玻璃化转变是等自由体积状态。于是,在这种条件下有

$$\alpha_f(T_{g2} - T_{g1}) = K_f(P_2 - P_1) \qquad (5\text{-}25)$$

当变化很小时,上式可以写成

$$\frac{\mathrm{d}T_g}{\mathrm{d}P} = \frac{K_f}{\alpha_f} = \frac{\Delta K}{\Delta \alpha} \qquad (5\text{-}26)$$

式中 $\Delta K$ 是 $T_g$ 上下聚合物的压缩系数差。由于精确压力不易测量,报告的数据不多,但非晶聚合物的实验结果大致符合式(5-26)的关系(见表 5-3)。

表 5-3 $T_g$ 的压力依赖性 (1 atm = 101.325 kPa)

| 聚 合 物 | $\mathrm{d}T_g/\Delta\alpha(\text{℃}\cdot\text{atm}^{-1})$ | $\Delta\alpha/\Delta K(\text{℃}\cdot\text{atm}^{-1})$ | $TV\Delta\alpha/\Delta C_p(\text{℃}\cdot\text{kPa}^{-1})$ |
|---|---|---|---|
| 聚醋酸乙烯酯 | 0.02 | 0.05 | 0.025 |
| 聚苯乙烯 | 0.036 | 0.10 | — |
| 天然橡胶 | 0.024 | 0.024 | 0.020 |
| 聚甲基丙烯酸甲酯 | 0.023 | 0.065 | — |

自由体积理论是一个玻璃化转变处于等自由体积状态的理论。但是随着冷却速度的不同,聚合物的 $T_g$ 并不一样,$T_g$ 时的比容 $V_g$ 也不一样,因此 $T_g$ 时的自由体积分数实际上并不相等(见图 5-16)。同时,自由体积理论认为 $T_g$ 以下自由体积不变,而实际上 $T_g$ 以下自由体积也是会变的。A. J. Kovacs 曾对聚合物的体积松弛做过大量研究工作,他把淬火后的聚合物在恒温下放置,发现聚合物的体积随着放置时间的延长而不断减小,这表明自由体积逐渐减少,但减少的速率愈来愈慢(见图 5-17)。这是自由体积理论的不足之处。聚合物中自由体积的多少对物理性质关系很大,因而研究体积松弛现象有很重要的意义。

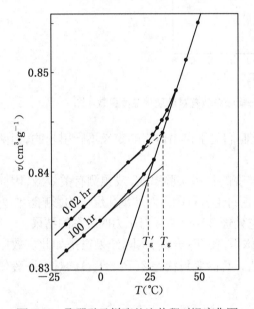

图 5-16　聚醋酸乙烯酯的比体积对温度作图
从 $T > T_g$ 急冷至图上温度恒温后测量黑圆为平衡值;
曲线:上为 0.02 hr 后测,下为 100 hr 后测

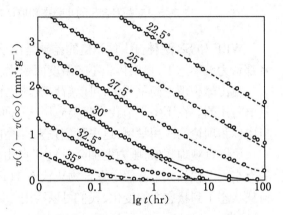

图 5-17　聚醋酸乙烯酯的体积收缩对时间对数作图
试样从 $T > T_g$ 温度急冷至图上指示温度
进行恒温测量

### 5.3.3　影响玻璃化温度的因素

玻璃化温度是高分子的链段从冻结到运动(或反之)的一个转变温度,而链段运动是通过主链的单键内旋转来实现的,因此,凡是能影响高分子链柔性的因素,都对 $T_g$ 有影响。减弱高分子链柔性或增加分子间作用力的因素,如引入刚性基团或极性基团、交联和结晶都使 $T_g$ 升高,而增加高分子链柔性的因素,如加入增塑剂或溶剂、引进柔性基团等都使 $T_g$ 降低。

1. 化学结构的影响

(1) 主链结构

主链由饱和单键构成的聚合物,例如—C—C—,—C—N—,—C—O—和—Si—O—等,因为分子链可以围绕单键进行内旋转,所以一般 $T_g$ 都不太高。特别是没有极性侧基取代时,其 $T_g$ 就更低。例如聚乙烯的 $T_g$ 为 $-68\ ℃$;聚甲醛的 $T_g$ 为 $-83\ ℃$;聚二甲基硅氧烷的 $T_g = -123\ ℃$,它是目前耐寒性较好的一种橡胶。它们的 $T_g$ 高低与分子链柔顺性相一致。

当主链中引入苯基、联苯基、萘基和均苯四酸二酰亚胺基等芳杂环以后,链上可以内旋转的单键比例相对地减少,分子链的刚性增大,因此有利于玻璃化温度的提高。例如,芳香族聚酯、聚碳酸酯、聚酰胺、聚砜和聚苯醚等都具有比相应的脂肪族聚合物高得多的 $T_g$,它们是一类耐热性较好的工程塑料。

与此相反,主链中含有孤立双键的高分子链都比较柔顺,所以 $T_g$ 都比较低,天然橡胶和许多合成橡胶的分子都属于这种结构。天然橡胶的 $T_g = -73\ ℃$,因此,即使在零下好几十度它仍能保持高弹性。

在共轭二烯烃聚合物中,存在几何异构体。通常,分子链较为刚性的反式异构体具有较高的玻璃化温度。例如顺式聚 1,4-丁二烯的 $T_g$ 是 $-108\ ℃$,反式聚 1,4-丁二烯的是 $-83\ ℃$;顺式聚 1,4-异戊二烯的 $T_g$ 是 $-73\ ℃$,反式聚 1,4-异戊二烯的 $T_g$ 是 $-60\ ℃$。

(2) 取代基团的空间位阻和侧链的柔性

在单取代乙烯聚合物—$(CH_2-CHX)_n$—中,随着取代基—X 的体积增大,分子链内旋转位阻增加,$T_g$ 将升高。例如

| —X | —H | —CH$_3$ | —CH$_2$—CH(CH$_3$)$_2$ | (苯基) | (邻甲苯基) | (联苯基) | (萘基) | (咔唑基) |
|---|---|---|---|---|---|---|---|---|
| $T_g(℃)$ | $-68$ | $-20$ | $29$ | $100$ | $119$ | $138$ | $162$ | $208$ |

聚苊烯 (结构式) 的分子链的内旋转严重受阻,其 $T_g$ 甚至高达 $264\ ℃$。在 1,1-双取代的烯类聚合物 $+CH_2-CXY+_n$ 中,有两种情况:如果在主链的季碳原子上,不对称取代时,其空间位阻增加,$T_g$ 将提高。例如,聚甲基丙烯酸甲酯的 $T_g$ 比聚丙烯酸甲酯高,聚 $\alpha$-甲基苯乙烯比聚苯乙烯的高

$+CH_2-CH+_n$ ($COOCH_3$)　$T_g = 3\ ℃$;　$+CH_2-CH+_n$ (苯基)　$T_g = 100\ ℃$;

$+CH_2-C+_n$ (CH$_3$, COOCH$_3$)　$T_g = 115\ ℃$;　$+CH_2-C+_n$ (CH$_3$, 苯基)　$T_g = 192\ ℃$

如果在季碳原子上作对称双取代,则主链内旋转位垒反而比单取代时小,链柔顺性回升,因而 $T_g$ 下降。例如聚异丁烯的 $T_g$ 比聚丙烯低,聚偏二氟乙烯比聚氟乙烯低,聚偏二氯乙烯比聚氯乙烯低

$+CH_2-CH+_n$ (CH$_3$)　$T_g = -10\ ℃$;　$+CH_2-CH+_n$ (F)　$T_g = 40\ ℃$;　$+CH_2-CH+_n$ (Cl)　$T_g = 87\ ℃$;

$+CH_2-C+_n$ (CH$_3$, CH$_3$)　$T_g = -70\ ℃$;　$+CH_2-CF_2+_n$　$T_g = -40\ ℃$;　$+CH_2-CCl_2+_n$　$T_g = -17\ ℃$

必须注意,并不是侧基的体积增大,$T_g$ 就一定要提高。例如聚甲基丙烯酸酯类的侧基增大,

$T_g$ 反而下降,这是因为它的侧基是柔性的。侧基越大则柔性也越大,这种柔性侧基的存在相当于起了增塑剂的作用,所以使 $T_g$ 下降。表 5-4 列出聚甲基丙烯酸酯类同系物的 $T_g$ 值,作为一个典型的例子。几组具有柔性侧链的聚合物的 $T_g$ 随柔性侧链碳原子数增加而降低的情况,汇总于图 5-18 中。说明侧链的结构对 $T_g$ 影响的另一个更好的例子是三种不同的聚丙烯酸丁酯,其中柔性最大的正丁酯 $T_g$ 是 $-56\,℃$;其次是仲丁酯, $T_g = -22\,℃$;叔丁酯具有最大的空间位阻,因而其 $T_g$ 最高, $T_g = 43\,℃$。

**表 5-4　聚甲基丙烯酸酯中正酯基 C 原子数 $n$ 对 $T_g$ 的影响**

| $n$ | 1 | 2 | 3 | 4 | 6 | 8 | 12 | 18 |
|---|---|---|---|---|---|---|---|---|
| $T_g(℃)$ | 105 | 65 | 35 | 21 | $-5$ | $-20$ | $-65$ | $-100$ |

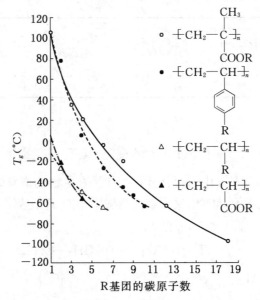

图 5-18　柔性侧链长度对聚合物 $T_g$ 的影响
○—聚甲基丙烯酸酯;　●—聚对烷基苯乙烯;
△—聚 α-烯烃;　▲—聚丙烯酸酯

在单取代和 1,1-不对称双取代的烯类聚合物中,存在旋光异构体。通常单取代聚烯烃的不同旋光异构体,不表现出 $T_g$ 的差别,而 1,1-不对称双取代烯类聚合物中,全同和间同异构体的 $T_g$ 差别却十分明显。通常,间同聚合物有高得多的 $T_g$。例如,间同聚甲基丙烯酸甲酯 $T_g$ 是 $115\,℃$,而全同聚甲基丙烯酸甲酯的 $T_g$ 才 $45\,℃$。

(3) 分子间力的影响

旁侧基团的极性,对分子链的内旋转和分子间的相互作用都会产生很大的影响。侧基的极性越强, $T_g$ 越高。例如,聚乙烯的 $T_g = -68\,℃$,引入弱极性基团—$CH_3$ 后,聚丙烯的 $T_g = -20\,℃$;引入—Cl, —OH 后,聚氯乙烯和聚乙烯醇的 $T_g$ 升高到 $80\,℃$以上;引入强极性基团—CN 后,聚丙烯腈的 $T_g$ 超过 $100\,℃$。

分子间氢键可使 $T_g$ 显著升高。例如,聚辛二酸丁二酯和尼龙 66 的 $T_g$ 相差 $107\,℃$,主要由于后者有氢键。含离子聚合物中的离子键对 $T_g$ 的影响很大。例如,聚丙烯酸中加入金属离子可大幅度提高 $T_g$,当加入 $Na^+$, $T_g$ 从 $106\,℃$提高到 $280\,℃$;加入 $Cu^{2+}$, $T_g$ 提高到 $500\,℃$。

单从考虑化学结构对聚合物的玻璃化温度影响的角度出发,有人提出了一种根据经验常数来估算 $T_g$ 的方法。这种方法认为:每一个基团的柔顺性和内聚能密度或极性,几乎与分子中其他基团无关,因此可以假定每一个基团有一个表观的 $T_{gi}$,而一个聚合物的 $T_g$ 则可由其所有基团贡献的加和得到,即

$$T_g = \sum_i n_i T_{gi} \tag{5-27}$$

式中 $n_i$ 是聚合物中第 $i$ 个基团的摩尔分数。类似的估算公式还有

$$T_g = \sum_i Y_i / \sum_i Z_i \tag{5-28}$$

式中 $Y_i$ 是聚合物结构单元中所含各个基团对 $T_g$ 的贡献(经验值);$Z_i$ 是各个基团在主链上所占的原子数目。用这类方法,可以根据化学结构式初步估计聚合物的 $T_g$,在某些特殊的情况下,有一定参考价值。

考虑到化学结构是影响聚合物的玻璃化温度和熔点的主要因素,同一聚合物的这两个特征温度之间,似应存在一定的关系。目前从理论上还没有找到 $T_g$ 与 $T_m$ 的定量关系,但大量实验数据表明对于链结构对称的聚合物

$$T_g/T_m \approx 1/2 \tag{5-29}$$

对于不对称的聚合物,则

$$T_g/T_m \approx 2/3 \tag{5-30}$$

式(5-29)和式(5-30)中 $T_m$ 和 $T_g$ 都用绝对温标计算。这是一条有用的经验规则。例如,尼龙6的 $T_m = 225\,℃$,按规则预计 $T_g = 59\,℃$,而实验值为 50 ℃;聚对苯二甲酸乙二酯 $T_m = 267\,℃$,按规则预计 $T_g = 87\,℃$,实验值为 69 ℃;聚乙烯 $T_m = 137\,℃$,按规则预计 $T_g = -68\,℃$,实验值为 $-68\,℃$;聚偏二氯乙烯 $T_m = 198\,℃$,按规则预计 $T_g = -37.5$,实测值为 $-17\,℃$。

本章附录中列出了一些聚合物(均聚物)的玻璃化温度数据,以供参考。

**2. 其他结构因素的影响**

**(1) 共聚与共混**

无规共聚物的 $T_g$ 介于两种共聚组分单体的均聚物的 $T_g$ 之间,随着共聚物组成的变化,其 $T_g$ 值在两均聚物 $T_g$ 之间作线性的或非线性的变化。图 5-19 是苯乙烯与另外四个单

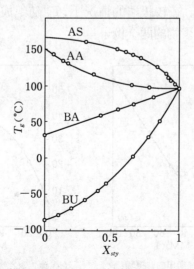

图 5-19　苯乙烯和丙烯酸(AS)、丙烯酰胺(AA)、丙烯酸叔丁酯(BA)、丁二烯(BU)自由基聚合得到的共聚物的玻璃化转变温度 $T_g$ 与苯乙烯单体的摩尔分数 $X_{sty}$ 的依赖关系

体分别组成的四种无规共聚物的 $T_g$ 随组成的变化,包含了线性和非线性变化的各种类型。显然,无规共聚是连续改变 $T_g$ 的好方法。对 $T_g$ 较高的组分而言,另一 $T_g$ 较低组分的引入,其作用与增塑相似,因此,相对于外加增塑剂的情况,有人把共聚作用称作"内增塑作用"。

基于无规共聚物的 $T_g$ 应由两个组分结构共同贡献的结果的设想,共聚物的 $T_g$ 与组分均聚物的 $T_{gA}$ 和 $T_{gB}$ 之间,应存在某种定量的关系。例如 Gordon 与 Taylor 提出的 Gordon-Taylor 方程式,被广泛应用于非晶无规共聚物中

$$T_g = \frac{T_{gA} + (KT_{gB} - T_{gA})W_B}{1 + (K-1)W_B} \tag{5-31}$$

式中 A 和 B 表示两种均聚物;$W_A$ 和 $W_B$ 分别为组分 A 和组分 B 的质量分数;$T_{gA}$ 和 $T_{gB}$ 分别为它们的玻璃化温度;$K$ 是一常数($K \approx 0.28$)。

由于玻璃化温度和链的柔顺性有关,也和键的构象能有关,所以 $T_g$ 依赖于链中所有各种类型的键的比例以及键的构象能,经验上可以用下列表示

$$\frac{1}{T_g} = \frac{W_A P_{AA}}{T_{gAA}} + \frac{W_A P_{AB} + W_B P_{AB}}{T_{gAB}} + \frac{W_B P_{BB}}{T_{gBB}} \tag{5-32}$$

式中 $W_A$ 和 $W_B$ 是单体单元 A 和 B 的质量分数;$P_{AA}$、$P_{AB}$ 和 $P_{BB}$ 分别是 AA、AB、BA 和 BB 的成键几率;$T_g$、$T_{gAA}$、$T_{gAB} = T_{gBA}$ 和 $T_{gBB}$ 分别是共聚物、A 均聚物、AB 交替共聚物和 B 均聚物的 $T_g$。当 AB 键的分数小到可忽略时,则式(5-32)可简化为

$$1/T_g = W_A/T_{gA} + W_B/T_{gB} \tag{5-33}$$

此式通常称为 Fox 方程,其形式简单,也有广泛的应用。

如果两种单体性质相差较大,使其共聚物分子堆砌紧密程度较差,分子链的活动性增加,因此 $T_g$ 偏低;反之,如果两种单体间存在极性基团或氢键相互作用,致使其共聚物分子链的活动性降低,则 $T_g$ 偏高。在较极端的情况下,$T_g$ 随组成变化的曲线上将出现极小或极大值。图 5-20 给出这类共聚物的两个例子。

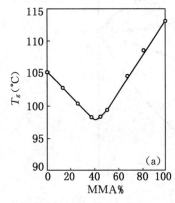
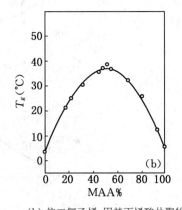

(a) 苯乙烯-甲基丙烯酸甲酯共聚物;　　(b) 偏二氯乙烯-甲基丙烯酸共聚物

图 5-20　共聚物 $T_g$ 随组成的变化

对于交替共聚物,它可以看作是由两种单体组成一个重复单元的均聚物,因此仍然只有一个 $T_g$。

嵌段或接枝共聚物与共混的情况相似,决定性的因素是两种组分均聚物是否相容。如果能够相容,则可形成均相材料,只有一个 $T_g$,其值介于两种组分均聚物的 $T_g$ 之间;而若不能相容,则发生相分离,形成两相体系,每一个相各有一个 $T_g$,其值接近于组分均聚物的 $T_g$;如果两种组分均聚物部分相容,则发生 $T_g$ 内移,即两个相的 $T_g$ 都向彼此靠拢的方向移动,移动多少与两个组分相容程度有关。因此,在这一类材料的研究工作中,常常以 $T_g$ 移动的情况,作为判断两个组分相容程度的一个指标。嵌段共聚物的嵌段数目和嵌段长度,接枝共聚物的接枝密度和支链长度,以及组分的比例,都对组分的相容性有影响,因而也对 $T_g$ 有影响。

(2) 交联

随着交联点密度的增加,聚合物的自由体积减少,分子链的活动受到约束的程度也增加,相邻交联点(化学交联点和物理交联点全考虑在内)之间的平均链长变小,所以交联作用使 $T_g$ 升高。

表 5-5 是以二乙烯基苯作为交联剂的交联聚苯乙烯的 $T_g$ 值。二乙烯基苯含量愈高表示交联度愈大,交联度愈大,$T_g$ 增加愈多,它们之间的定量关系可用下式表示

$$T_{gx} = T_g + K_x \rho_x \tag{5-34}$$

式中 $T_{gx}$ 是交联聚合物的玻璃化温度;$T_g$ 是未交联的聚合物的玻璃化温度;$K_x$ 是一常数;$\rho_x$ 是交联密度。

表 5-5 交联作用对聚苯乙烯 $T_g$ 的影响

| 二乙烯苯(%) | $T_g$(℃) | 交联点之间的平均链节数 |
|---|---|---|
| 0 | 87 | — |
| 0.6 | 89.5 | 172 |
| 0.8 | 92 | 102 |
| 1.0 | 94.5 | 92 |
| 1.5 | 97 | 58 |

Nielsen 认为,在使用交联剂进行交联时,必须同时考虑交联与共聚两种效应。后一种效应是由于在交联时,引入了化学上与原聚合物不同的组分,而且随交联度的增加,交联聚合物的组成逐渐变化。共聚效应可能提高或降低交联聚合物的玻璃化温度。根据一些实验数据,他提出了如下经验关系式

$$T_{gx} - T_{g0} \approx 3.9 \times 10^4 / M_c \tag{5-35}$$

式中 $M_c$ 是交联点之间有效链的数均分子量;$T_{g0}$ 是具有与交联聚合物相同化学组成的未交联聚合物的玻璃化温度。

(3) 分子量

分子量的增加使 $T_g$ 增加,特别是当分子量较低时,这种影响更为明显。当分子量超过一定程度以后,$T_g$ 随分子量的增加就不明显了(见图 5-21)。这是因为在分子链的两头各有一个链端链段,这种链端链段的活动能力要比一般的链段来得大。分子量越低时,链端链段的比例越高,所以 $T_g$ 也越低。随着分子量的增大,链端链段的比例不断地减少,所以 $T_g$ 不

断增高。如以 $T_g$ 对分子量的倒数作图可得一直线(见图 5-22),即所谓 Flory-Fox 方程

$$T_g = T_g(\infty) - K/M_n \tag{5-36}$$

式中 $T_g(\infty)$ 是分子量为无限大时聚合物的玻璃化温度;$K$ 是每一个聚合物的特征常数,可从直线斜率得到;$M_n$ 是数均分子量。通常当分子量大于缠结的临界分子量后,链端链段的比例可以忽略不计,$T_g$ 趋于恒定。

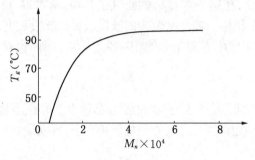

图 5-21　PMMA 的分子量与 $T_g$ 的关系　　图 5-22　聚合物的 $T_g$ 对分子量倒数作图

从自由体积概念出发,可以导出上述关系式。因为链端具有较大的活动性,可以认为它比处在分子链中央的同样原子数目的基团贡献更多的自由体积。如果每个链端对聚合物贡献的超额自由体积为 $\theta$,每根分子链贡献为 $2\theta$,每克重的分子链的贡献即为 $2\theta\widetilde{N}/M_n$,其中 $\widetilde{N}$ 是 A 常数,根据自由体积理论,玻璃化转变时,聚合物具有相同的自由体积分数,则有

$$\frac{2\widetilde{N}\theta}{M_n} = \alpha'_f[T_g(\infty) - T_g] \tag{5-37}$$

式中 $\alpha'_f$ 是单位质量聚合物的自由体积膨胀率(单位为 $cm^3 \cdot g^{-1} \cdot ℃^{-1}$),写成与式(5-36)相似的形式

$$T_g = T_g(\infty) - 2\widetilde{N}\theta/\alpha'_f M_n \tag{5-38}$$

与式(5-36)比较,可得常数

$$K = 2\widetilde{N}\theta/\alpha'_f \tag{5-39}$$

可见,由 $T_g$ 对 $1/M_n$ 图的斜率,可以计算出一个链端的超额自由体积贡献 $\theta$,即由宏观的实验测量,可以计算得到这个微观的分子参数的值。大量测量表明,$\theta$ 的大小与一个重复单元的体积同一数量级,通常约在 $20 \sim 50\ Å^3$ 之间。

(4) 增塑剂或稀释剂

增塑剂对 $T_g$ 的影响是相当显著的。玻璃化温度较高的聚合物,在加入增塑剂以后,可以使 $T_g$ 明显地下降。增塑作用在降低玻璃化温度的效应比共聚效应更为有效。降低玻璃化温度的效应比共聚效应更为有效。目前在塑料生产中大量添加增塑剂的主要是聚氯乙烯制品。

3. 外界条件的影响

(1) 升温速度

由于玻璃化转变不是热力学的平衡过程,测量 $T_g$ 时,随着升温速度的减慢,所得数值偏低。在降温测量中,降温速度减慢,测得的 $T_g$ 也向低温方向移动(见图 5-16)。按照自由

体积概念,在 $T_g$ 以上,随着温度的降低,分子通过链段运动进行位置调整,腾出多余的自由体积,并使它们逐渐扩散出去,因此聚合物在冷却的体积收缩过程中,自由体积也逐渐减少,但是由于温度降低,黏度增大,这种位置调整不能及时进行,致使聚合物的体积总比该温度下最后应具有的平衡体积为大,在比容温度曲线上则偏离平衡线,发生拐折。冷却速度愈快,则拐折得愈早,因此所得 $T_g$ 愈高。一般地说,升温速率降低至原来的 $1/10$,$T_g$ 降低 $3\,℃$。通常采用的升温速度是 $1\,℃\cdot min^{-1}$。

(2) 外力

单向的外力促使链段运动,因而使 $T_g$ 降低,外力越大,$T_g$ 降低越多。例如,有报道聚氯乙烯在 $200\,kg\cdot cm^{-2}$ 的张力作用下,$T_g$ 降到 $50\,℃$。Boyer 导出了 $T_g$ 与张力 $f$ 的关系

$$T_g = A - Bf$$

式中 $A$、$B$ 均为常数。硫化橡胶的实验结果(见图5-23)证实了 $T_g$ 与 $f$ 之间的线性关系。

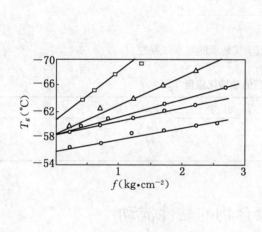 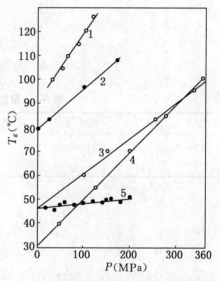

图5-23 硫化橡胶的 $T_g$ 与外力的关系

图5-24 玻璃化温度与压力的关系
1—聚苯乙烯;2—酚酞;3—酚醛树脂;4—松香; 5—水杨苷

(3) 围压力

随着聚合物周围流体静压力的增加,许多聚合物的 $T_g$ 线性地升高。例如,含硫量为 $19.5\%$ 的硫化橡胶在常压下 $T_g = 36\,℃$,当压力增加到 $80\,MPa(800\,atm)$ 时,$T_g = 45\,℃$。这一实验事实与自由体积理论得到的式(5-26)的预言是一致的。图5-24是几种物质的玻璃化温度对压力的关系图。可以看到几个物质的数据在很宽的压力范围内仍保持良好的线性关系。

显然,在常压附近的小压力变化对 $T_g$ 的影响是可以忽略的,但是,当研究在高压下应用的聚合物时,则玻璃化转变的压力效应是一个不容忽视的实际问题。例如,对用于海底或其他高压环境的材料,需承受的静压力可达 $10\sim10^2\,MPa$(即 $10^2\sim10^3\,atm$),在这些场合下,$T_g$ 可有较显著地升高。

(4) 测量的频率

由于玻璃化转变是一个松弛过程,外力作用的速度不同将引起转变点的移动。用动态方法测量的玻璃化温度 $T_g$ 通常要比静态的膨胀计法测得的 $T_g$ 高,而且 $T_g$ 随测量频率 $\nu$ 增加而升高(见图 5-25)

$$\lg \nu = a - b/T_g \tag{5-40}$$

式中 $a$、$b$ 都是常数。各种测量玻璃化温度的方法使用的频率(或者相当于某种频率)范围不同,因而对同一聚合物测得的结果不同。表 5-6 给出了几种方法测量聚氯醚的结果。

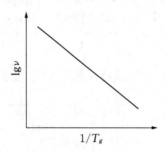

图 5-25　聚合物的玻璃化转变的频率依赖性

**表 5-6　聚氯醚的玻璃化温度 $T_g$**

| 测 量 方 法 | 介 电 | 动 态 力 学 | 慢 拉 伸 | 膨 胀 计 法 |
|---|---|---|---|---|
| 频率(Hz) | 1 000 | 89 | 3 | $10^{-2}$ |
| $T_g$(℃) | 32 | 25 | 15 | 7 |

## 5.4　非晶态聚合物的黏性流动

非晶态聚合物的黏性流动与小分子液体的流动相比有下列几方面的特点。

(1) 高分子流动是通过链段的协同位移运动来完成的。

一般液体的流动,可以用简单的空穴模型来说明:低分子液体中存在着许多与分子尺寸相当的孔穴。当没有外力存在时,靠分子的热运动,孔穴周围的分子向孔穴跃迁的几率是相等的,这时孔穴与分子不断交换位置的结果只是分子扩散运动;外力存在使分子沿作用力方向跃迁的几率比其他方向大。分子向前跃迁后,分子原来占有的位置成了新的孔穴,又让后面的分子向前跃迁。分子在外力方向上的从优跃迁,使分子通过分子间的孔穴相继向某一方向移动,形成液体宏观的流动现象。当温度升高,分子热运动能量增加,液体中的孔穴也随着增加和膨胀,使流动的阻力减少。

高分子的流动不是简单的整个分子的迁移,而是通过链段的相继跃迁来实现的。形象地说,这种流动类似于蚯蚓的蠕动。这种流动模型并不需在聚合物熔体中产生整个分子链那样大小的孔穴,而只要如链段大小的孔穴就可以了。这里的链段也称流动单元,其尺寸大小约含几十个主链原子。

(2) 高分子流动时黏度随剪切速度的增加而减小。

低分子液体流动时,流速越大,受到的阻力也越大,剪切应力 $\sigma_s$ 与剪切速率 $\mathrm{d}\gamma/\mathrm{d}t = \dot{\gamma}$ 成正比

$$\sigma_s = \eta \frac{\mathrm{d}\gamma}{\mathrm{d}t} = \eta\dot{\gamma} \tag{5-41}$$

式(5-41)称为牛顿(Newton)流体公式,比例常数 $\eta$ 称为黏度,是液体流动速度梯度(剪切速率)为1 $\mathrm{s}^{-1}$ 时,单位面积上所受到的阻力(剪切力),国际单位制是 $\mathrm{N \cdot s \cdot m^{-2}}$,即 $\mathrm{Pa \cdot s}$,cgs 制单位是 $\mathrm{dyn \cdot s \cdot cm^{-2}}$,或 $\mathrm{g \cdot cm^{-1} \cdot s^{-1}}$,又称为 P (Poise的简写,1 P = 0.1 Pa·s)。黏度不随剪切应力和剪切速率的大小而改变,始终保持常数的流体,通称为牛顿流体,低分子液体和高分子的稀溶液属于这一类。

大多数聚合物熔体和浓溶液,其黏度随剪切速率的增加而减小(见图 5-26),即所谓剪切变稀,属于非牛顿流体。这是因为高分子在流动时各液层间总存在一定的速度梯度,细而长的大分子若同时穿过几个流速不等的液层时,同一个大分子的各个部分就要以不同速度前进,这种情况显然是不能持久的。因此,在流动时,每个长链分子总是力图使自己全部进入同一流速的流层。不同流速液层的平行分布就导致了大分子在流动方向上的取向。这种现象犹如河流中随同流水一起流动的绳子(细而长)一样,它们总是自然地顺着水流方向纵向排列的,聚合物在流动过程中随剪切速率或剪切应力的增加,由于分子的取向使黏度降低。

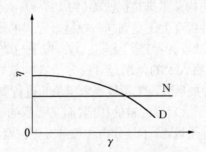

图 5-26　各种流体的表现黏度与剪切速率的关系
N—牛顿流体;D—非牛顿流体

(3) 高分子流动时伴有高弹形变。

对低分子液体流动来说,它所产生的形变是完全不可逆的,而聚合物在流动过程中所发生的形变中一部分是可逆的。因为聚合物的流动并不是高分子链之间简单的相对滑移的结果,而是各个链段分段运动的总结果,在外力作用下,高分子链不可避免地要顺外力的方向有所伸展,使分子链的构象发生较大的改变,偏离原来的平衡构象,与高弹态下外力作用发生的情况相似,这就是说,在聚合物进行黏性流动的同时,必然会伴随一定量的高弹形变,这部分高弹形变显然是可逆的,外力消失以后,被改变了的构象要回复到平衡构象,高分子链又要蜷曲起来,因而整个形变要恢复一部分。这种流动过程可以示意表示如下:

高弹形变的恢复过程是一个松弛过程。所谓松弛过程是指一个从非平衡态到平衡态进

行的过程,它首先是很快地进行,然后逐步放慢甚至于时间达到无穷长。这个过程进行的快慢可以用一个随时间变化的物理量 $A(t)$ 来表示,一般情况下

$$A(t) = A_0 e^{-\nu\tau} \tag{5-42}$$

式中 $A_0$ 是过程进行到最终时的物理量。当 $t = \tau$ 时,$A(t) = A_0/e$,也就是说,$\tau$ 是 $A(t)$ 变到 $A_0/e$ 时所需要的时间,称为松弛时间。

松弛时间 $\tau$ 是用来描述松弛过程快慢的。当 $\tau \to 0$ 时,在很短的时间里,$A(t)$ 已达到 $A_0/e$,这意味着松弛过程进行得很快。低分子液体的松弛时间很短,只有 $10^{-9} \sim 10^{-10}$ s,因而它的松弛过程几乎是在瞬时内完成的。在我们日常的时间标尺上,觉察不出低分子的松弛过程,总把它看作是瞬变过程。如果松弛时间长,即过程要经过很长的时间才能达到 $A_0/e$,就是说过程进行得很慢。因此,对指定的体系(运动单元),在给定的外力、温度和观察的时间标尺下,从一个平衡态过渡到另一个平衡态的快慢,取决于它的松弛时间 $\tau$ 的大小。

总体上,高弹形变恢复的快慢一方面与高分子链本身的柔顺性有关,柔顺性好,恢复得快,柔顺性差,恢复就慢;另一方面与聚合物所处的温度有关,温度高,恢复得快,温度低,恢复就慢。较深入地考察发现,这个过程的本质——构象松弛包含从重复单元到整个分子链很宽的构象松弛分布,从构象松弛启动到完全回归平衡态,要经过很宽的时间范围。以柔性链为例,在单体单元尺度上的构象重排是很快的(约 $10^{-9}$ s);大分子的局部重排要受到主链键内旋转位能的影响,在某种程度上还受到同一根链上近邻单元协同运动需要的牵制,它所需要的时间随温度的升高而减少,但与分子链长无关,似乎与普通液体的局部重排时间,在相对于 $T_g$ 的同等温度下,没有太大的差别;然而,分子链构象的完全重排则需要长得多的时间(当 $T \gg T_g$ 时,约在秒数量级),它不仅要求链单元进行局部重排,还需扩散迁移。分子链的构象松弛强烈地依赖于大尺度的链的构造,而又强烈的影响聚合物溶体和浓溶液的流动性质。正是这个原因,分子量、分子量分布和长链支化在聚合物的流动行为中起非常重要的作用。

## 5.4.1　聚合物黏性流动时高分子链的运动[7]

前面已经提到过,高分子在浓溶液和熔体中运动与在稀溶液中的运动很不一样,这种相互缠结的高分子链(见图 5-27),当它们运动时,只能局部地滑移,显示出黏性和弹性相结合的行为。为了详细阐述这一行为,我们可用一个恒定的应力 $\sigma$ 加在非晶态固体聚合物上,在恒温下观察应变随时间的变化即蠕变 $\varepsilon(t)$,图 5-28 是观察到的蠕变曲线。

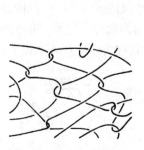
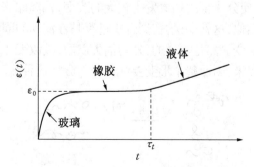

图 5-27　高分子链的缠结　　　　图 5-28　非晶态聚合物的蠕变曲线

从图中可以看出非晶态聚合物在一定的应力下观察时间很短时,其中所有的高分子链不会有相对的滑移运动,由于链的缠结至多也不过是某些链段的松动和位置的调整,所以有少量的形变,聚合物表现出来的力学性能就像玻璃一样,其中高分子的构象似乎被永久地冻住了;在观察时间增长时,高分子的构象开始可以变化了,但仍不足以使链间缠结解开,整个链还是不能滑动的,于是这种多链体系的行为与橡胶网络相似,表现出高弹态的特征,观察时间到达 $\tau_t$ 之前,形变不再随时间增加,趋于一个稳定的值 $\varepsilon_0$,即在图 5-28 中出现的平台

$$\varepsilon(t) \to \varepsilon_0 \quad (t < \tau_t)$$

当观察时间超过 $\tau_t$ 时高分子链之间的缠结开始解开,高分子之间可以彼此滑移,因此形变随时间呈线性上升,这就是一般的液体稳态行为,它的形变速率 $\dfrac{d\varepsilon}{dt}$ 比例于应力 $\sigma$,比例系数就是熔体的黏度 $\eta$

$$\eta \frac{d\varepsilon}{dt} = \sigma \quad (t > \tau_t) \tag{5-43}$$

$\tau_t$ 是力学测量时能测到的从橡胶状过渡到液体状所需的最长时间。过去已经把玻璃态向橡胶态转变的松弛时间用 $\tau_1$ 表示,de Gennes 把橡胶状过渡到液体状的时间称为最终松弛时间(terminal relaxation time),用 $\tau_t$ 表示。$\tau_t$ 也可以看作高分子链的缠结被解开所需的时间。$\tau_t$ 也可以看作是一个临界点,临界点前后的物理量可用标度形式表示,因此在 $\tau_t$ 前后的形变 $\varepsilon(t)$ 可写为

$$\varepsilon(t) = \varepsilon_0 \varphi(t/\tau_t)$$

式中 $\varphi(t/\tau_t)$ 是一个与时间有关的函数。对于聚合度相等的高分子链而言,它的标度形式为

$$\begin{cases} \varphi(t/\tau_t) = 1 & (t < \tau_t) \\ \varphi(t/\tau_t) = t/\tau_t & (t > \tau_t) \end{cases} \tag{5-44}$$

因为 $E$ 为弹性模量,$E = \sigma/\varepsilon$,将(5-44)式代入(5-43)式,可得

$$\eta \approx E\tau_t \tag{5-45}$$

这里的 $E$ 指的是平台区(瞬时网络)的弹性模量。下面将进一步讨论 $E$, $\eta$ 和 $\tau_t$ 与高分子链结构的关系。

(1) 平台区(瞬时网络)的弹性模量 $E$

$E$ 是取决于瞬时网络中单位体积内缠结点的数目,它与高分子链的长度无关

$$E = \frac{CT}{N_e} \tag{5-46}$$

式中 $C$ 是体系的浓度,$C$ 愈大,说明单位体积内缠结点的数目愈多,所以 $E$ 与 $C$ 成正比,对熔体而言 $C = 1$;式中 $N_e$ 是沿着高分子链相邻两个缠结点之间那个链段的平均聚合度,当然,缠结点愈多,$N_e$ 也愈小,因此弹性模量 $E$ 和 $N_e$ 成反比,$N_e$ 的数值一般为 $100 \sim 300$。如果高分子链很短 $N < N_e$,高分子链之间不会产生缠结,也不出现平台区,只有当 $N > N_e$ 时,才会形成缠结。$N_e$ 有时称为缠结临界聚合度。至于温度 $T$ 对 $N_e$ 有什么影响,至今还不太清楚。

(2) 熔体的黏度 $\eta$

有些高分子熔体,它们的聚合度 $N$ 很小 $(N < N_e)$,熔体的黏度 $\eta$ 只与聚合度成正比。

可是聚合度大了 $(N > N_e)$ 就有链的缠结,$\eta$ 强烈地依赖于聚合度,根据实验结果可知

$$\begin{cases} \eta = kN & (N < N_e) \\ \eta = k'N^{3.4} & (N > N_e) \end{cases} \tag{5-47}$$

对于含溶剂的浓溶液体系,有人提出

$$\eta = k\nu N\left[1 + \left(\frac{CN}{N_e}\right)^{2.4}\right]$$

(3) 最终松弛时间 $\tau_t$

从式(5-46)中知道弹性模量与高分子的聚合度 $N$ 无关,根据式(5-45)可得最终松弛时间 $\tau_t$ 为

$$\tau_t \propto N^{3.4} \tag{5-48}$$

以上的讨论说明 $\tau_t$ 与温度、溶剂、高分子的品种无关,它只与聚合度 $N$ 有强烈的依赖关系,这种特征是由线性高分子的本性所决定的。$N$ 值可以高达 $10^4 \sim 10^5$,因此时间 $\tau_t$ 可变得很长(分数量级)。当观察时间 $t < \tau_t$ 时,链之间的"缠结"不能解开,熔体的力学行为与永久的交联网络相似。当观察时间 $t > \tau_t$ 时,缠结可以因布朗运动而解开,链可产生相对滑移,于是观察到流动。因此松弛时间 $\tau_t$ 是高分子运动时重要的基本参数之一,它反映了高分子链构象的改变受到缠结作用而滞后。

### 5.4.2　黏流态中高分子链的蛇行和管道模型[7, 8]

在前一小节中我们已经说明了在熔体中由于缠结的存在,强烈地限制了高分子的运动。如何研究这种缠结作用呢? de Gennes 着重研究一条单链如何在熔体的瞬时网络中运动,他最早成功地提出了较简单的模型。他设想有一条特定的链在瞬时网络中的运动就像树丛中受到树干阻挠的蛇在树干之间爬行一样,如图 5-29 所示。这是一个两维空间的图,图中黑点表示障碍物(树干),曲线表示这条特定的高分子链(蛇)。它只能在障碍物之间移动(爬行),不能跨越这些障碍物。de Gennes 把这种模型称为"蛇行"模型(reptation model),他还用图 5-30 表示蛇爬行过程中的弓背运动。

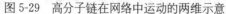
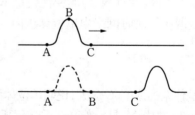

图 5-29　高分子链在网络中运动的两维示意　　图 5-30　高分子链蠕动时的弓背式运动

对于两维空间来说,蛇的爬行必须要在障碍物之间有一个小道才能使它通过。可以想象,在三维空间里,则要有一个管道才能使它通过。Edwards 提出了管道模型。因为高分子链在管道内通过时的蠕动是弓背式的,如图 5-30 所示,所以管道的直径要比高分子链的直径 $a$ 大,而管道的长度可以比高分子链的轮廓长度 $L$(contour length)短。de Gennes 借用

了 Edwards 的管道概念,提出链在管道中以蛇行方式前进或后退,会创造出一段新的管道,也会使一段旧的管道消失,如图 5-31 所示。高分子链在不断更新的管道内爬行,最终这个特定的链爬出了原来的管道,完成了在瞬时网络中解开缠结点的过程,这就意味着由于链的蛇行使原来管道完全更新所需的时间就是 de Gennes 提出的最终松弛时间 $\tau_t$,按照上述设想可以推导出 $\tau_t$ 与 $N$ 的关系。

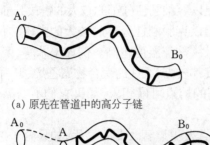

(a) 原先在管道中的高分子链

(b) 高分子链爬行时创造出一段新的管道 $B_0B$,同时消失一段旧的管道 $A_0A$

图 5-31　高分子链在管道中以蛇形方式爬行

假设高分子链在一个无限长的管道内被拖动时,会遇到阻力,在这里引入一个称为管道淌度 $\mu_{tube}$(tube mobility)的物理量,它的定义是:用一个恒定的力 $f$ 沿着管道的方向作用在链上,链沿着管道的方向产生了一个速度 $v$,如果不考虑链的回流效应(在熔体中是可能的),则

$$\mu_{tube} = v/f$$

作用在高分子链上的力 $f$ 就是摩擦力,因此管道淌度就是管道摩擦系数的倒数。这个摩擦力当然比例于高分子链的长度,即比例于 $N$,于是

$$\mu_{tube} = \mu_1/N$$

这里的 $\mu_1$ 是与 $N$ 无关的数值。高分子链在管道内的淌度和它在管道内的扩散系数可以用 Einstein 关系式把它们联系起来。因为扩散系数 $D$ 与摩擦系数 $\zeta$ 成反比 $D = kT/\zeta$,而淌度 $\mu$ 又是摩擦系数 $\zeta$ 的倒数,所以

$$D_{tube} = \mu_{tube}kT \approx \mu_1 kT/N = D_1/N$$

高分子链必须在管道内扩散 $L$ 的距离才能使管道完全更新,因此管道完全更新所需的时间 $\tau_t$ 按扩散系数与扩散距离之间的关系可知

$$\tau_t \approx L^2/D_{tube} \approx NL^2/D_1$$

因为 $L$ 与 $N$ 成比例,所以上式用标度的形式可写成

$$\tau_t \propto N^3 \tag{5-49}$$

这一推导的结果与实验结果($\tau \propto N^{3.3} \sim N^{3.4}$)相比较还是有差距的。"蛇行"的概念给了我们一个似乎有理的,可感觉到的高分子的黏弹性行为。但是这种模型只能简单地解释高分子单链的一些运动性质,并不能解决多链体系运动的一些问题。

### 5.4.3 影响黏流温度的因素

#### 1. 分子结构的影响

分子链柔顺性好,链内旋转的位垒低,作为流动单元的链段就短,按照高分子流动的分段移动机理,柔性分子链流动所需的孔穴就小,流动活化能也较低,因而在较低的温度下即可发生黏性流动;反之,分子链柔顺性较差的,需要较高的温度下才能流动,因为只有在较高的温度下,聚合物中的孔穴才增大到足以容纳刚性分子的较大的链段,同时也只有在较高的温度下,分子链的热运动能量才大到足以克服刚性分子的较大的内旋转位垒。所以分子链越柔顺,黏流温度越低;而分子链越刚性,黏流温度越高。例如聚苯醚、聚碳酸酯、聚砜等都是比较刚性的高分子,它们的黏流温度都较高;柔性的聚合物聚乙烯、聚丙烯等,尽管因为结晶,$T_f$ 被 $T_m$ 所掩盖,但是从它们不高的熔点可以想象,如果它们不结晶,将可在更低的温度下流动。

黏性流动是分子与分子间的相对位置发生显著改变的过程,如果分子之间的相互作用力很大,则必须在较高的温度下才能克服分子间的相互作用而产生相对位移,如果分子之间的相互作用力小,则在较低的温度下就能产生分子之间的相对位移,因此高分子的极性大,则黏流温度高,例如聚氯乙烯的黏流温度很高,甚至高于分解温度,只有一方面通过加入增塑剂降低它的黏流温度,另一方面通过加入稳定剂提高它的分解温度,才能进行加工成型。而聚苯乙烯,则由于分子间的作用力较小,黏流温度较低,易于加工成型。

#### 2. 分子量的影响

按照高分子链两种运动单元的概念,玻璃化温度是高分子链段开始运动的温度,因此 $T_g$ 只与分子结构有关,而与分子量(分子量足够大后)关系不大。而黏流温度 $T_f$ 是整个高分子链开始运动的温度,此时两种运动单元都运动了。这种运动不仅与聚合物的结构有关,而且与分子量的大小有关。分子量愈大则黏流温度愈高,因为分子运动时分子量愈大内摩擦阻力愈大,而且分子链愈长,分子链本身的热运动阻碍着整个分子向某一方向运动。所以分子量愈大,位移运动愈不易进行,黏流温度就要提高。从加工成型角度来看,成型温度愈高愈不利。因此在不影响制品基本性能要求的前提下,适当降低分子量是很必要的。但应着重指出,由于聚合物分子量分布的多分散性,所以实际上非晶聚合物没有明晰的黏流温度,而往往是一个较宽的软化区域,在此温度区域内,均易于流动,可进行成型加工。图 5-32 和图 5-33 分别是聚异丁烯和聚醋酸乙烯酯的黏流温度与分子量的关系。

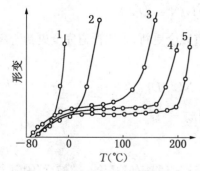

图 5-32　不同聚合度聚异丁烯的温度形变曲线

1—聚合度为 102；2—聚合度为 200；3—聚合度为 10 400；
4—聚合度为 28 600；5—聚合度为 62 500

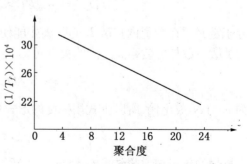

图 5-33　聚醋酸乙烯酯的黏流温度
与分子量的关系

### 3. 外力大小和外力作用的时间

外力增大实质上是更多地抵消着分子链沿与外力相反方向的热运动,提高链段沿外力方向向前跃迁的几率,使分子链的重心有效地发生位移,因此有外力时,在较低的温度下,聚合物即可发生流动。了解外力对黏流温度的影响,对于选择成型压力是很有意义的。聚砜、聚碳酸酯等比较刚性的分子,它们的黏流温度较高,一般也都采用较大的注射压力来降低黏流温度,以便于成型。但不能过分增大压力,如果超过临界压力将导致材料的表面不光洁或表面破裂。

延长外力作用的时间也有助于高分子链产生黏性流动,因此增加外力作用的时间就相当于降低黏流温度。

聚合物的黏流温度是成型加工的下限温度,实际上为了提高聚合物的流动性和减少弹性形变,通常成型加工温度选得比黏流温度高。但温度过高,流动性太大,会造成工艺上的麻烦及制品收缩率的加大。尤其严重的是温度过高,可能引起树脂的分解,它将直接影响成型工艺和制品的质量,所以聚合物的分解温度是成型加工的上限温度。成型加工温度必须选在黏流温度与分解温度之间,适宜的成型温度要根据经验反复实践来确定。

## 5.4.4　聚合物熔体的黏度和各种影响因素

聚合物的熔体黏度有剪切黏度和拉伸黏度等。

### 1. 剪切黏度

聚合物熔体和浓溶液都属非牛顿流体,其剪切应力与剪切速率不成正比,即其黏度有剪切速率依赖性。一般用指数关系来描述其剪切应力和剪切速率的关系,即所谓幂律公式

$$\sigma_s = K\dot{\gamma}^n \tag{5-50}$$

式中 $K$ 是常数;$n$ 是表征偏离牛顿流动的程度的指数,称为非牛顿性指数,$n$ 可以大于1,也可以小于1。牛顿流体可看成是 $n = 1$ 的特殊情况,此时 $K = \eta_0$。

在低剪切速率时,非牛顿流体可以表现出牛顿性,即剪切速率趋于零时可得到牛顿黏度,亦称零切速率黏度(简称零切黏度),用 $\eta_0$ 表示,即

$$\eta_0 = (\eta)_{\gamma \to 0}$$

如果剪切速率不是常数,而以正弦函数的方式变化,则得到的是复数黏度 $\eta^*$

$$\eta^* = \eta' - i\eta''$$

式中实数部分 $\eta'$ 是动态黏度,和稳态黏度有关,代表能量耗散速率部分;而虚数黏度 $\eta''$ 是弹性或储能的量度。它们与剪切模量 $G'$ 和 $G''$ 之间有如下关系

$$\eta'' = \frac{G'}{\omega} \qquad \eta' = \frac{G''}{\omega}$$

式中 $\omega$ 是振动角频率。绝对复数黏度为

$$|\eta^*| = (\eta'^2 + \eta''^2)^{1/2} = \frac{[(G')^2 + (G'')^2]^{1/2}}{\omega}$$

### 2. 拉伸黏度

前面讨论的剪切黏度是对应于剪切流动的,这种流动产生的速度梯度场是横向速度梯

度场,即速度梯度的方向与流动方向相垂直。在另一些情况下,液体流动可产生纵向的速度梯度场,其速度梯度的方向与流动方向一致,这种流动称为拉伸流动,可相应地定义拉伸黏度 $\eta_t$ 为

$$\eta_t = \sigma/\dot{\varepsilon}$$

式中 $\sigma$ 为拉伸应力; $\dot{\varepsilon} = d\varepsilon/dt$, 为拉伸应变速率, 其中 $\varepsilon$ 为拉伸应变

$$\varepsilon = (l - l_0)/l_0$$

式中 $l_0$ 和 $l$ 分别为拉伸试样的起始和 $t$ 时间的长度,因此

$$\dot{\varepsilon} = \frac{1}{l_0}\frac{dl}{dt}$$

对于牛顿流体,

$$\eta_t = 3\eta_0 \qquad \text{(单轴拉伸)}$$

$$\eta_t = 6\eta_0 \qquad \text{(双轴拉伸)}$$

对于非牛顿流体,只有在拉伸应变速率 $\dot{\varepsilon}$ 很小时, $\eta_t$ 才是常数,上式成立。此外,一般拉伸黏度均有应变速率依赖性,这与剪切黏度相似,但它们的依赖关系不同。

### 3. 表观黏度

对 $\sigma_s$ 和 $\gamma$ 之比已不再是常数的非牛顿流体,仍与牛顿黏度相类比,取此比值定义为表观黏度,即

$$\eta_a = \eta(\dot{\gamma}) = \sigma_s(\dot{\gamma})/\dot{\gamma} \tag{5-51}$$

由于聚合物的流动过程中同时含有不可逆的黏性流动和可逆的高弹形变两部分,使总形变增大,而牛顿黏度应该是对不可逆部分而言的,所以聚合物的表观黏度值比牛顿黏度来得小。也就是说,表观黏度并不完全反映高分子材料不可逆形变的难易程度,但是作为对流动性好坏的一个相对指标还是很实用的。表观黏度大则流动性小,而表观黏度小则流动性大。

将式(5-50)代入式(5-51),可得

$$\eta_a = K\dot{\gamma}^n/\dot{\gamma} = K\dot{\gamma}^{n-1} \tag{5-52}$$

即表观黏度 $\eta_a$ 是 $\dot{\gamma}$ 和 $n$ 的函数。

测定熔体黏度的仪器很多,有毛细管挤出黏度计、同轴圆筒黏度计、锥板黏度计、落球黏度计等,如图5-34至图5-37所示,各有优缺点,详见本书1990年修订版第269页至第273页[9]。

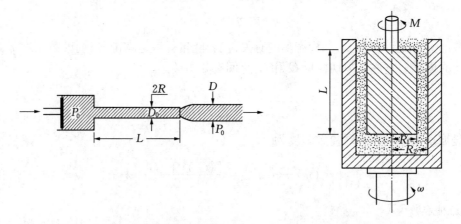

图 5-34　毛细管挤出黏度计原理　　　　图 5-35　同轴圆筒黏度计原理示意

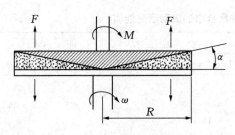
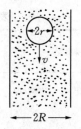

図 5-36　锥板黏度计原理图　　　　　图 5-37　落球黏度计原理图

#### 4. 影响聚合物熔体黏度的因素

**(1) 温度的影响**

在黏流温度以上,聚合物的黏度与温度的关系与低分子液体一样,即随着温度的升高,熔体的自由体积增加,链段的活动能力增加,分子间的相互作用力减弱,使聚合物的流动性增大,熔体黏度随温度升高以指数方式降低,因而在聚合物加工中,温度是进行黏度调节的首要手段。

如果以黏度 $\eta$ 表示流动阻力的大小,则液体的黏度与温度 $T$ 之间有如下关系

$$\eta = A e^{\Delta E_\eta / RT} \tag{5-53}$$

式中 $A$ 是一个常数;$\Delta E_\eta$ 称为流动活化能,是分子向孔穴跃迁时克服周围分子的作用所需要的能量,其值可以由测定不同温度下液体的黏度,然后作 $\ln \eta$ 对 $1/T$ 图,可从直线的斜率计算出 $\Delta E_\eta$。

图 5-38 是一些聚合物的黏度—温度关系曲线。可以看到,各种聚合物都得到直线。然而,各直线的斜率不相同,这意味着各种聚合物的黏度表现出不同的温度敏感性。一般分子链愈刚性,或分子间作用力愈大,则流动活化能愈高,这类聚合物的黏度对温度有较大的敏感性。而柔性高分子,它们的流动活化能较小,黏度随温度的变化不大。表 5-7 中列出了一些聚合物的流动活化能值。

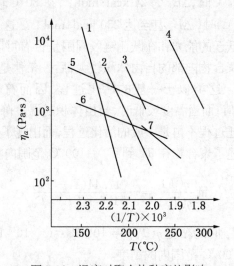

图 5-38　温度对聚合物黏度的影响

1—醋酸纤维($40\ \text{kg·cm}^{-2}$);2—聚苯乙烯;3—有机玻璃;
4—聚碳酸酯($40\ \text{kg·cm}^{-2}$);5—聚乙烯($40\ \text{kg·cm}^{-2}$);
6—聚甲醛;　　　　　　　7—尼龙($10\ \text{kg·cm}^{-2}$)

表 5-7　一些聚合物的流动活化能值

| 高 聚 物 | 流 动 活 化 能 $\Delta E_\eta$ | |
| --- | --- | --- |
| | (kcal·mol$^{-1}$) | (kJ·mol$^{-1}$) |
| 聚二甲基硅氧烷 | 4 | 16.7 |
| 高密度聚乙烯 | 6.3～7.0 | 26.3～29.2 |
| 低密度聚乙烯 | 11.7 | 48.8 |
| 聚丙烯 | 9.0～10.0 | 37.5～41.7 |
| 聚丁二烯(顺式) | 4.7～8 | 19.6～33.3 |
| 天然橡胶 | 8～9 | 33.3～39.7 |
| 聚异丁烯 | 12.0～15.0 | 50～62.5 |
| 聚苯乙烯 | 22.6～25 | 94.6～104.2 |
| 聚 α-甲基苯乙烯 | 32 | 133.3 |
| 聚氯乙烯 | 35～40 | 147～168 |
| 增塑聚氯乙烯 | 50～75 | 210～315 |
| 聚醋酸乙烯酯 | 60 | 250 |
| 聚 1-丁烯 | 11.9 | 49.6 |
| 聚乙烯醇缩丁醛 | 26 | 108.3 |
| 聚酰胺 | 15 | 63.9 |
| 聚对苯二甲酸乙二酯 | 19 | 79.2 |
| 聚碳酸酯 | 26～30 | 108.3～125 |
| 苯乙烯-丙烯腈共聚物 | 25～30 | 104.2～125 |
| ABS(20%橡胶) | 26 | 108.3 |
| ABS(30%橡胶) | 24 | 100 |
| ABS(40%橡胶) | 21 | 87.5 |
| 纤维素醋酸酯 | 70 | 293.3 |

当温度降低到黏流温度以下时,聚合物的表观黏度的对数与温度的倒数之间的线性关系不再保持有效,式(5-53)不再适用,或者说,流动活化能不再是一常数,而随温度的降低而急剧增大。例如聚苯乙烯在 217 ℃时,$\Delta E_\eta$ 为 24 kcal·mol$^{-1}$,在 80 ℃时为 80 kcal·mol$^{-1}$。聚甲基丙烯酸甲酯在 $T_g + 10$ ℃ 时,$\Delta E_\eta$ 甚至达 250 kcal·mol$^{-1}$。这是由于实现分子位移的链段协同跃迁,决定于链段跃迁的能力和在跃迁链段周围是否有可以接纳它跃入的空位两个因素。在较高的温度下,聚合物内部的自由体积较大,后一条件是充分的,因此链段跃迁的速率仅取决于前一因素。这类似于一般的活化过程,因而符合描述一般速率过程的 Arrhenius方程,$\Delta E_\eta$ 为恒值;而当温度较低时,自由体积随温度降低而减小,第二个条件变得不充分,这时链段的跃迁过程不再是一般的活化过程,而出现了自由体积依赖性。

WLF 方程很好地描述了聚合物在 $T_g$ 到 $T_g + 100$ ℃ 范围内黏度与温度的关系

$$\lg \frac{\eta(T)}{\eta(T_g)} = -\frac{17.44(T - T_g)}{51.6 + (T - T_g)} \tag{5-8}$$

对于大多数非晶聚合物,$T_g$ 时的黏度 $\eta(T_g) = 10^{12}$ Pa·s$(= 10^{13}$ P$)$,由式(5-8)可以估算聚合物在 $T_g < T < T_g + 100$ ℃ 范围内的黏度。

(2) 分子量和分子量分布的影响

聚合物的黏性流动是分子链重心沿流动方向发生位移和链间相互滑移的结果。虽然它们都是通过链段运动来实现的,但是分子量愈大,一个分子链包含的链段数目就愈多,为实现重心的位移,需要完成的链段协同位移的次数就愈多,因此聚合物熔体的剪切黏度随分子量的升高而增加。分子量大的流动性就差,见表5-8。

表 5-8  高压聚乙烯的熔体黏度与分子量的关系

| $M_w \times 10^{-4}$ | 表观黏度(P)(190 ℃时) | $M_w \times 10^{-4}$ | 表观黏度(P)(190 ℃时) |
|---|---|---|---|
| 1.9 | $4.5 \times 10^2$ | 3.2 | $4.2 \times 10^4$ |
| 2.1 | $1.1 \times 10^3$ | 4.8 | $3.0 \times 10^5$ |
| 2.4 | $3.6 \times 10^3$ | 5.3 | $1.5 \times 10^7$ |
| 2.8 | $1.2 \times 10^4$ | | |

研究发现,许多聚合物熔体的剪切黏度具有相同的分子量依赖性:各种聚合物有各自特征的某一临界分子量 $M_c$,分子量小于 $M_c$ 时,聚合物熔体的零切黏度与重均分子量成正比;而当分子量大于 $M_c$ 时,零切黏度随分子量的增加急剧地增大,一般与重均分子量的3.4次方成正比,即

$$\eta_0 = K_1 M_w \qquad (M_w < M_c) \qquad (5\text{-}54)$$

$$\eta_0 = K_2 M_w^{3.4} \qquad (M_w > M_c) \qquad (5\text{-}55)$$

式中 $K_1$、$K_2$ 和 3.4 是经验常数,对于不同聚合物式(5-54)和式(5-55)的指数值不同,变化范围分别在 1～1.6 和 2.5～5.0 之间。

图5-39是一个实例,顺式聚异戊二烯的 $\lg \eta_0$ 对 $\lg M_w$ 作图,得到两段直线的斜率分别为1.0和3.7。表5-9列出部分聚合物的临界分子量 $M_c$ 值。如果 $M_w = M_c$ 时,$\eta_0 = \eta_c$,$\eta_c$ 是临界分子量对应的聚合物熔体的零切黏度。

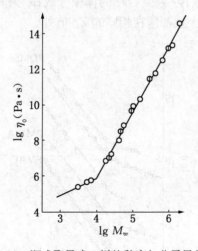

图 5-39  顺式聚异戊二烯的黏度与分子量关系

分子量大于 $M_c$ 后,聚合物熔体的零切黏度随分子量急剧增加的事实一般解释为链缠结作用引起流动单元变大的结果。分子量小于 $M_c$ 时,高分子之间虽然也可能有缠结,但是解缠结进行得极快,致使未能形成有效的拟网状结构。分子量大于 $M_c$ 后,链的长度增加,则缠结愈严重,使流动阻力增大,因而零切黏度急剧增加。链缠结网络形成之前,聚合物溶体的黏度只是高分子链相互间的摩擦作用的贡献,熔体零切黏度应比例于分子的运动单元

数和每个主链原子的平均摩擦系数,因而与分子量的一次方成正比;链缠结网络形成之后,则还需考虑缠结分子链之间的相互牵制,以及整个网络的限制,根据长链分子的链缠结模型,Bueche 推导出聚合物熔体零切黏度与分子量的理论关系

$$\eta_0 = KM^{3.5} \tag{5-56}$$

与上述经验关系非常一致。

**表 5-9　几种聚合物的临界分子量值**

| 聚　合　物 | $M_c$ | 聚　合　物 | $M_c$ |
|---|---|---|---|
| 聚乙烯 | 4 000 | 天然橡胶 | 5 000 |
| 聚丙烯 | 7 000 | 聚丁二烯 | 5 900 |
| 聚碳酸酯 | 4 800 | 聚氯乙烯 | 11 000 |
| 聚氧乙烯 | 4 400 | 聚异丁烯 | 17 000 |
| 聚氧丙烯 | 5 800 | 聚甲基丙烯酸甲酯 | 18 400 |
| 聚乙烯醇 | 7 500 | 聚醋酸乙烯酯 | 24 500 |
| 尼龙 6 | 5 000 | 聚二甲硅氧烷 | 24 500 |
| 尼龙 66 | 7 000 | 聚苯乙烯 | 31 200 |

各种聚合物的临界分子量 $M_c$ 值各不相同,它应与分子结构有关。通常随着链的刚性增加缠结的倾向减少。图 5-40 是各种聚合物的零切黏度与刚性参数 $Z_w$ 的关系,图中刚性参数 $Z_w$ 为

$$Z_w = \frac{\langle R_g^2 \rangle_0}{M_w} \frac{N_c \phi_2}{\nu_2} \tag{5-57}$$

式中 $N_c$ 是聚合物临界链节数;$\phi_2$ 为聚合物的体积分数;$\nu_2$ 为其比体积。从图中可以看出,所有聚合物的曲线的转折点大致都落在相同的 $Z_w$ 值处。

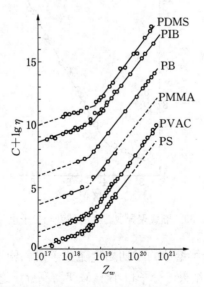

图 5-40　几种聚合物的熔融零切黏度与参量 $Z_w$ 的关系($C$ 是常数)

PDMS 为聚二甲硅氧烷;　　PIB 为聚异丁烯;

PB 为聚丁二烯;　　　　　 PMMA 为聚甲基丙烯酸甲酯;

PVAC 为聚醋酸乙烯酯;　　 PS 为聚苯乙烯

大量研究证明,分子量分布对熔体的黏度是有影响的,如图 5-41 所示。

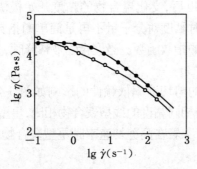

图 5-41　分子量分布对黏度与剪切速率的关系的影响

190 ℃,聚苯乙烯:●—窄分布样品;○—宽分布样品

（3）支化的影响

　　链支化对聚合物熔体黏度和流动行为影响的研究由于问题的复杂性和支化结构的确切表征上的困难,开展得比较晚,所得的结果也常有互相矛盾的情况。近年来由于链支化结构中星型、梳型等规则结构的合成和表征技术的进展,研究正在逐渐深入。

　　一般地说,当支链不太长时,链支化对熔体黏度的影响不大,因为支化分子比同分子量的线型分子在结构上更为紧凑,使短支链聚合物的零切黏度比同分子量的线型聚合物略低一些。如果均方旋转半径相同时,则两者的零切黏度近似相等。然而,如果支链长到足以相互缠结,则其影响是显著的。一般聚合物的非线型结构是在聚合反应期间由某种无规支化化学反应造成的,这种无规支化常常造成很宽的结构分布,而要把结构分布和非线型的链结构两种影响清楚地分开来是极其困难的,正是由于这个原因,无规支化的影响的研究更难得到一致的结果。深入的研究一般从规则支化结构入手。

　　图 5-42 是两个星型支化(三臂和四臂)的聚丁二烯熔体的零切黏度的分子量依赖性与线型聚合物的对照,可以看到支化和线型聚合物服从相同的规律,包括链缠结区的前半部,

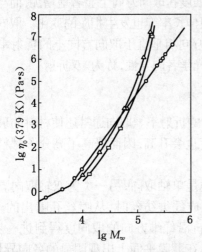

图 5-42　零切黏度对分子量的依赖关系

○—线型分子;△—三臂星型支化分子;
□—四臂星型支化分子;聚丁二烯,379 K

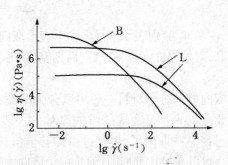

图 5-43　星型支化聚合物(B)的黏度对剪切
速率的依赖关系与线型聚合物(L)对比

即不管是线型的还是支化聚合物,其黏度均随链缠结的发生而急剧增大。但是当支链长到臂分子量大于 $M_c$ 的 2~4 倍以后,支化聚合物的黏度开始极快地上升,黏度很快增加到线型聚合物的 100 倍以上。这时黏度对分子量不再是简单的指数规律的依赖关系。实际上,这段黏度的升高表现为臂长的指数函数。当聚合物被稀释时,黏度的升高很快地减小,最后又回复到只与分子大小有关。

星型支化对聚合物黏度的剪切速率依赖性的影响如图 5-43 所示。长臂星型聚合物的黏度对剪切速率更加敏感,与相同黏度的线型聚合物相比,星型聚合物的黏度偏离牛顿性发生在更低的剪切速率区,这意味着在高剪切速率时星型聚合物的黏度较分子量相等的同种线型聚合物要低。

## 5.5　聚合物的取向态

### 5.5.1　非晶聚合物的取向和解取向

当线型高分子充分伸展的时候,其长度为其宽度的几百、几千甚至几万倍,这种悬殊的几何不对称性,使它们在外力场的作用下很容易沿外力场方向作占优势的平行排列,这就是取向。聚合物的取向现象包括分子链、链段以及结晶聚合物的晶片、晶带沿特定方向的择优排列。取向与结晶虽然都与高分子的有序性有关,但是它们的有序程度不同。取向是一维或二维在一定程度上的有序,而结晶则是三维有序的。

对于未取向的高分子材料来说,其中链段是随机取向的,朝一个方向的链段与朝任何方向的同样多,因此未取向的高分子材料是各向同性的。而取向的高分子材料中,链段在某些方向上是择优取向的。由于沿着分子链方向是共价键结合的,而垂直于分子链方向是链间范德华凝聚力,因此取向材料呈现各向异性。

取向的结果,高分子材料的力学性质、光学性质、导热性以及声传播速度等方面发生了显著的变化。力学性能中,抗张强度和挠曲疲劳强度在取向方向上显著地增加,而与取向方向相垂直的方向上则降低,其他如冲击强度、断裂伸长率等也发生相应的变化。取向高分子材料上发生了光的双折射现象,即在平行于取向方向与垂直于取向方向上的折射率出现了差别,一般用这两个折射率的差值来表征材料的光学各向异性,称为"双折射"

$$\Delta n = n_{/\!/} - n_\perp \tag{5-58}$$

式中 $n_{/\!/}$ 和 $n_\perp$ 分别表示平行于和垂直于取向方向的折射率。取向通常还使材料的玻璃化温度升高,对结晶性聚合物,取向后则密度和结晶度也会升高,因而提高了高分子材料的使用温度。

取向的高分子材料一般可以分为两类:一类是单轴取向;另一类为双轴取向。单轴取向最常见的例子是合成纤维的牵伸。一般在合成纤维纺丝时,从喷丝孔喷出的丝中,分子链已经有些取向了,再经过牵伸若干倍,分子链沿纤维方向的取向度得到进一步提高。薄膜也可以单轴拉伸取向,但是单轴取向的薄膜,在薄膜平面上出现明显的各向异性,在许多情况下是不理想的,因为在这种薄膜中,分子链只在薄膜平面的某一方向上取向平行排列(如图 5-44(a)),结果薄膜的强度在平行于取向方向虽然有所提高,但垂直于取向方向却下降了(见图 5-45)。实际使用中薄膜将在这个最弱的方向上发生破坏,因而实际强度甚至比未取向膜还差。最好是薄膜双轴取向,使分子链取平行于薄膜平面的任意方向(见图 5-44(b)),这样的薄膜,在平面上就是各向同性的了。

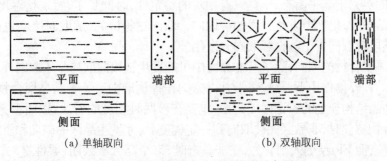

|  (a) 单轴取向 | (b) 双轴取向 |

图 5-44　取向薄膜中分子链排列示意图

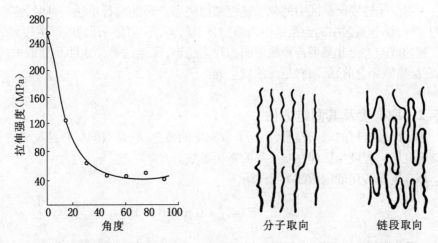

图 5-45　单轴取向涤纶薄膜在各不同方向上的拉伸强度　　图 5-46　高分子取向示意图

高分子有大小两种运动单元,整链和链段,因此非晶态聚合物可能有两类取向(见图 5-46)。链段取向可以通过单键的内旋转造成的链段运动来完成,这种取向过程在 $T_g$ 附近就可以进行;整个分子链的取向需要高分子各链段的协同运动才能实现,要在较高的温度下才能进行。这两种取向结果形成的聚合物的凝聚态结构显然是不同的。分别具有这两种结构的两种材料,性能自然也不相同。例如就力学性质和声波传播速度而言,整个分子取向的材料有明显的各向异性,而链段取向的材料则不明显。

取向过程中链段运动必须克服聚合物内部的黏滞阻力,因而完成取向过程需要一定的时间。两种运动单元所受到的阻力大小不同,因而两类取向过程的速度有快慢之分,所需时间可相差几个数量级。在外力作用下,将首先发生链段的取向,然后才是整个分子的取向。在高弹态下整个分子的运动速度很慢,所以一般不易发生整链取向,很容易发生链段取向。

取向过程是一种分子的有序化过程,而热运动却使分子趋向紊乱无序,即所谓解取向过程。在热力学上,后一个过程是自发过程,而取向过程必须依靠外力场的帮助才能实现。而且即使在这时,解取向过程也总是存在着的。因此,取向状态在热力学上是一种非平衡态。

在高弹态下,拉伸可以使链段取向,但是一旦外力除去,链段便自发解取向而恢复原状;在黏流态下,外力使分子链取向,外力消失后,分子也要自发解取向。为了维持取向状态,获得取向材料,必须在取向后使温度迅速降到玻璃化温度以下,将分子和链段的运动"冻结"起来。这种"冻结"的热力学非平衡态,毕竟只有相对的稳定性,时间长了,特别是温度升高或者聚合物被溶剂溶胀时,仍然要发生自发的解取向。取向过程快的,解取向速度也快,因此发生解取向时,链段解取向将比整链解取向先发生。

至于结晶聚合物的取向,除了其非晶区中可能发生链段取向与分子取向外,还可能发生晶粒的取向。在外力作用下,晶粒将沿外力方向作择优取向。关于结晶聚合物取向过程的细节,由于结晶结构模型的争论尚无定论,也存在着两种相反的看法:按照折叠链模型的观点,结晶聚合物拉伸时,非晶区先被取向到一定程度后,才发生晶区的破坏和重新排列,形成新的取向晶粒;而 Flory 等人则认为,在非晶态时,每个高分子线团(柔性链,分子量为 $10^5$)周围约有 200 个近邻分子与之缠结,聚合物结晶时,其缠结部分必然浓集在非晶区,就是说,非晶区中分子链要比晶区中的分子链缠结得更多。因此进行单轴拉伸时,应该首先发生晶区的破坏,而非晶区中的连接链因为缠结得很厉害,不可能一开始就产生较大的形变。结晶聚合物的取向态比非晶聚合物的取向态较为稳定,因为这种稳定性是靠取向的晶粒来维持的,在晶格破坏之前,解取向是无法发生的。

### 5.5.2　取向度及其测定方法

为了比较材料的取向程度,引入了取向度的概念,它是取向材料结构特点的重要指标,也是研究取向程度与物理性质关系的重要参数。

取向度一般用取向函数 $F$ 来表示

$$F = \frac{1}{2}(3\langle\cos^2\theta\rangle - 1) \tag{5-59}$$

式中 $\theta$ 是分子链主轴与取向方向间的夹角。对于理想单轴取向,在链取向方向上,平均取向角 $\langle\theta\rangle = 0$,$\langle\cos^2\theta\rangle = 1$,则 $F = 1$;在垂直于链取向的方向上,$\langle\theta\rangle = 90°$,$\langle\cos^2\theta\rangle = 0$,则 $F = -0.5$;完全无规取向时,$F = 0$,$\langle\cos^2\theta\rangle = 1/3$,$\langle\theta\rangle = 54°44'$。实际取向试样的平均取向角为

$$\langle\theta\rangle = \arccos\sqrt{\frac{1}{3}(2F+1)} \tag{5-60}$$

用来测定取向度的方法很多,有声波传播法、光学双折射法、广角 X 射线衍射法、红外二色性以及偏振荧光等方法,下面简单介绍前两种方法。

声波传播速度沿着分子主链方向要比垂直于链的方向快得多,因为在主链方向上,振动在原子间的传递是靠化学键来实现的,而在垂直于主链的方向上,原子间只有弱得多的分子间力。如果无规取向的聚合物中的声速用 $C_u$ 表示,待测试样中的声速为 $C$,则可以按下式计算取向度和 $\langle\cos^2\theta\rangle$

$$F = 1 - \left(\frac{C_u}{C}\right)^2 \tag{5-61}$$

$$\langle\cos^2\theta\rangle = 1 - \frac{2}{3}\left(\frac{C_u}{C}\right)^2 \tag{5-62}$$

显然,当待测试样是无规取向时, $C_u/C = 1$ ,则 $F = 0$ , $\langle\cos^2\theta\rangle = 1/3$ , $\langle\theta\rangle = 54°44'$ ;而完全取向的试样 $(C_u/C)^2 \to 0$ ,则 $F \to 1$ , $\langle\cos^2\theta\rangle \to 1$ , $\langle\theta\rangle \to 0$ 。这种方法得到的是晶区和非晶区的平均取向度。同时由于声波在聚合物中的波长较大,方法反映的只是分子取向的情况。

　　光学双折射法通常直接用两个互相垂直方向上折光率之差 $\Delta n$ 作为衡量取向度的指标。无规取向试样是光学各向同性的, $\Delta n = 0$ ,而完全取向试样,则 $\Delta n$ 可达到最大。应该注意的是:在一个待测试样上,不同方向上将会得到不同的值。例如单轴取向的薄膜,在平行于薄膜平面的两个方向间存在最大的 $\Delta n$ ,而在双轴取向的薄膜上,平行于膜面的两个方向间的 $\Delta n$ 很小或者等于零,只有在平行膜面和垂直膜面的两个方向间,才有最大的 $\Delta n$ 。利用这个特性,可以区别取向的种类。这个方法得到的 $\Delta n$ 与取向度 $F$ 之间存在线性关系,由实验可以找到这种关系(见图 5-47)。因此这种方法得到的 $\Delta n$ 在必要时可以换算成取向度 $F$ 。所测得的取向度与晶区和非晶区的总取向度有关。该方法反映的是链段的取向。

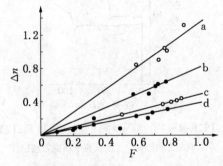

图 5-47　几种聚合物的光学双折射 $\Delta n$ 和声速法测得的 $F$ 的关系

a—聚对苯二甲酸乙二酯;b—尼龙 66;c—纤维素;d—全同聚丙烯

　　广角 X 射线衍射法是根据拉伸取向过程中,随取向度的增加,环形衍射变成圆弧并逐渐缩短,最后成为衍射点的事实,以圆弧的长度的倒数作为微晶取向度的量度。红外二色性法是根据取向试样存在红外吸收的各向异性来测量的,根据结晶谱线和非晶谱线的二色性,可以分别确定晶区和非晶区的取向度。偏振荧光法则只反映非晶区的取向度。由于各种测定取向度的方法不易实行,在实际工作中也常常用拉伸比作为取向的量度,但是必须注意的是,这不是一个好的指标,在极端的情况下,拉伸可以不产生取向,而只发生黏流,取向的程度在很大程度上与拉伸的条件和材料的历史有关,应用时必须留意。

### 5.5.3　高分子链高度取向、局部链段无规取向的非晶聚合物[10, 11, 12]

　　非晶态聚合物在 $T_g$ 以上 20~30 ℃的高弹态以较低的速率进行单轴拉伸数倍以上时,整链和链段都会沿拉伸方向取向。但是由于拉伸速率低,链段解取向此时又很快,可以完全解取向,因此当这种状态的试样被淬火到 $T_g$ 以下时,便得到分子整链高度取向而链段几乎无规取向的非晶聚合物(high global chain orientation but nearly random segmental orientation)的非晶高聚物,简称"GOLR 聚合物"。

　　处于 GOLR 态的聚合物具有以下特殊性质:与链段取向有关的性质表现为各向同性,而与整链取向有关的性质则表现为各相异性。

　　例如,将非晶 PET 膜在 105 ℃、以 400％～600％/min 的拉伸速率单轴拉伸至 3.5 倍,然后在空气中淬火,所得到的就是 GOLR 态的薄膜。这种薄膜的双折射值极小,$\Delta n = 1 \times 10^{-4}$,红外二色性也很小,声和超声传播速度各向同性,WAXS 呈未取向样品特有的强度均匀的衍射环;而这种薄膜的热性质和力学性质则有明显的各向异性。当加热到 $T_g$ 以上时,薄膜可发生大的弹性回缩,收缩率可达 75％。当室温下分别沿平行和垂直于取向方向拉伸时,垂直方向比平行方向表现出较高的成颈拉伸比和较低的拉伸强度(见图 5-48)。此外,这种 GOLR 态试样在热导和微波介电性质上也表现为各向异性。

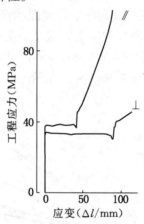

图 5-48　GOLR 态 PET 薄膜的拉伸应力-应变曲线(30 ℃,拉伸速率 50％/min)
∥沿取向方向拉伸　⊥沿垂直于取向方向拉伸

# 附录　聚合物的玻璃化温度

| 高　聚　物 | 重　复　单　元 | $T_g$(℃) |
|---|---|---|
| 聚乙烯 | —CH₂—CH₂— | −68(−120) |
| 聚丙烯(全同)<br>　　　(无规) | —CH₂—CH—<br>　　　　　\|<br>　　　　　CH₃ | −10<br>−20 |
| 聚异丁烯 | 　　　　CH₃<br>　　　　\|<br>—CH₂—C—<br>　　　　\|<br>　　　　CH₃ | −70(−73) |
| 聚异戊二烯(顺式) | —CH₂—C=CH—CH₂—<br>　　　\|<br>　　　CH₃ | −73 |
| 聚异戊二烯(反式) | —CH₂—C=CH—CH₂—<br>　　　\|<br>　　　CH₃ | −60(−58) |
| 聚 1,4-顺-丁二烯 | —CH₂—CH=CH—CH₂— | −108(−95) |
| 聚 1,4-反-丁二烯 | —CH₂—CH=CH—CH₂— | −83(−18) |
| 聚 1,2-丁二烯(全同) | —CH₂—CH—<br>　　　\|<br>　　　CH=CH₂ | −4 |

（续表）

| 高 聚 物 | 重 复 单 元 | $T_g$(℃) |
|---|---|---|
| 聚 1-丁烯 | —CH₂—CH—<br>　　　CH₂—CH₃ | −25 |
| 聚 1-戊烯 | —CH₂—CH—<br>　　　CH₂—CH₂—CH₃ | −40 |
| 聚 1-己烯 | —CH₂—CH—<br>　　　CH₂—CH₂—CH₂—CH₃ | −50 |
| 聚 1-辛烯 | —CH₂—CH—<br>　　　CH₂—(CH₂)₄—CH₃ | −65 |
| 聚 1-十二烯 | —CH₂—CH—<br>　　　CH₂—(CH₂)₈—CH₃ | −25? |
| 聚 4-甲基-1-戊烯 | —CH₂—CH—<br>　　　CH₂—CH—CH₃<br>　　　　　　CH₃ | 29 |
| 聚甲醛 | —CH₃—O— | −83(−50) |
| 聚氧化乙烯 | —CH₂—CH₂—O— | −66(−53) |
| 聚甲基乙烯基醚 | —CH₂—CH—<br>　　　O—CH₃ | −13(−20) |
| 聚乙基乙烯基醚 | —CH₂—CH—<br>　　　O—CH₂—CH₃ | −25(−42) |
| 聚正丁基乙烯基醚 | —CH₂—CH—<br>　　　O—CH₂—CH₂—CH₂—CH₃ | −52(−55) |
| 聚异丁基乙烯基醚 | —CH₂—CH—<br>　　　O—CH₂—CH—CH₃<br>　　　　　　　CH₃ | −27(−18) |
| 聚乙烯基叔丁基醚 | —CH₂—CH—<br>　　　O—C—CH₃<br>　　H₃C　CH₃ | 88 |
| 聚二甲基硅氧烷 | 　　　CH₃<br>—Si—O—<br>　　　CH₃ | −123 |
| 聚苯乙烯(无规) | —CH₂—CH—<br>　　　⬡ | 100(105) |
| 聚苯乙烯(全同) | —CH₂—CH—<br>　　　⬡ | 100 |

（续表）

| 高　聚　物 | 重　复　单　元 | $T_g(℃)$ |
|---|---|---|
| 聚 α-甲基苯乙烯 | $-CH_2-C-$ （$CH_3$，苯基） | 192(180) |
| 聚邻甲基苯乙烯 | $-CH_2-CH-$ （邻甲基苯基，$CH_3$） | 119(125) |
| 聚间甲基苯乙烯 | $-CH_2-CH-$ （间甲基苯基，$CH_3$） | 72(82) |
| 聚对甲基苯乙烯 | $-CH_2-CH-$ （对甲基苯基，$CH_3$） | 110(126) |
| 聚对苯基苯乙烯 | $-CH_2-CH-$ （联苯基） | 138(145) |
| 聚对氯苯乙烯 | $-CH_2-CH-$ （对氯苯基，$Cl$） | 128 |
| 聚 2,5-二氯苯乙烯 | $-CH_2-CH-$ （2,5-二氯苯基，$Cl$，$Cl$） | 130(115) |
| 聚 α-乙烯基萘 | $-CH_2-CH-$ （萘基） | 162 |
| 聚丙烯酸甲酯 | $-CH_2-CH-$ （$COOCH_3$） | 3(6) |
| 聚丙烯酸乙酯 | $-CH_2-CH-$ （$COOCH_2-CH_3$） | -24 |
| 聚丙烯酸丁酯 | $-CH_2-CH-$ （$COOCH_2-CH_2-CH_2-CH_3$） | -56 |
| 聚丙烯酸 | $-CH_2-CH-$ （$COOH$） | 106(97) |
| 聚丙烯酸锌 | $-CH_2-CH-$ （$COOZn$） | >300 |
| 聚甲基丙烯酸甲酯(无规) | $-CH_2-C-$ （$CH_3$，$COOCH_3$） | 105 |

（续表）

| 高　聚　物 | 重　复　单　元 | $T_g(℃)$ |
|---|---|---|
| 聚甲基丙烯酸甲酯(间同) | $-CH_2-\overset{\overset{CH_3}{\vert}}{\underset{\underset{COOCH_3}{\vert}}{C}}-$ | 115(105) |
| 聚甲基丙烯酸甲酯(全同) | $-CH_2-\overset{\overset{CH_3}{\vert}}{\underset{\underset{COOCH_3}{\vert}}{C}}-$ | 45(55) |
| 聚甲基丙烯酸乙酯 | $-CH_2-\overset{\overset{CH_3}{\vert}}{\underset{\underset{COOCH_2-CH_3}{\vert}}{C}}-$ | 65 |
| 聚甲基丙烯酸正丙酯 | $-CH_2-\overset{\overset{CH_3}{\vert}}{\underset{\underset{COOCH_2-CH_2-CH_3}{\vert}}{C}}-$ | 35 |
| 聚甲基丙烯酸正丁酯 | $-CH_2-\overset{\overset{CH_3}{\vert}}{\underset{\underset{COOCH_2-(CH_2)_2-CH_3}{\vert}}{C}}-$ | 21 |
| 聚甲基丙烯酸正己酯 | $-CH_2-\overset{\overset{CH_3}{\vert}}{\underset{\underset{COOCH_2-(CH_2)_4-CH_3}{\vert}}{C}}-$ | $-5$ |
| 聚甲基丙烯酸正辛酯 | $-CH_2-\overset{\overset{CH_3}{\vert}}{\underset{\underset{COOCH_2-(CH_2)_6-CH_3}{\vert}}{C}}-$ | $-20$ |
| 聚氟乙烯 | $-CH_2-\overset{}{\underset{\underset{F}{\vert}}{CH}}-$ | 40($-20$) |
| 聚氯乙烯 | $-CH_2-\overset{}{\underset{\underset{Cl}{\vert}}{CH}}-$ | 87(81) |
| 聚偏二氟乙烯 | $-CH_2-CF_2-$ | $-40(-46)$ |
| 聚偏二氯乙烯 | $-CH_2-CCl_2-$ | $-19(-17)$ |
| 聚1,2-二氯乙烯 | $-\underset{\underset{Cl}{\vert}}{CH}-\underset{\underset{Cl}{\vert}}{CH}-$ | 145 |
| 聚氯丁二烯 | $-CH_2-\underset{\underset{Cl}{\vert}}{C}=CH-CH_2-$ | 50 |
| 聚三氟氯乙烯 | $-CF_2-\underset{\underset{Cl}{\vert}}{CF}-$ | 45 |
| 聚四氟乙烯 | $-CF_2-CF_2-$ | 120($-65$)? |
| 聚全氟丙烯 | $-CF_2-\underset{\underset{CF_3}{\vert}}{CF}-$ | 11 |

（续表）

| 高　聚　物 | 重　复　单　元 | $T_g(℃)$ |
|---|---|---|
| 聚丙烯腈(间同) | $-CH_2-CH-$ <br> $CN$ | 104(130) |
| 聚甲基丙烯腈 | $CH_3$ <br> $-CH_2-C-$ <br> $CN$ | 120 |
| 聚乙酸乙烯酯 | $-CH_2-CH-$ <br> $OCOCH_2$ | 28 |
| 聚乙烯咔唑 | $-CH_2-CH-$ <br> N(carbazole) | 208(150) |
| 聚乙烯醇 | $-CH_2-CH-$ <br> $OH$ | 85 |
| 聚乙烯基甲醛 | $-CH_2-CH-$ <br> $CHO$ | 105 |
| 聚乙烯基丁醛 | $-CH_2-CH-$ <br> $CH_2-CH_2-CH_2-CHO$ | 49(59) |
| 三醋酸纤维素 | $CH_2OCOCH_3$ glucose ring $OCOCH_3$ $OCOCH_3$ | 105? |
| 乙基纤维素 | $CH_2OH$ glucose ring $OCH_2-CH_3$ $OCH_2-CH_3$ | 43 |
| 三硝酸纤维素 | $CH_2NO_3$ glucose ring $NO_3$ $NO_3$ | 53 |
| 聚碳酸酯 | $CH_3$ $O$ <br> $-O-$⬡$-C-$⬡$-O-C-$ <br> $CH_3$ | 150 |
| 聚己二酸乙二酯 | $-O(CH_2)_2OCO-(CH_2)_4-CO-$ | $-70$ |
| 聚辛二酸丁二酯 | $-O-(CH_2)_4-OCO(CH_2)_6CO-$ | $-57$ |

（续表）

| 高 聚 物 | 重 复 单 元 | $T_g(℃)$ |
|---|---|---|
| 聚对苯二甲酸乙二酯 | —C(=O)—〈苯环〉—C(=O)—O—CH$_2$—CH$_2$—O— | 69 |
| 聚对苯二甲酸丁二酯 | —C(=O)—〈苯环〉—C(=O)—O—(CH$_2$)$_4$—O— | 40 |
| 尼龙 6 | —NH—(CH$_2$)$_5$—CO— | 50(40) |
| 尼龙 10 | —NH—(CH$_2$)$_9$CO— | 42 |
| 尼龙 11 | —NH(CH$_2$)$_{10}$CO— | 43(45) |
| 尼龙 12 | —NH(CH$_2$)$_{11}$CO— | 42 |
| 尼龙 66 | —NH(CH$_2$)$_6$NHCO(CH$_2$)$_4$CO— | 50(57) |
| 尼龙 610 | —NH(CH$_2$)$_6$NHCO(CH$_2$)$_8$CO— | 40(44) |
| 聚苯醚 | 〈2,6-二甲基苯环〉—O— | 220(210) |
| 聚氯醚 | —CH$_2$—C(CH$_2$Cl)$_2$—CH$_2$—O— | 10 |
| 聚乙烯基吡啶 | —CH$_2$—CH(吡啶基)— | 8 |
| 聚苊烯 | —HC—CH—（苊环） | 264(321) |
| 聚乙烯基吡咯酮 | —CO$_2$—CH—N（吡咯酮环 =O） | 175 |

**注**:括弧中的数据,文献上也有报道。

# 习题与思考题

1. 聚合物的玻璃化转变与小分子的固液转变在本质上有哪些差别?

2. 解释本章附录中聚合物的结构对玻璃化温度的影响。试各另举一组例子说明聚合物的诸化学结构因素对玻璃化温度的影响。

3. 何谓"松弛"? 请举实例说明松弛现象。用什么物理量表示松弛过程的快慢?

4. 用膨胀计法测得分子量从 $3.0 \times 10^3$ 到 $3.0 \times 10^5$ 之间的八个级分聚苯乙烯试样的玻璃化温度 $T_g$ 如下:

| $M_n(\times 10^3)$ | 3.0 | 5.0 | 10 | 15 | 25 | 50 | 100 | 300 |
|---|---|---|---|---|---|---|---|---|
| $T_g(℃)$ | 43 | 66 | 83 | 89 | 93 | 97 | 98 | 99 |

试作 $T_g$ 对 $M_n$ 图和 $T_g$ 对 $1/M_n$ 图,并从图上求出方程式 $T_g = T_g(\infty) - (K/M_n)$ 中聚苯乙烯的常数 $K$ 和分子量无限大时的玻璃化温度 $T_g(\infty)$。

5. 根据实验得到的聚苯乙烯的比容温度曲线的斜率:$T > T_g$ 时,$(dV/dT)_r = 5.5 \times 10^4 \ cm^3 \cdot g^{-1} \cdot ℃^{-1}$;$T < T_g$ 时,$(dV/dT)_g = 2.5 \times 10^4 \ cm^3 \cdot g^{-1} \cdot ℃^{-1}$。假如每摩尔链的链端的超额自由体积贡献是 $53 \ cm^3$,试订定从自由体积理论出发得到的分子量对 $T_g$ 影响的方程中聚苯乙烯的常数 $K$,并与上题由实验所得的结果相比较。

6. 假定自由体积分数的分子量依赖性为 $f_M = f_\infty + A/M_n$ 式中 $f_M$ 是分子量为 $M_n$ 的自由体积分数,$f_\infty$ 是分子量无限大时的自由体积分数,$A$ 是常数,试推导 Flory-Fox 方程

$$T_g = T_g(\infty) - K/M_n$$

7. 某聚苯乙烯试样在 $160 ℃$ 时黏度为 $8.0 \times 10^{13} \ P$,预计它在玻璃化温度 $100 ℃$ 和 $120 ℃$ 下的黏度分别为多大?

8. 某聚合物试样在 $0 ℃$ 时黏度为 $1.0 \times 10^4 \ P$,如果其黏度-温度关系服从 WLF 方程,并假定 $T_g$ 时的黏度为 $1.0 \times 10^{13} \ P$,问 $25 ℃$ 时的黏度是多少?

9. 已知聚乙烯和聚甲基丙烯酸甲酯的流动活化能 $\Delta E_\eta$ 分别为 $10 \ kcal \cdot mol^{-1}$ 和 $46 \ kcal \cdot mol^{-1}$,聚乙烯在 $200 ℃$ 时黏度为 $9.1 \times 10^2 \ P$,聚甲基丙烯酸甲酯在 $240 ℃$ 时黏度为 $2.0 \times 10^3 \ P$。(1)分别计算聚乙烯在 $210 ℃$ 和 $190 ℃$ 时以及聚甲基丙烯酸甲酯在 $250 ℃$ 和 $230 ℃$ 时的黏度;(2)讨论链的结构对黏度的影响;(3)讨论温度对不同聚合物黏度的影响。

10. 请举两个生活中遇到的取向态聚合物。

# 参 考 文 献

[ 1 ] 钱人元. 无序与有序——高分子凝聚态的基本物理问题研究[M]. 长沙:湖南科学技术出版社,2000:第 1~5 章.

[ 2 ] SPERLING L H. Introduction to Physical Polymer Science [M]. 4th ed. New York: John Wiley & Sons, 2006:Chapter 8,10.

[ 3 ] MARK J E, et al. Physical Properties of Polymers [M]. 3rd ed. Cambridge Eng. : Cambridge University Press, 2004:Chapter 2~3.

[ 4 ] BOWER D I. An Introduction to Polymer Physics [M]. Cambridge, Eng. : Cambridge University Press, 2002:Chapter 7.

[ 5 ] STROBL G. The Physics of Polymers [M]. 2nd ed. Berlin:Springer, 1997:Chapter 5~6.

[ 6 ] FRIED J R. Polymer Science and Technology [M]. 2nd ed. Pearson Education, 2004:Chapter 5,11.

[ 7 ] De GENNES P G. Scaling Concepts in Polymer Physics [M]. New York:Cornell

University Press，1979.

[ 8 ] 吴大诚.高分子的标度和蛇行理论[M].成都:四川教育出版社,1989.

[ 9 ] 何曼君,陈维孝,董西侠.高分子物理[M].修订版.上海:复旦大学出版社,1990.

[10] 宋锐,等.高分子学报,1998，5:586～590.

[11] 钱人元,等.高分子学报,1997,3:343～346.

[12] QIAN R Y, et al. Polym. J. , 1987, 19:461～466.

[13] KOZLOV G V, et al. Structure of the Polymer Amorphous State[M]. Utrecht:
VSP, 2004.

第六章

# 聚合物的结晶态

在前一章中,我们已经介绍了聚合物的非晶态,本章要介绍聚合物的结晶态,从高分子链的结构来看有哪些可以结晶又是如何结晶的,结晶后它们的形态如何,对性能有何影响[1~10]。本章还将介绍聚合物的液晶和单链聚合物的凝聚态。

高分子化合物成千上万,为什么有些形成了非晶态聚合物,有些却能形成晶态聚合物,主要是高分子链的结构起了主导作用,因为结晶要求高分子链能伸直而平行排列得很紧密,形成结晶学中的"密堆砌"。

(1) 链的对称性。高分子链的结构对称性越高,越容易结晶。聚乙烯和聚四氟乙烯的分子,主链上全部是碳原子,没有杂原子,也没有手性碳原子。碳原子上是清一色的氢原子或者氟原子,对称性好,最容易结晶。它们的结晶能力强得使我们没法得到完全非晶态的样品。它们所能达到的最高结晶度,也在其他聚合物之上,如聚乙烯的最高结晶度可达 95%,而一般聚合物大多只有 50% 左右。但是将聚乙烯氯化后,由于分子链对称性受到破坏,便失去了原有的结晶能力。

对称取代的烯类聚合物如聚偏二氯乙烯、聚异丁烯,主链上含有杂原子的聚合物如聚甲醛、聚氯醚,以及许多缩聚聚合物包括各种脂肪或芳香聚酯、聚醚、尼龙、聚碳酸酯和聚砜等,这些聚合物的分子链的对称性不同程度地有所降低,但是仍属对称结构,所以能结晶。

(2) 链的规整性。对于主链含有手性中心的聚合物,如果手性中心的构型完全是无规的,使高分子链的对称性和规整性都被破坏,这样的高分子一般不能结晶。例如,自由基聚合得到的聚苯乙烯、聚甲基丙烯酸甲酯、聚乙酸乙烯酯等就是完全不能结晶的非晶聚合物。用定向聚合的方法,使主链上的手性中心具有规则的构型,如全同或间同立构聚合物,则这种分子链又获得必要的规整性,具有不同程度的结晶能力。属于这一类的聚合物有为数众多的等规聚 $\alpha$ 烯烃。

在二烯类聚合物中,由于存在顺反异构,如果主链的结构单元的几何构型是无规排列的,则链的规整性也受到破坏,不能结晶。若是通过定向聚合而得到全顺式或全反式结构的聚合物,则能结晶,其中尤以链对称性最好的反式聚丁二烯容易结晶。

这里有几个值得注意的例外。自由基聚合的聚三氟氯乙烯,虽然主链上有手性碳原子,而又不是等规聚合物,却具有相当强的结晶能力,最高结晶度甚至可达 90%。一般认为,这是由于氯原子与氟原子的体积相差不过分大,不妨碍分子链作规整的堆积,因此仍能结晶。无规聚乙酸乙烯酯不能结晶,但由它水解得到的聚乙烯醇却能结晶,这可能是由于羟基的体积不太大,而又具有较强的极性的缘故。无规聚氯乙烯也有微弱的结晶能力,有人认为这是因为氯原子电负性较大,分子链上相邻的氯原子相互排斥彼此错开排列,形成近似于间同立构的结构,有利于结晶。

(3) 共聚、支化和交联。无规共聚通常会破坏链的对称性和规整性,从而使结晶能力降低甚至完全丧失。但是如果两种共聚单元的均聚物有相同类型的结晶结构,那么共聚物也能结晶,而晶胞参数则要随共聚物的组成而发生变化。下面是一个特例:

$$—NH—(CH_2)_6—NH—CO—(CH_2)_2 \bigcirc —O—CH_2—CO—$$

$$—NH—(CH_2)_6—NH—CO—CH_2 \bigcirc —(CH_2)_3—CO—$$

这两种结构单元所组成的无规共聚物在整个配比范围内都能结晶,且晶胞参数不发生变化。如果两种共聚单元的均聚物有不同的结晶结构,那么在一种组分占优势时,共聚物是可以结晶的,含量少的共聚单元作为缺陷存在于另一种均聚物的结晶结构中。但是在某些中间组成时,结晶能力大大减弱,甚至不能结晶,比如乙丙共聚物。

嵌段共聚物的各嵌段基本上保持着相对独立性,能结晶的嵌段将形成自己的晶区。如聚酯-聚丁二烯-聚酯嵌段共聚物,聚酯段仍可较好地结晶,当它们含量较小时,将形成结晶的微区,分散于聚丁二烯的基体中,起物理交联点的作用,使共聚物成为良好的热塑性弹性体。

支化使链的对称性和规整性受到破坏,使结晶能力降低,例如高压法得到的支化聚乙烯结晶能力小于低压法制得的线型聚乙烯。

交联限制了链的活动性。轻度交联时,还能结晶,例如轻度交联的聚乙烯和天然橡胶。随着交联度增加,聚合物便迅速失去结晶能力。

分子间力也往往使链柔性降低,影响结晶能力。但是分子间能形成氢键时,则有利于结晶结构的稳定。

# 6.1 常见结晶性聚合物中晶体的晶胞[1, 7]

高分子之所以能够形成结晶,需要两个条件:(1)高分子链的构象要处于能量最低的状态,例如聚乙烯链,它的反式结构是能量最低的,因此经常处于平面锯齿形;(2)链与链之间要平行排列而且能紧密堆砌。根据这两个条件,所以它们的晶胞有如下的结构[1, 7],这里还举出一些用 X 光测定的晶胞参数。

## 1. 聚乙烯

聚乙烯(PE)是正交晶系,每个晶胞中有两条链,晶胞尺寸为 $a = 0.742$ nm, $b = 0.495$ nm 和 $c = 0.255$ nm。$b$ 轴与主链的锯齿形平面成45°角,通过晶胞的两条链的锯齿形平面相互成直角,链几乎是密堆砌的,见图 6-1。图 6-1(a)是聚乙烯链和晶胞的透视图,图 6-1(b)是 $c$ 轴方向的顶视图。

## 2. 间规聚氯乙烯

商业的聚氯乙烯(PVC)是几乎无规的,因此结晶的倾向性很小。间规的 PVC 可以用特殊的聚合技术制成,它能结晶,与聚乙烯一样,也是正交晶系。通过晶胞的两条链,彼此成180°角,也就是说,链的锯齿形平面都平行于 $b$ 轴,晶胞的尺寸为 $a = 1.026$ nm, $b = 0.524$ nm 和 $c = 0.507$ nm,结构如图 6-2 所示(图中氢原子未示出)。

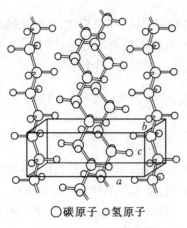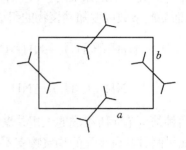

○碳原子　○氢原子

(a) 聚乙烯链和晶胞透视图　　　　　　　(b) $c$ 轴方向顶视图

图 6-1　聚乙烯的晶体结构

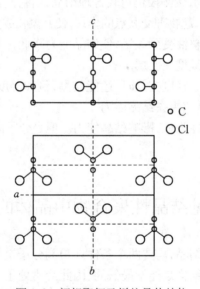

图 6-2　间规聚氯乙烯的晶体结构

**3. 等规聚 $\alpha$ 烯烃**

等规聚 $\alpha$ 烯烃在主链的不对称碳原子上可以有各种取代基,由于取代基的空间位阻,全反式构象的能量一般比反式旁式交替出现的构象来得高,因而这类聚合物的分子链在晶体中通常采取包含交替出现的反式旁式构象序列的螺旋形构象。其中取代基位阻较小的聚丙烯、聚 1-丁烯、聚 5-甲基-1-己烯、聚甲基乙烯基醚、聚异丁基乙烯基醚和聚苯乙烯等的等规聚合物采取 $H3_1$ 螺旋构象。取代基位阻增大时,螺旋扩张,因而聚 4-甲基-1-戊烯和聚 4-甲基-1-己烯采取 $H7_2$ 螺旋构象,而聚 3-甲基-1-丁烯、聚邻甲基苯乙烯和聚萘基乙烯等采取 $H4_1$ 螺旋构象(例如 $H7_2$ 是指在一个等同周期中含有 7 个重复单元转了 2 圈)。

**4. 聚对苯二甲酸乙二酯**

聚对苯二甲酸乙二酯(PET)是一种聚酯,实际上在纺织业中所谓聚酯就是指 PET。它的晶体结构是三斜晶系,即晶胞的角没有一个是直角的。每个晶胞中只有一条链,晶胞参数为 $a = 0.456$ nm, $b = 0.594$ nm, $c = 1.075$ nm, $\alpha = 98.5°$, $\beta = 118°$ 和 $\gamma = 112°$。它的链是几乎完全伸直的,而主链上两个苯环之间的那段链节它的方向是对 $c$ 轴成 19°。链与链之间的苯环平面几乎完全彼此紧贴,这样达到了晶胞中链的平行排列和紧密堆砌,如图 6-3 所示。

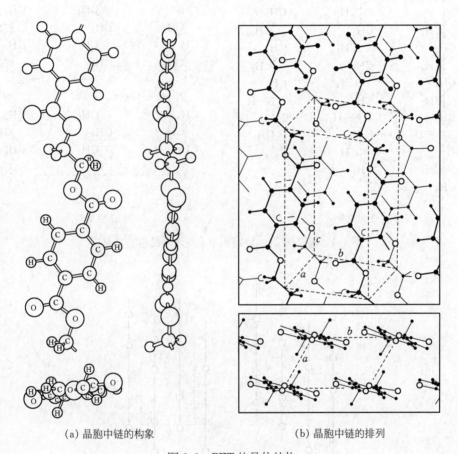

(a) 晶胞中链的构象          (b) 晶胞中链的排列

图 6-3 PET 的晶体结构

### 5. 尼龙系列(nylon)

被称为"尼龙 $nm$"的聚酰胺的重复单元是 $-\!\!-\mathrm{NH(CH_2)}_n\mathrm{NHCO(CH_2)}_{m-2}\mathrm{CO}-\!\!-$。特别重要的例子有尼龙 66 和尼龙 610。有关的结构较为简单的聚酰胺是尼龙 6,它的重复单元是 $-\!\!-\mathrm{NH(CH_2)_5CO}-\!\!-$。

聚酰胺的链构象受到分子间氢键的强烈影响,结果成平面锯齿形的分子链靠分子间氢键联系平行排列成片状结构。尼龙 66 的分子链平行地排列(↑↑↑↑),形成分子间氢键(见图 6-4(a));但尼龙 6 则不同,其分子链是有方向性的,只有取反平行的排列(↑↓↑↓)时,才能形成分子间氢键(见图 6-4(b))。由氢键联结的晶片堆砌起来形成一种三维的结构,图 6-5 是尼龙 66 的 $\alpha$ 形式和 $\beta$ 形式的示意图。$\alpha$ 形式较为稳定,但在同一晶体中两种形式可以同时存在。

用 X 光实验得到某些聚合物的晶胞参数可见表 6-1。

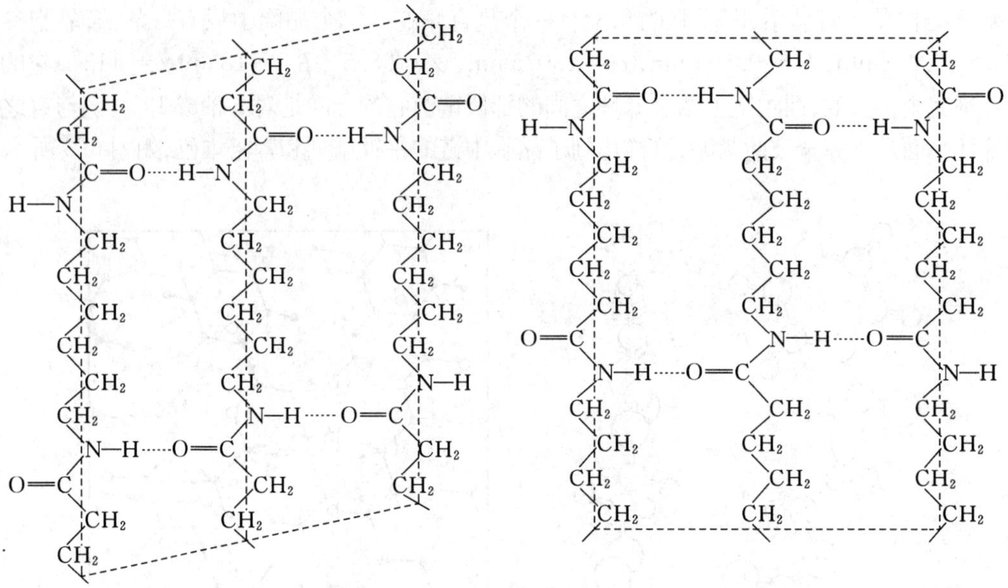

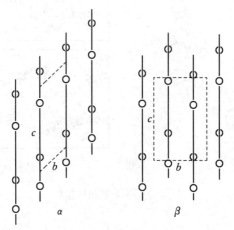

(a) 尼龙 66　　　　(b) 尼龙 6

图 6-4　氢键联结的晶片(图中虚线表示晶胞的平面)

图 6-5　尼龙 66 的 $\alpha$ 形式和 $\beta$ 形式示意图

图中直线代表链,○表示前面的氧原子,

其他表示背后的氧原子,虚线表示晶胞

**表 6-1　若干聚合物的结晶数据 (1 Å = 0.1 nm)**

| 聚合物 | 晶系 | 晶胞参数 $a$(Å) | 晶胞参数 $b$(Å) | 晶胞参数 $c$(Å) | 晶胞参数 交角 | $N$ | 链构象 | 结晶密度 (g·cm$^{-3}$) |
|---|---|---|---|---|---|---|---|---|
| 聚乙烯 | 正交 | 7.36 | 4.92 | 2.534 2 | | | PZ | 1.00 |
| 聚四氟乙烯(<19 ℃) | 准六方 | 5.59 | 5.59 | 16.88 | $\gamma = 119.3°$ | 1 | $H13_6$ | 2.35 |
| 聚四氟乙烯(>19 ℃) | 三方 | 5.66 | 5.66 | 19.50 | | 1 | $H15_7$ | 2.30 |
| 聚三氟氯乙烯 | 准六方 | 6.438 | 6.438 | 41.5 | | 1 | $H16.8_1$ | 2.10 |
| 聚丙烯(全同) | 单斜 | 6.65 | 20.96 | 6.50 | $\beta = 99°20'$ | 4 | $H3_1$ | 0.936 |

（续表）

| 聚合物 | 晶系 | 晶 胞 参 数 | | | | N | 链构象 | 结晶密度 (g·cm⁻³) |
|---|---|---|---|---|---|---|---|---|
| | | $a$(Å) | $b$(Å) | $c$(Å) | 交 角 | | | |
| 聚丙烯(间同) | 正交 | 14.50 | 5.60 | 7.40 | | 2 | H$4_1$ | 0.93 |
| 聚 1-丁烯(全同) | 三方 | 17.7 | 17.7 | 6.50 | | 6 | H$3_1$ | 0.95 |
| 聚 1-戊烯(全同) | 单斜 | 11.35 | 20.85 | 6.49 | $\beta = 99.6°$ | 4 | H$3_1$ | 0.923 |
| 聚 3-甲基-1-丁烯(全同) | 单斜 | 9.55 | 17.08 | 6.84 | $\gamma = 116°30'$ | 4 | H$4_1$ | 0.93 |
| 聚 4-甲基-1-戊烯(全同) | 四方 | 18.63 | 18.63 | 13.85 | | 4 | H$7_2$ | 0.812 |
| 聚乙烯基环己烷(全同) | 四方 | 21.99 | 21.99 | 6.43 | | 4 | H$4_1$ | 0.94 |
| 聚苯乙烯(全同) | 三方 | 21.90 | 21.90 | 6.65 | | 6 | H$3_1$ | 1.13 |
| 聚氯乙烯 | 正交 | 10.6 | 5.4 | 5.1 | | 2 | PZ | 1.42 |
| 聚乙烯醇 | 单斜 | 7.81 | 2.25* | 5.51 | $\beta = 91.7°$ | 2 | PZ | 1.35 |
| 聚氟乙烯 | 正交 | 8.57 | 4.95 | 2.52 | | 2 | PZ | 1.430 |
| 聚异丁烯 | 正交 | 6.88 | 11.91 | 18.60 | | 2 | H$8_3$ | 0.972 |
| 聚偏二氯乙烯 | 单斜 | 6.71 | 4.68* | 12.51 | $\beta = 123°$ | 2 | H$2_1$ | 1.954 |
| 聚偏二氟乙烯 | 正交 | 8.58 | 4.91 | 2.56 | | 2 | ～PZ | 1.973 |
| 聚甲基丙烯酸甲酯(全同) | 正交 | 20.98 | 12.06 | 10.40 | | 4 | DH10 | 1.26 |
| 1,4-反式聚丁二烯 | 单斜 | 8.63 | 9.11 | 4.83 | $\beta = 114°$ | 4 | Z | 1.04 |
| 1,4-顺式聚丁二烯 | 单斜 | 4.60 | 9.50 | 8.60 | $\beta = 109°$ | 2 | Z | 1.01 |
| 1,2-聚丁二烯(全同) | 三方 | 17.3 | 17.3 | 6.50 | | 6 | H$3_1$ | 0.96 |
| 1,2-聚丁二烯(间同) | 正交 | 10.98 | 6.60 | 5.14 | | 2 | ～PZ | 0.964 |
| 1,4-反式聚异戊二烯 | 单斜 | 7.98 | 6.29 | 8.77 | $\beta = 102.0°$ | 2 | Z | 1.05 |
| 1,4-顺式聚异戊二烯 | 单斜 | 12.46 | 8.89 | 8.10 | $\beta = 92°$ | 4 | Z | 1.02 |
| 聚甲醛 | 三方 | 4.47 | 4.47 | 17.39 | | 1 | H$9_5$ | 1.49 |
| 聚氧化乙烯 | 单斜 | 8.05 | 13.04 | 19.48 | $\beta = 125.4°$ | 4 | H$7_2$ | 1.228 |
| 聚氧化丙烯 | 正交 | 9.23 | 4.82 | 7.21 | | 2 | H$2_1$ | 1.20 |
| 聚四氢呋喃 | 单斜 | 5.59 | 8.90 | 12.07 | $\beta = 134.2°$ | 2 | PZ | 1.11 |
| 聚乙醛 | 四方 | 14.63 | 14.63 | 4.79 | | 4 | H$4_1$ | 1.14 |
| 聚丙醛 | 四方 | 17.50 | 17.50 | 4.8 | | 4 | H$4_1$ | 1.05 |
| 聚正丁醛 | 四方 | 20.01 | 20.01 | 4.78 | | 4 | H$4_1$ | 0.997 |
| 聚对苯二甲酸乙二酯 | 三斜 | 4.56 | 5.94 | 10.75 | $\alpha = 98.5°$ $\beta = 118°$ $\gamma = 11°$ | 1 | ～PZ | 1.445 |
| 聚对苯二甲酸丙二酯 | 三斜 | 4.58 | 6.22 | 18.12 | $\alpha = 96.90°$ $\beta = 89.4°$ $\gamma = 110.8°$ | 1 | — | 1.43 |
| 聚对苯二甲酸丁二酯 | 三斜 | 4.83 | 5.94 | 11.59 | $\alpha = 99.7°$ $\beta = 115.2°$ $\gamma = 11°$ | 1 | Z | 1.40 |
| 尼龙 3 | 三斜 | 9.3 | 8.7 | 4.8 | $\alpha = \beta = 90°$ $\gamma = 60°$ | 4 | PZ | 1.40 |
| 尼龙 4 | 单斜 | 9.29 | 12.24* | 7.97 | $\beta = 114.5°$ | 4 | PZ | 1.37 |
| 尼龙 5 | 三斜 | 9.5 | 5.6 | 7.5 | $\alpha = 48°$ $\beta = 90°$ $\gamma = 67°$ | 2 | PZ | 1.30 |
| 尼龙 6 | 单斜 | 9.56 | 17.2* | 8.01 | $\beta = 67.5°$ | 4 | PZ | 1.23 |
| 尼龙 7 | 三斜 | 9.8 | 10.0 | 9.8 | $\alpha = 56°$ $\beta = 90°$ $\gamma = 69°$ | 4 | PZ | 1.19 |
| 尼龙 8 | 单斜 | 9.8 | 22.4* | 8.3 | $\beta = 65°$ | 4 | PZ | 1.14 |
| 尼龙 9 | 三斜 | 9.7 | 9.7 | 12.6 | $\alpha = 64°$ $\beta = 90°$ $\gamma = 67°$ | 4 | PZ | 1.07 |
| 尼龙 11 | 三斜 | 9.5 | 10.0 | 15.0 | $\alpha = 60°$ $\beta = 90°$ $\gamma = 67°$ | 4 | PZ | 1.09 |
| 尼龙 66 | 三斜 | 4.9 | 5.4 | 17.2 | $\alpha = 48.5°$ $\beta = 77°$ $\gamma = 63.5°$ | 1 | PZ | 1.24 |
| 尼龙 610 | 三斜 | 4.95 | 5.4 | 22.4 | $\alpha = 49°$ $\beta = 76.5°$ $\gamma = 63.5°$ | 1 | PZ | 1.157 |
| 聚碳酸酯 | 单斜 | 12.3 | 10.1 | 20.8 | $\beta = 84°$ | 4 | Z | 1.315 |

注:1. ＊指示纤维轴(即链轴)方向的重复周期。
　　2. $N$ 表示晶胞中所含的链数。
　　3. 链构象一栏中,PZ 表示平面锯齿形,Z 表示锯齿形,～PZ 表示接近平面锯齿形,H 表示螺旋形,DH 表示双螺旋,随后的指数 $U_t$ 表示 $t$ 圈螺旋中含有 $U$ 个重复单元。

## 6.2　结晶性聚合物的球晶和单晶[1, 9]

　　能在熔体中结晶的聚合物内发现有晶片堆砌成球晶,可以用光学或电子显微镜直接观察到,或用光散射法间接观察到,在某些情况下还可以看到树枝晶和串晶等。

　　**球晶**是聚合物结晶的一种最常见的特征形式。当结晶性的聚合物从浓溶液中析出,或从熔体冷却结晶时,在无应力或流动的情况下,都倾向于生成这种更为复杂的结晶,它呈圆球形,故名。其直径通常在 $0.5\sim100~\mu m$ 之间,大的甚至可达厘米数量级。较大的球晶 $(5~\mu m$ 以上)很容易在光学显微镜下观察到,在偏光显微镜的两正交偏振器之间,球晶呈现特有的黑十字(maltese cross)消光图像。图 6-6 是等规聚苯乙烯球晶的偏光显微镜照片,图上可以看到它们清晰的圆球状轮廓。

图 6-6　从熔体生长的等规聚苯乙烯球晶的偏光显微镜照片

　　在偏光显微镜下对球晶生长过程的直接观察表明,球晶是由一个晶核开始,以相同的生长速率同时向空间各个方向放射生长形成的。在晶核较少,而且球晶较小的时候,它呈球形;当晶核较多,并继续生长扩大后,它们之间会出现非球形的界面(见图 6-6)。不难想象,同时成核并以相同速度开始生长的两球晶之间的界面是一个平面,而且这个平面垂直平分两球晶核心的连线(见图 6-7)。而不同时间开始生长,或生长速度不同的两球晶之间的界面是回转双曲面。因此,当生长一直进行到球晶充满整个空间时,球晶将失去其球状的外形,成为不规则的多面体(见图 6-8)。

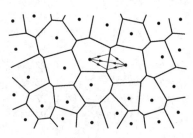

图 6-7　以相同速度同时开始生长的
球晶之间的界面示意

图 6-8　聚乙烯球晶的偏光显微镜照片

　　黑十字消光图像是聚合物球晶的双折射性质和对称性的反映。一束自然光通过起偏器后,变成平面偏振光,其振动(电矢量)方向都在单一方向上。一束偏振光通过高分子球晶时,发生双折射,分成两束电矢量相互垂直的偏振光,它们的电矢量分别平行和垂直于球晶的半径方向,由于这两个方向上折射率不同,这两束光通过样品的速度是不等的,必然要产生一定的相位差而发生干涉现象,结果使通过球晶的一部分区域的光可以通过与起偏器处在正交位置的检偏器,而另一部分区域不能,最后分别形成球晶照片上的亮暗区域。

当保持起偏器和检偏器的位置不变,而将样品沿其平面方向转动时,球晶的黑十字消光图像不变,这一事实表明,聚合物球晶的确是球形的,并且意味着最大折射率方向即分子链的方向,它必定是平行或垂直于半径方向的。

由于电子显微镜技术的发展,可以获得球晶内部结构的大量清晰的照片,它们表明,球晶是由径向发射生长的微纤组成的(见图6-9),而这些微纤就是长条状的晶片(见图6-10),其厚度也在10~20 nm之间,并和溶液中生长晶体一样,也随过冷程度减小而增大,在这些晶片中,分子链也取垂直于晶片平面方向排列,因而分子链总是与球晶的半径相垂直的。

图6-9 聚4-甲基-1-戊烯薄膜
熔融结晶生成的捆束状球晶

图6-10 聚乙烯球晶内的片晶结构
的电镜照片

在球晶的偏光显微镜研究中,人们还时常发现,在某些条件下,球晶呈现出一种更复杂的环状图案,即在特征的黑十字消光图像上,还重叠着明暗相间的消光同心圆环(见图6-11)。

图6-11 带消光同心圆环的聚乙烯
球晶偏光显微镜照片

图6-12 聚乙烯球晶内部晶片协同周期性
扭曲结构的电镜照片

用电镜进行对照研究,清晰的电镜照片(见图6-12)有力地证明,同心消光圆环是径向发射的晶片缎带状地协同扭转的结果,电镜下观察到的晶片扭转周期与偏光显微镜照片上消光圆环的间距相对应,消光图像的规则性表明邻近晶片以相同的周期和相位,并向相同的方向扭转。再加上 X 射线衍射得到的关于球晶中晶胞排列情况的信息,环状消光图案的光学原理已经清楚。图 6-13 形象地描述了这一原理。图(a)是扭转生长的聚乙烯晶片的示意图,图(b)、图(c)是其对应位置晶胞取向情况和双折射晶体的变化,可以看到,随着晶片的扭转,聚乙烯晶胞的 $b$ 轴总是指向径向的(聚丙烯是 $a$ 轴),即球晶径向的折射率总是等于晶胞 $b$ 轴方向的折射率,而切向的折射率则在晶胞 $a$ 轴和 $c$ 轴方向的折射率间周期性地改变。

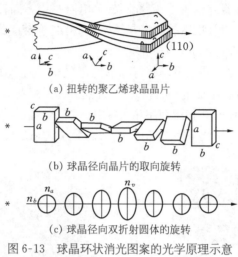

(a) 扭转的聚乙烯球晶晶片

(b) 球晶径向晶片的取向旋转

(c) 球晶径向双折射圆体的旋转

图 6-13　球晶环状消光图案的光学原理示意
＊ 球晶中心　→ 半径方向,生长方向

对球晶的生长过程,已进行了很多研究。在球晶的生长开始阶段,它并不总是以球形对称的方式生长的。不成熟的球晶是捆束状的(见图 6-14 和图 6-9),只有成熟的球晶才具有结晶学上等价的径向晶轴。图 6-15 形象地描绘了球晶生长各阶段的形象。成核初始它只是一个多层片晶(见图 6-15(a)),逐渐向外张开生长(见图 6-15(b)和图 6-15(c)),从其对应的侧视图看,它仍属多层片晶,不断分叉生长,经捆束状形式(见图 6-15(d)),最后才形成填满空间的球状的外形(见图 6-15(e)),实际上这还属早期阶段,最后的球晶通常还要大得多。

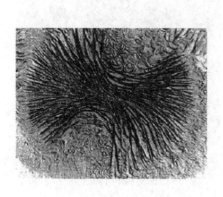

图 6-14　尼龙球晶结晶初期的捆束状
形式电镜照片

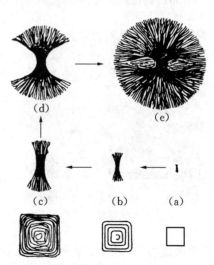

图 6-15　球晶各生长阶段形象示意
在图(a)、(b)、(c)下分别给出其侧视图

在球晶的生长过程中,最为突出的特点是连续发生小角度分叉,正是靠径向发射生长晶片的这种小角度的分叉,才得以填满球状的空间,并且使条状晶片总是保持与半径方向相平行。在结晶学上,原始晶核的取向通常决定着整个晶体的晶胞取向,与此相反,球晶却是从单一核生长,由径向发射的条状晶片组成的球状多晶聚集体。H. D. Kerth 和 F. J. Jr. Padden 全面地分析了球晶生长的条件,以及所观察到的事实,提出了较好的理论解释。球晶生长的共同条件是含有杂质的黏稠体系,除了聚合物之外,包含杂质的小分子矿物质和有机化合物的熔体也可形成球晶。对于聚合物而言,那些过分短或结构上不规整的链,都起着杂质的作用,生长中的晶片排斥这些杂质。由于体系黏稠,杂质难于扩散开去,使生长界面附近杂质浓集,随即导致两相邻生长晶片的小角度分叉。图 6-16 是这种现象的示意图解。

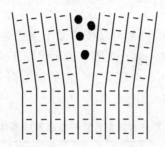

图 6-16　杂质陷入导致晶体生长分叉示意图

除了球晶以外,由于结晶的外界条件(压力、温度、浓度、流动状态等)不同,还会形成其他形式的结晶,如树枝状晶、伸直链片晶、纤维状晶和串晶等。

聚合物的单晶通常只能在特殊的条件下得到,一般是在极稀的溶液中(浓度为 $0.01\%$ ~ $0.1\%$)缓慢结晶时生成的。在电镜下可以直接观察到它们是具有规则几何形状的薄片状晶体,厚度通常在 10 nm 左右,大小可以从几微米至几十微米甚至更大。

在单晶内,分子链作高度规则的三维有序排列,分子链的取向与片状单晶的表面相垂直。图 6-17 就是聚乙烯单晶的电镜照片,它们是菱形的单层平面片晶。

(a) diamond-shaped crystal　　　　　(b) truncated crystal

图 6-17　从二甲苯稀溶液中结出的聚乙烯单晶的电镜照片

另一个例子是聚甲醛,其单晶可成平面正六边形(见图 6-18),分子链也是垂直于单晶平面的。可得到平面片晶的聚合物还有聚 4-甲基-1-戊烯,其单晶呈平面正方形。可见,不同聚合物的单晶呈现不同的特征形状。

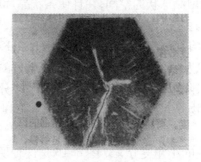

图 6-18　聚甲醛单晶的电镜照片

事实上,许多结晶性合成聚合物都可以按类似于聚乙烯的方法培养单晶。已经得到单晶的聚合物还有聚丙烯、聚苯乙烯、聚乙烯醇和聚丙烯腈等的等规聚合物,聚偏氟乙烯,聚氧化乙烯,聚对苯二甲酸乙二酯,尼龙 6,尼龙 66,尼龙 610,以及三醋酸纤维素等,它们的单晶形成条件及几何形状归纳在表 6-2 中。

表 6-2　部分合成聚合物的单晶形成条件和外形

| 聚合物 | 溶　剂 | 溶解温度(℃) | 结晶温度(℃) | 几何形状 |
|---|---|---|---|---|
| 聚乙烯 | 二甲苯 | 沸　点 | 50～95 | 菱　形 |
| 聚丙烯 | $\alpha$ 氯代苯 | 沸　点 | 90～115 | 长方形 |
| 聚丁二烯 | 醋酸戊酯 | 约 130 | 30～50 | |
| 聚 4-甲基-1-戊烯 | 二甲苯 | 约 130 | 30～70 | 正方形 |
| 聚乙烯醇 | 三乙基乙二醇 | — | 80～170 | 平行四边形 |
| 聚丙烯腈 | 碳酸丙烯酯 | — | 约 95 | 平行四边形 |
| 聚偏氟乙烯 | 一氯代苯(9) 二甲基甲酰胺(1) | 约 150 | 约 90 | |
| 聚甲醛 | 环己醇 | 沸　点 | 约 137 | 正六边形 |
| 聚氧化乙烯 | 丁基溶纤剂 | 约 100 | 约 30 | |
| 尼龙 6 | 甘　油 | 约 230 | 120～160 | 菱　形 |
| 尼龙 66 | 甘　油 | 约 230 | 120～160 | 菱　形 |
| 尼龙 610 | 甘　油 | 约 230 | 120～160 | 菱　形 |
| 醋酸纤维素 | 硝基甲烷正丁醇 | 约 50 | | |

平面状的单层片晶,是单晶中的最简单的形式。实际得到的单晶时常是非平面的,呈空心棱锥状(或帐篷状)的单层晶体,这种晶体是由若干互相拼接生长的平面晶片组成的。上述三种聚合物都观察到对应的空心棱锥状单晶。这种单晶在未作预先防备的情况下,进行电镜观察前的转移和干燥处理时会被损坏,坍塌在支持表面上,而出现摺绉,并易被误认为是平面状单晶。图 6-19(a)就是这种聚乙烯单晶的电镜照片,图 6-19(b)是其立体形状的示意图。为了观察这种单晶的真实形态,对生长得较大的单晶,可以采用光学显微镜对悬浮在液体中的单晶直接观察,或者在电镜观察前先让单晶浮在甘油表面上,进行蒸碳复型,然后洗去甘油,再作金属定向溅射以增加反差。

上面讨论的单层片晶是在低过冷程度和低浓度下的典型结晶形式。当过冷程度或溶液的浓度稍高时,则聚合物晶体的生长不再局限于侧面增长,而能形成包含若干厚度相等的互

 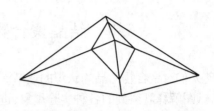

(a) 坍塌了的空心棱锥型聚乙烯单晶电镜照片　　(b) 空心棱锥型聚乙烯单晶立体形状示意

图 6-19　空心棱锥型聚乙烯单晶

相重叠的多层晶体,这甚至是聚合物单晶的更常见的形式。图 6-20 是一种聚合物的这种单晶的电镜照片。在这种多层晶体的形成过程中,螺旋位错起着十分重要的作用。从这些电镜照片上可以看到,在晶体的中央处发生了一个螺旋位错,它提供了一个可以不受限制地连续螺旋生长的台阶,最后形成了螺旋阶梯状的多层晶体。理论分析表明,这种螺旋位错生长机理是形成多层晶体的一种有利的生长方式,因为它不需要在新的一层阶梯开始时的成核作用。不管是什么原因,一个位错一旦形成,它就会发展成为优先的生长线。

图 6-20　螺旋生长的聚乙烯多层晶体的电镜照片

通过以上关于聚合物单晶的种种形态和特性的叙述不难看出,这里所说的单晶是由溶液生长的片状晶体的总称,实际上,它只是在可分离的、形状规则的单一晶体这一意义上的单晶,并不是结晶学意义上的真正单晶,严格地说,它们大多是多重孪晶。

一个孤立的小分子没有分子凝聚态,它不能形成液态或固态,更没有晶态和非晶态。然而一条高分子长链由于含着成千上万个相当于小分子大小的单体单元,它们之间存在相互作用,就像成千上万个小分子所组成的体系一样,可以是液态或者固态,可以是晶态,或者非晶态。

单链高分子是一种纳米尺度的聚合物颗粒。如果一个单体单元的相对分子质量以 100 计算,那么一条相对分子质量为 $10^6$ 的高分子链应含有 $10^4$ 个单体单元,这样的单链高分子凝聚态就好比 $10^4$ 个单体分子体系的凝聚态。假定单链高分子的密度是 $1\,g\cdot cm^{-3}$,则以颗粒存在时,它的半径约为 7.4 nm,所以一个单分子链形成纳米尺度的单晶是可能的。

我国科学家钱人元等在高分子单链的制备及高分子单链的凝聚态方面做了大量的研究工作,并获得了不少成就[11~14]。

# 6.3　结晶聚合物的结构模型[1, 2, 8]

随着人们对聚合物结晶的认识的逐渐深入,在已有实验事实的基础上,提出了各种各样的模型,试图解释观察到的各种实验现象,进而探讨结晶结构与聚合物性能之间的关系。由于历史条件的限制,各种模型难免带有或多或少的片面性,不同观点之间的争论仍在进行,尚无定论。下面我们将尽可能客观地介绍几种主要的模型。

## 1. 缨状微束模型

这个模型是在 20 世纪 40 年代提出的。当时,用 X 射线研究了许多结晶性聚合物的结果,打破了以往关于高分子无规线团杂乱无章的凝聚态概念,证明不完善的结晶结构的存在。模型从结晶聚合物 X 射线圈上衍射花样和弥散环同时出现,以及测得晶区尺寸远小于分子链长度等主要实验事实出发,认为结晶聚合物中,晶区与非晶区互相穿插,同时存在,在晶区中,分子链互相平行排列形成规整的结构,但晶区尺寸很小,一根分子链可以同时穿过几个晶区和非晶区,晶区在通常情况下是无规取向的;而在非晶区中,分子链的堆砌是完全无序的。这个模型有时也被称为两相模型(见图 6-21)。这个模型解释了 X 射线衍射和许多其他实验观察的结果,例如聚合物的宏观密度比晶胞的密度小,是由于晶区与非晶区的共存;聚合物拉伸后,X 射线衍射图上出现圆弧形,是由于微晶的取向;结晶聚合物熔融时有一定大小的熔限,是由于微晶的大小的不同;拉伸聚合物的光学双折射现象,是因为非晶区中分子链取向的结果;对于化学反应和物理作用的不均匀性,是因为非晶区比晶区有比较大的可渗入性,等等。因此,在当时,缨状微束模型被广泛接受,并沿用了很长时间。

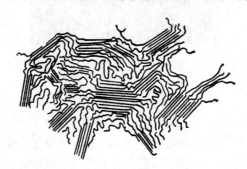

图 6-21　结晶聚合物的缨状微束模型

## 2. 折叠链模型

用 X 射线衍射法研究晶体结构只能观察到几纳米范围内分子有序排列的情况,即只能确定高分子链局部的相互排列情况,不能观察到整个晶体的结构,使人们认识高分子的凝聚态结构受到了外部的局限性。20 世纪 50 年代以后,随着科学技术的发展,广泛应用电子显微镜来研究聚合物凝聚态结构,可以直接观察到几十微米范围内的晶体结构,为进一步深入认识聚合物的凝聚态结构打开了广阔的视野。正是借助电镜这一强有力的工具,许多科学家第一次清晰地看到了精心培养的聚合物单晶的异常规整的外形。A. Keller 于 1957 年从二甲苯的稀溶液中得到大于 50 $\mu$m 的菱形片状聚乙烯单晶,并从电镜照片上的投影长度,测得单晶薄片的厚度约为 10 nm,而且厚度与聚合物的分子量无关。同时单晶的电子衍射图证明,伸展的分子链($c$轴)是垂直于单晶薄片而取向的。然而由聚合物的分子量推算，伸展的分子链的长度在 $10^2 \sim 10^3$ nm 以上，就是说，晶片厚度尺寸比整个分子链的长度尺寸要小得多。为了合理地解释以上实验事实，Keller 提出了折叠链结构模型。

折叠链模型认为，伸展的分子链倾向于相互聚集在一起形成链束，电镜下观察到这种链束比分子链长得多，说明它是由许多分子链组成的。分子链可以顺序排列，让末端处在不同的位置上，当分子链结构很规整而链束足够长时，链束的性质就和聚合物的分子量及其多分散性无关了。分子链规整排列的链束，构成聚合物结晶的基本结构单元(自然，链结构不规整的高分子链，不能形成规整排列的链束，因而也不能结晶)。这种规整的结晶链束细而长，表面能很大，不稳定，会自发地折叠成带状结构。虽然折叠部位的规整排列被破坏，但是"带"具有较小的表面，节省了表面能，在热力学上仍然是有利的。进一步减少表面能，结晶链束应在已形成的晶核表面上折叠生长，最终形成规则的单层片晶(见图 6-22(a))。这就是片晶生长的过程、结果，片晶中的高分子链的方向总是垂直于晶片平面的。另一种说法认为，链折叠是直接由单根分子链(而不是链束)进行的。

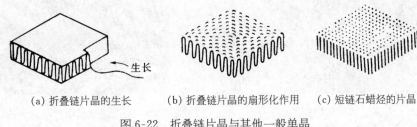

(a) 折叠链片晶的生长　　(b) 折叠链片晶的扇形化作用　　(c) 短链石蜡烃的片晶

图 6-22　折叠链片晶与其他一般单晶

按照折叠链模型，分子链在单晶生长面上规则折叠的一个重要结果是晶体将被分成若干扇区(见图 6-22(b))，这种扇形化作用是聚合物单晶独有的特征，在其他任何一般的单晶中，如图 6-22(c)中的石蜡烃单晶，其各部分的结构都是一样的，但是在聚合物单晶中，不同扇区中折叠链的方向是不同的。

### 3. 松散折叠链模型

还有许多实验是用上述折叠链模型很难解释的。例如电镜、核磁共振和其他实验研究发现，即使在聚合物单晶中，仍然存在着晶体缺陷，特别是有些单晶的表面结构非常松散，使单晶的密度远小于理想晶体的密度值。有人用 X 射线衍射法测量单晶的结晶度，如果用发烟硝酸将单晶的表面层蚀刻掉后，其结晶度值定为 100%，则原来的单晶的结晶度只有 75%~85%，这说明即使是单晶，其表面层在一定程度上也是无序的，分子链不可能像折叠链模型所描述的那样规整地折叠。因此，作为对原来的折叠链模型(近邻规整折叠)(见图 6-23(a))的修正，Fischer 提出了近邻松散折叠链模型(见图 6-23(b))，认为在结晶聚合物的晶片中，仍以折叠的分子链为基本结构单元，只是折叠处可能是一个环圈，松散而不规则，而在晶片中，分子链的相连链段仍然是相邻排列的。

有人认为，规整折叠与松散折叠两种模型只不过是折叠链结构的两种基本的模式而已，实际情况下可能都存在。而且在多层片晶中，分子链应该可以跨层折叠，即在一层晶片中折叠几个来回之后，转到另一层去再折叠，使层片之间存在联结链(见图 6-24)，从而使折叠链模型与下面的实验事实相符合。如果将聚乙烯与石蜡分子一起结晶，然后用溶剂抽提去石蜡，再在电镜下观察,则可发现晶片与晶片之间,有许多伸直链束结构的联结链(见图 6-25)。这种联结链的数目随着聚乙烯的分子量的增加而增加,也随结晶温度的降低而增加。

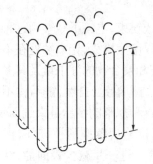

(a) 近邻规整折叠链模型

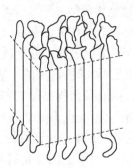
(b) 近邻松散折叠链模型

图 6-23　两种折叠链模型

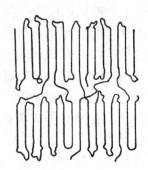
图 6-24　多层片晶的折叠链模型

图 6-25　石蜡被萃取后的聚乙烯电子
显微镜照片

图 6-26　聚乙烯球晶中片晶之间的联系

从熔体结晶时,由于体系黏度大,高分子间本来还可能有缠结,结晶速度又快,球晶中的片晶生长过程的复杂性是想象得到的,按上述观点,球晶晶片间必定存在大量的联结链。从聚乙烯球晶得到的照片证明了这一点(见图 6-26)。

4. 隧道折叠链模型

鉴于实际聚合物结晶大多是晶相与非晶相共存的,而各种结晶模型都有其片面性,R. Hosemann 综合了各种结晶模型,提出了一种折中的模型,称为隧道折叠链模型(见图 6-27),

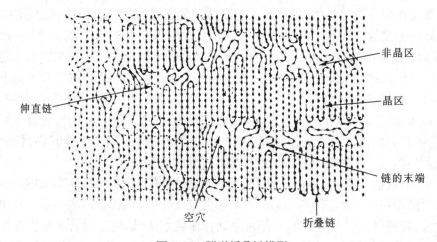
图 6-27　隧道折叠链模型

这个模型综合了在聚合物晶态结构中所可能存在的各种形态。因而特别适用于描述半结晶聚合物中复杂的结构形态。

## 5. 插线板模型

P. J. Flory 从他的高分子无规线团形态的概念出发,认为聚合物结晶时,分子链作近邻规整折叠的可能性是很小的。他以聚乙烯的熔体结晶为例,进行了半定量的推算,证明由于聚乙烯分子线团在熔体中的松弛时间太长,而实验观察到聚乙烯的结晶速度又很快,结晶时分子链根本来不及规整地折叠。而只能对局部链段作必要的调整,以便排入晶格,即分子链是完全无规进入晶片的。因此在晶片中,相邻排列的两段分子链并不像折叠链模型那样,是同一个分子的相连接的链段,而是非邻接的链段和属于不同分子的链段。在形成多层片晶时,一根分子链可以从一个晶片,通过非晶区,进入到另一个晶片中去;如果它再回到前面的晶片中来的话,也不是邻接的再进入(见图 6-28)。为此,仅就一层晶片而言,其中分子链的排列方式与老式电话交换台的插线板相似(见图 6-29),晶片表面上的分子链就像插头电线那样,毫无规则,也不紧凑,构成非晶区。所以通常把 Flory 模型称为插线板模型。

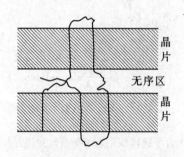

图 6-28 分子链在晶片中不规则
非近邻进入示意图

图 6-29 插线板模型

许多中子小角散射的实验支持 Flory 的插线板模型。J. Schelten 等用这种方法研究了聚乙烯,发现结晶聚乙烯中分子链的均方旋转半径与在熔体中分子链的均方旋转半径相同。D. G. H. Ballard 等研究了聚丙烯,E. W. Fisher 等研究了聚氧乙烯,J. M. Guenet 研究了等规聚苯乙烯,都得到了类似的结果(见表 6.3)。这些结果证明,熔体结晶中高分子链不作规则折叠,因为如果进行规则折叠,分子链的均方旋转半径将会与测得的结果大不相同。Ballard

表 6-3 小角中子散射结果

| 聚合物 | 结 晶 方 法 | $(\langle R_g^2 \rangle / M_w)^{1/2}$ (nm·mol$^{1/2}$·g$^{-1/2}$) | |
|---|---|---|---|
| | | 熔 体 | 结 晶 |
| 聚乙烯 | 从熔体中快速淬火 | 0.046 | 0.046 |
| 聚丙烯 | 快速淬火 | 0.035 | 0.034 |
| | 139 ℃等温结晶 | 0.035 | 0.038 |
| | 从熔体快速淬火,然后在 137 ℃退火 | 0.035 | 0.036 |
| 聚氧乙烯 | 缓慢冷却 | 0.042 | 0.052 |
| 等规聚苯乙烯 | 在 140 ℃结晶 5 hr | 0.026~0.028 | 0.024~0.027 |
| | 在 140 ℃结晶 5 hr 后,180 ℃结晶 50 min | 0.026~0.028 | 0.026 |
| | 在 200 ℃结晶 1 hr | 0.022 | 0.024~0.029 |

还用这种方法测量了一系列不同分子量的全同立构聚丙烯试样的均方旋转半径,也发现与熔体中相同,不随温度变化,而正比于分子量的 1/2 次方(见图 6-30),晶体和熔体中的结果都服从 $\theta$ 溶液中的旋转半径与分子量的关系。另外,中等角度的中子散射强度数据也提供有用的信息,将实验值与按假定模型计算的散射函数相比较时,发现实验值与按规则折叠模型计算的结果相去甚远,而与按插线板模型计算的结果则较为吻合(见图 6-31)。以上这些实验事实都说明,在结晶中,分子链基本上保持着它原来的总的构象,而只在进入晶格时作局部的调整。

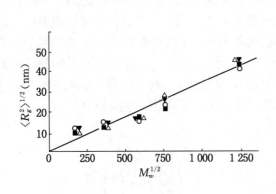

图 6-30 聚丙烯分子的均方旋
转半径 $\langle R_g^2 \rangle$ 与分子量 $M_w$ 的关系

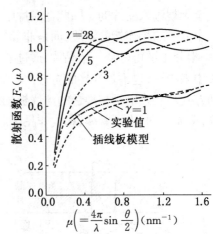

图 6-31 聚乙烯散射函数计算值与中
子散射实验值的比较

$\gamma$ 为分子链作规则近邻折叠时穿过晶片的次数

# 6.4  聚合物的结晶过程

聚合物的结晶过程与小分子类似,它包括晶核的形成和晶粒的生长两个步骤,因此结晶速度应该包括成核速度、结晶生长速度和由它们共同决定的结晶总速度。

## 6.4.1  结晶速度及其测定方法

测定聚合物的等温结晶速度的方法很多,其原理都是对伴随结晶过程发生变化的热力学或物理性质的测量,其中比较常用的方法,对应于上述三种速度的测定分别为:

(1) 成核速度——用偏光显微镜、电镜直接观察单位时间内形成晶核的数目。

(2) 结晶生长速度——用偏光显微镜法、小角激光散射法测定球晶半径随时间的增大速度,即球晶的径向生长速度。

(3) 结晶总速度——用膨胀计法、光学解偏振法等测定结晶过程进行到一半所需的时间 $t_{1/2}$ 的倒数作为结晶总速度。

下面对几种主要的实验方法进行简单介绍。

### 1. 膨胀计法

膨胀计法是研究结晶过程的经典方法。该法利用聚合物结晶时分子链作规整紧密堆砌时发生的体积变化,跟踪测量结晶过程中的体积收缩,来研究结晶过程。方法是将聚合物与惰性的跟踪液体装入一膨胀计中,加热到聚合物的熔点以上,使聚合物全部成为非晶态熔体,然后将膨胀计移入预先控制好的恒温槽中,使聚合物迅速冷却到预定的温度,观察膨胀计毛细管内液柱的高度随时间的变化,便可以考察结晶进行的情况。如果以 $h_0$、$h_\infty$ 和 $h_t$ 分别表示膨胀计的起始、最终和 $t$ 时间的读数,将实验得到的数据作 $(h_t-h_\infty)/(h_0-h_\infty)$ 对 $t$ 的图,则可得到如图 6-32 所示的反 S 形曲线。这就是说,在等温结晶过程中,体积变化起先是较慢的,过了一段时间后,体积收缩加快,之后又逐渐慢下来,最后,体积缩小变得非常缓慢。可以看出这使结晶速度的衡量发生了困难,不仅体积收缩的瞬时速度一直在变,而且变化终点所需要的时间也不明确,不能用结晶过程所需的全部时间来衡量。然而,体积收缩了整个过程的一半所需的时间,则是可以较准确地测量的,因为在这点附近,体积变化的速度较大,时间测量的误差较小,因此通常规定体积收缩进行到一半所需时间的倒数 $1/t_{1/2}$,作为实验温度下的结晶速度。膨胀计法设备简单,操作方便,一般也可得到准确可靠的结果,但由于系统的热容量大,因而热平衡时间较长,起始时间不易定准,难以研究结晶速度较快的过程。

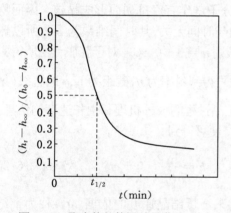

图 6-32　聚合物的等温结晶曲线

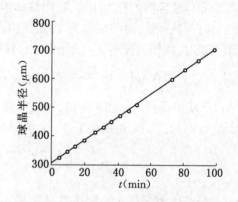

图 6-33　从 20% 等规聚丙烯和 80% 无规聚丙烯共混物中生长的球晶的半径与时间的线性关系

### 2. 光学解偏振法

光学解偏振法是利用球晶的光学双折射性质来测定结晶速度的一种方法。熔融聚合物试样是光学各向同性的,把它放在两个正交的偏振片之间时,透射光强度为零,随着结晶的进行,透射光强逐渐增加,并且这种解偏振光强度与结晶度成正比。用光电元件接收放大,并用仪器自动记录,便可得到与膨胀计法相似的等温结晶曲线,即 $(I_\infty-I_t)/(I_\infty-I_0)$ 对 $t$ 作图所得的曲线,曲线上 $(I_\infty+I_0)/2$ 对应的时间即为 $t_{1/2}$。此法试样小,热容小,热平衡时间短,又可自动测量,是个较好的方法。

### 3. 偏光显微镜法

偏光显微镜法也是研究结晶过程的常用方法。在偏光显微镜下可以直接观察到球晶的轮廓尺寸。配上热台,就可在等温条件下观察聚合物球晶的生长过程,测量球晶的半径随时间的变化。大量观测结果证明,等温结晶时,球晶半径与时间成线性关系(见图 6-33),这种关系一直保持到球晶长大到与邻近球晶发生相连接时为止。此法受显微镜视野的限制,只能观察少数球晶,由于样品的不均匀性会影响结果的重复性。

### 4. 小角激光散射法

小角激光散射法是一种有着多种功能的方法,可以用来测量球晶的大小。方法是拍摄球晶的 $Hv$ 图,分析所得图形可以算出观察范围里众多球晶的平均尺寸(具体计算方法见第十章),因此定时跟踪拍摄样品的 $Hv$ 图,便可测出球晶径向生长速度。

## 6.4.2　Avrami 方程用于聚合物的结晶过程[2, 3]

聚合物的等温结晶过程与小分子物质相似,也可以用 Avrami 方程来描述

$$\frac{v_t - v_\infty}{v_0 - v_\infty} = \exp(-kt^n) \tag{6-1}$$

式中 $v$ 是聚合物的比容;下标 0、$\infty$ 和 $t$ 同前文;$k$ 是结晶速率常数;而 $n$ 是 Avrami 指数,它与成核的机理和生长的方式有关,等于生长的空间维数和成核过程的时间维数之和(见表 6-4)。结晶的成核分为均相成核和异相成核两类,均相成核是由熔体中的高分子链段靠热运动形成有序排列的链束为晶核;而异相成核则以外来的杂质、未完全熔融的残余结晶聚合物、分散的小颗粒固体或容器的壁为中心,吸附熔体中的高分子链作有序排列而形成晶核。因而均相成核有时间依赖性,时间维数为 1,而异相成核则与时间无关,其时间维数为零。所以球晶三维生长时,均相成核则 $n = 3 + 1 = 4$,异相成核则 $n = 3 + 0 = 3$。对于膨胀计法所得实验数据,可以直接作 $\lg\left(-\ln\frac{h_t - h_\infty}{h_0 - h_\infty}\right)$ 对 $\lg t$ 图,便可得到斜率为 $n$,截距为 $\lg k$ 的直线(见图 6-34)。从所得到的 $n$ 和 $k$ 的值,可以得到关于结晶过程的成核机理和生长速度的信息。显然,从式(6-1),当 $(v_t - v_\infty)/(v_0 - v_\infty) = 1/2$ 时,便可得到

$$t_{1/2} = \left(\frac{\ln 2}{k}\right)^{1/n} \qquad 或 \qquad k = \frac{\ln 2}{t_{1/2}^n} \tag{6-2}$$

这也就是结晶速率常数 $k$ 的物理意义和采用 $1/t_{1/2}$ 来衡量结晶速度的依据。$t_{1/2}$ 称为半结晶期。

**表 6-4　不同成核和生长类型的 Avrami 指数值**

| 生长方式 | 成核方式 | |
| --- | --- | --- |
| | 均相成核 | 异相成核 |
| 三维生长(块(球)状晶体) | $n = 3 + 1 = 4$ | $n = 3 + 0 = 3$ |
| 二维生长(片状晶体) | $n = 2 + 1 = 3$ | $n = 2 + 0 = 2$ |
| 一维生长(针状晶体) | $n = 1 + 1 = 2$ | $n = 1 + 0 = 1$ |

Avrami 方程式曾应用于许多聚合物,并取得不同程度的成功。但是后来发现,有些情况下,虽然 Avrami 作图线性很好,但得到的 $n$ 值不是整数(如图 6-35 所示),而非整数的 $n$ 值在 Avrami 模型中是没有物理意义的,甚至于还发现微观观察结果认为 $n = 3$,而膨胀计法测得 $n = 2$ 的互相矛盾的情况。从图 6-35 也可以看到,直线的最后部分与实验点发生明显偏离。以上情况说明,聚合物的结晶过程比 Avrami 模型要复杂得多。有些研究工作者把这些归因于有时间依赖性的初始成核作用、均相成核和异相成核同时存在以及所谓二次结晶作用,并已对这些复杂情况进行了处理,导出了复杂得多的修正方程式,可惜也就更难以使用了。

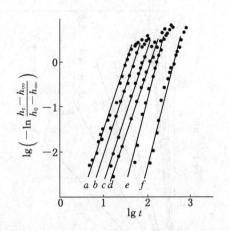 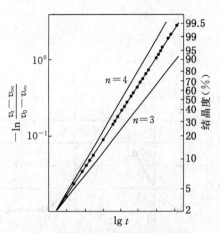

图 6-34　尼龙 1010 等温结晶的 Avrami 作图　　　　图 6-35　聚对苯二甲酸癸二酯
$a$—189.5 ℃；$b$—190.3 ℃；$c$—191.5 ℃；　　　　　　结晶过程的 Avrami 作图
$d$—193.4 ℃；$e$—195.5 ℃；$f$—197.8 ℃

## 6.4.3　温度对结晶速度的影响

如果用膨胀计法在一系列温度下观察聚合物的等温结晶过程，可以得到一组等温结晶曲线（见图 6-36）。由每一根曲线箭号指示处，可以得到一个 $t_{1/2}$ 值，其倒数即为该温度下的结晶速度，然后作 $1/t_{1/2}$ 对 $T$ 的图，便得到结晶速度温度曲线（见图 6-37）。

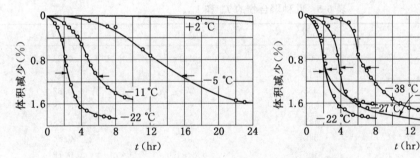

图 6-36　天然橡胶的等温结晶曲线

如果用偏光显微镜直接观察一系列温度下球晶的生长速度，在球晶半径对时间图上，将得到一组通过坐标原点的直线（见图 6-38），每一根直线的斜率代表该温度下的球晶径向生长速度，以球晶径向生长速度对温度作图，也得到与膨胀计法类似的曲线（见图 6-38 右上角）。

对各种聚合物的结晶速度与温度关系的考察结果表明，聚合物本体结晶速度温度曲线都呈单峰形，结晶温度范围都在其玻璃化温度与熔点之间，在某一适当温度下，结晶速度将出现极大值。有人根据各种聚合物的实验数据，提出由熔点 $T_m$ 和玻璃化温度 $T_g$ 估算最大结晶速度的温度 $T_{max}$ 的经验关系式

$$T_{max} = 0.63T_m + 0.37T_g - 18.5 \tag{6-3}$$

也有人提出仅从熔点对 $T_{max}$ 进行更简便的估算

$$T_{max} \approx 0.85T_m \tag{6-4}$$

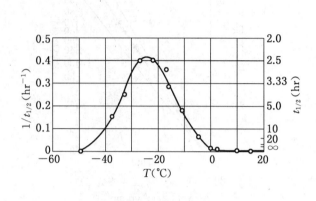

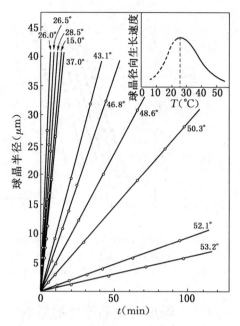

图 6-37 天然橡胶结晶速度与温度关系图          图 6-38 聚己二酸乙二酯球晶生长速度曲线

尽管这种估算十分粗略(见表 6-5),但是在某些情况下,还是很有用的。

表 6-5 几种聚合物的 $T_m$ 和 $T_{max}$

| 聚 合 物 | $T_m(K)$ | $T_{max}(K)$ | $T_{max}/T_m$ |
|---|---|---|---|
| 天然橡胶 | 301 | 249 | 0.83 |
| 全同聚苯乙烯 | 513 | 448 | 0.87 |
| 聚己二酸己二酯 | 332 | 271 | 0.82 |
| 聚丁二酸乙二酯 | 380 | 303 | 0.78 |
| 聚丙烯 | 449 | 393 | 0.88 |
| 聚对苯二甲酸乙二酯 | 540 | 453 | 0.84 |
| 尼 龙 | 66 | 538~420 | 0.79 |

聚合物的结晶速率与温度的这种关系,是其晶核生成速度和晶体生长速度存在不同的温度依赖性共同作用的结果。成核过程的温度依赖性与成核方式有关,异相成核可以在较高的温度下发生,而均相成核只有在稍低的温度下才能发生。因为温度过高,分子的热运动过于剧烈,晶核不易形成,或生成的晶核不稳定,容易被分子热运动所破坏。随着温度的降低,均相成核的速度逐渐增大。结晶的生长过程则取决于链段向晶核扩散和规整堆积的速度,随着温度的降低,熔体的黏度增大,链段的活动能力降低,晶体生长的速度下降。因此,聚合物的结晶速度随着熔体温度的逐渐降低,起先由于晶核生成的速度极小,结晶速度很小;之后,由于晶核形成速度增加,并且晶体生长速度又很大,结晶速度迅速增大;到某一适当的温度时,晶核形成和晶体生长都有较大的速度,结晶速度出现极大值;此后,虽然晶核形成的速度仍然较大,但是由于晶体生长速度逐渐下降,结晶速度也随之下降。在熔点以上晶体将被熔融,而在玻璃化温度以下,链段被冻结,因此,通常只有在熔点与玻璃化温度之间,聚合物的本体结晶才能发生。

根据以上分析和对各种聚合物结晶速度温度关系的归纳,可以把 $T_g$ 与 $T_m$ 之间的温度范围分成几个区域(见图 6-39):

Ⅰ区,熔点以下 10～30 ℃范围内,是熔体由高温冷却时的过冷温度区。成核速度极小,结晶速度实际上等于零。

Ⅱ区,从Ⅰ区下限开始,向下 30～60 ℃范围内,随着温度降低,结晶速度迅速增大,温度变化即使只有几度,结晶速度相差可以很大,不易控制。在这个区域中,成核过程控制结晶速度。

Ⅲ区,最大结晶速度出现在这个区域。是熔体结晶生成的主要区域。

Ⅳ区,结晶速度随温度降低迅速下降。结晶速度主要由晶粒生长过程控制。

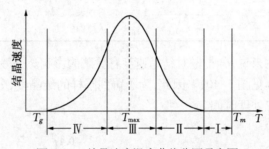

图 6-39　结晶速度温度曲线分区示意图

结晶速度 $G$ 与温度 $T$ 的这种关系,可以用如下的关系式来表示

$$G(T) = G_0 \exp\left(\frac{-\Delta F_D^*}{RT}\right) \exp \frac{-\Delta F^{\neq}}{RT} \tag{6-5}$$

式中 $\Delta F_D^*$ 是链段扩散进入结晶界面所需的活化自由能,$\Delta F^{\neq}$ 是形成稳定晶核所需的活化自由能。因而指数第一项又称为迁移项,第二项为成核项。$\Delta F_D^*$ 与结晶温度 $T$ 和玻璃化温度 $T_g$ 的差$(T-T_g)$成反比,$\Delta F^{\neq}$ 与熔点和结晶温度的差 $\Delta T = (T_m - T)$ 的一次方或二次方成反比。因此随着温度的降低,迁移项减少,成核项增加,温度降至 $T_g$ 附近,迁移项迅速减少,迁移项对结晶速度起支配作用,而到熔点附近,成核项迅速减少,成核项对结晶速度起支配作用。

掌握结晶速度与温度关系的规律,对于控制结晶性聚合物的结晶度,以获得所需的使用性能,有着十分重要的意义。

## 6.4.4 其他因素对结晶速度的影响

### 1. 分子结构

分子结构的差别是决定不同聚合物结晶速度快慢的根本原因。从本质上说,不同聚合物结晶速度的差别,是因为分子链扩散进入晶相结构所需的活化能,随着分子结构的不同而不同的缘故。虽然目前还不能从理论上全面地比较不同聚合物的结晶速度,但是大量实验事实说明,链的结构愈简单、对称性愈高、链的立体规整性愈好、取代基的空间位阻愈小、链的柔顺性愈大,则结晶速度愈大。例如聚乙烯链简单、对称而又规整,结晶速度很快,即使在液态空气中(-190 ℃)骤冷,也得不到完全非晶态的样品,与此类似,聚四氟乙烯的结晶速度也很快,脂肪族聚酯和聚酰胺,在结构上相当于在聚乙烯的主链上引入—COO—和—CONH—,可是结晶速度却比聚乙烯慢得多,这除了由于链的对称性降低外,极性基团的相互作用牵制了链的运动也是一个原因。分子链带有侧基,特别是庞大的侧基,或者主链上含有苯环的,都会使分子链的截面变大,分子链变硬,不同程度地阻碍链段的运动,影响链段在结晶时扩散迁移规整排列的速度,因此全同聚苯乙烯和聚对苯二甲酸乙二酯的结晶速度比聚乙烯慢得多(见表6-6)。

表6-6　几种聚合物在结晶最快的温度下的半结晶期

| 聚合物 | $t_{1/2}(s)$ | 聚合物 | $t_{1/2}(s)$ |
| --- | --- | --- | --- |
| 尼龙66 | 0.42 | 聚对苯二甲酸乙二酯 | 42.0 |
| 等规聚丙烯 | 1.25 | 等规聚苯乙烯 | 185 |
| 尼龙6 | 5.0 | 天然橡胶 | $5 \times 10^3$ |

对于同一种聚合物来说,分子量对结晶速度有显著的影响。一般在相同结晶条件下,分子量低时,结晶速度大(见图6-40)。因此,为了得到同样的结晶度,分子量高的比分子量低的聚合物需要更长的热处理时间。

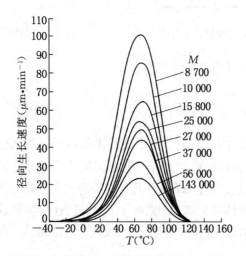

图6-40　聚甲基苯硅硅氧烷的分子量对球晶生长速度的影响

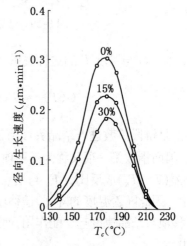

图6-41　等规聚苯乙烯及其与15%和30%无规聚苯乙烯共混物径向生长速度对结晶温度的关系

### 2. 杂质

杂质的存在,对聚合物的结晶过程有很大的影响。有些杂质能阻碍结晶的进行,有些杂质则能促进结晶。惰性的稀释剂的存在,降低了结晶分子的浓度,使结晶速度下降。随着这种杂质浓度的增加,结晶速度单调下降。例如在等规聚合物中加入适量的化学组成相同的无规聚合物,可以使结晶速度降低到需要的水平(见图6-41)。这一现象可被利用来研究那些结晶速度过快的聚合物的结晶行为,研究球晶的结构、形态和生长机理。另一方面,那些能促进结晶的杂质,常常在结晶的过程中起晶核的作用,因而被称为成核剂。加入成核剂可使聚合物结晶速度大大加快,并使球晶变小(见表6-7)。成核剂已被广泛用于在工业生产中通过加工改进聚合物的性能,因而具有很大的实用价值。

**表 6-7 成核剂对尼龙 6 结晶速度和球晶大小的影响**

| 成核剂 | 含量(%) | 在 200 ℃时的结晶速度($\mu m \cdot min^{-1}$) | 在 150 ℃结晶时球晶的大小($\mu m$) |
|---|---|---|---|
| 尼龙 6 本体 | | 0.05 | 50~60 |
| 尼龙 66 | 0.2 | 1.0 | 10~15 |
| | 0.1 | | 4~5 |
| 对苯二甲酸乙二酯 | 0.2 | 0.154 | 10~15 |
| | 1.0 | | 4~5 |
| 磷酸铅 | 0.05 | 0.154 | 10~15 |
| | 0.1 | | 4~5 |

有些溶剂也能明显地促进结晶过程,其中水是最经常遇到的和最难避免的一种溶剂,它的影响更值得注意。

# 6.5 结晶聚合物的熔融和熔点[3]

在通常的升温速度下,结晶聚合物熔融过程的体积(或比热容)对温度的曲线如图 6-42(a)所示,作为对照,同时给出了低分子熔融过程的 $V$ 对 $T$ 曲线(见图 6-42(b))。可以清楚地看出,结晶聚合物的熔融过程与低分子相似,在结晶时体积或比热等有突变,然而这一过程并不像低分子那样发生在约 0.2 ℃左右的狭窄的温度范围内,而有一个较宽的熔融温度范围,这个温度范围通常称为熔限。在这个温度范围内,发生边熔融边升温的现象,而不像低分子那样,几乎保持在某一两相平衡的温度下,直到晶相全部熔融为止。

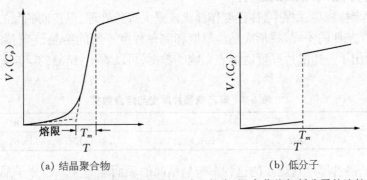

(a) 结晶聚合物　　　　　(b) 低分子

图 6-42 结晶聚合物熔融过程体积(或比热容)温度曲线与低分子的比较

结晶聚合物熔融时出现边熔融、边升温的现象是由于结晶聚合物中含有完善程度不同的晶体的缘故。结晶时,随着温度降低,熔体的黏度迅速增加,分子链的活动性减小,来不及作充分的位置调整,使得结晶停留在不同的阶段上,比较不完善的晶体将在较低的温度下熔融,而比较完善的晶体则需要在较高的温度下才能熔融,因而在通常的升温速度下,便出现较宽的熔融温度范围。

原则上说,结晶熔融时发生不连续变化的各种物理性质,如密度、折光指数、热容、透明性等等,都可以利用来测定熔点。此外还有利用结晶熔融时双折射消失的偏光显微镜法,利用结晶熔融时 X 射线衍射图上晶区衍射的消失、红外光谱图上以及核磁共振谱上结晶引起的特征谱带的消失的 X 射线衍射法、红外光谱法以及核磁共振法等。

### 6.5.1　结晶温度对熔点的影响

结晶聚合物的熔点和熔限与其结晶形成的温度有关。图 6-43 是橡胶的熔点和熔限与结晶形成温度的关系图。可以看到,结晶温度愈低,熔点愈低而且熔限愈宽;而在较高的温度下结晶,则熔点较高,熔限较窄。

结晶温度对熔点和熔限的这种影响,是由于在较低的温度下结晶时,分子链的活动能力较差,形成的晶体较不完善,完善的程度差别也较大,显然,这样的晶体将在较低的温度下被破坏,即熔点较低,同时熔融温度范围也必然较宽;在较高的温度下结晶时,分子链活动能力较强,形成的结晶比较完善,完善程度的差别也较小,因而晶体的熔点较高而熔限较窄。

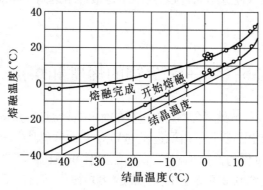

图 6-43　橡胶的结晶温度与熔限的关系

### 6.5.2　晶片厚度对熔点的影响

结晶性聚合物成型过程中,往往要作淬火或退火等热处理,以控制制品的结晶度。与此同时,随着结晶条件的不同,将形成晶片厚度和完善程度不同的结晶,它们将具有不同的熔点。表 6-8 给出了一组晶片厚度对熔点影响的数据,可以看出:结晶的熔点随着晶片厚度的增加而升高。

表 6-8　聚乙烯晶片厚度与熔点数据

| $l$(nm) | 28.2 | 29.2 | 30.9 | 32.3 | 33.9 | 34.5 | 35.1 | 36.5 | 39.8 | 44.3 | 48.3 |
|---|---|---|---|---|---|---|---|---|---|---|---|
| $T_m$(℃) | 131.5 | 131.9 | 132.2 | 132.7 | 134.1 | 133.7 | 134.4 | 134.3 | 135.5 | 136.5 | 136.7 |

一般认为,晶片厚度对熔点的这种影响与结晶的表面能有关。高分子晶体表面普遍存在堆砌较不规整的区域,因而在结晶表面上的链将不对熔融热作完全的贡献。晶片厚度越小,单位体积内的结晶物质比完善的单晶将具有较高的表面能。因此,晶片厚度较小的和较不完善的晶体,比其较大的和较完善的晶体的熔点要来得低些。J. I. Lauritzen 和 J. D. Hoffman 于 1960 年从单晶出发,导出了熔点 $T_m$ 与晶片厚度 $l$ 的关系

$$T_m = T_m^0 \Big(1 - \frac{2\sigma_e}{l \Delta h}\Big) \tag{6-6}$$

也可写成

$$l = \frac{2\sigma_e T_m^0}{\Delta h (T_m^0 - T_m)}$$

式中 $T_m$ 和 $T_m^0$ 分别表示晶片厚度为 $l$ 和 $\infty$ 时的结晶熔点;$\Delta h$ 是单位体积的熔融热;$\sigma_e$ 是表

面能。显然 $l$ 越小，则 $T_m$ 越低。而 $l \to \infty$ 时，$T_m \to T_m^0$，熔点将达到一个极限值，$T_m^0$ 常称为平衡熔点，一般认为聚乙烯的 $T_m^0$ 约等于 145 ℃。

所得的方程提供了一个直接的方法，用以从 $T_m$ 对 $1/l$ 的图的斜率测定重要参数 $\sigma_e$，和从温度坐标上的截距测定 $T_m^0$（见图 6-44）。为了测定某聚合物的这两个参数，实验上只需测量一组不同条件得到的晶体的熔点和片晶的厚度。但是由于聚合物片晶的亚稳定性，在加热时，这些片晶很容易转变为具有更高熔点的较厚的片晶，使熔点和晶片厚度的准确测量遇到了很大的困难。因为，如果用传统的方法，用尽可能慢的升温速度以便尽量接近热力学平衡的条件下测定熔点，那么在此期间晶片厚度将会发生较大的变化；相反地，如果快速升温，虽可避免熔点测量过程中晶片厚度的变化，但又易于因过热效应而使所得熔点超过真实值。实验中只能在这两方面中寻找折中条件。通常推荐采用升温速度为 10 K·min$^{-1}$，此条件下可得到较为重复的结果，得到的 $\sigma_e$ 值也与其他方法得到的比较一致。

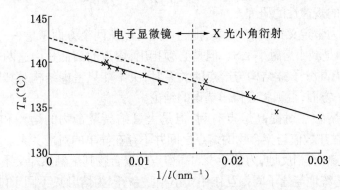

图 6-44　聚乙烯高压伸直链结晶的熔点对晶片厚度作图

### 6.5.3　拉伸对聚合物熔点的影响

熔融纺丝时，总要进行牵伸，以提高纤维的强度。对于结晶聚合物，牵伸能帮助聚合物结晶，结果提高了结晶度，同时也提高了熔点。从热力学观点很容易解释这一现象。因为要使聚合物能自动地进行结晶，必须使结晶过程自由能的变化小于零，$\Delta F < 0$。而

$$\Delta F = \Delta H - T\Delta S$$

无论任何物质从非晶态到晶态，其中分子的排列是从无序到有序的过程，熵总是减小的，$\Delta S < 0$。要使 $\Delta F < 0$，必须使 $\Delta H < 0$，而且 $|\Delta H| > T|\Delta S|$。某些聚合物从非晶相到晶相，$|\Delta S|$ 很大，而结晶的热效应 $\Delta H$ 却很小，要使 $|\Delta H| > T|\Delta S|$ 只有两种可能性：(1)降低 $T$；(2)降低 $|\Delta S|$。但过分降低温度则分子活动有困难，可能变成玻璃态而不结晶，所以应设法降低 $|\Delta S|$。在结晶前对聚合物进行拉伸，使高分子链在非晶相中已经具有一定有序性，这样，结晶时相应的 $|\Delta S|$ 也就小了，使结晶能够进行。所以对结晶性聚合物，拉伸有利于结晶，例如天然橡胶在常温下结晶需要几十年，而拉伸时只要几秒钟就能结晶，除去外力则结晶立即熔化。

在熔点时晶相与非晶相达到热力学平衡，$\Delta F = 0$，故

$$T_m = \Delta H / \Delta S \qquad\qquad (6\text{-}7)$$

拉伸使熵变减小,熔点提高。这个结论对拉伸非晶相聚合物而言是正确的,因而拉伸所用的力与熔点之间有一定的关系。

以纤维为例,假定使纤维取向所用的力为 $x$,则 $x$ 与熔点 $T_m$ 的关系是

$$(\partial x/\partial T_m)_p = -\Delta S/\Delta L \tag{6-8}$$

式中 $x$ 是在温度 $T_m$ 时纤维中取向的晶态与解取向的非晶态之间维持平衡所需的力;$\Delta L$ 和 $\Delta S$ 是熔融时纤维长度的变化和熵的变化;熔融时 $\Delta L$ 是负的,$\Delta S$ 是正的,因此 $(\partial x/\partial T_m)_p$ 也是正的,这就是说,使纤维取向所用的力愈大则熔点愈高。某些橡胶,比如天然橡胶,在室温未拉伸时是非晶态的,当高倍拉伸时则发生结晶,微晶的熔点由于拉伸比的增加而明显地升高。

### 6.5.4　高分子链结构对熔点的影响

随着科学技术的发展,对耐热材料的需求,强有力地推动了耐热高分子材料的研制和对结构与熔点关系的规律性的研究。

由熔点的热力学定义式(6-7)出发,提高熔点可以从两个方面考虑,一方面是增加熔融热 $\Delta H$,另一方面是减小熔融熵 $\Delta S$。但是必须指出,熔点的高低是由这两个方面因素共同决定的,因此考虑高分子链结构与熔点的关系时,决不能只考虑结构对其中某一方面的影响,而忽略了另一方面,否则将会得出错误的结论。

原则上增加熔融热对提高熔点有利,但是大量结晶聚合物的熔点和熔融热数据(见表6-9)表明,熔融热数值与聚合物的熔点之间并不存在简单的对应关系。许多低熔点的聚合物有高的熔融热值;相反地,为数不少的高熔点的聚合物其熔融热却又不高。而且还须注意,熔融热不能笼统地与分子间相互作用大小相联系,因为熔融热不同于内聚能密度,内聚能是液气相转变时分子间相互作用变化的量度,而熔融过程是固液转变,熔融热应是熔融前后分子间相互作用变化的量度。例如,聚酰胺由于形成氢键,分子间的相互作用很强,但是有实验事实表明,红外光谱检测到熔点以上仍然存在部分氢键,即这部分氢键可能对熔融热没有贡献,因此虽然聚酰胺的熔点都比相应的聚酯的熔点高得多,但是有些聚酰胺的 $\Delta H$ 却甚至比相应的聚酯还低。所以,在考虑分子间相互作用大小或熔融热大小对熔点的影响时必须谨慎。

表 6-9　一些结晶聚合物的熔融数据表

| 聚 合 物 | 熔点 $T_m^0$(℃) | 熔融热 $\Delta H_u$ | | 熔融熵 $\Delta S_u$ | |
|---|---|---|---|---|---|
| | | (cal·mol$^{-1}$)<br>重复单元 | (kJ·mol$^{-1}$)<br>重复单元 | (cal·℃$^{-1}$·mol$^{-1}$)<br>重复单元 | (J·℃$^{-1}$·mol$^{-1}$)<br>重复单元 |
| 聚乙烯 | 146 | 960 | 4.02 | 2.3 | 9.6 |
| 聚丙烯(等规) | 200 | 1 386 | 5.80 | 2.90 | 12.1 |
| 聚1-丁烯(等规) | 138 | 1 676 | 7.01 | 4.06 | 17.0 |
| 聚1-戊烯(等规) | 130 | 1 058 | 6.31 | 3.73 | 15.6 |
| 聚4-甲基1戊烯 | 250 | 2 373 | 9.93 | 4.54 | 19.0 |
| 聚1,4-异戊二烯(顺式) | 28 | 1 050 | 4.40 | 3.46 | 14.5 |
| 聚1,4-异戊二烯(反式) | 74 | 3 040 | 12.7 | 8.75 | 36.6 |
| 聚1,4-丁二烯(顺式) | 11.5 | 2 198 | 9.20 | 7.65 | 32 |
| 聚1,4-丁二烯(反式) | 142 | 1 430 | 3.61 | 2.08 | 8.7 |
| 聚1,4-氯丁二烯(反式) | 80 | 2 000 | 8.37 | 5.68 | 23.8 |
| 聚异丁烯 | 128 | 2 870 | 12.0 | 7.15 | 29.9 |

（续表）

| 聚 合 物 | 熔点 $T_m^0$ (℃) | 熔融热 $\Delta H_u$ | | 熔融熵 $\Delta S_u$ | |
|---|---|---|---|---|---|
| | | (cal·mol$^{-1}$) 重复单元 | (kJ·mol$^{-1}$) 重复单元 | (cal·℃$^{-1}$·mol$^{-1}$) 重复单元 | (J·℃$^{-1}$·mol$^{-1}$) 重复单元 |
| 聚苯乙烯(等规) | 243 | 2 000 | 8.37 | 3.9 | 16.3 |
| 聚氯乙烯(等规) | 212 | 3 040 | 12.7 | 6.27 | 26.2 |
| 聚偏氯乙烯 | 198 | 3 780 | 15.8 | 8.02 | 33.6 |
| 聚偏氟乙烯 | 210 | 1 599 | 6.69 | 3.31 | 13.8 |
| 聚三氟氯乙烯 | 220 | 1 200 | 5.02 | 2.43 | 10.2 |
| 聚四氟乙烯 | 327 | 685 | 2.87 | 1.14 | 4.78 |
| 聚甲醛 | 180 | 1 590 | 6.66 | 3.5 | 14.7 |
| 聚氧化乙烯 | 80 | 1 980 | 8.29 | 5.35 | 22.4 |
| 聚四氢呋喃 | 57 | 345 | 1.44 | 10.4 | 43.7 |
| 聚六次甲基氧醚 | 73.5 | 5 554 | 23.2 | 16.1 | 67.3 |
| 聚八次甲基氧醚 | 74 | 7 018 | 29.4 | 20.2 | 84.4 |
| 聚对二甲苯撑 | 375 | 7 200 | 30.1 | 11.1 | 46.5 |
| 聚对苯二甲酸乙二酯 | 280 | 6 430 | 26.9 | 11.6 | 48.6 |
| 聚对苯二甲酸丁二酯 | 230 | 7 600 | 31.8 | 15.1 | 63.2 |
| 聚对苯二甲酸癸二酯 | 138 | 11 000 | 46.1 | 27 | 113 |
| 聚己二酸癸二酯 | 79.5 | 10 200 | 42.7 | 29 | 121 |
| 聚癸二酸乙二酯 | 76 | 6 950 | 29.1 | 19.9 | 83.3 |
| 聚癸二酸癸二酯 | 80 | 12 000 | 50.2 | 34 | 142 |
| 聚乙内酯 | 233 | 2 649 | 11.1 | 5.26 | 22 |
| 聚 $\beta$-丙内酯 | 84 | 2 170 | 9.1 | 6.09 | 25.5 |
| 聚 $\varepsilon$-己内酯 | 64 | 3 874 | 16.2 | 11.5 | 48.1 |
| 聚己内酰胺(尼龙6) | 270 | 6 220 | 26.0 | 11.7 | 48.8 |
| 聚己二酰己二胺(尼龙66) | 280 | 16 226 | 67.9 | 29.4 | 123 |
| 聚辛内酰胺(尼龙8) | 218 | 4 253 | 17.8 | 8.60 | 36 |
| 聚壬二酰癸二胺(尼龙109) | 214 | 8 800 | 36.8 | 27 | 113 |
| 聚癸二酰癸二胺(尼龙1010) | 216 | 8 300 | 34.7 | 17 | 71.2 |
| 聚双酚A碳酸酯 | 295 | 8 022 | 33.6 | 14.1 | 59 |
| 三丁酸纤维素 | 207 | 3 000 | 12.6 | 8.13 | 3.9 |

熔融熵的大小决定于熔融时体积变化和分子链可能存在的构象数目的变化。构象数目在晶体中只有一个,在熔体中可有许多个,因此,熔融熵与熔融态下的链构象之间可建立较明确的对应关系,于是通常可以根据高分子链的柔顺性来推测其熔融熵,进而考虑它对聚合物熔点的影响。

下面分别讨论各类聚合物的熔点与其结构的关系。

**1. 等规烯类聚合物**

当聚乙烯的次甲基规则地被某一烷基取代时,即为等规聚 $\alpha$ 烯烃,由于主链内旋转位阻增加,分子链的柔顺性降低,熔点升高。例如

$$-\!\!\left(CH_2\!-\!CH_2\right)_{\!\overline{n}} \quad -\!\!\left(CH_2\!-\!CH\right)_{\!\overline{n}} \quad -\!\!\left(CH_2\!-\!CH\right)_{\!\overline{n}} \quad -\!\!\left(CH_2\!-\!CH\right)_{\!\overline{n}}$$

（下方取代基）

| 聚乙烯 | 聚丙烯 | 聚3-甲基-1-丁烯 | 聚3,3'-二甲基-1-丁烯 |
|---|---|---|---|
| $T_m^0 = 146$ ℃ | 200 ℃ | 304 ℃ | > 320 ℃ |

但是由于这类聚合物在结晶中均采取螺旋形构象,当正烷基侧链的长度增加时,影响了链间的紧密堆砌,将使熔点下降。例如

$$\begin{array}{cccc}
\text{⫲CH}_2\text{—CH⫳}_n & \text{⫲CH}_2\text{—CH⫳}_n & \text{⫲CH}_2\text{—CH⫳}_n & \text{⫲CH}_2\text{—CH⫳}_n \\
| & | & | & | \\
\text{CH}_3 & \text{CH}_2\text{—CH}_3 & \text{CH}_2\text{—CH}_2\text{—CH}_3 & \text{CH}_2\text{—CH}_2\text{—CH}_2\text{—CH}_3
\end{array}$$

| 聚丙烯 | 聚1-丁烯 | 聚1-戊烯 | 聚1-己烯 |
|---|---|---|---|
| $T_m^0 = 200\ ℃$ | 138 ℃ | 130 ℃ | $-55\ ℃$ |

侧链长度继续增加时,由于重新出现有序性的堆砌,使熔点回升(见图6-45)。

当取代基为体积庞大的基团时,例如

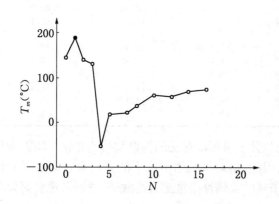

| $T_m^0 = 243\ ℃$ | 265 ℃ | 300 ℃ | 360 ℃ | $> 320\ ℃$ |
|---|---|---|---|---|

等,由内旋转的空间位阻,使分子链的刚性增加,从而减小熔融熵,使熔点升高。这类取代基造成的空间位阻越大,熔点升高越多。

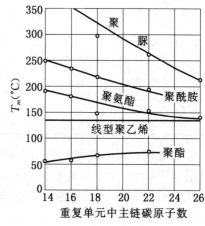

图 6-45　聚 $\alpha$-烯烃⫲CH$_2$CH⫳$_n$的熔点随侧链长度的变化
　　　　　　　　　　　　　　 |
　　　　　　　　　　　　　(CH$_2$)$_m$H

图 6-46　脂肪族同系聚合物熔点
　　　　　　的变化趋势

## 2. 脂肪族聚酯、聚酰胺、聚氨酯和聚脲

这几类聚合物的熔点随重复单元的长度的变化呈现统一的总趋势,它们都随重复单元长度的增加逐渐趋近聚乙烯的熔点(见图6-46)。因为随着重复单元长度的增加,主链上的酯、酰胺、氨基甲酸酯和脲等极性基团的含量逐渐减少,使链的结构逐渐接近聚乙烯的链结构,不管其柔顺性还是链间的相互作用和堆砌密度,都越来越接近于聚乙烯的情况,因而其熔点变化的这种趋势是容易理解的。

关于上述几类聚合物之间的熔点差别,曾有人用生成分子间氢键和氢键的密度来说明聚酰胺、聚氨酯和聚脲的熔点高于聚乙烯以及它们彼此之间的熔点高低顺序,认为氢键的形成主要是增加了熔融热,因而氢键的密度越大,熔点越高。但是如前所述,熔融态中检测到氢键仍然存在,以及聚酰胺和聚酯的熔融热数值相近的事实,不支持这种解释。事实上,分子主链引进上述极性基团之后,也降低了链的柔顺性,特别是熔体中氢键的存在,进一步限制了许多可能的构象的出现,因而使熔融熵减小,熔点升高。聚酯的低熔点一般认为是由较高的熔融熵造成的,因为在酯基中,C—O 键的内旋转位阻较 C—C 键小,增加了链的柔顺性。

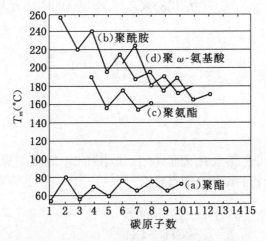

图 6-47　结晶熔点对极性基团间碳原子数的依赖性
(a) 与癸二醇形成聚酯的二元酸的碳原子数;
(b) 与癸二酸形成聚酰胺的二元胺的碳原子数;
(c) 与丁二醇形成聚氨酯的二异氰酸的碳原子数;
(d) 聚 ω-氨基酸中 ω-氨基酸的碳原子数

较仔细的研究还发现,这几类聚合物的熔点随重复单元长度的变化的总趋势上,还都呈现一种锯齿形变化的特征(见图 6-47)。造成这种现象的原因可能仍然与形成分子间氢键的密度有关。以聚酰胺为例,分子链上的酰胺基团形成氢键的几率与结构单元中碳原子数的奇偶数有关(见表 6-10)。另外一种解释则认为,熔点随重复单元长度变化而上下交替变

表 6-10　聚酰胺链间氢键与重复单元中碳原子数奇偶的关系

| 聚酰胺分子间氢键结构 | | | |
|---|---|---|---|
| 碳原子数 | 偶数的氨基酸 | 奇数的氨基酸 | 偶酸偶胺 | 偶酸奇胺 |
| 形成氢键数 | 半　数 | 全　部 | 全　部 | 半　数 |
| 熔点 | 低 | 高 | 高 | 低 |

化的现象,是由不同的晶体结构引起的,即这些聚合物的晶体结构随重复单元中碳原子数的奇偶而交替变化。

### 3. 主链含苯环或其他刚性结构的聚合物

在主链上含有环状结构或共轭结构的聚合物,都使链的刚性大大增加,这类基团包括

| 次苯基 | 联苯基 | 萘　基 | 均苯四酸二酰亚胺基 |
|---|---|---|---|

等,这类聚合物都具有较低的熔融熵,因而具有比其对应的饱和脂肪链聚合物高得多的熔点。

下面给出三组聚合物的结构及熔点数据

| 聚 合 物 | 重复单元 | $T_m^0$ |
|---|---|---|
| 聚乙烯 | —CH₂—CH₂— | 146 ℃ |
| 聚对二甲苯撑 | —CH₂——CH₂— | 375 ℃ |
| 聚苯撑 | | 530 ℃ |
| 聚辛二酸乙二酯 | —(CH₂)₂—OC—(CH₂)₆—CO— | 45 ℃ |
| 聚对苯二甲酸乙二酯 | —(CH₂)₂—OC——CO— | 280 ℃ |
| 尼龙 68 | —NH(CH₂)₆NHCO(CH₂)₆CO— | 235 ℃ |
| 半芳香尼龙 | —NH(CH₂)₆NHCO——CO— | 350 ℃ |
| 芳香尼龙 | —NH——NHCO——CO— | 430 ℃ |

从上面一系列数据可以看出,高分子主链上的对苯撑单元能特别有效地使主链变得僵硬,因而使熔点升高。

对位芳族聚合物的熔点比相应的间位芳族的熔点要高,这是因为对称的关系,对位基团围绕其主链旋转 180°后构象似乎不变,而间位基团在转动时构象就不同了,因此间位化合物在自由转动时能得到更多的熵,因而其熔点较低,例如

| 聚对苯二甲酸乙二酯 | 聚间苯二甲酸乙二酯 |
|---|---|
| $T_m^0 = 280 ℃$ | 240 ℃ |

双酚 A 聚碳酸酯

295 ℃

聚苯醚

481 ℃

分别比脂肪族聚碳酸酯和聚醚要高得多,也是苯环使分子链变得很刚性的结果。

**4. 其他聚合物**

聚四氟乙烯具有很高的熔点327 ℃,在380 ℃它的黏度仍高达 $10^{10}$ Pa·s$^{-1}$(即 $10^{11}$ P),因此在结晶熔融后,接近其分解温度时还没有可观察到的流动,致使它不能用一般热塑性塑料的方法进行加工,因为分子的构象是几乎接近棒状的刚性分子。

二烯类的1,4-聚合物都具有较低的熔点,这可能是其链上的孤立双键造成的特别好的链柔顺性和较小的分子间非极性相互作用,导致较大的熔融熵和较小的熔融热的结果。它们的顺式结构聚合物比反式结构聚合物具有更低的熔点,因为反式聚合物的链取全反式构象,在晶体中可作更为紧密的堆砌,从而得到更大的熔融热。

## 6.5.5　共聚物的熔点

当结晶聚合物的单体与另一单体进行共聚时,如果这个共聚单体本身不能结晶,或者本身虽能结晶,但不能进入原结晶聚合物的晶格,与其形成共晶,则生成共聚物的结晶行为将发生变化,结晶熔点 $T_m$ 与原结晶聚合物的平衡熔点的关系可以用经典的热力学相平衡理论得到

$$\frac{1}{T_m} - \frac{1}{T_m^0} = -\frac{R}{\Delta H_u} \ln P \tag{6-9}$$

式中 $P$ 代表共聚物中结晶单元相继增长的几率;$R$ 是气体常数;$\Delta H_u$ 是每摩尔重复单元的熔融热。这一关系表明,共聚物的熔点与组成没有直接的关系,而是决定于共聚物的序列分布性质。

对于无规共聚物,$P \equiv X_A$,因而

$$\frac{1}{T_m} - \frac{1}{T_m^0} = -\frac{R}{\Delta H_u} \ln X_A \tag{6-10}$$

式中 $X_A$ 是结晶单元的摩尔分数。图 6-48 是一组无规共聚酯和无规共聚酰胺的熔点与组成关系的典型例子。可以看到,如理论所预示的,随着非结晶共聚单体的浓度增加,熔点单调下降,直到一个适当的组成,这时,共聚物的两个组分的结晶熔点相同,达到低共熔点。

对于嵌段共聚物,$P \gg X_A$,有时甚至于趋近于1,因而这类聚合物大多只有轻微的相对于其均聚物的熔点降低;而对于交替共聚物,则有 $P \ll X_A$,熔点将发生急剧的降低。因此,可以预计具有相同组成的共聚物,由于序列分布不同,其熔点将会有很大的差别。这一结论已被大量实验事实所证实。

图 6-49 中给出一组与各种共聚单体嵌段共聚的聚对苯二甲酸乙二酯的嵌段共聚物的熔点和组成的关系。作为对照,两个相应的无规共聚物的熔点组成关系也一起给出。可以看出,两种不同类型的共聚物的熔点组成关系有非常明显的差别,和上述理论预测相吻合。在嵌段共聚物的曲线上,当共聚单体含量增至很大时,熔点仍然维持不变,并且与共聚单体的化学结构无关。一直到共聚单体含量大到某一比例后,熔点才发生急剧下降,最后稳定在添加组分的结晶熔点上。

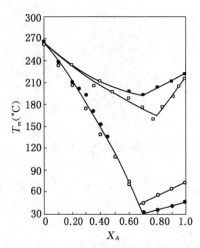

图 6-48　典型无规共聚酯、共聚酰胺的熔点
与组成关系

● ——对苯二甲酸和己二酸与乙二醇的共聚物；
○ ——对苯二甲酸和癸二酸与乙二醇的共聚物；
■ ——己二酸和癸二酸与己二胺的共聚物；
□ ——己二酸和己二胺与己内酰胺的共聚物

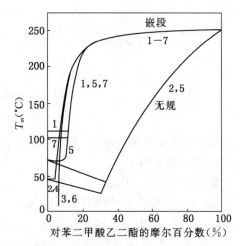

图 6-49　聚对苯二甲酸乙二酯的几种嵌段
共聚物的熔点组成关系

1——聚丁二酸乙二酯；　　2——聚己二酸乙二酯；
3——聚己二酸二甘醇酯；　4——聚壬二酸乙二酯；
5——聚癸二酸乙二酯；　　6——聚邻苯二甲酸乙二酯；
7——聚间苯二甲酸乙二酯

在适当的组成范围，嵌段共聚物的熔点发生大幅度的变化，这给性能控制以大的可变性。例如，一个结晶共聚物通过嵌段共聚可以有效地降低其熔点、模量和拉伸强度等。通过选择适当的共聚单体，还可以在保持所希望的力学性质的同时，提高其他一些性质，如可染性、吸水性或弹性等。如果为了满足加工等需要，需要降低熔点，也可以无规地引入共聚单体。

分子链上出现的结构不规整单元，包括等规聚合物的构型不规整单元（如取代烯烃等规聚合中的旋光构型不规则单元，或二烯类聚合中的顺反构型不规则单元），以及分子链上的支化点等，这些不规则单元对结晶的影响与共聚单元相似，虽然它们在化学上与链上其他单元是一样的（这点与共聚单元不同），但是在此都可作为无规共聚物来处理。图 6-50、图 6-51 和图 6-52分别是这三种结构不规则单元引起熔点降低的实验结果。可以看到，随着这些单元

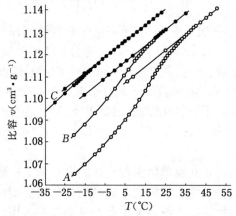

图 6-50　含不同摩尔分数结晶 1,4-反式单元 $X_A$
的聚丁二烯的熔融

$A$—$X_A = 0.81$；　$B$—$X_A = 0.73$；　$C$—$X_A = 0.64$.
曲线 $B$ 和 $C$ 沿纵坐标任意移动

含量的增加,熔点与结晶度下降,并且熔融过程明显变宽。通常,无规共聚物的熔限均比均聚物和嵌段共聚物宽,这是结晶对序列长度的要求带来的扩大了的杂质效应的结果。

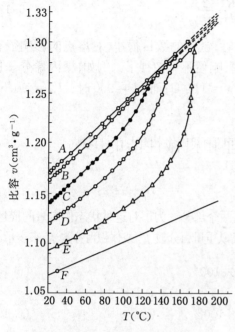

图 6-51　不同等规度的聚丙烯的熔融

A—乙醚萃取,淬火;　　B—戊烷萃取,退火;
C—己烷萃取,退火;　　D—三甲基戊烷萃取,退火;
E—整个聚合物,退火;　　F—纯结晶聚合物计算值

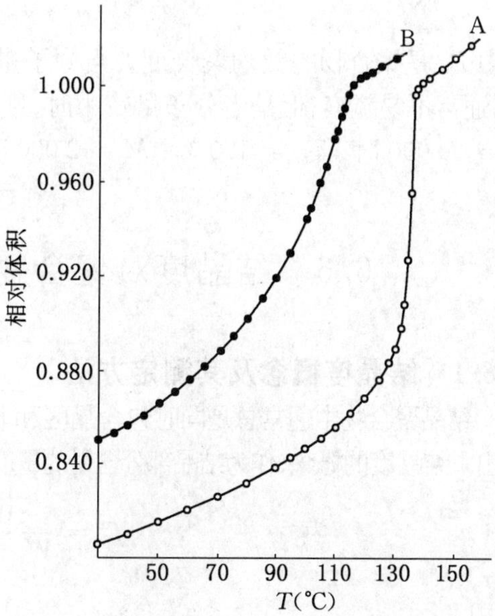

图 6-52　线型聚乙烯 A 和支化聚乙烯 B 的熔融

## 6.5.6　杂质对聚合物熔点的影响

根据经典的相平衡热力学,杂质使低分子晶体熔点降低服从如下关系

$$\frac{1}{T_m} - \frac{1}{T_m^0} = -\frac{R}{\Delta H_u} \ln a_A \tag{6-11}$$

式中 $a_A$ 是含可溶性杂质的晶体熔化后,结晶组分的活度。如果杂质浓度很低,$a_A = X_A$。

对于结晶聚合物,各种低分子的稀释剂(包括增塑剂、未聚合单体及其他可溶性添加剂)所造成的熔点降低,也有类似的关系式。如果低分子稀释剂的体积分数为 $\phi_1$,则

$$\frac{1}{T_m} - \frac{1}{T_m^0} = \frac{R}{\Delta H_u} \frac{V_u}{V_1} (\phi_1 - \chi \phi_1^2) \tag{6-12}$$

式中 $V_u$ 和 $V_1$ 分别是高分子重复单元和低分子稀释剂的摩尔体积;$\chi$ 是高分子和稀释剂的相互作用参数(详见第三章),对于溶解能力很好的稀释剂,$\chi$ 可为负值,随着溶解能力下降,$\chi$ 增大,极限情况 $\chi$ 可高到 0.55,可见良溶剂比不良溶剂使聚合物熔点降低的效应更大。

式(6-12)已被许多不同聚合物的大量实验事实所证实,式中 $\Delta H_u$ 是链重复单元的特征,而与结晶状态的性质无关。当研究一组不同稀释剂时,一种聚合物可得到相同的 $\Delta H_u$ 值。因而这个方程常用来测定聚合物的 $\Delta H_u$ 值,加上平衡熔点数据,可由式 $T_m = \Delta H / \Delta S$

计算出重复单元的熔融熵 $\Delta S_u$。

如果把链端当作杂质处理，高分子的分子量对熔点的影响可以表示为

$$\frac{1}{T_m} - \frac{1}{T_m^0} = \frac{R}{\Delta H_u}\frac{2}{P_n} \tag{6-13}$$

式中 $P_n$ 是聚合物的数均聚合度。当分子量较大时，链端的数目很小，对熔点的影响很有限，通常不易觉察；但是当分子量较小时，则这种影响便不可忽视了。例如，聚丙烯分子量 $M = 30\,000$ 时，$T_m = 170\,℃$；$M = 2\,000$ 时，$T_m = 114\,℃$；而 $M = 900$ 时，$T_m = 90\,℃$。

# 6.6　结晶度对聚合物物理和机械性能的影响

## 6.6.1　结晶度概念及其测定方法

结晶聚合物中通常总是同时包含晶区和非晶区两个部分。为了对这种状态作定量的描述，提出了结晶度的概念，作为结晶部分含量的量度，通常以重量百分数 $f_c^w$ 或体积百分数 $f_c^v$ 来表示

$$f_c^w = \frac{W_c}{W_c + W_a} \times 100\% \tag{6-14}$$

或

$$f_c^v = \frac{V_c}{V_c + V_a} \times 100\% \tag{6-15}$$

式中 $W$ 表示质量；$V$ 表示体积；下标 $c$ 表示结晶，$a$ 表示非晶。

结晶度的概念虽然沿用了很久，但是由于聚合物的晶区与非晶区的界限不明确，在一个样品中，实际上同时存在着不同程度的有序状态，这给准确确定结晶部分的含量带来困难，由于各种测定结晶度的方法涉及不同的有序状态，或者说，各种方法对晶区和非晶区的理解不同，有时甚至会有很大的出入。表 6-11 给出几种试样用不同方法测得的结晶度数据，可以看到，不同方法得到的数据的差别远远超过测量的误差。（对有些试样，如聚乙烯和结晶的顺-1,4-聚异戊二烯，不同方法又都能得到比较一致的结晶度数值。）因此，在指出某种聚合物的结晶度时，通常必须具体说明测量方法。因为现在还不能清楚地指明各种测量方法涉及何种有序状态，结晶度一般是以测定方法来表征的，如 X 射线结晶度、密度结晶度、红外结晶度等。

**表 6-11　用不同方法测得的结晶度的比较**

| 方　　法 | 纤维素(棉花)的结晶度(%) | 未拉伸涤纶的结晶度(%) | 拉伸过的涤纶的结晶度(%) | 低压聚乙烯的结晶度(%) | 高压聚乙烯的结晶度(%) |
|---|---|---|---|---|---|
| 密 度 法 | 60 | 20 | 20 | 77 | 55 |
| X 射线分析 | 80 | 29 | 2 | 78 | 57 |
| 红外光谱法 | — | 61 | 59 | 76 | 53 |
| 水 解 法 | 93 | — | — | — | — |
| 甲酰化法 | 87 | — | — | — | — |
| 氘交换法 | 56 | — | — | — | — |

尽管结晶度的概念缺乏明确的物理意义，结晶度的数值随测定的方法而异，但是为了描述高分子的凝聚态结构或加工过程中结构的变化情况，为了比较各种结构状况对聚合物物理性质的影响，结晶度的概念还是不可缺少的。

　　可以用来测定结晶度的方法不少,其中最常用的和最简单的方法是比容法(或称密度法)。这种方法的依据是:分子在结晶中作有序密堆积,使晶区的密度 $\rho_c$ 高于非晶区的密度 $\rho_a$,或晶区的比容 $v_c$ 小于非晶区的比容 $v_a$。如果采用两相结构模型,并假定比容有加和性,即部分结晶聚合物试样的比容 $v$ 等于晶区的比容和非晶区比容的线性加和

$$v = f_c^w + v_c(1 - f_c^w)v_a$$

则
$$f_c^w = \frac{v_a - v}{v_a - v_c} = \frac{(1/\rho_a) - (1/\rho)}{(1/\rho_a) - (1/\rho_c)} \tag{6-16}$$

与此类似,从密度的线性加和假定出发,有

$$\rho = f_c^v \rho_c + (1 - f_c^v)\rho_a$$

$$f_c^v = \frac{\rho - \rho_a}{\rho_c - \rho_a} \tag{6-17}$$

式中的 $v$、$\rho$ 分别是聚合物试样的比容和密度。它们可以用密度梯度管来测量:密度梯度管里装有两种相对密度不同的互溶液体,混合液必须能使被测试样浸润,而又不使它溶解、溶胀或与之发生反应。由于密度梯度管比较细长,比重不同的两种液体在管内相互扩散较慢,可以形成相对稳定的自上而下的密度梯度。测量时,先作好密度高度的标准曲线,从试样在管内高度的测量,即可知试样的密度。完全非晶试样的比容 $v_a$ 和密度 $\rho_a$,可从熔体的比容温度曲线外推到测量温度而得到,也可以直接从熔体淬火获得完全非晶试样测得。完全结晶物质的比容 $v_c$ 和密度 $\rho_c$ 往往由晶体结构参数进行计算。如果晶胞的体积(从晶胞参数计算)为 $V_c$,每个晶胞中含有第 $i$ 种相对原子质量为 $A_i$ 的原子 $N_i$ 个,则有

$$\rho_c = \frac{1}{v_c} = \frac{(\sum N_i A_i)/\tilde{N}}{V_c} \tag{6-18}$$

式中 $\tilde{N}$ 为 Avogadro 常数。大多数聚合物的 $v_c$、$\rho_c$ 和 $v_a$、$\rho_a$ 的值都已由前人测出,通常可从手册或文献中查得,表 6-12 列出了一些常见聚合物的数据,可供参考。

**表 6-12　结晶性聚合物的密度**

| 聚 合 物 | $\rho_c$ (g·cm$^{-3}$) | $\rho_a$ (g·cm$^{-3}$) | $\rho_c/\rho_a$ | 聚 合 物 | $\rho_c$ (g·cm$^{-3}$) | $\rho_a$ (g·cm$^{-3}$) | $\rho_c/\rho_a$ |
|---|---|---|---|---|---|---|---|
| 聚 乙 烯 | 1.00 | 0.85 | 1.18 | 聚三氟氯乙烯 | 2.19 | 1.92 | 1.14 |
| 聚 丙 烯 | 0.95 | 0.85 | 1.12 | 聚四氟乙烯 | 2.35 | 2.00 | 1.17 |
| 聚 丁 烯 | 0.95 | 0.86 | 1.10 | 尼 龙 6 | 1.23 | 1.08 | 1.14 |
| 聚 异 丁 烯 | 0.94 | 0.86 | 1.09 | 尼 龙 66 | 1.24 | 1.07 | 1.16 |
| 聚 戊 烯 | 0.92 | 0.85 | 1.08 | 尼 龙 610 | 1.19 | 1.04 | 1.14 |
| 聚 丁 二 烯 | 1.01 | 0.89 | 1.14 | 聚 甲 醛 | 1.54 | 1.25 | 1.25 |
| 顺-聚异戊二烯 | 1.00 | 0.91 | 1.10 | 聚氧化乙烯 | 1.33 | 1.12 | 1.19 |
| 反-聚异戊二烯 | 0.51 | 0.90 | 1.16 | 聚氧化丙烯 | 1.15 | 1.00 | 1.15 |
| 聚 乙 炔 | 1.15 | 1.00 | 1.15 | 聚对苯二甲酸乙二酯 | 1.46 | 1.33 | 1.10 |
| 聚 苯 乙 烯 | 1.13 | 1.05 | 1.08 | 聚 碳 酸 酯 | 1.31 | 1.20 | 1.09 |
| 聚 氯 乙 烯 | 1.52 | 1.39 | 1.10 | 聚 乙 烯 醇 | 1.35 | 1.26 | 1.07 |
| 聚偏氟乙烯 | 2.00 | 1.74 | 1.15 | 聚甲基丙烯酸甲酯 | 1.23 | 1.17 | 1.05 |
| 聚偏氯乙烯 | 1.95 | 1.66 | 1.17 | 平　　均 | | | 1.13 |

其他比较常用的结晶度测量方法有 X 射线分析法、量热法和红外光谱法(参见第十章)等。X 射线结晶度是根据晶区和非晶区所造成的衍射点或弧和弥散环的强度来计算的;量热法测结晶度是以试样晶区熔融时吸收的熔融热与完全结晶试样或已知结晶度的标准试样的熔融热的对比来计算的;红外结晶度则是根据红外光谱上结晶(或非晶)特征谱带的吸收强度与完全结晶和完全非晶试样的吸收强度的差别来推算的。此外,还有一些间接的方法,一般是基于晶相和非晶相中发生化学反应或物理变化的差别来进行测量的。

## 6.6.2 结晶度大小对聚合物性能的影响

同一种单体,用不同的聚合方法或不同的成型条件可以制得结晶的或不结晶的高分子材料。虽然结晶聚合物与非晶态聚合物在化学结构上没有什么差别,但是它们的物理机械性能却有相当大的不同。例如聚丙烯,由于聚合方法的不同,可以制得无规立构的聚丙烯和等规的聚丙烯:前者不能结晶,在通常温度下是一种黏稠的液体或橡胶状的弹性体,无法作塑料使用;而后者却有较高的结晶度,熔点为 176 ℃,具有一定的韧性和硬度,是很好的塑料,甚至可纺丝成纤。又如聚乙烯醇,它含有大量的羟基,对水有很大的亲和力。普通的聚乙烯醇结晶度较低,在一块试样中只有 1/3 的部分能够结晶,由于它的结晶程度低,所以遇热水就要溶解。如果将聚乙烯醇在 230 ℃热处理 85 min,其结晶度可提高到 65% 左右,它的耐热性和耐溶剂侵蚀性都提高了,在 90 ℃的热水中溶解很少。但这种聚乙烯醇纤维还不能作为民用衣料。必须采取缩醛化以减少羟基,使耐水温度提高到 115 ℃。如果用定向聚合的方法合成等规聚乙烯醇,这种聚乙烯醇的结晶度很高,不经过缩醛化也能制成性能相当好的耐热水的合成纤维。再如聚乙烯是分子量较大的直链烃,它不溶解在烃类中也是由于聚乙烯结晶的缘故,结晶可以提高它们的耐热性和耐溶剂侵蚀性。所以对于塑料和纤维,通常希望它们有合适的结晶度。对于橡胶当然不希望它有很好的结晶性,因为结晶后将使橡胶硬化而失去弹性。例如汽车轮胎,在北方的冰天雪地里,有时就会因橡胶的结晶而爆裂;但是在拉伸情况下的少量结晶,又能使它具有较高的机械强度,如果完全不结晶则强度不好。

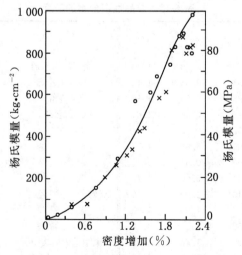

图 6-53 结晶对未硫化橡胶模量的影响

下面分几个方面来讨论。

1. 力学性能

结晶度对聚合物力学性能的影响,要视聚合物的非晶区处于玻璃态还是橡胶态而定。因为就力学性能而言,这两种状态之间的差别是很大的。例如,弹性模量,晶态与非晶玻璃态的模量事实上是十分接近的,而橡胶态的模量却要小几个数量级(表 6-13)。因而当非晶区处在橡胶态时,聚合物的模量将随着结晶度的增加而升高,定量关系如图 6-53 所示。硬度也有类似的情况。在玻璃化温度以下,结晶度对脆性的影响较大;当结晶度增加,分子链排列趋紧密,孔隙率下降,材料受到冲击后,分子链段没有活动的余地,冲击强度降低。在玻璃化温度以上,结晶度的增加使分子间的作用力增加,因而抗张强度提高,但断裂伸长减小;在玻璃化温度以下,聚合物随结晶度增加而变得很脆,抗张强度下降。另外,在玻璃化温度以上,微晶体可以起物理交联作用,使链的滑移减小,因而结晶度增加可以使蠕变和应力松弛降低。下面把结晶度增加时对力学性质的影响列于表 6-14。

表 6-13　聚合物在不同状态下的弹性模量值

| 状　　态 | 弹 性 模 量 | |
| --- | --- | --- |
| | (dyn·cm$^{-2}$) | (Pa) |
| 非晶橡胶态 | $10^7$ | $10^6$ |
| 非晶玻璃态 | $10^{11}$ | $10^{10}$ |
| 晶　　态 | $10^{12}$ | $10^{11}$ |

表 6-14　结晶度增加时,诸力学性质的变化趋势

| 状　态 | 温　度 | 弹性模量 | 硬　度 | 冲击强度 | 拉伸强度 | 伸长率 |
| --- | --- | --- | --- | --- | --- | --- |
| 皮革态 | $T_m \sim T_g$ | ↑ | ↑ | (↓) | ↑ | ↓ |
| 硬结晶态 | $< T_g$ | — | — | ↓ | ↓ | — |

注:符号:↑上升,↓下降,一变化不大,(↓)稍有下降。

例如聚四氟乙烯的 $T_m = 327\,℃$, $T_g = 115\,℃$。用淬火的办法(使制件从烧结温度 370~380 ℃迅速冷却越过最大结晶速度的温度范围),可以降低制件的结晶度。表 6-15 是在 $T_g$ 以下的一系列温度,测量其三种主要力学性质的结果,与未淬火试样(结晶度较高)比较,可以看出淬火处理有利于提高抗张强度。

表 6-15　聚四氟乙烯力学性能与结晶度的关系 $(1\text{kg·cm}^{-2} = 9.807 \times 10^4\ \text{Pa})$

| 温度(℃) | 弯曲弹性模量(kg·cm$^{-2}$) | | 拉 伸 强 度(kg·cm$^{-2}$) | | 相对断裂伸长率(%) | |
| --- | --- | --- | --- | --- | --- | --- |
| | 淬　火 | 未淬火 | 淬　火 | 未淬火 | 淬　火 | 未淬火 |
| −40 | 11 300 | 23 900 | 500 | 300 | 100 | 70 |
| −20 | 9 800 | 23 300 | 440 | 325 | 160 | 100 |
| 0 | 7 400 | 18 100 | 330 | 300 | 190 | 150 |
| +20 | 4 700 | 8 500 | 250 | 200 | 400 | 470 |
| +40 | 4 000 | 5 100 | 240 | 180 | 500 | 650 |
| +80 | 2 180 | 3 800 | 200 | 135 | 500 | 600 |
| +100 | | | 190 | 115 | 480 | 540 |

又如聚乙烯在室温下,非晶区处于橡胶态,表 6-16 说明,随着结晶度的增加,其拉伸强度和硬度有较大的升高,而冲击强度和断裂伸长率明显下降。

表 6-16　不同结晶度的聚乙烯的性能

| 结晶度(%) | 相对密度 | 熔点(℃) | 拉伸强度(MPa) | 伸长率(%) | 冲击强度(kJ·m⁻²) | 硬　度 |
|---|---|---|---|---|---|---|
| 65 | 0.91 | 105 | 1.4 | 500 | 54 | 130 |
| 75 | 0.93 | 120 | 18 | 300 | 27 | 230 |
| 85 | 0.94 | 125 | 25 | 100 | 21 | 380 |
| 95 | 0.96 | 130 | 40 | 20 | 16 | 700 |

必须注意的是,结晶对聚合物力学性能的影响,还与球晶的大小有密切的关系。即使结晶度相同,球晶的大小和多少也能影响性能;而且对不同聚合物,影响的趋势也可能不同,这使结晶度对聚合物力学性质的影响变得更复杂。

**2. 密度与光学性质**

晶区中的分子链排列规整,其密度大于非晶区,因而随着结晶度的增加,聚合物的密度增大。从大量聚合物的统计发现,结晶和非晶密度之比的平均值约为 1.13(见表 6-12),即 $\rho_c/\rho_a = 1.13$。因此,只要测量未知样品的密度,就可以利用下式粗略地估计结晶度 $f_c^v$

$$\rho/\rho_a = 1 + 0.13f_c^v \tag{6-19}$$

物质的折光率与密度有关,因此聚合物中晶区与非晶区的折光率显然不同。光线通过结晶聚合物时,在晶区界面上必然发生折射和反射,不能直接通过。所以两相并存的结晶聚合物通常呈乳白色不透明,例如聚乙烯、尼龙等。当结晶度减小时,透明度增加。那些完全非晶的聚合物,通常是透明的,如有机玻璃、聚苯乙烯等。

如果一种聚合物,其晶相密度与非晶密度非常接近,光线在晶区界面上几乎不发生折射和反射;或者当晶区的尺寸小到比可见光的波长还小,这时光在晶区界面也不发生折射和反射,所以,即使有结晶,也不一定会影响聚合物的透明性。例如聚 4-甲基-1-戊烯,它的分子链上有较大的侧基,使它结晶时分子排列不太紧密,晶相密度与非晶密度很接近,是透明的结晶聚合物。对于许多结晶聚合物,为了提高其透明度,可以设法减小其晶区尺寸,例如等规聚丙烯,在加工时用加入成核剂的办法,可得到含小球晶的制品,透明度和其他性能有明显改善。

**3. 热性能**

对作为塑料使用的聚合物来说,在不结晶或结晶度低时,最高使用温度是玻璃化温度。当结晶度达到 40% 以上后,晶区互相连接,形成贯穿整个材料的连续相,因此在 $T_g$ 以上,仍不至软化,其最高使用温度可提高到结晶熔点。

**4. 其他性能**

由于结晶中分子链作规整密堆积,与非晶区相比,它能更好地阻挡各种试剂的渗入。因此,聚合物结晶度的高低,将影响一系列与此有关的性能,如耐溶剂性(溶解度),对气体、蒸汽或液体的渗透性,化学反应活性等等。

## 6.6.3　分子量等因素对结晶聚合物性能的影响

近年来,L. Mandelkern 等进行了系统研究,证明在分子量与结晶聚合物的凝聚态结构之间存在有规律的对应关系。因此,分子量通过对凝聚态结构的影响,将进而影响结晶聚合物的一系列性质。

当用一组线型聚乙烯分级样品,通过在不同温度下等温结晶或用淬火剂快速冷却结晶时,发现不同分子量样品的密度结晶度呈现有规律的变化,分子量大于某一数值以上的样品,结晶度随分子量增加单调下降,一直到很高的分子量,最后趋于某一极限值。图6-54是在130 ℃等温结晶后,不降温而直接在该温度下测量样品在此条件下可能达到的最高结晶度。可以看到,分子量在$10^5$以下,结晶度几乎维持不变,超过$10^5$后,结晶度随分子量增加单调下降,分子量超过$10^6$后,下降速度减慢,逐渐趋于0.25～0.30的渐近值。图6-55是另外两种结晶方式的结果,也呈现相似的规则变化,只是结晶度(密度)开始下降出现在较低的分子量范围。用聚甲醛样品进行研究也观察到类似的对分子量和结晶条件的依赖关系。

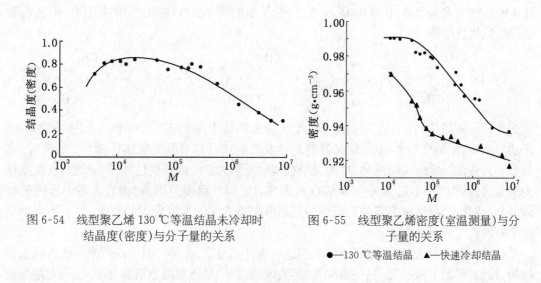

图6-54　线型聚乙烯130 ℃等温结晶未冷却时结晶度(密度)与分子量的关系　　　图6-55　线型聚乙烯密度(室温测量)与分子量的关系

●—130 ℃等温结晶　　▲—快速冷却结晶

# 6.7　聚合物的液晶态[3]

要了解高分子液晶,必须先从小分子的液晶谈起。某些物质的结晶受热熔融或被溶剂溶解之后,虽然失去固态物质的刚性,而获得液态物质的流动性,却仍然部分地保存着晶态物质分子的有序排列,从而在物理性质上呈现各向异性,形成一种兼有晶体和液体部分性质的过渡状态,这种中间状态称为**液晶态**,处在这种状态下的物质称为**液晶**。

## 6.7.1　高分子液晶的结构

高分子液晶最先研究的对象只限于多肽的溶液,例如聚 L-谷氨酸-γ-苄酯

$$\begin{array}{c} \text{+(NH—CH—CO)}_n \\ | \\ \text{CH}_2\text{—CH}_2\text{—CO—O—CH}_2\text{—C}_6\text{H}_5 \end{array}$$

在间甲酚的溶液中,它的分子成 α 螺旋构象,是刚性的棒状分子。当溶液浓度达到某一临界值时,便形成一各向异性相,属胆甾型液晶。

形成液晶的物质通常具有刚性的分子结构,分子的长度和宽度的比例即轴比 $R>1$,呈棒状或近似棒状的构象,这样的结构部分称为液晶基元或晶原,是液晶各向异性所必需的结构因素。同时,还须具有在液态下维持分子的某种有序排列所必需的凝聚力,这样的结构特

征常常与分子中含有对位苯撑、强极性基团和高度可极化基团或氢键相联系,因为苯环的 π 电子云的极化率很大,极化结果又总是相吸引的,导致苯环平面间的叠层效应,从而稳定基元间的有序排列。此外,液晶的流动性要求分子结构上必须含有一定的柔性部分,例如烷烃链等。小分子液晶几乎无例外地含有这类结构的"尾巴"。例如 4,4′-二甲氧基氧化偶氮苯

$$CH_3O-\!\!\!\langle\ \rangle\!\!-N\!\!=\!\!N-\!\!\langle\ \rangle\!\!-OCH_3$$
$$\downarrow$$
$$O$$

分子的长宽比 $R \approx 2.6$,长厚比 $R' \approx 5.2$,分子上的两个极性端基之间的相互作用,还有利于形成似线性结构

从而有利于液晶结构有序态的稳定。这个化合物的熔点为 116 ℃。加热熔融时,最初形成浑浊的液体,流动性与水相近,但又具有光学双折射。只有当温度继续升高到 134 ℃时,才突然变为各向同性的透明液体,后面这个过程也是热力学一级转变过程,相应的转变温度称为清亮点,常用 $T_d$ 或 $T_i$ 表示。从熔点到清亮点之间的温度范围内,物质为各向异性的熔体,形成液晶。显然,清亮点的高低和熔点到清亮点之间的温度范围的宽度,对于不同物质是不同的。

按照液晶的形成条件不同分类,上述这类靠升高温度,在某一温度范围内形成液晶态的物质,称为"热致型液晶"。另一类称为"溶致型液晶"的是指靠溶剂溶解分散,在一定浓度范围成为液晶态的物质。

作为液晶基元的刚性结构部分大致可有三种不同的类型,它们可以分别用我国的三种餐具来命名。棒状结构属于"筷型"(nematic),具有这类结构的液晶最多,上面提到的 4,4′-二甲氧基氧化偶氮苯就属这类;平面片状结构属于"碟型"(discotic),包括带有烷基"尾巴"的各种苯环、稠环和酞菁等的化合物;而曲面片状结构属于"碗型"(bowlic 或 pyramidic),这类液晶目前还较少,具有如下结构的环九碳三烯衍生物是这类液晶的一个例子

根据分子排列的形式和有序性的不同,液晶有三种不同的结构类型——近晶型 (smectic)、向列型(nematic)和胆甾型(cholesteric)(见图 6-56)。

(1) 近晶型结构

近晶型液晶是所有液晶中具有最接近结晶结构的一类,并因此而得名。在这类液晶中,棒状分子依靠所含官能团提供的垂直于分子长轴方向的强有力的相互作用,互相平行排列成层状结构,分子的长轴垂直于层片平面或倾斜一定角度。在层内,分子排列保持着大量二维固体有序性,但这些层片又不是严格刚性的,分子可以在本层内活动,但不能来往于各层之间,结果这些柔性的二维分子薄片之间可以互相滑动,而垂直于层片方向的流动则要困

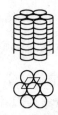

(a) 近晶型结构　　　(b) 向列型结构　　　(c) 胆甾型结构　　　图 6-57　盘柱型液晶
结构示意

图 6-56　三类液晶的结构示意

难得多。这种结构决定了其黏度呈现各向异性的可能性，只是在通常情况下，各微区的层片取向并不统一，因而近晶型液晶一般在各个方向上都是非常黏滞的。这类液晶有许多变态，如近晶 A、近晶 B、近晶 C……近晶 I 等十多种，分别简写为 $S_A$、$S_B$、$S_C$……$S_I$。其中前三种较为常见，$S_A$ 分子的取向与层面垂直，$S_C$ 分子取向与层面倾斜，而 $S_B$ 的有序性则更高。

（2）向列型结构

向列型液晶中，棒状分子之间只是互相平行排列，但它们的重心排列则是无序的，因而只保存着固体的一维有序性，并且这些分子的长轴方向是到处都在发生着连续的变化。在外力作用下发生流动时，由于这些棒状分子容易沿流动方向取向，并可在流动取向相中互相穿越，因此，向列型液晶都有相当好的流动性。

（3）胆甾型结构

由于属于这类液晶的物质中，许多是胆甾醇的衍生物，因此胆甾醇型液晶成了这类液晶的总称。其实，胆甾型液晶中，许多是与胆甾醇结构毫无关系的分子，确切的分类原则应该以它们的共同的结构特征导致共同的光学及其他特性为依据。在这类液晶中，长形分子基本上是扁平的，依靠端基的相互作用，彼此平行排列成层状结构，但它们的长轴是在层片平面上的。层内分子排列与向列型相似，而相邻两层间，分子长轴的取向，由于伸出层片平面外的光学活性基团的作用，依次规则地扭转一定角度，层层累加而形成螺旋面结构。分子的长轴方向在旋转 360°角后复原，这两个取向相同的分子层之间的距离，称为胆甾型液晶的螺距，它是表征这类液晶的一个重要物理量。由于这些扭转的分子层的作用，反射的白光发生色散，透射光发生偏振旋转，使胆甾型液晶具有彩虹般的颜色和高的旋光本领等独特的光学性质。

此外，液晶基元为碟型时，则常常成柱状堆砌，称为"盘柱型"（columnar）液晶（见图 6-57）。

19 世纪 60 年代发现聚对苯甲酰胺 $\left(CO-\bigcirc-NH\right)_n$ 溶解在二甲基乙酰胺 LiCl 中，

和聚对苯二甲酰对苯二胺 $\left(CO-\bigcirc-CO-NH-\bigcirc-NH\right)_n$ 溶解在浓硫酸中，可以形成向列型液晶。刚性分子链在溶液中成伸展状态，当浓度达到临界浓度时，由于部分刚性分子聚集在一起，形成有序排列的微区结构，使溶液由各向同性转变为各向异性，即形成液晶。后者由美国杜邦公司成功制得具有高强度和高模量的 Kevlar 纤维。

高分子液晶态按其液基元所处的位置不同，大致可分为两大类：一类是主链即由液基元和柔性的链节相间组成，称为主链液晶；另一类分子主链是柔性的，刚性的液基元连接在侧链上，称为侧链液晶。当然，这种粗略的分类并不排除混合型液晶的可能。大部分高分子液晶的基元是筷型的，碟型高分子液晶的研究才刚刚开始，而碗型高分子液晶还没有合成出来。

(1) 主链高分子液晶。除了上面提到的芳香聚酰胺和芳香聚酯外,还有主链含有芳杂环的聚合物,如聚苯并噻唑和聚苯并噁唑等。

这些聚合物当它们的分子链过分刚性时,其熔点都超过本身的分解温度,因而无法成为热致型液晶,只有在合适的溶剂中形成溶致型液晶。由于溶致型液晶加工中处理大量溶剂的麻烦,促使热致型液晶高分子的开发。原则是设法适度降低分子链的刚性,以便使熔点下降到合适的范围。办法是主链上引入柔性间隔链段,引入取代基团和共聚等(见表 6-17)。主链高分子液晶大多形成向列型液晶,也有少数形成近晶型液晶。

表 6-17　改变化学结构以获得热致型高分子液晶的例子

| 办　法 | 化　学　结　构 | $T_m(℃)$ |
|---|---|---|
| 主链上引入柔性间隔链段 | | >400 |
| | | ≈210 |
| 引入取代基团 | | >600 |
| | | ≈340 |
| 共聚 | | ≈400 |
| | | ≈350 |

(2) 侧链高分子液晶。组成侧链高分子液晶的三个结构部分:柔性的高分子主链,刚性的液晶基元和其间的连接链段,它们对液晶的形成、相结构和性质都有直接的影响。液晶基元对液晶的形成无疑是起主要作用的,而主链和连接链段的结构则决定液晶基元是否能够在一定条件下有序排列及排列方式,从而对液晶行为产生影响。概括地说,主链的柔顺性直接决定聚合物的 $T_g$ 或 $T_m$,也就决定液晶相出现的温度范围;连接链段的柔顺性对 $T_g$ 或 $T_m$ 也有影响,而其长度更是重要,常常决定液晶相是否形成、稳定性和有序程度,连接链段过短或柔顺性不足,限制液晶基元的活动性,可能使液晶相不能形成,适度增加连接链段的长度,一般有利于形成有序程度更高的近晶相液晶。图 6-58 形象地显示了液晶基元在不同液晶相中的排列。显然,侧链型高分子液晶形成向列型、胆甾型或近晶型的可能性都存在,

而大多以热致型液晶出现。

在主链型和侧链型两类高分子液晶中,适度增加液晶基元的轴比都有利于提高液晶的稳定性,加宽液晶相存在的温度范围。

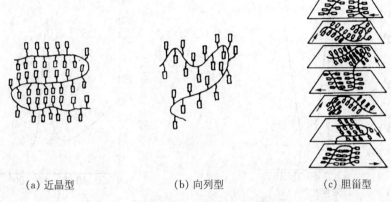

(a) 近晶型　　　　(b) 向列型　　　　(c) 胆甾型

图 6-58　侧链型高分子液晶的基元排列示意图

有些液晶物质,可以在不同的温度范围形成不同的液晶相。一般随着温度的升高,先出现有序程度较高的近晶相,然后转变成向列相或胆甾相,最后才转变成各向同性的液体。

## 6.7.2　向列型高分子液晶的流动特性

液晶态溶液具有不同于一般高分子溶液的一系列性质,其中特别有意义的是它的独特的流动特性,这是向列型液晶的共同特征。

图 6-59 是聚对苯二甲酰对苯二胺浓硫酸溶液的黏度-浓度关系曲线。可以看到,它的黏度随浓度的变化规律与一般高分子溶液体系不同。一般体系的黏度是随浓度增加而单调增大的,而这个液晶溶液在低浓度范围内黏度随浓度增加急剧上升,出现一个黏度极大值;随后,浓度增加,黏度反而急剧下降,并出现一个黏度极小值;最后,黏度又随浓度的增大而上升。这种黏度随浓度变化的形式,是刚性高分子链形成的液晶态溶液体系的一般规律,它反映了溶液体系内区域结构的变化。浓度很小时,刚性高分子在溶液中均匀分散,无规取向,成均匀的各向同性溶液,这种溶液的黏度-浓度关系与一般体系相同。随着浓度的增加,黏度迅速增大,黏度出现极大值的浓度是一个临界浓度 $C_1^*$,达到这个浓度,体系内开始建立起一定的有序区域结构,形成向列型液晶,使黏度迅速下降。这时,溶液中各向异性相与各向同性相共存。浓度继续增大,各向异性相所占的比例增大,黏度减小,直到体系成为均匀的各向异性溶液时,体系的黏度达到极小值,这时溶液的浓度是另一个临界值 $C_2^*$。临界浓度 $C_1^*$ 和 $C_2^*$ 的值与聚合物的分子量和体系的温度有关,一般随分子量增大而降低,随温度的升高而增大。

图 6-60 是聚对苯二甲酰对苯二胺浓硫酸溶液的黏度-温度关系曲线。可以看出,这种液晶态溶液的黏度随温度的变化规律也不同于一般高分子浓溶液体系。随着温度的升高,黏度并不是单调指数式下降的,而在某一温度处出现一极小值,高于这个温度,黏度又开始上升,这显然是各向异性溶液开始向各向同性溶液转变引起的。继续升高温度,溶液的黏度在体系完全转变成均匀的各向同性溶液之前,出现一个极大值,之后,

黏度又随温度升高而降低。液晶溶液的浓度增加,黏度出现极大和极小值的温度将向高温方向移动。

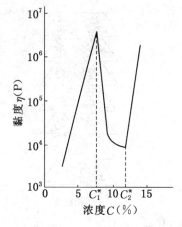

图 6-59　聚对苯二甲酰对苯二胺浓硫酸溶液的黏度-浓度曲线 (20 ℃, $M = 29\,700$)

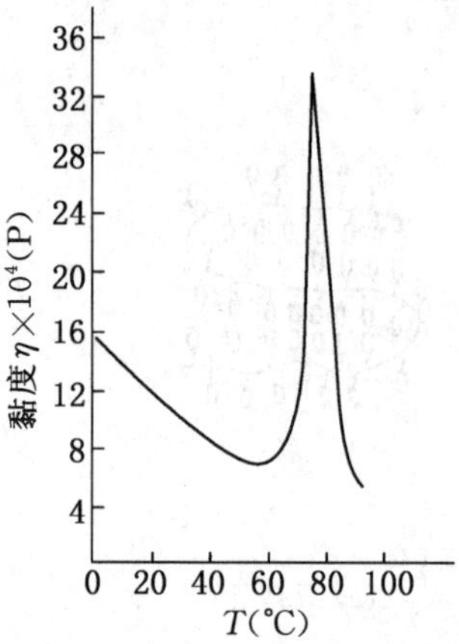

图 6-60　聚对苯二甲酰对苯二胺浓硫酸溶液的黏度-温度曲线 (浓度 $C = 9.7\%$, $M = 29\,700$)

图 6-61 是聚对苯甲酰胺溶液在剪切力作用下的行为。3‰ 和 5‰ 两条曲线是临界浓度以下的各向同性溶液的行为,而 7‰ 和 9.5‰ 两条曲线则是液晶溶液的行为。可以看到,当剪切力较小时,液晶态溶液黏度的降低大于一般高分子溶液,说明液晶内流动单元更易取向;而当剪切力大到一定值后,溶液的黏度只和溶液的浓度有关,因为在高剪切力下,液晶态溶液和一般高分子溶液中的流动单元都已全部取向,差别消失。

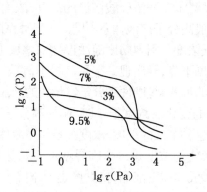

图 6-61　聚对苯甲酰胺甲基乙酰胺溶液黏度与剪切力的关系曲线

### 6.7.3　高分子液晶的应用

　　液晶的一系列不寻常的性质已经得到了广泛的实际应用。其中大家最为熟悉的要算液晶显示技术了。它是利用向列型液晶的灵敏的电的响应特性和光学特性的例子。把透明的向列型液晶薄膜夹在两块导电玻璃板之间,在施加适当电压的点上,很快变成不透明的,因此,当电压以某种图形加到液晶薄膜上,便产生图像。这一原理可以应用于数码显示、电光学快门,甚至可用于复杂图像的显示,做成电视屏幕、广告牌等。利用向列型液晶的光学特性还可以应用于光记录存储材料。另外,胆甾型液晶的颜色随温度而变化的特性,可用于温度的测量,小于 0.1 ℃的温度变化,可以借液晶的颜色用视觉辨别。还有胆甾型液晶的螺距会因某些微量杂质的存在而受到强烈的影响,从而改变颜色,这一特性可用作某些化学药品的痕量蒸气的指示剂。

将刚性高分子溶液的液晶体系所具有的流变学特性应用于纤维加工过程,已创造出一种新的纺丝技术——液晶纺丝。采用这种新技术,在不到 10 年的时间里,使纤维的力学性能提高了两倍以上,获得了高强度、高模量、综合性能好的纤维。从上节的讨论中知道,刚性高分子溶液形成的液晶体系的流变学特性是:高浓度、低黏度和低切变速率下的高取向度,因此采用液晶物料纺丝,便顺利地解决了通常情况下难以解决的高浓度必然伴随着高黏度的问题。例如,根据液晶态溶液的浓度-温度-黏度关系,当纺丝的温度达 90 ℃时,聚对苯二甲酰对苯二胺浓硫酸溶液的浓度可以提高到 20%左右(见图 6-62)。同时,由于液晶分子的取向特性,纺丝时可以在较低的牵伸条件下,获得较高的取向度,避免纤维在高倍拉伸时产生应力和受到损伤。表 6-18 列出了常规纺丝和液晶纺丝工艺条件与所获得的聚对苯二甲酰对苯二胺纤维的力学性能数据。可以看到,运用液晶纺丝技术获得的纤维抗张强度高达 25 g/denier(denier 是纤维的度量单位,每 9 000 m 长的纤维重 1 g 作为 1 denier,又称"■"),模量高达 1 000 g/denier。所得的高性能纤维用于制造防弹衣、缆绳和特种复合材料等。

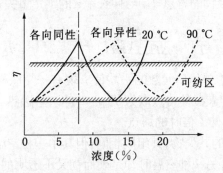

图 6-62 聚对苯二甲酰对苯二胺浓硫酸纺丝液的温度浓度黏度关系图

原则上说,液晶高分子对光、电、磁、声、热、力等因素的极其灵敏的反应,都可以作为特种功能材料加以利用,而它的高强度、高模量特性则可用作特种结构材料。

表 6-18 两种纺丝方法及所得聚对苯二甲酰对苯二胺纤维的力学性能对照表

| 纺丝方法 | 常规纺法 | 液晶纺丝 | 纺丝方法 | 常规纺法 | 液晶纺丝 |
|---|---|---|---|---|---|
| 纺丝液浓度(%) | <8 | 13～20 | 纤维拉伸强度(g/denier) | ≤11 | 20～25 |
| 纺丝液温度(℃) | ≈20 | 80～90 | 断裂伸长率(%) | 2～3 | 3～4 |
| 纺丝液光学性质 | 各向同性 | 各向异性 | 初始模量(g/denier) | 400～800 | 400～1 000 |
| 纺丝工艺 | 湿 纺 | 干喷湿纺 | | | |

# 习题与思考题

1. 为什么高分子的凝聚态有晶态与非晶态之分?
2. 用差示扫描量热法研究聚对苯二甲酸乙二酯在 232.4 ℃的等温结晶过程,由结晶放热峰原始曲线获得如下数据：

| 结晶时间 $t$(min) | 7.6 | 11.4 | 17.4 | 21.6 | 25.6 | 27.6 | 31.6 | 35.6 | 36.6 | 38.1 |
|---|---|---|---|---|---|---|---|---|---|---|
| $f_c(t)/f_c(\infty)$(%) | 3.41 | 11.5 | 34.7 | 54.9 | 72.7 | 80.0 | 91.0 | 97.3 | 98.2 | 99.3 |

其中 $f_c(t)$ 和 $f_c(\infty)$ 分别表示 $t$ 时间的结晶度和平衡结晶度。试以 Avrami 作图法求出 Avrami 指数 $n$，结晶速率常数 $K$，半结晶期 $t_{1/2}$ 和结晶总速度。

3. 有全同立构聚丙烯试样一块，体积为 $1.42\,cm \times 2.96\,cm \times 0.51\,cm$，质量为 1.94 g，试计算其比容和结晶度。

4. 用密度梯度管测得某聚对苯二甲酸乙二酯试样的密度为 $\rho = 1.40\,g \cdot cm^{-3}$，试计算其重量结晶度 $f_c^w$ 和体积结晶度 $f_c^v$。

5. 由大量聚合物的 $\rho_a$ 和 $\rho_c$ 数据归纳得到 $\rho_c/\rho_a = 1.13$，如果晶区与非晶区的密度存在加和性，试证明可用来粗略估计聚合物结晶度的关系式

$$\rho/\rho_a = 1 + 0.13 f_c^v 。$$

6. 根据表 6-8 列出的聚乙烯晶片厚度和熔点的实验数据，试求晶片厚度趋于无限大时的熔点 $T_m^0$。如果聚乙烯结晶的单位体积熔融热为 $\Delta h = 280\,J \cdot cm^{-3}$，问表面能是多少？

7. Flory 得到交联聚合物的熔点 $T_m$ 与伸长率 $\varepsilon$ 的半定量关系为

$$\frac{1}{T_m} = \frac{1}{T_m^0} - \frac{R}{\Delta H_u}\left[\left(\frac{6}{\pi n}\right)^{1/2}\varepsilon - \left(\frac{\varepsilon^2}{2} + \frac{1}{\varepsilon}\right)\Big/n\right]$$

式中 $n$ 为相邻两交联点间的单体单元数的平均值。现有一交联橡胶试样，其交联点间平均分子量 $M_c = 6\,000$，假如其未拉伸熔点取为 $T_m^0 = 28\,℃$，熔融热 $\Delta H_u = 4.18 \times 10^3\,J \cdot mol^{-1}$ 单体单元，试估算此试样拉伸 4 倍时的熔点。

8. 有两种乙烯和丙烯的共聚物，其组成相同，但其中一种室温时是皮革状的，一直到温度降至约 $-70\,℃$ 时才变硬，另一种室温时却是硬而韧又不透明的材料。试推测并解释它们内在结构上的差别。

9. 均聚物 A 的熔点为 200 ℃，其熔融热为 $8\,368\,J \cdot mol^{-1}$ 重复单元，如果在结晶的 A-B 无规共聚物中，单体 B 不能进入晶格，试预测含单体 B 10.0% 摩尔分数的 A-B 无规共聚物的熔点。

如果在均聚物 A 中分别引入 10.0% 体积分数的两种增塑剂，假定这两种增塑剂的 $\chi_1$ 值分别为 0.200 和 -0.200，$V_u = V_1$，试计算这两种情况下聚合物的熔点，并与上题结果比较，讨论共聚和增塑对熔点影响的大小，以及不同增塑剂降低聚合物熔点的效应大小。

10. 已知聚环氧乙烷的结晶密度为 $1.33\,g \cdot cm^{-3}$，熔点为 80 ℃，熔融热为 $8.29\,kJ \cdot mol^{-1}$ 重复单元，它与水的相互作用参数为 0.45，问含水体积分数分别为 0.01，0.02 和 0.05 时，其熔点分别是多少？

11. 实验测量含有不同量 α-氯代萘的一组线型聚乙烯试样的熔点，得到的数据如下：

| α-氯代萘的体积分数 $\phi_1$ | 0.00 | 0.06 | 0.16 | 0.32 | 0.52 | 0.75 | 0.95 |
|---|---|---|---|---|---|---|---|
| 聚乙烯的熔点 $T_m$(℃) | 137.5 | 134.5 | 131 | 125 | 120 | 115 | 110 |

如果非晶聚乙烯和 α-氯代萘的密度分别为 $0.8\,g \cdot cm^{-3}$ 和 $1.1\,g \cdot cm^{-3}$，估算聚乙烯的熔融热和聚乙烯与 α-氯代萘的相互作用参数。

12. 聚乙烯晶体的平衡熔点 $T_m^0 = 146 \, ℃$，熔融热为 $8.04 \times 10^3 \, J \cdot mol^{-1}$ 单体单元，试问聚合度分别为 6、10、30 和 1000 时，由于链端引起的熔点降低分别是多少？并把算出的熔点与手册上查到的值相比较。

13. 聚对苯二甲酸乙二酯的平衡熔点 $T_m^0 = 280 \, ℃$，熔融热 $\Delta H_u = 26.9 \, kJ \cdot mol^{-1}$ 重复单元，试预计分子量从 10 000 增大到 20 000 时，熔点将升高多少 ℃？

# 参 考 文 献

[ 1 ] BOWER D I. An Introduction to Polymer Physics[M]. Cambridge Eng. : Cambridge University Press, 2002：Chapter 4, 5, 10~12.

[ 2 ] MANDELKERN L. Crystallization of Polymers [M]. 2nd ed. Cambridge Eng. : Cambridge University Press, 2002：Vol. 1. Equilibrium Concepts, Chapter 1~6, 2004：Vol. 2. Kinetics and Mechanism, Chapter 9.

[ 3 ] SPERLING L H. Introduction to Physical Polymer Science[M]. 4th ed. New York： John Wiley & Sons, 2006：Chapter 5~7.

[ 4 ] MARK J E, et al. Physical Properties of Polymers[M]. 3rd ed. Cambridge Eng. : Cambridge University Press, 2004：Chapter 4~5.

[ 5 ] STROBL G. The Physics of Polymers[M]. 2nd ed. Berlin：Springer, 1997：Chapter 4.

[ 6 ] FRIED J R. Polymer Science and Technology[M]. 2nd ed. Pearson Education, 2004： Chapter 4.

[ 7 ] BOVEY F A, WINSLOW F H. Macromolecules, An Introduction to Polymer Science[M]. New York：Academic Press, 1979：Chapter 3, 5.

[ 8 ] HIROYUKI TADOKORO. Stucture of Crystalline Polymers[M]. New York：Wiley, 1979：Chapter 2, 7.

[ 9 ] BASSETT D C. Principles of Polymer Mophology[M]. Cambridge Eng. : Cambridge University Press, 1981：Chapter 1~4, 7.

[10] 钱人元. 无序与有序——高分子凝聚态的基本物理问题研究[M]. 长沙：湖南科学技术出版社, 2000：第 1~5 章.

[11] QIAN RENYUAN, et al. Single-Chain Polystyrene Glasses[J]. Macromolecules, 1993, 26：2950~2953.

[12] BU HAISHAN, et al. Structure of Single-Molecule Single Crystals of Isotactic Polystyrene and Their Radiation Resistance[J]. J. Polym. Sci. Part B：Polym. Phys. , 1998(36)：105~112.

[13] LIU LIZHI, et al. Single-Chain Single Crystals of Gutta-Percha[J]. J. Macromol. Sci. -Phys. , 1997(B36)：195~203.

[14] 钱人元. 高分子单链凝聚态与线团相互穿透的多链凝聚态[J]. 高分子通报, 2000(2)：1~8.

# 第七章

# 聚合物的屈服和断裂

聚合物作为材料使用时,总不可避免地会受到各种各样的外力(拉伸、压缩、剪切、冲击等)而产生变形甚至断裂。本章讨论玻璃态与结晶态聚合物在受力情况下的屈服和断裂。

## 7.1 聚合物的拉伸行为[1~4]

### 7.1.1 玻璃态聚合物的拉伸

典型的玻璃态聚合物单轴拉伸时的应力-应变曲线如图 7-1 所示。这里的应力 $\sigma$ 是指拉伸时材料单位面积上所受的外力,应变 $\varepsilon$ 是指材料的伸长率。当温度很低时 ($T \ll T_g$),应力随应变成正比地增加,最后应变不到 10% 就发生断裂(如曲线①所示);当温度稍稍升高些,但仍在 $T_g$ 以下,应力-应变曲线上出现了一个转折点 $B$,称为屈服点,应力在 $B$ 点达到一个极大值,称为屈服应力。过了 $B$ 点应力反而降低,试样应变增大。但由于温度仍然较低,继续拉伸,试样便发生断裂,总的应变也没有超过 20%(如曲线②所示);如果温度再升高到 $T_g$ 以下几十摄氏度的范围内时,拉伸的应力-应变曲线如曲线③所示,屈服点之后,试样在不增加外力或者外力增加不大的情况下能发生很大的应变(甚至可能有百分之几百)。在后一阶段,曲线又出现较明显的上升,通常称之为应变硬化,直到最后断裂。断裂点 $C$ 的应力称为断裂应力,对应的应变称为断裂伸长率。温度升至 $T_g$ 以上,试样进入高弹态,在不大的应力下,便可以发展高弹形变,曲线不再出现屈服点,而呈现一段较长的平台,即在不明显增加应力时,应变有很大的发展,直到试样断裂前,曲线又出现急剧地上升,如曲线④所示。

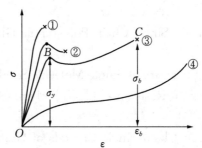

图 7-1 玻璃态聚合物在不同温度下的应力-应变曲线

由图 7-1 可以看到,玻璃态聚合物拉伸时,曲线的起始阶段是一段直线,应力与应变成正比,试样表现出虎克弹性体的行为,在这段范围内停止拉伸,移去外力,试样将立刻完全回复原状。从这段直线的斜率可以计算出试样的杨氏模量。这段线性区对应的应变一般只有百分之几,从微观的角度看,这种高模量、小变形的弹性行为是由高分子的键长、键角变化引起的。在材料出现屈服之前发生的断裂称为脆性断裂(如曲线①所示),这种情况下,材料断裂前只发生很小的变形。而在材料屈服之后的断裂,则称为韧性断裂(如曲线②和③所示)。材料在屈服后出现了较大的应变,如果在试样断裂前停止拉伸,除去外力,试样的大形变已无法完全回复,但是如果让试样的温度升到 $T_g$ 附近,则可发现,形变又回复了。显然,这在本质上是一种高弹形变,而不是黏流形变。因此,屈服点以后材料的大形变的分子机理主要是高分子的链段运动,即在大外力的帮助下,玻璃态聚合物本来被冻结的链段开始运动,高分子链的伸展提供了材料的大形变。这时,由于聚合物处在玻璃态,即使外力除去后,也不能自发回复,而当温度升高到 $T_g$ 以上时,链段运动解冻,分子链蜷曲起来,因而形变回复。如果在分子链伸展后继续拉伸,则由于分子链取向排列,使材料强度进一步提高,因而需要更大的力,所以应力又出现逐渐的上升,直到发生断裂。

### 7.1.2　玻璃态聚合物的强迫高弹形变

玻璃态聚合物在大外力的作用下发生的大形变,其本质与橡胶的高弹形变一样,但表现的形式却有差别,为了与普通的高弹形变区别开来,通常称为强迫高弹形变。有人认为,外力的作用在于使位能曲线发生倾斜,使链段运动的位垒相对地降低,从而缩短了高分子链段沿外力方向运动的松弛时间,使得在玻璃态被冻结的链段能越过位垒而运动。实验证明,松弛时间 $\tau$ 与应力 $\sigma$ 之间有如下关系

$$\tau = \tau_0 \exp\left(\frac{\Delta E - a\sigma}{RT}\right) \tag{7-1}$$

式中 $\Delta E$ 是活化能;$a$ 是与材料有关的常数。由上式可见,随着应力的增加,链段运动的松弛时间将缩短。当应力增大到屈服应力 $\sigma_y$ 时,链段运动的松弛时间减小至与拉伸速度相适应的数值,聚合物就可产生大形变。所以加大外力对松弛过程的影响与升高温度相似。

从式(7-1)还可以看出,温度对强迫高弹性也有很大的影响。如果温度降低,为了使链段松弛时间缩短到与拉伸速度相适应,就需要有更大的应力,即必须用更大的外力,才能使聚合物发生强迫高弹形变。但是要使强迫高弹形变能够发生,必须满足断裂应力 $\sigma_b$ 大于屈服应力 $\sigma_y$ 的条件。若温度太低,则 $\sigma_b < \sigma_y$,即在发生强迫高弹形变以前,试样已经被拉断了。因此并不是任何温度下都能发生强迫高弹形变的,而有一定的温度限制,即存在一个特征的温度 $T_b$,只要温度低于 $T_b$,玻璃态聚合物就不能发展强迫高弹形变,而必定发生脆性断裂,因而这个温度称为脆化温度。玻璃态聚合物只有处在 $T_b$ 到 $T_g$ 之间的温度范围内,才能在外力作用下实现强迫高弹形变,而强迫高弹形变又是塑料具有韧性的原因,因此 $T_b$ 是塑料使用的最低温度。在 $T_b$ 以下,塑料显得很脆,像无机玻璃一样,一敲就碎,失去了实际应用价值。

既然强迫高弹形变过程和断裂过程都是松弛过程,时间因素的影响自然是很大的,因而作用力的速度也直接影响着强迫高弹形变的发生和发展,对于相同的外力来说,拉伸速度过快,强迫高弹形变来不及发生,或者强迫高弹形变得不到充分的发展,试样会发生脆性断裂;而拉伸速度过慢,则线型玻璃态聚合物会发生一部分黏性流动;只有在适当的拉伸速度下,玻璃态聚合物的强迫高弹性才能充分地表现出来。

以上讨论了温度、外力的大小和作用速度等外部因素对强迫高弹性的影响,然而强迫高弹性主要是由聚合物的结构决定的。强迫高弹性的必要条件是聚合物要具有可运动的链段,通过链段运动使链的构象改变才能表现出高弹形变,但强迫高弹性又不同于普通的高弹性,高弹性要求分子具有柔性链结构,而强迫高弹性则要求分子链不能太柔软,因为柔性很大的链在冷却成玻璃态时,分子之间堆砌得很紧密,在玻璃态时链段运动很困难,要使链段运动需要很大的外力,甚至超过材料的强度,所以说链柔性很好的聚合物在玻璃态是脆性的,$T_b$ 与 $T_g$ 很接近。如果高分子链刚性较大,则冷却时堆砌松散,分子间的相互作用力较小,链段活动的余地较大,这种聚合物在玻璃态具有强迫高弹性而不脆,它的脆点较低,$T_b$ 与 $T_g$ 的间隔较大。但是如果高分子链的刚性太大,虽然链堆砌也较松散,但链段不能运动,不出现强迫高弹性,材料仍是脆性的。此外,聚合物的分子量也有影响,分子量较小的聚合物在玻璃态时堆砌也较紧密,使聚合物呈现脆性,$T_b$ 与 $T_g$ 很接近,只有分子量增大到一定程度后,$T_b$ 与 $T_g$ 才能拉开。

### 7.1.3 结晶聚合物的拉伸

典型的结晶聚合物在单轴拉伸时,应力-应变曲线如图 7-2 所示。它比玻璃态聚合物的拉伸曲线具有更明显的转折,整个曲线可分为三段。第一段应力随应变线性地增加,试样被均匀地拉长,伸长率可达百分之几到百分之十几,到 Y 点,试样的截面突然变得不均匀,出现一个或几个"细颈",由此开始进入第二阶段。在第二阶段,细颈与非细颈部分的截面积分别维持不变,而细颈部分不断扩展,非细颈部分逐渐缩短,直至整个试样完全变细为止。第二阶段的应力-应变曲线表现为应力几乎不变,而应变不断增加。第二阶段总的应变随聚合物而不同,支链的聚乙烯、聚酯、聚酰胺之类可达 500%,而线型聚乙烯甚至可达 1 000%。接着,第三阶段是成颈后的试样重新被均匀拉伸,应力又随应变的增加而增大直到断裂点。结晶聚合物拉伸曲线上的转折点是与细颈的突然出现,以及最后发展到整个试样而突然终止相关的。

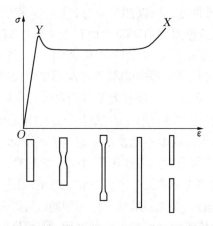

图 7-2　结晶聚合物拉伸过程应力-应变曲线及试样外形变化示意

在单轴拉伸过程中分子排列产生很大的变化,尤其是接近屈服点或超过屈服点时,分子都在与拉伸方向相平行的方向上开始取向。在结晶聚合物中微晶也进行重排,甚至某些晶体可能破裂成较小的单位,然后在取向的情况下再结晶。拉伸后的材料在熔点以下不易回复到原先未取向的状态,然而只要加热到熔点附近,还是能回缩到未拉伸状态的,因而这种结晶聚合物的大形变,就本质上说也是高弹性的,只是形变被新产生的结晶所冻结而已。

从以上讨论可以看出,结晶聚合物的拉伸与玻璃态聚合物的拉伸情况有许多相似之处。现象上,两种拉伸过程都经历弹性变形、屈服(成颈)、发展大形变以及应变硬化等阶段,拉伸的后阶段材料都呈现强烈的各向异性,断裂前的大形变在室温时都不能自发回复,而加热后却都能回复原状,因而本质上两种拉伸过程造成的大形变都是高弹形变。通常把它们统称为**冷拉**。另一方面,两种拉伸过程又是有差别的。它们可被冷拉的温度范围不同,玻璃态聚合物的冷拉温度区间是 $T_b$ 至 $T_g$,而结晶聚合物却在 $T_g$ 至 $T_m$ 间被冷拉。更主要的和本质的差别在于晶态聚合物的拉伸过程伴随着比玻璃态聚合物拉伸过程复杂得多的分子凝聚态结构的变化,后者只发生分子链的取向,不发生相变,而前者还包含有结晶的破坏、取向和再结晶等过程。

### 7.1.4 硬弹性材料的拉伸

20 世纪 60 年代中期发现聚丙烯和聚甲醛等易结晶的聚合物熔体,在较高的拉伸应力场中结晶时,可以得到具有很高弹性的纤维或薄膜材料,而其弹性模量比一般橡胶却要高得多,因而称为硬弹性材料(hard elastic materials)。这类材料在拉伸时表现出特有的应力-应变行为,图 7-3 是由聚丙烯熔纺时快速牵伸得到的纤维的应力-应变曲线。拉伸初始,应力随应变的增加急剧上升,使这类材料具有接近于一般结晶聚合物的高起始模量。到形变百分之几时,发生了不太典型的屈服,应力-应变曲线发生明显转折。然而,与上面讨论过的一般结晶聚合物的拉伸行为不同,这类材料拉伸时不出现成颈现象,因而继续拉伸时,应力会继续以较缓慢的速度上升,而且,到达一定形变量后,移去载荷时形变可以自发回复,虽然在拉伸曲线与回复曲线之间形成较大的滞后圈,但弹性回复率有时可高达 98%。

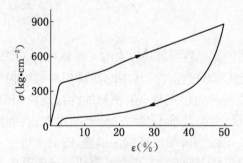
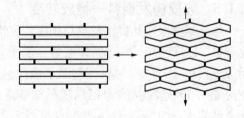

图 7-3 硬弹性聚丙烯的典型硬弹性行为          图 7-4 Clark 的能弹性模型

关于硬弹性材料的特殊力学行为,已提出了许多模型解释。由于硬弹性起先是在结晶聚合物上发现的,并从硬弹聚丙烯的形态学研究中发现大量与应力方向相垂直的片晶结构的存在,因此人们很自然地把硬弹性与片晶结构关联起来,据此,E. S. Clark 提出了一种非常直观的、但是较为粗糙的能弹性机理。简单地说,这种模型把硬弹性的来源归诸于晶片的弹性弯曲。图 7-4 是这一模型的示意图。由于在片晶之间存在由系带分子构成的联结点,使硬弹材料在受到张力时,内部晶片将发生弯曲和剪切弹性变形,晶片间被拉开,形成网格状的结构,因而可以发生较大的形变,而且形变愈大,应力愈高,外力消失后,靠晶片的弹性回复,网格重新闭合,形变可大部分回复。

随着研究的进一步深入,除了继续在聚乙烯、尼龙等许多结晶聚合物中发现硬弹性之外,还发现了某些非晶聚合物,如高抗冲聚苯乙烯(HIPS),当发生大量微裂纹时也表现出硬弹性行为(见图7-5)。这一事实是晶片弯曲模型难以说明的。比较了这些硬弹性材料的微观结构形态的观察结果发现,它们都具有类似的板块微纤复合结构(bulk-microfibril composite structure)。图7-6是硬弹聚丙烯的电镜照片,可以看到,在晶片之间存在大量以空洞相间的微纤,形成高的孔隙率。非晶材料发生微裂纹时,微裂纹体内也是由高度取向的分子链束构成的微纤和空洞组成的。因此,研究的焦点从晶格移到微纤上,逐渐形成了与这些微纤联系在一起的硬弹性的表面能机理,认为硬弹性主要由形成微纤的表面能改变贡献的。当将拉伸状态下的硬弹性材料浸入各种非溶胀性的液体时,微纤的环境发生了变化,表面能改变,硬弹性材料的应力会降低,降低的程度与所用液体的表面张力和黏度有关。而且这一过程是可逆的,当液体挥发后,硬弹性材料的应力又回复到原来的水平。这些实验事实有力地支持了硬弹性的表面能机理。

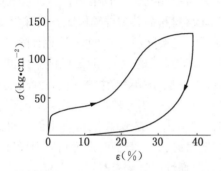

图7-5　高抗冲聚苯乙烯的硬弹性行为　　　图7-6　硬弹聚丙烯的电镜照片

### 7.1.5　应变诱发塑料—橡胶转变

这是某些嵌段共聚物及其与相应均聚物组成的共混物所表现出来的一种特有的应变软化现象。以苯乙烯-丁二烯-苯乙烯三嵌段共聚物(SBS)为例,当其中的塑料相和橡胶相的组成比接近1:1时,材料在室温下像塑料,其拉伸行为起先与一般塑料的冷拉现象相似。在应变约5%处发生屈服成颈,随后细颈逐渐发展,应力几乎不变而应变不断增加,直到细颈发展完成,此时应变约达200%(见图7-7),进一步拉伸,细颈被均匀拉伸,应力可进一步升高,最大应变可高达500%,甚至更高。可是如果移去外力,这种大形变却能迅速基本回复,而不像一般塑料强迫高弹性需要加热到 $T_g$ 或 $T_m$ 附近才能回复。而且,如果接着进行第二次拉伸,则开始发生大形变所需的外力比第一次拉伸要小得多,试样也不再发生屈服和成颈过程,而与一般交联橡胶的拉伸过程相似,材料呈现高弹性。图7-8是这种试样拉伸的应力-应变曲线。两次拉伸的应力应变曲线确实分别为非常典型的塑料冷拉和橡胶的拉伸曲线。从以上现象可以判断,在第一次拉伸超过屈服点后,试样从塑料逐渐转变成橡胶,因而这种现象被称为**应变诱发塑料—橡胶转变**(strain-induced plastics-to-rubber transition)。更为奇特的是经拉伸变为橡胶的试样,如果在室温下放置较长的时间,又能恢复拉伸前的塑料性质。温度低些,这种复原过程进行得慢些;温度升高可加快复原进程。例如上述SBS试样,在60~80℃下,只需10~30 min便可完全恢复在室温下的塑料性质,而室温放置则需要 1 天至数日才能复原。

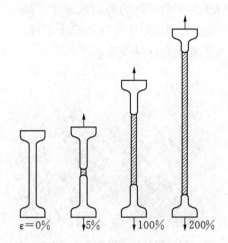

图 7-7　SBS 嵌段共聚物 (S∶B ≈ 1∶1) 的拉伸试样示意

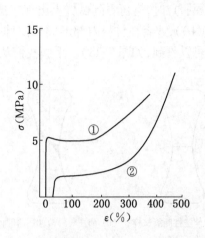

图 7-8　SBS 嵌段共聚物 (S∶B ≈ 1∶1) 的拉伸行为
①—第一次拉伸；②—第二次拉伸

　　电镜的研究揭示了上述拉伸和复原过程的本质。图 7-9 是 SBS 在拉伸前、拉伸至不同阶段以及复原后的电镜照片。拉伸前的照片表明，试样在亚微观上具有无规取向的交替层状结构，其中塑料相和橡胶相都成连续相。连续塑料相的存在，使材料在室温下呈现塑料性质。第一次拉伸至 ε = 80% 的试样的电镜照片上，塑料相发生歪斜、曲折，并有部分已被撕碎，拉伸至 ε = 500% 时，塑料相已完全被撕碎成分散在橡胶连续相中的微区。橡胶相成为唯一的连续相使材料呈现高弹性，因而拉伸试样在外力撤去后变形能迅速回复。塑料分散相微区则起物理交联作用，阻止永久变形的发生。另外两张照片是拉伸至 ε = 600% 的试样，释荷并分别在室温下放置数日和在 100 ℃ 下加热 2 hr 后的形态，塑料连续相的重建已基本完成，交替层状结构又清晰可见，使材料重新表现出塑料性质。

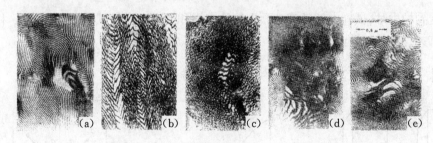

图 7-9　SBS 薄膜试样超薄切片的电镜照片

经 OsO₄ 染色，黑色部分是聚丁二烯橡胶相，白色部分是聚苯乙烯塑料相
(a) 拉伸前；(b) ε = 80%；(c) ε = 500%；(d) 拉伸至 ε = 600% 回复后室温放置数日；
(e) 拉伸至 600% 回复后 100 ℃ 加热 2 hr

## 7.2　聚合物的屈服行为[1~5]

　　仔细观察拉伸过程中聚合物试样的变化不难发现，脆性聚合物在断裂前，试样并没有明显的变化,断裂面一般与拉伸方向相垂直(见图 7-10(a)),断裂面也很光洁;而韧性聚合物拉伸至屈服点时,常可看到试样上出现与拉伸方向成大约 45°角倾斜的剪切滑移变形带(见图 7-10(b)),或者在材料内部形成与拉伸方向倾斜一定角度的"剪切带"(用双折射或二色性实验可以看到,如图 7-11)。下面我们从应力分析入手来说明这种现象。

 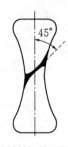

(a) 拉伸脆性断裂试样　　(b) 韧性材料拉伸屈服时的试样

图 7-10　拉伸过程中聚合物试样的变化

图 7-11　聚对苯二甲酸乙二酯的剪切带

### 7.2.1　聚合物单轴拉伸的应力分析

考虑一横截面积为 $A_0$ 的试样,受到轴向拉力 $F$ 的作用(见图 7-12),这时,横截面上的应力 $\sigma_0 = F/A_0$。如果在试样上任意取一倾斜的截面,设其与横截面的夹角为 $\alpha$,则其面积 $A_\alpha = A_0/\cos\alpha$。作用在 $A_\alpha$ 上的拉力 $F$ 可以分解为沿平面法线方向和沿平面切线方向的两个分力,这两个分力互相垂直,分别记为 $F_n$ 和 $F_s$,显然,$F_n = F\cos\alpha$,$F_s = F\sin\alpha$。因此,这个斜截面上的法应力 $\sigma_{\alpha n}$ 和切应力 $\sigma_{\alpha s}$ 分别为

$$\sigma_{\alpha n} = F_n/A_\alpha = \sigma_0\cos^2\alpha \tag{7-2}$$

$$\sigma_{\alpha s} = F_s/A_\alpha = (\sigma_0\sin 2\alpha)/2 \tag{7-3}$$

即试样受到拉力时,试样内部任意截面上的法应力和切应力只与试样的正应力 $\sigma_0$ 和截面的倾角 $\alpha$ 有关,拉力一旦选定,$\sigma_{\alpha n}$ 和 $\sigma_{\alpha s}$ 只随截面的倾角而变化。

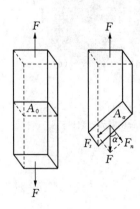 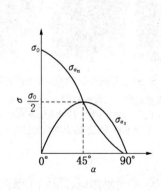 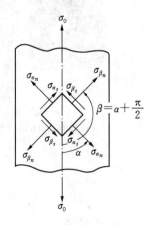

图 7-12　单轴拉伸应力　　　图 7-13　任意截面上的正应力和　　　图 7-14　拉伸应力引起交叉
　　　分析的示意　　　　　　　　法应力与截面倾角的关系曲线　　　　　剪切应力示意

当 $\alpha = 0$ 时,则 $\sigma_{\alpha n} = \sigma_0$,$\sigma_{\alpha s} = 0$;当 $\sigma = 45°$ 时,则 $\sigma_{\alpha n} = \sigma_0/2$,$\sigma_{\alpha s} = \sigma_0/2$;当 $\alpha = 90°$ 时,则 $\sigma_{\alpha n} = 0$,$\sigma_{\alpha s} = 0$。以 $\sigma_{\alpha n}$ 和 $\sigma_{\alpha s}$ 对 $\alpha$ 作图,可以得到如图 7-13 的曲线。就切应力而言,当截面倾角等于 45° 时,达到了最大值。法向应力则以横截面上为最大。

对于倾角为 $\beta = \alpha + \pi/2$ 的另一截面(见图 7-14),运用式(7-2)和式(7-3)同样可以有

$$\sigma_{\beta n} = \sigma_0 \cos^2\beta = \sigma_0 \sin^2\alpha \tag{7-4}$$

$$\sigma_{\beta s} = (\sigma_0 \sin 2\beta)/2 = -(\sigma_0 \sin 2\alpha)/2 \tag{7-5}$$

由式(7-2)和式(7-4)可得

$$\sigma_{\alpha n} + \sigma_{\beta n} = \sigma_0 \tag{7-6}$$

即两个互相垂直的斜截面上的法应力之和是一定值,等于正应力。而由式(7-3)和式(7-5)可得

$$\sigma_{\alpha s} = -\sigma_{\beta s} \tag{7-7}$$

即两个互相垂直的斜截面上的剪应力的数值相等,方向相反,它们是不能单独存在的,总是同时出现,这种性质称为切应力双生互等定律。

根据上述拉伸试样应力分析的结果,我们就不难理解聚合物拉伸时的种种现象了。

不同聚合物有不同的反抗拉伸应力和剪切应力破坏的能力。一般来说,韧性材料拉伸时,斜截面上的最大切应力首先达到材料的剪切强度,因此试样上首先出现与拉伸方向成 45°角的剪切滑移变形带(或互相交叉的剪切带),相当于材料屈服,进一步拉伸时,变形带中由于分子链高度取向强度提高,暂时不再发生进一步变形,而变形带的边缘则进一步发生剪切变形,同时倾角为 135°的斜截面上也要发生剪切滑移变形,因而试样逐渐生成对称的细颈,直至细颈扩展到整个试样为止。对于脆性材料,情况则不同,在最大切应力达到剪切强度之前,正应力已超过材料的拉伸强度,因此试样来不及发生屈服就断裂了。最大法应力发生在横截面上,所以发生这种脆性断裂时,试样的断面与拉伸方向相垂直。一般脆性材料有较高的压缩强度,所以在受到单向压缩时,材料通常沿 45°方向发生破裂。

实际上,实验观察很少得到恰好在 45°角方向上的剪切滑移带,倾斜角(90°-$\alpha$)一般都大于 45°,有时甚至接近 60°角。其原因可能有二:第一,理论推导中假定材料拉伸时体积不变,事实上大部分塑料的泊松比都小于 0.5,拉伸时体积增加,使剪切带的角度变大;第二,在拉伸时,所产生的剪切带的角度,于外力撤去后试样回缩,使剪切带的角度增大。

## 7.2.2 真应力-应变曲线及 Considère 作图法

在前面关于聚合物拉伸过程的讨论中,应力均指习用应力(或表观应力),因而全部拉伸应力-应变曲线实际上是荷重-伸长曲线。然而随着变形的加大,试样截面积有了较大的变化,试样的真应力与习用应力便出现较大的差别。下面我们来看看拉伸过程的真应力-应变曲线,这时材料的成颈和冷拉判据又是什么呢?

假定试样变形时体积不变,即 $A_0 l_0 = Al$,并定义伸长比 $\lambda = l/l_0 = 1 + \varepsilon$,则实际受力的截面积为

$$A = A_0 l_0/l = A_0/(1+\varepsilon) \tag{7-8}$$

真应力 $\sigma'$ 为

$$\sigma' = F/A = (1+\varepsilon)\sigma \qquad (7\text{-}9)$$

这样我们便可以从通常的荷重-伸长曲线或习用应力-应变曲线,按式(7-9)换算,作出真应力-应变曲线。图7-15是一种延性材料的习用应力-应变曲线和相应的真应力-应变曲线。可以看到,由于拉伸时,试样的起始面积总是最大的,$A_0 > A$,因而$\sigma' > \sigma$。在$\sigma$对$\varepsilon$曲线上,当$\sigma$达到极大值时,试样的均匀伸长终止,开始成颈,并使习用应力下降,最后试样在细颈的最狭窄部位断裂。而在$\sigma'$对$\varepsilon$曲线上,$\sigma'$却可能随$\varepsilon$增加单调地升高,试样成颈时,$\sigma'$并不一定出现极大值。为了在真应力-应变曲线上找到屈服点,必须找出屈服条件与真应力的关系。

根据原来对屈服点的定义,我们有$\mathrm{d}\sigma/\mathrm{d}\varepsilon = 0$,而由式(7-9),$\sigma = \sigma'/(1+\varepsilon)$,故

$$\frac{\mathrm{d}\sigma}{\mathrm{d}\varepsilon} = \frac{1}{(1+\varepsilon)^2}\Big[(1+\varepsilon)\frac{\mathrm{d}\sigma'}{\mathrm{d}\varepsilon} - \sigma'\Big] = 0 \qquad (7\text{-}10)$$

$$\mathrm{d}\sigma'/\mathrm{d}\varepsilon = \sigma'/(1+\varepsilon) = \sigma'/\lambda \qquad (7\text{-}11)$$

根据式(7-11)在真应力-应变曲线图上从横坐标上$\varepsilon = -1$或$\lambda = 0$点向$\sigma'$对$\varepsilon$曲线作切线(见图7-16),切点便是屈服点,对应的真应力就是屈服应力$\sigma'_y$。这种作图法称为Considère作图法。它对根据真应力-应变曲线判断聚合物在拉伸时的成颈和冷拉十分有用。

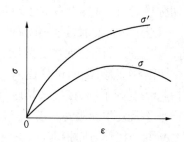

图7-15  习用应力-应变曲线与真应力-应变曲线

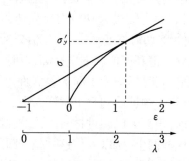

图7-16  Considère作图法

聚合物的真应力-应变曲线可归纳为三种类型:第一种类型如图7-17所示,可以看出,由$\lambda = 0$点不可能向$\sigma'$对$\lambda$曲线作切线,$\mathrm{d}\sigma'/\mathrm{d}\lambda$总是大于$\sigma'/\lambda$,因此,这种聚合物拉伸时,随负荷增大而均匀伸长,但不能成颈;第二种类型如图7-16所示,由$\lambda = 0$点可以向$\sigma'$对$\lambda$曲线引一条切线,即曲线上有一个点满足$\mathrm{d}\sigma'/\mathrm{d}\lambda = \sigma'/\lambda$,此点即屈服点,聚合物均匀伸长到这点成颈,随后细颈逐渐变细负荷下降,直至断裂;第三种类型如图7-18所示,由$\lambda = 0$点可

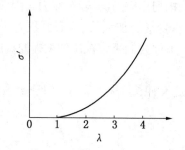

图7-17  不成颈聚合物的$\sigma'$对$\lambda$曲线

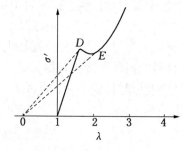

图7-18  冷拉聚合物的$\sigma'$对$\lambda$曲线

向曲线引两条切线,即曲线上有两个点满足 $d\sigma'/d\lambda = \sigma'/\lambda$,$D$ 点即屈服点,$\sigma = \sigma'/\lambda$ 在 $D$ 处达到极大值。进一步拉伸时,$\sigma'/\lambda$ 沿曲线下降,直至 $E$ 点,之后张力稳定在 $OE$ 切线的斜率代表的数值上,试样被冷拉,最后,进一步拉伸则沿曲线的陡峭部分发展,直到断裂,这是既成颈又冷拉的聚合物的 $\sigma'$ 对 $\lambda$ 曲线。

以上讨论的是拉伸应力下聚合物材料的屈服,这是发生屈服的最简单的形式,在这种单向拉伸情况下,Considère 作图法可以作为材料是否发生屈服、成颈和冷拉的判据。

# 7.3 聚合物的断裂理论和理论强度[1~5, 8]

聚合物材料的韧性是非金属材料中难得的一种可贵性质。韧性材料在受到较大应力作用,或经受变形时,可以发生屈服,吸收大量的能量,它使聚合物材料在实际应用中可以发生较大的变形或承受较大的冲击而不破坏。但是由于聚合物的黏弹性本质及其结构的复杂性,聚合物材料的韧性表现是有条件的,因而脆性断裂也时常发生。同一种聚合物材料在不同的条件下既可以发生韧性断裂,也可以发生脆性断裂。韧性断裂和脆性断裂并没有严格的界限。判别韧性断裂和脆性断裂一般可以认为脆性断裂发生在材料屈服之前,材料只有普弹形变,应力-应变关系是线性或接近线性的,形变量小,断伸率小于 5%,而且在拉伸应力的作用下,微裂纹会迅速发展,最终导致脆性断裂。而在韧性断裂时,材料先发生屈服,随后可以发生大的形变,应力-应变关系是非线性的,断伸率一般大于 10%,然后由于屈服剪切带的发展导致韧性断裂。两种断裂方式的断裂能差别很大,但确定一个分界线却不容易。其实两者的断口形貌很不相同,脆性断裂断口与外力相垂直,表面平整光滑,截面积几乎没有改变,而韧性断裂的断口不规则,表面粗糙,截面积缩小。

影响聚合物材料的断裂行为的外界条件主要是温度和应变速率。聚合物材料的韧性随温度的升高而增大,随应变速率的提高而减小,材料的脆性和韧性之间随条件的改变而可以互相转化。

## 7.3.1 断裂的分子理论

Zhurkov 等人以断裂过程的时间和温度的依赖性为出发点,于 1966 年提出了断裂的分子理论,认为材料断裂过程是一个松弛过程,材料的宏观断裂对应于微观化学键断裂,而后者是一个与时间有关的活化过程。他们在不同温度下测量了聚合物的承载寿命(材料在拉伸应力作用下从完好状态到完全断裂的时间)随拉伸应力的变化,并指出承载寿命 $\tau$ 与拉伸应力 $\sigma_B$ 和绝对温度 $T$ 之间的关系可以用 Eyring 型方程来表示

$$\tau = \tau_0 \exp\left(\frac{U_0 - \beta\sigma_B}{kT}\right) \qquad (7\text{-}12)$$

式中 $\tau_0$、$U_0$ 和 $\beta$ 是决定聚合物强度特征的常数;$k$ 是 Boltzmann 常数。参数 $U_0$ 具有能量的量纲,对应于发生化学键断裂必须克服的活化能垒的高度;$\beta$ 具有体积的量纲,称为活化体积,与聚合物的分子结构和分子间力有关,对应于键断裂的活化体积。从指数项可以看出,应力的作用是使断键活化能垒降低,加速键断裂过程,缩短承载寿命。$kT$ 是体系的热能,温度的作用是通过原子的热运动来实现的,无规的热涨落造成能量分布在分子水平上的不均匀性,使

一部分原子的能量首先超过断键活化能,发生化学键断裂,温度升高将缩短承载寿命。

式(7-12)已被许多材料的实验数据所证实。力学实验测得的部分聚合物的断键活化能 $U_0$ 值列出于表 7-7 中,可以看出大多数热塑性聚合物的断键活化能在 $120\sim300$ kJ·mol$^{-1}$,与各自由热降解法得到的值非常接近。

表 7-1　部分热塑性塑料的断键活化能 $U_0$ 与热分解活化能

| 聚　合　物 | 断键活化能 $U_0$(kJ·mol$^{-1}$) | 热分解活化能(kJ·mol$^{-1}$) |
| --- | --- | --- |
| 聚乙烯 | 226 | 230 |
| 聚丙烯 | 235 | 236 |
| 聚氯乙烯 | 146 | 134 |
| 聚甲基丙烯酸甲酯 | 226 | 220 |
| 聚四氟乙烯 | 314 | 325 |
| 尼龙 66 | 118 | 180 |

## 7.3.2　非线性断裂理论

Andrews 建议引入一个新的物理量表面功参数(surface work parameter)$\Im$,用来描述聚合物断裂期间产生单位表面积所需的能量。他于 1974 年提出了广义断裂理论,在这个理论中,不仅包含塑性变形,而且包括黏弹性变形,这两者对于聚合物来说都是很重要的,因而为聚合物的断裂理论奠定了基础。

Andrews 从考虑含有一裂缝的无限大的平板试样在拉伸应力作用下,裂缝增长时,其附近某点局部能量密度的变化入手,通过复杂推导最后得到,裂缝增长产生单位面积体系消耗的总能量的普适表达式

$$\Im = \Im_0 \Phi(\sigma_0, \ T, \ \acute{\varepsilon}) \tag{7-13}$$

式中 $\Im_0$ 是扣除了通过试样本体消耗的能量后,形成单位面积裂缝所需的能量;$\Phi$ 称为损耗函数(loss function),依赖于无限远处的应力 $\sigma_0$、温度 $T$ 和应变速率 $\acute{\varepsilon}$ 的函数,可以通过实验进行测量。

Andrews 和 Fukahori 将普适断裂力学理论应用于丁苯橡胶、乙丙橡胶、增塑聚氯乙烯和低密度聚乙烯等四个聚合物,测得的 $\Im_0$ 值列于表 7-8 中,这些 $\Im_0$ 值与计算的最小断裂能的理论值(按照打断通过单位面积的主链键计算的)很接近。

表 7-2　Andrews 和 Fukahori 得到的 $\Im_0$ 值

| 聚合物 | $\Im_0$(J·m$^{-2}$) | 聚合物 | $\Im_0$(J·m$^{-2}$) |
| --- | --- | --- | --- |
| 丁苯橡胶 | 65 | 增塑聚氯乙烯 | 100 |
| 乙丙橡胶 | 65 | 低密度聚乙烯 | 200 |

## 7.3.3　微裂纹

微裂纹(craze)是聚合物特有的一种形态学特征。它是聚合物在张应力作用下,出现于材料的缺陷或薄弱处,与主应力方向相垂直的长条形微细凹槽。由于光线在微裂纹的表面上发生全反射,它在透明塑料中呈现为肉眼可见的明亮条纹,所以也称为**银纹**。其宽度约 $10~\mu m$,厚度在 $0.1\sim0.5~\mu m$ 之间,长度约 $100~\mu m$,但在适当的条件下,微裂纹长度甚至可以

扩展到接近试样宽度的宏观尺度(见图7-19)。

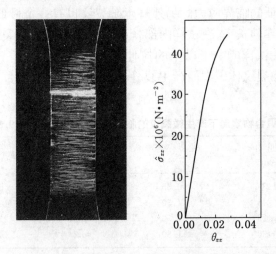

图7-19　聚苯乙烯拉伸试样上的微裂纹及其拉伸应力-应变曲线

　　产生微裂纹的部位叫做微裂纹体,与完全由空隙构成的裂缝(crack)不同,微裂纹是由沿外力方向高度取向的聚合物微纤(直径在0.6～30 nm)及其周围的空洞组成的,因而微裂纹体的质量不为零,但其密度下降,因而微裂纹体的折光指数比聚合物本体低。如聚苯乙烯微裂纹的密度相当于本体密度的40%,微裂纹体的折光指数为1.33,而本体为1.59,因此产生光的全反射现象,如果微裂纹体的厚度与光的波长数量级相同时,会产生如油膜浮在水面上一样的干涉色。在聚苯乙烯中,微裂纹体内的空隙大小约为20 nm,微裂纹的表面积为200 m²/cm³。微裂纹与裂缝之间的另一点不同是它有可逆性,在压力下或在$T_g$以上退火时微裂纹能回缩和消失。例如具有应力银纹的聚苯乙烯、有机玻璃、聚碳酸酯,若加热到各自的$T_g$以上,可回复到未开裂时的光学均一状态。

　　图7-20是微裂纹增长示意图,在图上$y$方向应力作用下,微裂纹体的上下表面被拉开,微纤的直径缩小,空洞扩大,同时微裂纹沿$x$方向扩展,增长前沿的聚合物本体继续发生塑性形变,形成新的微纤,如图7-20(b)、7-20(c)、7-20(d)所示。高分子链在微纤中沿应力的方向高度取向,与玻璃态聚合物的强迫高弹性的情况相类似,这就不难理解微裂纹的可逆性了。

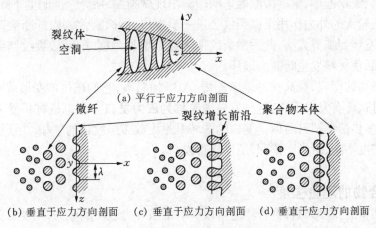

图7-20　微裂纹增长机理示意

应力愈大,微裂纹的产生和发展愈快,而应力低于某一数值时则不产生微裂纹,因此产生微裂纹有一个最低的临界应力。另外产生微裂纹也有一个最低的伸长率,称为临界伸长率。一旦达到临界伸长率,在试样内部就产生了微裂纹。微裂纹并不一定引起断裂和破坏,它还具有原始试样的一半以上的拉伸强度。如果超过了一定限度,则微裂纹体中的微纤发生断裂,微裂纹体破裂而产生裂缝。表 7-3 是几种聚合物产生微裂纹的临界应力和临界伸长率。

表 7-3    几种聚合物室温下产生微裂纹的临界应力 ($1\ \text{kg}\cdot\text{cm}^{-2} = 9.807 \times 10^4$ Pa)

| 聚合物 | 临界应力 $\sigma_c$ ($\text{kg}\cdot\text{cm}^{-2}$) | 临界应变 $\varepsilon_c$ (%) | $t_{max}$ * (hr) | $T_g$(℃) | 屈服应力 $\sigma_y$ ($\text{kg}\cdot\text{cm}^{-2}$) |
|---|---|---|---|---|---|
| 聚苯乙烯 | 113 | 0.35 | 24 | 90 | 703 |
| 有机玻璃 | ≈246 | 1.30 | 0.1 | 100 | ≈914 |
| 聚苯醚 | ≤429 | 1.50 | ≈24 | 210 | 703 |
| 聚碳酸酯 | ≤430 | 1.80 | ≈24 | 145 | 633 |

注:* $t_{max}$ 是指在临界应力或临界应变下产生微裂纹所需的最大时间。

引起聚合物产生微裂纹的基本原因有两种:一种是力学因素(这里的应力是指张应力,纯压缩力不会产生微裂纹,一般出现在试样的表面或接近表面处,或在裂缝的尖端处形成而成为裂缝扩展的先导);另一种是环境因素(同某些化学物质接触)。

很多热塑性塑料,在储存以及使用过程中,由于应力以及环境的影响,往往会出现微裂纹。环境因素引起的银纹的分布与应力银纹不同,它通常是不规则排列的,分别取任意的方向。这种银纹的产生,一般是与材料内应力的存在联系在一起的,因此也称为环境应力银纹。它时常直接发展为环境应力开裂。根据环境因素的不同、环境应力开裂包括下述四种:(1)溶剂银纹,可能是由于溶剂溶胀聚合物表面使 $T_g$ 降低或者导致结晶引起的;(2)非溶剂(包括醇、润湿剂等表面活性物质)引起的环境应力开裂可能是由于表面活性物质浸润微裂纹的表面,降低了表面能,从而有利于微裂纹的发展;(3)热应力开裂是由温度变化使聚合物内部发生形态结构的改变引起的,其微裂纹主要发生在物质内部;(4)氧化应力开裂则是氧化剂引起分子链断裂的一种不可逆过程。其中溶剂和非溶剂引起的应力开裂的试验,已经成为研究聚合物内应力和耐开裂性能的重要方法。

有机玻璃、聚苯乙烯、聚碳酸酯等透明塑料出现微裂纹,使光学透明度下降,影响塑料的使用性能。在较大的外力作用下微裂纹会进一步发展,以微裂纹的微纤断裂产生附加的空洞开始,逐渐发展到临界大小,此后微裂纹便快速地增长为裂缝,而微裂纹则继续在裂缝的顶端形成,最后使材料发生断裂而破坏。

用橡胶增韧的塑料,像高抗冲聚苯乙烯、ABS 树脂等,它们在拉伸变形或弯曲变形或受冲击的破坏时试样有发白现象,这种发白现象称为**应力发白**。这也是材料受力后出现了微裂纹体,与很多热塑性塑料类似。发白的区域就是无数微裂纹体的总和,由于微裂纹体的密度与树脂的密度不同,折光率不同,所以显得发白。

### 7.3.4    聚合物的理论强度

从分子结构的角度来看,聚合物之所以具有抵抗外力破坏的能力,主要靠分子内的化学键合力和分子间的范德华力和氢键。摒去其他各种复杂的影响因素,我们可以由微观角度计算出聚合物的理论强度,这种考虑方法是很有意义的,因为把理论计算得到的结果与实际聚合物的强度相比较,我们就可以了解它们之间的差距,这个差距将指引和推动人们进行提高聚合物的实际强度的研究和探索。

为了简化问题,我们可以把聚合物断裂的微观过程归结为如下三种,见图 7-21。

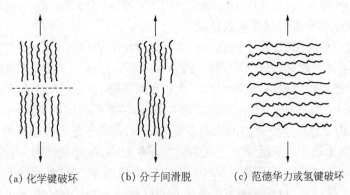

(a) 化学键破坏          (b) 分子间滑脱          (c) 范德华力或氢键破坏

图 7-21 聚合物断裂微观过程的三种模型示意图

如果高分子链的排列方向是平行于受力方向的,则断裂时可能是化学键的断裂或分子间的滑脱;如果高分子链的排列方向是垂直于受力方向的,则断裂时可能是范德华力或氢键的破坏。我们先从理论上来分析一下以上三种情况的拉伸强度(或断裂强度)。

如果是第一种情况,聚合物的断裂必须破坏所有的链。先计算破坏一根化学键所需要的力。较严格地计算化学键的强度应从共价键的位能曲线出发进行计算。为了简单起见,下面只从键能数据出发进行粗略估算。大多数聚合物主链共价键的键能一般约为 $350 \text{ kJ·mol}^{-1}$,或 $5.8 \times 10^{-19} \text{ erg}/$ 键。在这里,键能 $E$ 可看作是将成键的原子从平衡位置移开一段距离 $d$,克服其相互吸引力 $f$ 所需要作的功。对共价键来说,$d$ 不超过 $0.15 \text{ nm}$,超过了 $0.15 \text{ nm}$ 共价键就要遭到破坏。因此可根据 $E = fd$ 算出破坏一根这样的共价键所需要的力

$$f = E/d = 5.8 \times 10^{-19}/1.5 \times 10^{-10} = 3.9 \times 10^{-9} \text{ N/键}$$

根据聚乙烯晶胞数据推算,每根高分子链的截面积约为 $0.2 \text{ nm}^2$,每平方米的截面上将有 $5 \times 10^{18}$ 根高分子链。因此理想的拉伸强度

$$\sigma = 3.9 \times 10^{-9} \times 5 \times 10^{18} = 2 \times 10^{10} \text{ kg·m}^{-2} \approx 2 \times 10^{6} \text{ kg·cm}^{-2}$$

实际上,即使高度取向的结晶聚合物,它的拉伸强度也要比这个理想值小几十倍。这是因为没有一个试样的结构能使它在受力时,所有链在同一截面上同时被拉断。

如果是第二种情况,分子间滑脱的断裂必须使分子间的氢键或范德华力全部破坏。分子间有氢键的聚合物,像聚乙烯醇、纤维素和聚酰胺等,它们每 $0.5 \text{ nm}$ 链段的摩尔内聚能如果以 $20 \text{ kJ·mol}^{-1}$ 计算,并假定高分子链总长为 $100 \text{ nm}$,则总的摩尔内聚能约为 $4\,000 \text{ kJ·mol}^{-1}$,比共价键的键能大 10 倍以上。即使分子间没有氢键,只有范德华力,像聚乙烯、聚丁二烯等,每 $0.5 \text{ nm}$ 链段的摩尔内聚能以 $5 \text{ kJ·mol}^{-1}$ 计算,假定高分子链长为 $100 \text{ nm}$,总的摩尔内聚能为 $1\,000 \text{ kJ·mol}^{-1}$,也比共价键的键能大好几倍,所以断裂完全是由分子间滑脱是不可能的。

如果是第三种情况,分子是垂直于受力方向排列的,断裂时是部分氢键或范德华力的破坏。氢键的解离能以 20 kJ·mol$^{-1}$ 计算,作用范围约为 0.3 nm,范德华键的解离能以 8 kJ·mol$^{-1}$ 计算,作用范围为 0.4 nm,则拉断一个氢键和范德华键所需要的力分别约为 $1 \times 10^{-10}$ N 和 $3 \times 10^{-11}$ N。如果假定每 0.25 nm$^2$ 上有一个氢键或范德华键,便可以估算出拉伸强度分别为 400 MPa(约 4 000 kg·cm$^{-2}$)和 120 MPa(约 1 200 kg·cm$^{-2}$)。这个数值与实际测得的高度取向纤维的强度同数量级。

根据以上分析估算结果可以得出结论:实际聚合物的取向情况是不好的,即使是高度取向的试样,也达不到上述那种理想的结构,因为实际高分子链的长度是有限的,同时分子链也总会或多或少地存在着未取向的部分,因此正常断裂时,首先将发生在未取向部分的氢键或范德华力的破坏,随后应力集中到取向的主链上,尽管共价键的强度比分子间作用力大 10～20 倍,但是由于直接承受外力的取向主链数目少,最终还是要被拉断的。

另一方面,理论强度与实际强度之间的巨大差距说明,提高聚合物实际强度的潜力是很大的。要知道,如果材料的强度提高 10 倍,就可以把机械零件的重量降低到 1/30 至 1/20 或者更多,这对工程技术,特别是尖端技术上是有巨大意义的,因此,设法使材料尽可能接近其理论强度的探索是非常吸引人的。为此,首先要弄清楚造成实际强度与理论强度之间的巨大差距的原因。

# 7.4　影响聚合物实际强度的因素[3,4,6,7]

影响聚合物实际强度的因素很多,总的来说可以分为两类:一类是与材料本身有关的,包括高分子的化学结构、分子量及其分布、支化和交联、结晶与取向、增塑剂、共混、填料、应力集中物等;另一类是与外界条件有关的,包括温度、湿度、光照、氧化老化、作用力的速度等。下面分别加以讨论。

## 7.4.1　高分子本身结构的影响

前面已经分析过高分子具有强度在于主链的化学键力和分子之间的作用力,所以增加高分子的极性或产生氢键可使强度提高,例如低压聚乙烯的拉伸强度只有 15～16 MPa,聚氯乙烯因有极性基团,拉伸强度为 50 MPa,尼龙 610 有氢键,拉伸强度为 60 MPa。极性基团或氢键的密度愈大,则强度愈高,所以尼龙 66 的拉伸强度比尼龙 610 还大,达 80 MPa。如果极性基团过密或取代基团过大,阻碍着链段的运动,不能实现强迫高弹形变,表现为脆性断裂,因此拉伸强度虽然大了,但材料变脆。

主链含有芳杂环的聚合物,其强度和模量都比脂肪族主链的高,因此新型的工程塑料大都是主链含芳杂环的。例如芳香尼龙的强度和模量比普通尼龙高,聚苯醚比脂肪族聚醚高,双酚 A 聚碳酸酯比脂肪族的聚碳酸酯高。引入芳杂环侧基时强度和模量也要提高,如聚苯乙烯的强度和模量比聚乙烯的高。

分子链支化程度增加,使分子之间的距离增加,分子间的作用力减小,因而聚合物的拉伸强度会降低,但冲击强度会提高,如高压聚乙烯的拉伸强度比低压聚乙烯的低,而冲击强度反而比低压聚乙烯高。

适度的交联可以有效地增加分子链间的联系,使分子链不易发生相对滑移。随着交联度的增加,往往不易发生大的形变,强度增高。例如聚乙烯交联后,拉伸强度可以提高一倍,冲击强度可以提高3~4倍。但是交联过程中往往会使聚合物结晶度下降,取向困难,因而过分的交联并不总是有利的。

分子量对拉伸强度和冲击强度的影响也有一些差别。分子量低时,拉伸强度和冲击强度都低,随着分子量的增大,拉伸强度和冲击强度都会提高。但是当分子量超过一定的数值以后,拉伸强度的变化就不大了,而冲击强度则继续增大。人们制取超高分子量聚乙烯 ($M = 5 \times 10^5 \sim 4 \times 10^6$) 的目的之一就是为了提高它的冲击性能。它的冲击强度比普通低压聚乙烯提高3倍多,在 $-40\ ℃$ 时甚至可提高18倍之多。

### 7.4.2 结晶和取向的影响

结晶度增加,对提高拉伸强度、弯曲强度和弹性模量有好处。例如在聚丙烯中无规结构的含量增加,使聚丙烯的结晶度降低,则拉伸强度和弯曲强度都下降(见表7-4)。然而,如果结晶度太高,则要导致冲击强度和断裂伸长率的降低,聚合物材料就要变脆,反而没有好处。

表 7-4  无规结构含量对聚丙烯性能的影响 ($1\ kg·cm^{-2} = 9.807 \times 10^4\ Pa$)

| 无规结构含量(%) | 拉伸强度($kg·cm^{-2}$) | 弯曲强度($kg·cm^{-2}$) |
| --- | --- | --- |
| 2.0 | 345 | 565 |
| 2.5 | 340 | 460 |
| 3.3 | — | 450 |
| 3.5 | 325 | 450 |
| 6.4 | 290 | 410 |
| 11.8 | | 400 |

对结晶聚合物的冲击强度影响更大的是聚合物的球晶结构。如果在缓慢的冷却和退火过程中生成了大球晶的话,那么聚合物的冲击强度就要显著下降,因此有些结晶性聚合物在成型过程中加入成核剂,使它生成微晶而不生成球晶,以提高聚合物的冲击强度。所以在原料选定以后,成型加工的温度和后处理的条件,对结晶聚合物的机械性能有很大影响。

取向可以使材料的强度提高几倍甚至几十倍。这在合成纤维工业中是提高纤维强度的一个必不可少的措施。对于薄膜和板材也可以利用取向来提高其强度。因为取向后高分子链顺着外力的方向平行地排列了起来,使断裂时,破坏主价键的比例大大增加,而主价键的强度比范德华力的强度高20倍左右。另外取向后可以阻碍裂缝向纵深发展,这一点我们可以举橡皮的例子来说明:如果先在橡皮上切一个口子,再进行拉伸,那么拉不了多长,切口就向纵深很快扩展,费不了多大的力气就能把它拉断。但如果先把橡皮拉得很长,使其中的分子链取向,再用刀子划一刀,此时切口顺拉力方向扩大,而并不向纵深扩展,这时要拉断它就得用比较大的力气。

### 7.4.3 应力集中物的影响

如果材料存在缺陷,受力时材料内部的应力平均分布状态将发生变化,使缺陷附近局部范围内的应力急剧地增加,远远超过应力平均值,这种现象称为应力集中。对于无限大薄板上的椭圆孔,当其长轴方向垂直于板上的平均应力 $\sigma_0$ 时,孔两端受到的拉伸应力 $\sigma$ 最大(见

图 7-22)

$$\sigma = \sigma_0 [1 + (2a/b)] \tag{7-14}$$

式中 $a$ 和 $b$ 分别是长、短半轴的长度。可见圆孔端的最大应力是板上平均应力的 3 倍;$a/b$ 越大,$\sigma$ 就越大,即椭圆孔越是扁平,孔端的应力集中越严重;而当 $a \gg b$ 时,相当于细长的裂缝两端的应力将达到最大

$$\sigma_{max} = \sigma_0 [1 + 2(c/\rho)^{1/2}] \approx 2\sigma_0 (c/\rho)^{1/2} \tag{7-15}$$

式中 $c$ 和 $\rho$ 分别是半裂缝长度和裂缝尖端的曲率半径,$\rho = b^2/a$。

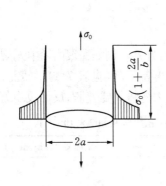

图 7-22　椭圆孔应力集中示意图

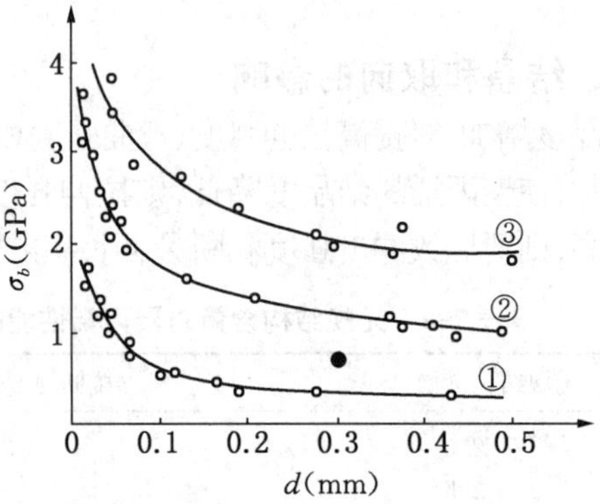

图 7-23　玻璃纤维的实测强度对直径 $d$ 的关系
①—未处理；②—HF 侵蚀 2~10 $\mu$m；③—深度侵蚀

　　各种缺陷在聚合物的加工成型过程中是普遍存在的。例如在加工时,由于混炼不匀、塑化不足造成的微小气泡和接痕,生产过程中也常会混进一些杂质,更难以避免的是在成型过程中,由于制件表里冷却速度不同,表面物料接触温度较低的模壁,迅速冷却固化成一层硬壳,而制件内部的物料,却还处在熔融状态,随着它的冷却收缩,便使制件内部产生内应力,进而形成细小的银纹,甚至于微裂缝,在制件的表皮上将出现龟裂。上述各类缺陷就是应力集中物,尽管非常微小,有的甚至肉眼不能发现,但是却成为降低聚合物机械强度的致命弱点,是造成聚合物实际强度与理论强度之间巨大差别的主要原因之一。

　　有人以玻璃纤维为对象,研究了纤维强度与纤维直径的关系,并以氢氟酸作为表面腐蚀剂,消除纤维表面的裂缝,观察纤维强度的变化。实验结果得到如图 7-23 三根曲线,由曲线可以看出,当玻璃纤维的直径降低到 0.1 mm 以下时,其强度开始急剧上升,这说明纤维直径减小,有利于减小纤维表里的差别,减小缺陷出现的几率,正是根据这一原理,合成纤维生产中先将纤维抽成很细的单丝,然后再将单丝纺成较粗的纱或线。曲线②和③表明,经氢氟酸侵蚀后,纤维的强度显著提高了,而且深度侵蚀的纤维强度更高。这有力地证明纤维表面裂缝的存在及其对强度的严重危害。表面裂缝对降低材料强度的巨大作用,与材料表面不可避免地要吸附一些活性物质(例如水汽或油类等)有关,这些表面活性物质通常与聚合物之间有很好的亲和力,当聚合物受力时,由于这些物质浸润聚合物的表面,降低表面能,因而将对表面裂缝的扩展起加速作用。

　　应力集中的原理表明,缺陷的形状不同,应力集中系数(最大局部应力与平均应力之比

值)也不同,锐口的缺陷的应力集中系数比钝口的要大得多,因此,锐口的小裂缝甚至比钝口的较大的缺陷更为有害,因为它造成更大的应力集中,使其最大应力大大超过材料的破坏强度,致使制件从这小裂缝开始发生破坏。根据这个原理,一般制品的设计总是尽量避免有尖锐的转角,而是将制品的转弯处做成圆弧形的。

## 7.4.4 增塑剂的影响

增塑剂的加入对聚合物起了稀释作用,减小了高分子链之间的作用力,因而强度降低,强度的降低值与增塑剂的加入量约成正比。水对许多极性聚合物来说是一种广义的增塑剂,例如酚醛塑料在水中浸泡后强度明显降低;当相对湿度从 0 增至 100% 时,醋酸纤维的拉伸强度可降低至原来的 1/4 左右,所以合成纤维的吸湿能力越大时,它们的湿态强度和干态强度之差就愈大。另一方面,由于增塑剂使链段运动能力增强,故随着增塑剂含量的增加,材料的冲击强度提高。

## 7.4.5 填料的影响

填料的影响比较复杂。有些填料只起稀释作用,称为惰性填料。添加这种填料虽然降低了制品的成本,但强度也随着降低。有些填料则并不如此,适当使用可以显著提高强度,这样的填料称为活性填料。但是各种填料增强的程度很不一样。一般说来,这与填料本身的强度有关,也与填料和聚合物之间的亲和力大小有关。下面按填料的形状不同,分粉状和纤维状两类加以讨论。

### 1. 粉状填料

例如木粉加于酚醛树脂,在相当大的范围内可以不降低材料的拉伸强度,而大幅度提高它的冲击强度,这是因为木粉吸收一部分冲击能量,起着阻尼作用。又如橡胶工业中常用的增强填料是炭黑、轻质二氧化硅、碳酸镁和氧化锌等。天然橡胶添加 20% 的胶体炭黑,拉伸强度可从 16 MPa 提高到 26 MPa;丁苯橡胶的拉伸强度本来很低,只有 3.5 MPa,几乎没有实用价值,加了炭黑补强后,则可使拉伸强度提高到 22~25 MPa,与天然橡胶接近。此外,在热塑性塑料中加入少量石墨、二硫化钼等粉末润滑剂,可以改善塑料的摩擦、磨损性能,以制造各种耐磨、自润滑零件(轴承、活塞等)。以少量热塑性塑料(PE、PP 和 EVA 等)加大量轻质的硫酸钙等无机粉状填料,辅以发泡工艺,还可以制成所谓钙塑材料,这种材料兼具塑料和木材或纸张的性能,用来生产新的合成木材和合成纸。

粉状填料的增强作用和聚合物与填料之间的浸润性关系很大,例如亲油的炭黑和一般的炭粉,化学组成相同,而即使细度也一样,两者对橡胶的补强能力却相差颇大,这主要由于亲油的炭黑能被橡胶分子润湿,故补强效果较大。有些惰性填料在活化剂存在下可作为活性填料,例如碳酸镁和氧化锌等用于天然橡胶中有补强效果,但对合成橡胶却不适用,据认为这是因为天然橡胶中存在着能起活化作用的表面活性物质(如脂肪酸、蛋白质等),而合成橡胶中没有这类物质。可是有些填料,如结晶的石英粉,即使在活化剂的存在下,也无补强效果。

同一填料对不同状态下的聚合物有不同的效果,例如不结晶的橡胶(丁苯橡胶等)或拉伸下不易结晶的橡胶,加入炭黑补强的效果要比拉伸时易结晶的橡胶大得多,其原因可能是结晶过程中排斥了填料粒子,使填料未能起到补强作用。

关于粉状填料的补强机理以橡胶补强机理研究得最多,一般认为填料粒子的活性表面能与若干高分子链相结合形成一种交联结构,如以炭黑增强橡胶时,橡胶分子链可能接枝在炭黑粒子的表面(图7-24)。当其中一根分子链受到应力时,可以通过交联点将应力分散传递到其他分子链上,如果其中某一根链发生断裂,其他链可以照样起作用,而不至于危及整体。粉状填料对弹性体的增强效果较好,而对玻璃态及高结晶度的硬性聚合物则较差,可能是由于硬性聚合物没有高弹形变的分子机制,从而得不到上述那种好处的缘故。

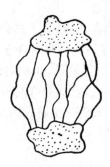

图7-24 粉状填料增强机理

根据上述原理,为了提高增强效果,常用化学处理的办法,来增加填料粒子与高分子的结合力。例如为改善活性二氧化硅与橡胶的亲和性,可以用硫醇处理其表面,然后再用橡胶单体经自由基聚合,在二氧化硅表面接上一段橡胶链,这样处理过的二氧化硅便能与橡胶有牢固的结合力了。

**2. 纤维状填料**

使用得最早的纤维状填料是各种天然纤维,如棉、麻、丝及其织物等,后来发展起来的玻璃纤维以其高拉伸强度和低廉价格等突出的优点迅速地代替了天然纤维,成为最普遍采用的纤维填料。随着尖端科学技术的发展,又开发了许多特种纤维填料,如碳纤维、石墨纤维、硼纤维和单晶纤维——晶须,它们具有高模量、耐热、耐磨、耐化学试剂以及特殊的电性能,因而在宇航、导弹、电讯和化工等方面得到广泛的应用。

纤维填料在轮胎等橡胶制品中,主要作为骨架,以承担应力和负荷。通常采用纤维的网状织物,俗称为"帘布",织帘布用的纤维原料根据不同要求可以选用棉、人造丝、尼龙、玻璃纤维以及钢丝等。

在热固性塑料中,使用各种纤维织物与树脂做成层压材料,从根本上克服了热固性树脂的脆性。其中以玻璃布为填料的称为玻璃纤维层压塑料,强度可与钢材相媲美,最突出的环氧玻璃纤维层压塑料的比强度(强度与材料相对密度的比值)甚至超过高级合金钢,因而这类材料在国内被称为"玻璃钢"。可用来做玻璃钢的合成树脂有不饱和聚酯、环氧树脂、酚醛树脂、三聚氰胺树脂、有机硅树脂、呋喃树脂、聚酰亚胺等一二十种之多。

为了进一步提高热塑性塑料的强度,也以短玻璃纤维为增强填料,这样得到的增强材料称为玻璃增强材料。增强后,材料的拉伸、压缩、弯曲强度和硬度一般可提高 $100\%\sim300\%$ 不等,冲击强度可能降低,但缺口敏感性则有明显的改善,热变形温度也有较大提高。可用短玻纤增强的热塑性树脂有尼龙6、尼龙66、尼龙610、聚苯乙烯、聚碳酸酯、聚丙烯、ABS树脂、聚甲醛、聚乙烯、聚氯乙烯、聚对苯二甲酸乙二酯、聚对苯二甲酸丁二酯、聚砜、聚苯醚和聚醚醚酮等。表 7-5 是几种热塑性塑料玻纤增强前后的性能比较,其中以尼龙最为突出,当玻纤填料达 40%时,其拉伸强度可超过 2 000 kg·cm$^{-2}$。

表 7-5 几种玻纤增强塑料的性能

$(1 \text{ kg·cm}^{-2} = 9.807 \times 10^4 \text{ Pa}, \ 1 \text{ kg·cm·cm}^{-1} = 9.807 \text{ J·m}^{-1})$

| 材　料 | | 拉伸强度<br>(kg·cm$^{-2}$) | 伸长率(%) | 冲击强度(缺口)<br>(kg·cm·cm$^{-1}$) | 弹性模量<br>(kg·cm$^{-2}$) | 热变形温度(℃) |
|---|---|---|---|---|---|---|
| 聚乙烯 | 未增强 | 230 | 60 | 8 | 8 400 | 48 |
| | 增强 | 770 | 3.8 | 24.1 | 63 000 | 126 |
| 聚苯乙烯 | 未增强 | 590 | 2.0 | 1.6 | 28 000 | 85 |
| | 增强 | 980 | 1.1 | 13.4 | 85 000 | 104 |
| 聚碳酸酯 | 未增强 | 630 | 60～100 | 64 | 22 000 | 132～138 |
| | 增强 | 400 | 1.7 | 20～48 | 119 000 | 147～149 |
| 聚甲醛 | 未增强 | 700 | 60 | 7.4 | 28 000 | 110 |
| | 增强 | 840 | 1.5 | 4.3 | 57 000 | 168 |
| 尼龙 66 | 未增强 | 700 | 60 | 5.5 | 28 000 | 66～86 |
| | 增强 | 2 100 | 2.2 | 20.3 | 61 000～126 000 | ≥200 |

纤维状填料的增强原理与混凝土中的钢筋对水泥的增强作用相似。因此,纤维增强塑料的强度与填料本身的强度有关,也与聚合物和纤维之间的黏着力有关。纤维的强度与其成分有关,在纤维确定之后,增强的效果与纤维的长度、填料和树脂的配比、纤维的织构以及纤维的表面处理等因素有关。表面处理主要是去油(溶剂洗涤或热处理)、去吸附水(硅烷化)及表面活化(化学处理),以提高玻璃纤维与树脂的黏附性。在这么多影响纤维增强材料强度的因素中,最后提及的纤维表面处理,却是不容忽视的一个关键问题。纤维表面处理没有做好,选再优秀的树脂和纤维也是枉然,是得不到高强度的材料的。因此,改善树脂和纤维之间的界面黏合问题,成了进一步提高高性能复合材料强度的重要研究课题。图 7-25 是两张聚醚醚酮(PEEK)-碳纤维复合材料断裂表面的扫描电镜照片,可以看到,右图上碳纤维的表面仍然留有牢牢黏附其上的树脂,而左图上则有碳纤维被从树脂中拔出,显然,前者比后者有更好的树脂-纤维界面黏合,因而有更高的强度。

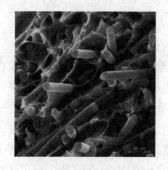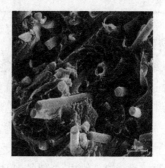

图 7-25 聚醚醚酮-碳纤维复合材料断裂表面的扫描电镜照片

在尖端科技发展对高性能材料迫切需求的强大动力推动下,以高性能纤维增强的特种复合材料得到了迅速的发展,并已取得了可喜的成绩,诸多特种复合材料的比强度和比模量已超过普通金属材料,由图 7-26 和表 7-6 可见一斑。

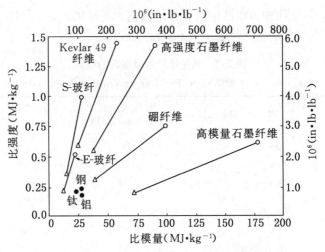

图 7-26　纤维增强环氧树脂的比强度-比模量

○—单向性增强复合材料；△—准各向同性增强材料；●—金属材料

**表 7-6　几种纤维及其单向性增强环氧复合材料的性能比较**

| 纤维/复合材料 | 弹性模量(GPa) | 拉伸强度(GPa) | 密度(g·cm⁻³) | 比刚度(MJ·kg⁻¹) | 比强度(MJ·kg⁻¹) |
|---|---|---|---|---|---|
| 环氧基体树脂 | 3.5 | 0.09 | 1.20 | — | — |
| E-玻璃纤维 | 72.4 | 2.4 | 2.54 | 28.5 | 0.95 |
| E-玻璃纤维-环氧复合材料 | 45 | 1.1 | 2.1 | 21.4 | 0.52 |
| S-玻璃纤维 | 85.5 | 4.5 | 2.49 | 34.3 | 1.8 |
| S-玻璃纤维-环氧复合材料 | 55 | 2.0 | 2.0 | 27.5 | 1.0 |
| 硼纤维 | 400 | 3.5 | 2.45 | 163 | 1.43 |
| 硼纤维-环氧复合材料 | 207 | 1.6 | 2.1 | 99 | 0.76 |
| 高强度石墨纤维 | 253 | 4.5 | 1.8 | 140 | 2.5 |
| 高强度石墨纤维-环氧复合材料 | 145 | 2.3 | 1.6 | 90.6 | 1.42 |
| 高模量石墨纤维 | 520 | 2.4 | 1.85 | 280 | 1.3 |
| 高模量石墨纤维-环氧复合材料 | 290 | 1.0 | 1.63 | 178 | 0.61 |
| 芳香聚酰胺纤维 | 124 | 3.6 | 1.44 | 86 | 2.5 |
| 芳香聚酰胺纤维-环氧复合材料 | 80 | 2.0 | 1.38 | 58 | 1.45 |

### 7.4.6　共聚和共混的影响

共聚可以综合两种以上均聚物的性能。例如聚苯乙烯原是脆性的,如果在苯乙烯中引入丙烯腈单体进行共聚,所得共聚物的拉伸和冲击强度都提高了。还可以进一步引入丁二烯单体进行接枝共聚,所得高抗冲聚苯乙烯和 ABS 树脂,则可以大幅度地提高冲击强度。

共混是一种很好的改性手段,共混物常常具有比原来组分更为优越的使用性能。最早的改性聚苯乙烯就是用天然橡胶和聚苯乙烯机械共混得到的,后来还用丁腈橡胶与 AS 树脂共混(机械的或乳液的)的办法制备 ABS 树脂,它们的共同点都是达到了用橡胶使塑料增韧的效果。

不管是用接枝共聚的办法得到的高抗冲聚苯乙烯和 ABS 树脂,还是用共混的办法得到的改性聚苯乙烯和 ABS 树脂,它们都具有两相结构,橡胶以微粒状分散于连续的塑料相之中。由于塑料连续相的存在,使材料的弹性模量和硬度不致有过分的下降,而分散的橡胶微粒则作为大量的应力集中物,当材料受到冲击力时,它们可以引发大量的微裂纹(见图 7-27),从而吸收大量的冲击能量。同时,由于大量微裂纹之间应力场的互相干扰,绝大部分微裂纹都终止于邻近的另一橡胶粒子,即让微裂纹的发展限制于相邻的两个橡胶粒子之间,阻止了微裂纹的进一步发展,因而大大提高了材料的韧性。实验结果表明,这类橡胶增韧塑料的冲击强度的大小,与两相的化学组成和结构、两相的分子量、橡胶相的含量、粒径、交联度和接枝率等因素有关,还有一个很重要的因素,就是两相间的相容性的好差。相容性过分好不行,形成均相体系,便得不到基本保持塑料的模量、硬度和耐热性的好处;相容性太差则两相之间的结合力太差,受到冲击时界面易于发生分离,起不到增韧的作用。聚苯乙烯或 AS 树脂与橡胶之间的相容性本来都不够好,因而简单机械共混得到的改性材料,冲击强度都仍不够高,为了改善相容性,采取接枝的办法,在橡胶主链上接上聚苯乙烯丙烯腈共聚物的支链,这样得到的高抗冲聚苯乙烯和 ABS 树脂,冲击强度就好得多了。

　　为了提高聚苯醚(PPO)的冲击强度,也可以在 PPO 中混入橡胶,但是 PPO 与橡胶之间的相容性太差,即使选用丁苯橡胶,仍不够理想。后来在丁苯橡胶上再接上一些聚苯乙烯支链,由于 PPO 和聚苯乙烯之间的相容性较好,终于获得较好的增韧效果。

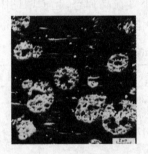 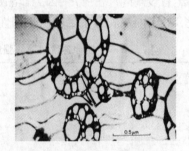

图 7-27　高抗冲聚苯乙烯(HIPS)的微裂纹和破坏表面的扫描电镜照片(左)
和透射电镜照片(右)

### 7.4.7　外力作用速度和温度的影响

　　由于聚合物是黏弹性材料,它的破坏过程也是一种松弛过程,因此外力作用速度与温度对聚合物的强度有显著的影响。如果一种聚合物材料在拉伸试验中链段运动的松弛时间与拉伸速度相适应,则材料在断裂前可以发生屈服,出现强迫高弹性。当拉伸速度提高时,链段运动跟不上外力的作用,根据式(7-12)可知,为使材料屈服,需要更大的外力,即材料的屈服强度提高了;进一步提高拉伸速度,材料终将在更高的应力下发生脆性断裂。反之当拉伸速度减慢时,屈服强度和断裂强度都将降低。图 7-28 是一组典型的应力-应变曲线,与图 7-1 对照可以看出,在拉伸试验中,提高拉伸速度与降低温度的效果是相似的。根据这一原理,可以把不同温度和拉伸速度下得到的应力-应变曲线画成一簇曲线,如果把各曲线的断裂点连接起来,便得到材料的破坏轨迹(如图 7-29 中的曲线 ABC)。假定在某一温度和拉伸速度条件下,材料的应力-应变关系沿曲线 OB 发展到达 D 点时,如果维持应力不再改变,则材料的伸长将随时间而增加,直到 E 点断裂;而如果维持应变不变,则材料的应力将随时间而逐渐衰减,直到 F 点断裂。

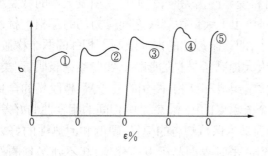

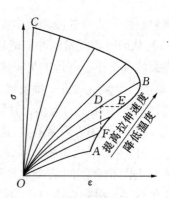

图 7-28　增韧聚苯乙烯不同速度拉伸时的应
力应变曲线(条件见表 7-7)

图 7-29　拉伸速度和温度对
应力应变曲线的影响示意图

　　在冲击试验中,温度对材料冲击强度的影响也是很大的。随温度的升高,聚合物的冲击强度逐渐增加,到接近 $T_g$ 时,冲击强度将迅速增加,并且不同品种之间的差别缩小。例如在室温时很脆的聚苯乙烯,到 $T_g$ 附近也会变成一种韧性的材料。低于 $T_g$ 愈远时,不同品种之间的差别愈大,这主要决定于它们的脆点的高低。对于结晶聚合物,如果其 $T_g$ 在室温以下,则必然有较高的冲击强度,因为非晶部分在室温下处在高弹态,起了增韧作用,典型的例子如聚乙烯、聚丙烯和聚丁烯等。热固性聚合物的冲击强度受温度的影响则很小。

表 7-7　拉伸速度对屈服强度的影响 (1 in(英寸) = 2.54 cm)

| 曲线编号 | 拉伸速度(in·min$^{-1}$) | 屈服强度(相对值) | 断裂伸长(%) |
| --- | --- | --- | --- |
| 1 | 0.05 | 239 | 22.2 |
| 2 | 0.25 | 268 | 26.0 |
| 3 | 1.25 | 317 | 22.3 |
| 4 | 5.0 | 353 | 12.0 |
| 5 | 20.0 | 334 | 3.5 |

# 习题与思考题

　　1. 试比较非晶态聚合物的强迫高弹性、结晶聚合物的冷拉、硬弹性聚合物的拉伸行为和嵌段共聚物的应变诱发塑料—橡胶转变,从结构观点加以分析,并指出其异同点。

　　2. 你见到过塑料的银纹吗? 银纹与裂缝有哪些区别?

　　3. 为什么聚合物的实际强度总是达不到理论强度值?

　　4. 聚合物的脆性断裂与韧性断裂有什么区别? 在什么条件下可以相互转化?

　　5. 请举一个实际例子说明玻璃态聚合物的强迫高弹形变。

# 参 考 文 献

[1] 何平笙. 高聚物的力学性能[M]. 合肥:中国科学技术大学出版社,1997:第 1, 8, 9 章.

[ 2 ] WARD I M. Mechanical Properties of Solid Polymers[M]. New York: John Wiley & Sons, 1983: Chapter 2, 11, 12.

[ 3 ] SPERLING L H. Introduction to Physical Polymer Science[M]. 4th ed. New York: John Wiley & Sons, 2006: Chapter 11.

[ 4 ] BOWER D I. An Introduction to Polymer Physics[M]. Cambridge, Eng. : Cambridge University Press, 2002: Chapter 6, 8.

[ 5 ] STROBL G. The Physics of Polymers[M]. 2nd ed. Berlin: Springer, 1997: Chapter 8.

[ 6 ] FRIED J R. Polymer Science and Technology[M]. 2nd ed. Pearson Education, 2004: Chapter 4.

[ 7 ] FURUKAWA J. Physical Chemistry of Polymer Rheology[M]. Berlin: Springer, 2003: Chapter 10, 11, 13.

[ 8 ] 杨玉良等.高分子物理[M].北京:化学工业出版社,2001:第6, 10 章.

# 第八章
## 聚合物的高弹性与黏弹性

非晶态聚合物在玻璃化温度以上时处于高弹态,表 8-1 列出了某些通常为橡胶状的聚合物。高弹态的高分子链段有足够的自由体积可以活动,当它们受到外力后,柔性的高分子链可以伸展或蜷曲,能产生很大的变形,甚至超过百分之几百,但并不是所有的聚合物都如此,见表 8-2。如果将高弹态的聚合物进行化学交联,形成交联网络,如图 8-1 所示,它的特点是受外力后能产生很大的变形,但不导致高分子链之间产生滑移,因此外力除去后形变会完全回复,这种大形变的可逆性称为高弹性。这是该类聚合物材料所特有的。

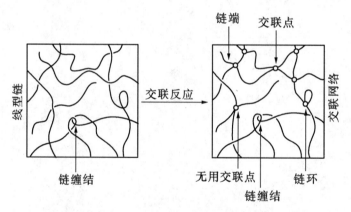

图 8-1　线型大分子链交联成无限交联网络的示意图

**表 8-1　某些通常为橡胶状的聚合物**

| 聚 合 物 | 结 构 式 | $T_g(℃)$ | $T_m(℃)$ |
|---|---|---|---|
| 天然橡胶[a] | —C(CH₃)=CH—CH₂— | −73 | 28 |
| 丁基橡胶[b] | —C(CH₃)₃—CH₂— | −73 | 5 |
| 聚二甲基硅氧烷 | —Si(CH₃)₂—O— | −127 | −40 |
| 聚丙烯酸乙酯[c] | —CH(COOC₂H₅)—CH₂— | −24 | — |
| 苯乙烯-丁二烯共聚物 | —CH(C₆H₅)—CH₂—<br>—CH=CH—CH₂—CH₂— | 低 | — |
| 乙烯-丙烯共聚物 | —CH₂—CH₂—<br>—CH(CH₃)—CH₂— | 低 | — |

注:a. 顺式-1, 4-聚异戊二烯;

　　b. 聚异戊二烯含有百分之几摩尔的不饱和共聚单体;

　　c. 无轨立构聚合物

**表 8-2 某些通常为非橡胶状的聚合物**

| 聚 合 物 | 结 构 式 | 原 因 |
|---|---|---|
| 聚乙烯 | —CH₂—CH₂— | 高度结晶 |
| 聚苯乙烯 | —CH(C₆H₅)—CH₂— | 玻璃状 |
| 聚氯乙烯 | —CHCl—CH₂— | 玻璃状 |
| 弹性蛋白 | —CO=NH—CHR— | 玻璃状 |
| 聚硫 | —S— | 链太不稳定 |
| 聚对苯撑 | —C₆H₄— | 链太刚性 |
| 酚醛树脂 | —C₆H₄(OH)—CH₂— | 链太短 |

下面将从热力学的角度讨论交联网络的高弹性和高弹性的分子理论。

# 8.1 高弹性的热力学分析[1]

根据橡胶被拉伸时发生的高弹形变,除去外力后可回复原状,即变形是可逆的,因此可利用热力学进行分析。

假定长度为 $l_0$ 的试样,在等温下受到拉伸力 $f$,试样被拉长了 $\mathrm{d}l$,外界对试样所作的功为 $f\mathrm{d}l$。因为在拉伸过程中橡胶的体积不变,由热力学可知,对于等温可逆过程

$$\mathrm{d}u = T\mathrm{d}S + f\mathrm{d}l \qquad (8\text{-}1)$$

或写成

$$f = \left(\frac{\partial u}{\partial l}\right)_{T,V} - T\left(\frac{\partial S}{\partial l}\right)_{T,V} \qquad (8\text{-}2)$$

上式的物理意义是:外力作用在橡胶上,一方面使橡胶的内能随着伸长而变化,另一方面使橡胶的熵随着伸长而变化。或者说,橡胶的张力是由于变形时内能发生变化和熵发生变化引起的。

为了验证式(8-2),先要把不能被直接测量的 $(\partial S/\partial l)_{T,V}$ 加以变换。根据 Gibbs 自由能的定义

$$F = H - TS = u + pV - TS \qquad (8\text{-}3)$$

对于微小的变化

$$\mathrm{d}F = \mathrm{d}u + p\mathrm{d}V + V\mathrm{d}p - T\mathrm{d}S - S\mathrm{d}T \qquad (8\text{-}4)$$

对橡胶状弹性体来说,在拉伸过程中 $\mathrm{d}V = 0$ 而且实验是在恒压下进行的,$\mathrm{d}p = 0$,故

$$\mathrm{d}F = f\mathrm{d}l - S\mathrm{d}T \qquad (8\text{-}5)$$

从上式可得

$$(\partial F/\partial l)_{T,p} = f;\ (\partial F/\partial T)_{l,p} = -S \qquad (8\text{-}6)$$

有了上面两个关系式,则式(8-2)中的 $(\partial S/\partial l)_{T,V}$ 可变换成

$$\left(\frac{\partial S}{\partial l}\right)_{T,V} = -\left[\frac{\partial}{\partial l}\left(\frac{\partial F}{\partial T}\right)_{l,p}\right]_{T,V} = -\left[\frac{\partial}{\partial T}\left(\frac{\partial F}{\partial l}\right)_{T,p}\right]_{l,V} = -\left(\frac{\partial f}{\partial T}\right)_{l,V} \qquad (8\text{-}7)$$

所以式(8-2)可改写成

$$f = \left(\frac{\partial u}{\partial l}\right)_{T,V} + T\left(\frac{\partial f}{\partial T}\right)_{l,V} \tag{8-8}$$

这就是橡胶的热力学方程式,这里$(\partial f/\partial T)_{l,V}$的物理意义是:在试样的长度$l$和体积$V$维持不变的情况下,试样张力$f$随温度$T$的变化。它是可以直接从实验中测量的。

以张力$f$对绝对温度$T$作图,当伸长率$\varepsilon$不太大时可得到一根直线。根据式(8-8)可知直线的斜率为$(\partial f/\partial T)_{l,V}$,截距即为$(\partial u/\partial l)_{T,V}$。以不同的拉伸长度$l$做平行实验,在$f$对$T$的图上便可得到一组直线,如图8-2所示,直线右端标出了实验时橡皮试样的伸长率。所得结果表明,在相当宽的伸长范围和温度范围内,张力与温度之间一直保持良好的线性关系,直线的斜率随伸长率的增加而增加,而且各直线外推到$T = 0$时,几乎都通过坐标的原点,即$(\partial u/\partial l)_{T,V} \approx 0$,说明橡胶拉伸时,内能几乎不变,主要引起熵的变化。就是说,在外力作用下,橡胶的分子链由原来的蜷曲状态变为伸展状态,熵值由大变小,终态是一种不稳定的体系,当外力除去后就会自发地回复到初态。这就说明了为什么橡胶高弹形变是可回复的。

上面已经提到,高弹性形变时$(\partial u/\partial l)_{T,V} = 0$,我们称这种弹性体为"理想高弹体",式(8-2)可写成

$$f = -T\left(\frac{\partial S}{\partial l}\right)_{T,V} \tag{8-9}$$

即理想高弹体拉伸时,只引起熵变,这种理想高弹体的弹性称为"熵弹性"。

较精细的实验发现,当伸长率小于10%时,$f$对$T$曲线的斜率变成负值(见图8-2)这种现象称为热弹转变现象。这是由于在低伸长率时,橡胶试样的正的热膨胀可能占优势引起的。对实际高弹体,$(\partial u/\partial l)_{T,V}$并不等于零,如果令

$$(\partial u/\partial l)_{T,V} = f_u \tag{8-10}$$

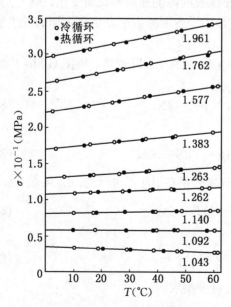

图8-2　固定伸长时硫化橡胶的$f$对$T$的曲线,曲线上所标数值是伸长率

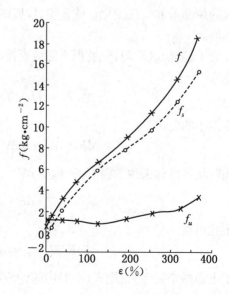

图8-3　天然橡胶在20℃下,$f$、$f_s$、$f_u$对$\varepsilon$作图

表示拉伸时内能的变化对张力的贡献,而拉伸时熵的变化对张力的贡献为

$$T(\partial f/\partial T)_{l,V} = -T(\partial S/\partial l)_{T,V} = f_s \tag{8-11}$$

则

$$f = f_u + f_s \tag{8-12}$$

取确定温度下不同伸长率时的 $f$、$f_s$ 和由式(8-12)得到的 $f_u$ 值,对 $\varepsilon$ 作图,便得到图8-3,由图可以看到拉伸时橡胶的熵和内能对张力的贡献随伸长率而变化的情况。

# 8.2 高弹性的分子理论[2]

橡胶弹性的分子理论是说明外力的作用下所产生的形变与网络分子结构之间的关系。首先从最简单的理想交联网络模型谈起。

## 8.2.1 仿射网络模型

仿射网络模型(affine network model)是由 Flory 在1953年提出的,它的基本假定是:

(1) 每个交联点由四根链组成,交联点是无规分布的(如图8-4所示);

(2) 两个交联点之间的链(网链)是高斯链,它的末端距符合高斯分布;

(3) 由这些高斯链组成的各向同性的交联网的构象总数是各个单独网链的构象数的乘积;

(4) 交联网中的交联点在形变前和形变后都是固定在其平均位置上的,形变时,这些交联点按与橡胶试样的宏观变形相同的比例移动。

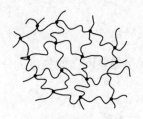

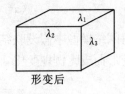

图8-4 理想交联网模型          图8-5 橡胶试样的尺寸

在形成网络的交联点时本体状态中那些链的末端矢量 $\boldsymbol{h}$ 的分布没有变,它具有无扰链的尺寸,等于在 $\theta$ 溶剂中的单链尺寸。对于足够长的链(100 或 100 个以上的主链键组成的链),分布可近似用高斯函数表示

$$W(\boldsymbol{h}) = (3/2\pi\langle h^2\rangle_0)^{3/2} \exp(-3h^2/2\langle h^2\rangle_0) \tag{8-13}$$

这里的 $\langle h^2\rangle_0$ 是指无扰自由链 $\boldsymbol{h}$ 的均方值。具有末端矢量 $\boldsymbol{h}$ 的链的弹性自由能 $F_{el}$ 与 $W(\boldsymbol{h})$ 相关联的热力学表达式为

$$F_{el} = c(T) - kT\ln W(\boldsymbol{h}) \tag{8-14}$$

式中 $c(T)$ 是绝对温度 $T$ 的函数;$k$ 是 Boltzmann 常数。将式(8-13)代入式(8-14)可得网络

中末端矢量为 **h** 的链的弹性自由能

$$F_d = F^*(T) + (3kT/2\langle h^2\rangle_0)h^2 \tag{8-15}$$

这里的 $F^*(T)$ 仅仅是 $T$ 的函数。

由于网络的变形而引起的总的弹性自由能的变化 $\Delta F_d$ 是式(8-15)对网络中 $N$ 个链的求和

$$\Delta F_d = \frac{3kT}{2\langle h^2\rangle_0}\sum_N (h^2 - \langle h^2\rangle_0) = \frac{3}{2}NkT\left(\frac{\langle h^2\rangle}{\langle h^2\rangle_0} - 1\right) \tag{8-16}$$

式中 $\langle h^2\rangle = \sum_N h^2/N$ 表示变形网络中链的均方末端矢量平均值。

为了进一步发展理论,需要知道网络变形后链的均方尺寸$\langle h^2\rangle$与变形前链的均方尺寸$\langle h^2\rangle_0$之间的关系。

变形的宏观状态可假设是均匀的,而且在坐标系中主拉伸比定义为

$$\lambda_x = l_x/l_{x0}, \quad \lambda_y = l_y/l_{y0}, \quad \lambda_z = l_z/l_{z0} \tag{8-17}$$

这里的 $l_x$,$l_y$,$l_z$ 和 $l_{x0}$,$l_{y0}$,$l_{z0}$是指棱柱体试样在变形后和变形前的宏观尺寸。

在仿射网络模型中假设所有链是一样长的,这样就可以不考虑多分散性的问题。在未变形状态下链的平均尺寸为

$$\langle h^2\rangle_0 = \langle x^2\rangle_0 + \langle y^2\rangle_0 + \langle z^2\rangle_0 \tag{8-18}$$

而变形状态下为

$$\langle h^2\rangle = \langle x^2\rangle + \langle y^2\rangle + \langle z^2\rangle \tag{8-19}$$

这里的尖括号是指在给定的一瞬间对网络中所有链取平均而言。假定不受力时网络是各向同性的,则可进一步推导出

$$\langle x^2\rangle_0 = \langle y^2\rangle_0 = \langle z^2\rangle_0 = \langle h^2\rangle_0/3 \tag{8-20}$$

在仿射网络模型中假设联结点是嵌在网络中的。于是每条网链的矢量的分量是随着试样的宏观变形而成比例地变化

$$x = \lambda_x x_0, \quad y = \lambda_y y_0, \quad z = \lambda_z z_0 \tag{8-21}$$

$$\langle x^2\rangle = \lambda_x^2\langle x^2\rangle_0, \quad \langle y^2\rangle = \lambda_y^2\langle y^2\rangle_0, \quad \langle z^2\rangle = \lambda_z^2\langle z^2\rangle_0 \tag{8-22}$$

应用式(8-20)的关系,将式(8-22)代入式(8-16)可得出仿射网络模型的弹性自由能为

$$\Delta F_d = \frac{1}{2}NkT(\lambda_x^2 + \lambda_y^2 + \lambda_z^2 - 3) \tag{8-23}$$

对于单轴拉伸情况,假定在 $x$ 方向拉伸,$\lambda_1 = \lambda$,$\lambda_2 = \lambda_3$,且拉伸时体积不变,$\lambda_1\lambda_2\lambda_3 = 1$,因而 $\lambda_2 = \lambda_3 = (1/\lambda)^{1/2}$(见图8-5),则式(8-23)可写成

$$\Delta F_d = \frac{1}{2}NkT\left(\lambda^2 + \frac{2}{\lambda} - 3\right) \tag{8-24}$$

恒温过程,体系的自由能的减少,等于对外所做的功。$-\Delta F = \Delta W$,故称自由能为功函;反过

来,外力对体系所做的功等于体系功函的增加,$-\Delta W = \Delta F$,外力所做的功作为体系的能量被储存起来,因此也称 $\Delta F$ 为储能函数。交联网变形时体积不变,则 $dF = f dl$,因而

$$f = \left(\frac{\partial \Delta F_d}{\partial l}\right)_{T,V} = \left(\frac{\partial \Delta F_d}{\partial \lambda}\right)_{T,V}\left(\frac{\partial \lambda}{\partial l}\right)_{T,V} = \frac{NkT}{l_0}\left(\lambda - \frac{1}{\lambda^2}\right)$$

如果试样的起始截面积为 $F_0$,体积 $V_0 = F_0 l_0$,并用 $N_0$ 表示单位体积内的网链数,即网链密度 $N_0 = N/V_0$,则拉伸应力

$$\sigma = N_0 kT(\lambda - 1/\lambda^2) \tag{8-25}$$

此式又称为交联橡胶的状态方程,它描述了交联橡胶的应力-应变关系。

一般固体物质受到拉伸时,按虎克(Hooke)定律

$$\sigma = E\varepsilon = E(l - l_0)/l_0 = E(\lambda - 1) \tag{8-26}$$

显然,式(8-25)与式(8-26)是不相同的,这就是说交联橡胶的状态方程所描述的应力-应变关系,并不符合虎克定律。然而根据 $\lambda = 1 + \varepsilon$,$\lambda^{-2} = (1+\varepsilon)^{-2} = 1 - 2\varepsilon + 3\varepsilon^2 - 4\varepsilon^3 + \cdots$,当形变 $\varepsilon$ 很小时,略去高次方项,$\lambda^{-2} = 1 - 2\varepsilon$,则式(8-25)可以改写为

$$\sigma = 3N_0 kT\varepsilon = 3N_0 kT(\lambda - 1) \tag{8-27}$$

这就是说,当形变很小时,交联橡胶的应力应变关系符合虎克定律。高弹态聚合物在变形时,体积几乎不变,拉伸模量与剪切模量的关系是

$$E = 3G$$

上式与式(8-26)和式(8-27)比较可得交联橡胶的剪切模量为

$$G = N_0 kT \tag{8-28}$$

这一关系式说明了橡胶的弹性模量随温度的升高和网链密度的增加而增大的实验事实。

Flory 认为弹性自由能的表达式中还要加一项对数项,这是因为交联点是分布在试样的整个体积内的,在弹性变形时体积发生了变化,因此仿射网络模型的弹性自由能的正确表达式应为

$$\Delta F_d = \frac{1}{2}NkT(\lambda_x^2 + \lambda_y^2 + \lambda_z^2 - 3) - \mu kT \ln(V/V_0) \tag{8-29}$$

式中 $N$ 是网链数;$\mu$ 是连接点数;$V_0$ 和 $V$ 是形变前后的体积。

## 8.2.2　虚拟网络模型

另一种理想交联网络的模型是虚拟网络模型(phantom network model,James 和 Guth,1947),它与仿射网络模型不同的是,联结点随时间在不断地波动,而且这种波动不受到邻近链存在的阻碍。波动的程度不受宏观状态变形的影响,所谓"虚拟"是指联结点的位置捉摸不定,尽管那些联结点与网链缠结在一起,联结点还是有波动的能力。

虚拟网络模型是假设少数的联结点是固定在网络的表面而其余的联结点随时间自由地波动。那么每根链的瞬时末端矢量可用一个平均值 $\bar{h}_i$ 和一个与平均值的偏离 $\Delta h_i$ 两者之和来表示

$$h_i = \bar{h}_i + \Delta h_i \tag{8-30}$$

式(8-30)中的下标 $i$ 表示对第 $i$ 条链而言。

式(8-30)两边的点积是

$$h_i^2 = \bar{h}_i^2 + 2\bar{h}_i \cdot \Delta h_i + (\Delta h_i)^2 \tag{8-31}$$

未变形状态下和变形状态下链的均方末端距矢量可从式(8-31)两边对网络中所有的链取平均得到

$$\langle h^2 \rangle_0 = \langle \bar{h}^2 \rangle_0 + \langle (\Delta h)^2 \rangle_0 = \langle \bar{x}^2 \rangle_0 + \langle \bar{y}^2 \rangle_0 + \langle \bar{z}^2 \rangle_0 + \langle (\Delta x)^2 \rangle_0 + \langle (\Delta y)^2 \rangle_0 + \langle (\Delta z)^2 \rangle_0$$

$$\langle h^2 \rangle = \langle \bar{h}^2 \rangle + \langle (\Delta h)^2 \rangle = \langle \bar{x}^2 \rangle + \langle \bar{y}^2 \rangle + \langle \bar{z}^2 \rangle + \langle (\Delta x)^2 \rangle + \langle (\Delta y)^2 \rangle + \langle (\Delta z)^2 \rangle$$
$$\tag{8-32}$$

式(8-31)中 $\bar{h}_i \cdot \Delta h_i$ 项取平均为零,这是因为链尺寸的波动与链的平均矢量是不相关的。

在给定的一瞬间,所有键的平均位置 $\bar{h}$ 和波动 $\Delta h$ 都呈现分布,这种分布可假设为高斯型的。按照理论,均方值 $\langle \bar{h}^2 \rangle_0$ 和 $\langle (\Delta h)^2 \rangle_0$ 都与 $\langle h^2 \rangle_0$ 有关,它们的关系为

$$\langle \bar{h}^2 \rangle_0 = (1 - 2/\Phi)\langle h^2 \rangle_0 \tag{8-33a}$$

$$\langle (\Delta h)^2 \rangle_0 = (2/\Phi)\langle h^2 \rangle_0 \tag{8-33b}$$

式中 $\Phi$ 是交联点的平均官能度。

每条链的平均位置 $\bar{h}$ 的各个分量是随着宏观的变形而仿射性地变化的,而波动 $\Delta h$ 是不受影响的,由此得出下列关系

$$\langle \bar{x}^2 \rangle = \lambda_x^2 \langle \bar{x}^2 \rangle_0, \quad \langle \bar{y}^2 \rangle = \lambda_y^2 \langle \bar{y}^2 \rangle_0, \quad \langle \bar{z}^2 \rangle = \lambda_z^2 \langle \bar{z}^2 \rangle_0$$

$$\langle (\Delta x)^2 \rangle = \langle (\Delta x)^2 \rangle_0, \quad \langle (\Delta y)^2 \rangle = \langle (\Delta y)^2 \rangle_0, \quad \langle (\Delta z)^2 \rangle = \langle (\Delta z)^2 \rangle_0 \tag{8-34}$$

将式(8-34)代入式(8-32)并应用了式(8-33)和静止状态下各向同性的条件,导出

$$\langle h^2 \rangle = \left[ \left(1 - \frac{2}{\Phi}\right)\frac{\lambda_x^2 + \lambda_y^2 + \lambda_z^2}{3} + \frac{2}{\Phi} \right]\langle h^2 \rangle_0 \tag{8-35}$$

将式(8-33)和式(8-35)代入到式(8-16)中,导出虚拟网络弹性自由能的表达式如下

$$\Delta F_d = \frac{1}{2}\xi kT(\lambda_x^2 + \lambda_y^2 + \lambda_z^2 - 3) \tag{8-36}$$

式中 $\xi$ 是成环度,它是指使网络变成没有闭环的树枝而必须切断的链的数目,$\xi$ 与网链数 $N$、交联点的官能度 $\Phi$ 的关系是

$$\xi = (1 - 2/\Phi)N \tag{8-37}$$

### 两种理想模型的比较

仿射模型的弹性自由能(式(8-23))和虚拟模型的弹性自由能(式(8-36))两者的差别具体的归因于两个模型中链尺寸的变化不同。对仿射网络模型来说,前置因子等于 $N/2$;对于虚拟网络模型,前置因子等于 $\xi/2$。虚拟模型的前置因子是仿射模型的前置因子的1/2。

橡胶状弹性分子理论的基本问题是如何使分子水平的变形情况与外部宏观变形相关

联。仿射网络模型和虚拟网络模型就是为了这个目的提出的最简单的模型。在仿射网络模型中假设联结点牢固地嵌在网络结构里,表明联结点没有随时间的波动。而在一个真实的网络里会看到联结点在它们的平均位置附近很快地波动。其结果是嵌在网络里的联结点随宏观变形而仿射地移动。在仿射网络模型中关于联结点之间的那部分链段没有作出任何的假设。另一方面,在虚拟网络模型中只要保持网络能联结在一起,联结点反映出充分的活动性。每个联结点的位置可以用一个随时间平均的平均位置和一个离开平均位置的瞬时波动来定义。此外,联结点的平均位置是随着宏观变形而仿射地变换,而瞬时的波动却不受影响。瞬时波动与宏观变形的状态无关这就是链的虚拟的本质。

## 8.2.3 联结点受约束的模型

可以想像一个真实的网络所显示的性质是介于仿射网络模型和虚拟网络模型之间,在真实网络中联结点的波动是发生的,但波动程度不如在虚拟网络那样不受限制。这是Ronca和Allegra于1975年首先提出了一个所谓联结点受约束的(constrained junction)定量模型来描述真实的网络,在这模型中联结点是波动的,而且这种波动与宏观应变状态之间无仿射性的依赖关系。根据这个模型,那些悬挂在联结点上的链与空间相邻的那些联结点和链,它们大量地相互贯穿,影响了联结点的波动。

在联结点受约束的网络模型内,假定一个给定的联结点处在虚拟网络和约束的微区共同作用下如图 8-6(b)所示。$A$ 点是虚拟网络的联结点的平均位置,以半径为 $\langle (\Delta R)^2 \rangle_{ph}^{1/2}$ 的

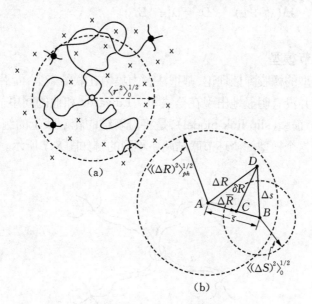

图 8-6 联结点受约束模型

(a) 四官能度联结点(空心圆)周围有空间相邻的联结点(×号)和四个拓扑学上相邻的联结点(实心圆)虚线表示网链遍及的平均体积的半径;
(b) 定义一个给定联结点的平均位置和瞬时位置的各种变量,$A$ 点是虚拟网络中联结点的平均位置,$B$ 点是离开 $A$ 点距离为 $\bar{s}$ 的缠结中心,$D$ 点是真实网络中联结点的瞬时位置,$D$ 点离开虚拟中心距离为 $\Delta R$,离开受约束中心的距离为 $\Delta s$,半径为 $\langle (\Delta R)^2 \rangle_{ph}^{1/2}$ 的虚线大圆为联结点不受约束时波动的平均范围,半径为 $\langle (\Delta s)^2 \rangle_0^{1/2}$ 的小虚线圆为联结点只受到约束的波动范围,$C$ 点是联结点的波动受到虚拟网络和约束种两种联合影响后联结点的位置中心

大的虚线圆表示虚拟网络的联结点它的波动微区的尺寸;$B$ 点是受约束的联结点的平均位置,这个位置与虚拟中心的距离为 $\bar{s}$;半径为 $\langle (\Delta s)^2 \rangle_0^{1/2}$ 的小的虚线圆表示约束微区的均方根尺寸,在这个微区内联结点仅仅在约束的效应下波动;$C$ 点是联结点处于虚拟网络和约束效应联合作用下的平均位置;$D$ 点表示联结点的瞬时位置,它与 $A$、$B$ 和 $C$ 点的距离分别为 $\Delta R$、$\Delta s$ 和 $\delta R$;用一个比例 $\kappa$ 来定量地表示联结点受约束的程度

$$\kappa = \langle (\Delta R)^2 \rangle_{th} / \langle (\Delta s)^2 \rangle_0 \qquad (8\text{-}38)$$

如果约束不起作用,$\langle (\Delta s)^2 \rangle_0 \to \infty$,则从式(8-38)可得 $\kappa = 0$,这相当于虚拟网络模型是它的极限;另一方面,如果约束无限大,从而抑制了所有联结点的波动,于是 $\langle (\Delta s)^2 \rangle_0 = 0$,并且 $\kappa \to \infty$,这就相当于仿射网络模型是它的极限。

对虚拟网络自由能 $\Delta F_{ph}$ 和联结点受约束的自由能 $\Delta F_c$ 的加和可得真实网络的弹性自由能

$$\Delta F_{el} = \Delta F_{ph} + \Delta F_c \qquad (8\text{-}39)$$

由约束而导致弹性自由能变化可用主拉伸比的分量表示

$$\Delta F_c = \frac{1}{2}\mu kT \sum_t [B_t + D_t - \ln(B_t + 1) - \ln(D_t + 1)], \qquad t = x,\ y,\ z \quad (8\text{-}40)$$

这里的 $B_t = \kappa^2(\lambda_t^2 - 1)(\lambda_t^2 + \kappa)^{-2}$; $D_t = \lambda_t^2 \kappa^{-1} B_t$。

### 8.2.4 滑动-环节模型

基于前三种模型的橡胶弹性理论,都把注意力集中在联结点上,而沿着链的轮廓线上那些点所受到的影响并没有明显地出现在公式里。Edwards 和他的同事们于 1981 年提出了一个所谓滑动-环节模型(slip-link model),是将沿着链的轮廓线上的缠结数都考虑在弹性自由能中了。根据这个模型一个环节联结两条不同的链如图 8-7 所示。

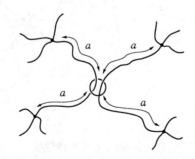

图 8-7  滑动-环节联结的两条链
(假设滑动-环节可沿着链滑动一个距离)

环节可沿着分子链的轮廓长度滑动一段距离,滑动-环节的作用等于网络中附加的联结点。

实际的交联网络比以上介绍的模型要复杂得多。理想的情况是每个网链的两端都有交

联点,可是大多数的交联网络是有缺陷的,如图 8-1 所示,每个分子量为 $M$ 的线型大分子即使交联情况"正常",也至少有两个自由的端链,它对应力没有贡献。另一种缺陷是链的相互缠结,它使得网链的构象数受到限制,它相当于一个交联点,在链的堆积很紧密且网链足够长时,这种缠结是很多的,使弹性应力增加很多。此外,如果交联点形成了一个环链,这个交联点也是无效的。由于交联网络结构的复杂性,目前还不可能完全准确表征橡胶的网络结构。

下面将分子理论所预计到的力-形变关系与实验观察到的数据作一比较。

图 8-8 的两条水平线分别是仿射网络模型(用任何的官能度 $\Phi$)和虚拟网络模型(用任意指定的 $\Phi$)的对比应力 $[f*]$ 作为 $\lambda^{-1}$ 的函数的图(图中 $\lambda = l/l_0$,$[f*] = \sigma/(\lambda - 1/\lambda^2)$)。用这种表达方法的优点是拉伸数据在一个很大的 $\lambda^{-1}$ 范围内可用直线表示,因此伸长率的数据常常用 Mooney-Rivlin 关系式来拟合

$$[f*] = \sigma/(\lambda - 1/\lambda^2) = 2C_1 + 2C_2\lambda^{-1} \tag{8-41}$$

式中 $2C_1$ 和 $2C_2$ 是与 $\lambda$ 无关的常数,$2C_1$ 可作为估计高变形的模量(虚幻网络模型的极限),同样地,$(2C_1 + 2C_2)$ 作为估计低变形的模量(仿射网络模型的极限)。图中的圆点表示典型的实验结果。上面的一组点表示在未溶胀状态下网络变形的结果,这些点在压缩区($\lambda^{-1} > 1$)几乎与变形无关,在拉伸区($\lambda^{-1} < 1$)可看到 $[f*]$ 均匀地减小,而在 $\lambda^{-1}$ 较低时急剧增加。因此真实网络所显示的对比应力在压缩和低拉伸时其值接近仿射网络模型极限,而在高拉伸时却接近虚拟网络模型极限。在高拉伸情况下曲线向上翘可能是由于应变-诱导结晶作用也可能是由于链的有限伸展性所致。

在图 8-8 的下面一组圆点表示典型的在溶胀状态下网络变形的实验结果,实验指出在一般情况下随着溶胀度的增大,$[f*]$ 随 $\lambda^{-1}$ 的变化愈来愈弱。如果 $[f*]$ 向上翘是由于应变-诱导结晶,那么溶剂的加入所引起的熔点降低会使上翘现象减小或完全被压制,在高度溶胀($v_2 \approx 0.2$)情况下,实际上数据点在整个 $\lambda^{-1}$ 范围内与虚拟网络模型的极限重叠。通过实验点的曲线是表示由联结点受约束理论的 $[f*]$ 的预计结果,这个理论已经成功地预计

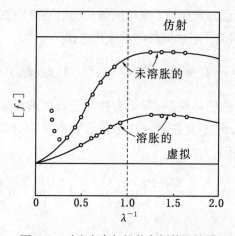

图 8-8　对比应力与拉伸率倒数的关系

上面的和下面的水平线分别表示仿射的和虚拟网络模型计算
的结果,圆点表示实验点,曲线是从联结点受约束理论得来的

了不同溶胀度下的拉伸和压缩的数据。

# 8.3　交联网络的溶胀

线型大分子可以溶解在合适的溶剂中形成均匀的大分子溶液。但是线型分子交联后联结成一个无限的网络,大分子就不能溶解了,溶剂只能被吸收在交联网络中,使它成为溶胀状态。溶胀了的橡胶的力学响应是弹性的而不是黏性的,同时它也是一种溶液。在溶胀的橡胶中,有溶胀力,还有一个与它相反的收缩力,这两种力在最大溶胀度时达到了平衡。

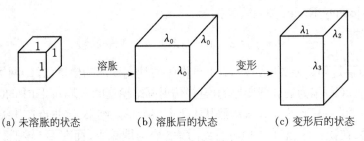

$$(a) 未溶胀的状态 \qquad (b) 溶胀后的状态 \qquad (c) 变形后的状态$$

图 8-9　单位立方体的橡胶

所有合成的和生物的网络在与小分子溶剂接触时都会溶胀,平衡时的溶胀度取决于温度、网链长度、溶剂分子的尺寸、聚合物与溶剂分子的热力学相互作用强度等一些因素。假定总的 Helmholtz 自由能变化是 $\Delta F_d$ 和 $\Delta F_{mix}$ 之和,$\Delta F_d$ 是引入溶剂分子后引起网络各向同性膨胀时网络弹性自由能的变化;$\Delta F_{mix}$ 是溶剂与网链混合时自由能的变化,则

$$\Delta F = \Delta F_d + \Delta F_{mix} \tag{8-42}$$

式(8-36)和式(8-23)已分别描写了虚拟网络和仿射网络的 $\Delta A_d$,在这些式子中的变形比 $\lambda_1$、$\lambda_2$ 和 $\lambda_3$ 现在必须对应于各向同性的溶胀状态,即

$$\lambda_1 = \lambda_2 = \lambda_3 = (V_m/V_0)^{1/3} \equiv (\phi_{2c}/\phi_{2m})^{1/3} \tag{8-43}$$

式中 $V_m$ 是溶剂加上聚合物的体积;$\phi_{2m}$ 是聚合物与过量溶剂接触达到溶胀平衡(最大溶胀度)时聚合物的体积分数;$\phi_{2c}$ 是交联时网络中聚合物的体积分数。将式(8-43)分别代入式(8-23)和式(8-36)可导出

$$\Delta F_d = \frac{3NkT}{2}\left[\left(\frac{\phi_{2c}}{\phi_{2m}}\right)^{2/3} - 1\right] - \mu kT \ln\frac{\phi_{2c}}{\phi_{2m}} \qquad (仿射) \tag{8-44}$$

和

$$\Delta F_d = \frac{3\xi kT}{2}\left[\left(\frac{\phi_{2c}}{\phi_{2m}}\right)^{2/3} - 1\right] \qquad (虚拟) \tag{8-45}$$

式(8-42)中的 $\Delta F_{mix}$ 是聚合物链与溶剂的混合自由能,Flory-Huggins 给出的关系式为

$$\Delta F_{mix} = RT(n_1 \ln \phi_1 + n_2 \ln \phi_2 + \chi n_1 \phi_2)$$

式中 $n_1$ 和 $n_2$ 分别是溶剂和聚合物的摩尔数,对于一个交联网络 $n_2 = 1$;$\chi$ 是聚合物-溶剂体系的相互作用参数。

在体系中引入溶剂分子会导致:(1)由于溶胀时网链的熵减少,因而 $\Delta F_d$ 增加;(2)由于溶剂分子与网链的混合熵增加,因而 $\Delta F_{mix}$ 减少。这两种变化彼此平衡时,便可得到溶胀平衡的状态。这种状态可用数学式表达

$$\left(\frac{\partial \Delta F}{\partial n_1}\right)_{T,p} = \left(\frac{\partial \Delta F_{mix}}{\partial n_1}\right)_{T,p} + \left(\frac{\partial \Delta F_d}{\partial n_1}\right)_{T,p} = 0$$

式中下标 $T$、$p$ 是指微分在恒温恒压下进行的。由上式可得仿射网络的表达式[2]

$$\ln(1-\phi_{2m}) + \chi\phi_{2m}^2 + \phi_{2m} + B\left(1-\frac{2}{\Phi}\right)\left[\left(\frac{\phi_{2m}}{\phi_{2c}}\right)^{1/3} - \frac{\mu\phi_{2m}}{N\phi_{2c}}\right] = 0 \tag{8-46}$$

和虚拟网络的表达式

$$\ln(1-\phi_{2m}) + \chi\phi_{2m}^2 + \phi_{2m} + B\left(\frac{\phi_{2m}}{\phi_{2c}}\right)^{1/3} = 0 \tag{8-47}$$

式中 $B = (V_1/RT)(\xi kT/V_0)$。

在高度溶胀状态下,联结点受约束的理论指出:真实网络显示的性质比较接近虚拟网络,所以对于平衡溶胀体系,式(8-47)是更真实的表达式。

应用关系式 $\dfrac{\xi kT}{V_0} = \dfrac{(1-2/\Phi)\rho RT}{\langle M_c \rangle}$,可估算出网链的平均分子量 $\langle M_c \rangle$

$$\langle M_c \rangle = -\frac{\rho\left(1-\dfrac{2}{\Phi}\right)V_1\phi_{2c}^{2/3}\phi_{2m}^{1/3}}{\ln(1-\phi_{2m}) + \chi\phi_{2m}^2 + \phi_{2m}} \tag{8-48}$$

在此情况下网链长度的表征要求精确测量 $\phi_{2m}$ 以及 $\phi_{2m}$ 数值下的 $\chi$ 值。而另一方面,式(8-47)也可作为一种估算参数 $\chi$ 的方便方法。

$$\chi = -\frac{\ln(1-\phi_{2m}) + \phi_{2m} + B\phi_{2c}^{2/3}\phi_{2m}^{1/3}}{\phi_{2m}^2} \tag{8-49}$$

从式(8-49)估算 $\chi$ 值需要知道包含在因子 $B$ 中的交联点密度和相应的 $\phi_{2m}$ 值,使用几个不同交联密度的试样,当然可以求得作为 $\phi_{2m}$ 函数的 $\chi$。

在拉伸率测量时常常先溶胀后再进行,一般把大量不挥发的溶剂引入网络,其目的是有利于达到弹性平衡或抑制结晶作用。

# 8.4  聚合物的力学松弛——黏弹性

一个理想的弹性体,当受到外力后,平衡形变是瞬时达到的,与时间无关;一个理想的黏性体,当受到外力后,形变是随时间线性发展的;而高分子材料的形变性质是与时间有关的,这种关系介于理想弹性体和理想黏性体之间(见图 8-10),因此高分子材料常被称为黏弹性材料。黏弹性是高分子材料的另一个重要的特性。

聚合物的力学性质随时间的变化统称为力学松弛,根据高分子材料受到外力作用的情况不同,可以观察到不同类型的力学松弛现象,最基本的有蠕变、应力松弛、滞后现象和力学损耗等。下面分别进行讨论。

### 1. 蠕变

所谓蠕变,就是指在一定的温度和较小的恒定外力(拉力、压力或扭力等)作用下,材料的形变随时间的增加而逐渐增大的现象。例如软聚氯乙烯丝(含增塑剂)钩着一定重量的砝码,就会慢慢地伸长,解下砝码后,丝会慢慢缩回去,这就是聚氯乙烯丝的蠕变现象。图 8-11 就是描写这一过程的蠕变曲线,其中 $t_1$ 是加荷时间,$t_2$ 是释荷时间。

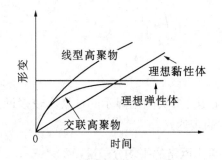

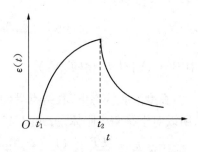

图 8-10  不同材料在恒应力下形变与时间的关系          图 8-11  蠕变曲线

从分子运动和变化的角度来看,蠕变过程包括下面三种形变。

当高分子材料受到外力作用时,分子链内部键长和键角立刻发生变化,这种形变量是很小的,称为普弹形变,用 $\varepsilon_1$ 表示

$$\varepsilon_1 = \sigma/E_1$$

式中 $\sigma$ 是应力;$E_1$ 是普弹形变模量。外力除去时,普弹形变能立刻完全回复,因而可示意表示如下图

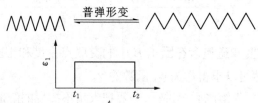

高弹形变是分子链通过链段运动逐渐伸展的过程,形变量比普弹形变要大得多,但形变

与时间成指数关系

$$\varepsilon_2 = (\sigma/E_2)(1 - e^{-\nu/\tau})$$

式中 $\varepsilon_2$ 即高弹形变；$\tau$ 是松弛时间(或称推迟时间)，它与链段运动的黏度 $\eta_2$ 和高弹模量 $E_2$ 有关，$\tau = \eta_2/E_2$。外力除去时，高弹形变是逐渐回复的。

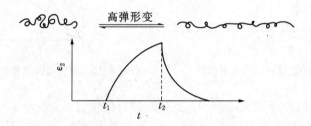

分子间没有化学交联的线型聚合物，则还会产生分子间的相对滑移，称为黏性流动，用符号 $\varepsilon_3$ 表示

$$\varepsilon_3 = (\sigma/\eta_3)t$$

式中 $\eta_3$ 是本体黏度。外力除去后黏性流动是不能回复的，因此普弹形变 $\varepsilon_1$ 和高弹形变 $\varepsilon_2$ 称为可逆形变，而黏性流动 $\varepsilon_3$ 称为不可逆形变。

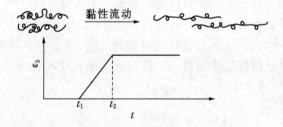

聚合物受到外力作用时以上三种形变是一起发生的，材料的总形变为

$$\varepsilon(t) = \varepsilon_1 + \varepsilon_2 + \varepsilon_3 = \sigma/E_1 + (\sigma/E_2)(1 - e^{-\nu/\tau}) + (\sigma/\eta_3)t \qquad (8\text{-}50)$$

三种形变的相对比例依具体条件不同而不同。

在玻璃化温度以下链段运动的松弛时间很长($\tau$ 很大)，$\varepsilon_2$ 很小，分子之间的内摩擦阻力很大($\eta_3$ 很大)，$\varepsilon_3$ 也很小，因此形变很小；在玻璃化温度以上，$\tau$ 随着温度的升高而变小，$\varepsilon_2$ 增大，而 $\varepsilon_3$ 比较小；温度再升到黏流温度以上，不但 $\tau$ 变得更小，而且体系的黏度也减小，$\varepsilon_1$、$\varepsilon_2$ 和 $\varepsilon_3$ 都比较显著。由于黏性流动是不能回复的，因此对线型聚合物来说，当外力除去后总会留下一部分不能回复的形变，称为永久形变。

图 8-12 是线型的聚合物在 $T_g$ 以上的蠕变曲线和回复曲线，曲线上标出了各部分形变的情况。如果 $t_2 - t_1 = t \gg \tau$，则 $e^{-\nu/\tau} \to 0$，$\varepsilon_2 \to \varepsilon_\infty$(平衡高弹形变)，即只要加荷时间比聚合物的松弛时间长得多，则在加荷期间，高弹形变已充分发展，达到平衡高弹形变，因而蠕变曲线的最后部分可以认为是纯粹的黏流形变，由这段曲线的斜率 $\Delta\varepsilon/\Delta t = \sigma/\eta_3$，可以计算材料的本体黏度 $\eta_3$，或者由回复曲线得到 $\varepsilon_3$ 值，然后按 $\eta_3 = \sigma(t_2 - t_1)/\varepsilon_3$ 计算。

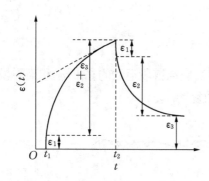
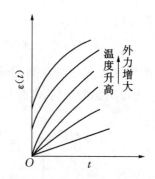

图 8-12　线型聚合物的蠕变曲线　　　图 8-13　蠕变与温度和外力关系示意

蠕变与温度高低和外力大小有关(见图 8-13),温度过低,外力太小,蠕变很小而且很慢,在短时间内不易觉察;温度过高、外力过大,形变发展过快,也感觉不出蠕变现象;在适当的外力作用下,通常在聚合物的 $T_g$ 以上不远,链段在外力下可以运动,但运动时受到的内摩擦力又较大,只能缓慢运动,则可观察到较明显的蠕变现象。

各种聚合物在室温时的蠕变现象很不相同,了解这种差别,对于材料实际应用非常重要。对各种材料的蠕变现象的研究,将帮助我们合理地选择适当的材料。图 8-14 是几种聚合物在 23 ℃时的蠕变曲线,可以看出,主链含芳杂环的刚性链聚合物,具有较好的抗蠕变性能,因而成为广泛应用的工程塑料,可用来代替金属材料加工成机械零件。对于蠕变比较严重的材料,使用时则需采取必要的补救措施。如硬聚氯乙烯有良好的抗腐蚀性能,可以用于化工管道、容器或塔等设备,但它容易蠕变,使用时必须增加支架以防止蠕变。聚四氟乙烯是塑料中摩擦系数最小的,因而具有很好的自润滑性能,可是由于其蠕变现象很严重,显然不能做成机械零件,却是很好的密封材料。橡胶采用硫化交联的办法来防止由蠕变产生分子间滑移而造成的不可逆形变。

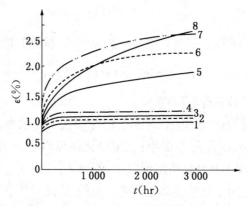

图 8-14　几种聚合物 23 ℃时的蠕变性能比较
1—聚砜；2—聚苯醚；3—聚碳酸酯；4—改性聚苯醚；
5—ABS(耐热级)；6—聚甲醛；7—尼龙；8—ABS

### 2. 应力松弛

所谓应力松弛,是在恒定温度和形变保持不变的情况下,聚合物内部的应力随时间而逐渐衰减的现象。例如拉伸一块未交联的橡胶到一定长度,并保持长度不变,随着时间的增

长,这块橡胶的回弹力会逐渐减小,甚至可以减小到零(见图 8-15)。此时,应力与时间也成指数关系

$$\sigma = \sigma_0 e^{-t/\tau} \tag{8-51}$$

式中 $\sigma_0$ 是起始应力;$\tau$ 是松弛时间。

聚合物中的应力为什么会松弛掉呢?其实应力松弛和蠕变是一个问题的两个方面,都反映聚合物内部分子的三种运动情况。当聚合物一开始被拉长时,其中分子处于不平衡的构象,要逐渐过渡到平衡的构象,也就是链段顺着外力的方向运动以减少或消除内部应力。如果温度很高,远远超过 $T_g$,像常温下的橡胶,链段运动时受到的内摩擦力很小,应力很快就松弛掉了,甚至可以快到几乎觉察不到的地步。如果温度太低,比 $T_g$ 低得多,如常温下的塑料,虽然链段受到很大的应力,但是由于内摩擦力很大,链段运动的能力很弱,所以应力松弛极慢,也就不容易觉察得到。只有在玻璃化温度附近的几十摄氏度范围内,应力松弛现象比较明显(见图 8-16)。例如含有增塑剂的聚氯乙烯丝,用它缚物,开始扎得很紧,后来会变松,就是应力松弛现象比较明显的例子。对于交联的聚合物,由于分子间不能滑移,所以应力不会松弛到零,只能松弛到某一数值,正因为这样,橡胶制品都是经过交联的。

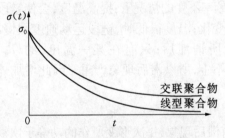

图 8-15 聚合物的应力松弛曲线

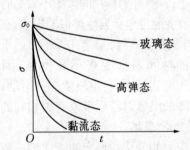

图 8-16 不同温度下的应力松弛曲线

由于蠕变和应力松弛都与温度有关,而它们又都反映聚合物内部分子运动的情况,因而可利用蠕变和应力松弛对温度的依赖性来研究高分子的分子运动和聚合物的转变。

### 3. 滞后现象

聚合物作为结构材料,在实际应用时,往往受到交变力(应力大小呈周期性变化)的作用,如轮胎、传送皮带、齿轮、消振器等,它们都是在交变力作用的场合使用的。以橡胶轮胎为例,在车辆行驶时,它上面某一部位一会儿着地,一会儿离地,受到的是一定频率的外力。它的形变也是一会儿大,一会儿小,交替地变化着的。例如汽车如果每小时行驶60 km,相当于在轮胎某处受到每分钟300次的周期性外力的作用,把轮胎的应力和形变随时间的变化记录下来,可以得到下面两条波形曲线

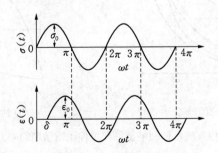

上面一条波形曲线用数学式来表示可写成

$$\sigma(t) = \sigma_0 \sin \omega t \tag{8-52}$$

式中 $\sigma(t)$ 是轮胎某处受到的应力随时间的变化;$\sigma_0$ 是该处受到的最大应力;$\omega$ 是外力变化的角频率,$\omega = 2\pi\nu$($\nu$ 是频率);$t$ 是时间。下面一条波形曲线的数学表式是

$$\varepsilon(t) = \varepsilon_0 \sin(\omega t - \delta) \tag{8-53}$$

式中 $\varepsilon(t)$ 是轮胎某处的形变随时间的变化;$\varepsilon_0$ 是形变的最大值;$\delta$ 是形变发展落后于应力的相位差。聚合物在交变应力作用下,形变落后于应力变化的现象就称为滞后现象。

滞后现象的发生是由于链段在运动时要受到内摩擦力的作用,当外力变化时,链段的运动跟不上外力的变化,所以形变落后于应力,有一个相位差。当然 $\delta$ 愈大说明链段运动愈困难,愈是跟不上外力的变化。

聚合物的滞后现象与其本身的化学结构有关,一般刚性分子的滞后现象小,柔性分子的滞后现象严重。滞后现象还受到外界条件的影响,如果外力作用的频率低,链段来得及运动,滞后现象很小;外力作用频率很高,链段根本来不及运动,聚合物好像一块刚硬的材料,滞后现象也很小;只有外力作用的频率不太高时,链段可以运动,但又跟不大上,才出现较明显的滞后现象。改变温度也会发生类似的影响,在外力的频率不变的情况下,提高温度,会使链段运动加快,当温度很高时,形变几乎不滞后于应力的变化;温度很低时,链段运动速度很慢,在应力增长的时间内形变来不及发展,因而也无所谓滞后;只有在某一温度,约 $T_g$ 上下几十摄氏度的范围内,链段能充分运动,但又跟不上,所以滞后现象严重。因此增加外力的频率和降低温度对滞后现象有着相同的影响。

### 4. 力学损耗

当应力的变化和形变的变化相一致时,没有滞后现象,每次形变所作的功等于恢复原状时取得的功,没有功的消耗。如果形变的变化落后于应力的变化,发生滞后现象,则每一循环变化中就要消耗功,称为力学损耗,有时也称为内耗。

可以从应力-应变曲线上拉伸回缩的循环和试样内部的分子运动情况来了解损耗的原因。图 8-17(a)表示橡胶拉伸回缩过程中应力应变的变化情况。如果应变完全跟得上应力的变化,拉伸与回缩曲线应重合在一起。发生滞后现象时,拉伸曲线上的应变达不到与其应力相对应的平衡应变值,而回缩时,情况正相反,回缩曲线上的应变大于与其应力相对应的平衡应变值,在图 8-17(a)上对应于应力 $\sigma_1$,有 $\varepsilon_1' < \varepsilon_1''$。在这种情况下,拉伸时外力对聚合物体

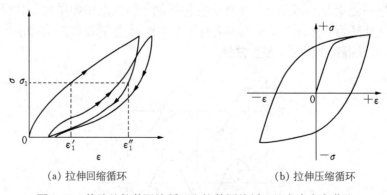

(a) 拉伸回缩循环                    (b) 拉伸压缩循环

图 8-17   橡胶的拉伸回缩循环和拉伸压缩循环的应力应变曲线

系做的功,一方面用来改变分子链段的构象,另一方面用来提供链段运动时克服链段间内摩擦所需要的能量。回缩时,伸展的分子链重新蜷曲起来,聚合物体系对外做功,但是分子链回缩时的链段运动仍需克服链段间的摩擦阻力。这样,一个拉伸回缩循环中,有一部分功被损耗掉,转化为热。内摩擦阻力愈大,滞后现象便愈严重,消耗的功也愈大,即内耗愈大。

拉伸和回缩时,外力对橡胶所做的功和橡胶对外力所做的回缩功分别相当于拉伸曲线和回缩曲线下所包的面积,于是一个拉伸回缩循环中所损耗的能量与这两块面积之差相当。橡胶的拉伸压缩循环的应力应变曲线如图 8-17(b)所示,所构成的闭合曲线常称为"滞后圈",滞后圈的大小恰为单位体积的橡胶在每一个拉伸压缩循环中所损耗的功,数学上有

$$\Delta W = \oint \sigma(t) \mathrm{d}\varepsilon(t) = \oint \sigma(t) \frac{\mathrm{d}\varepsilon(t)}{\mathrm{d}t}\mathrm{d}t \tag{8-54}$$

将式(8-52)和式(8-53)代入式(8-54)可得

$$\Delta W = \sigma_0 \varepsilon_0 \omega \int_0^{2\pi/\omega t} \sin \omega t \cos(\omega t - \delta)\mathrm{d}t$$

上式展开、积分便得

$$\Delta W = \pi \sigma_0 \varepsilon_0 \sin \delta \tag{8-55}$$

这就是说,每一循环中,单位体积试样损耗的能量正比于最大应力 $\sigma_0$、最大应变 $\varepsilon_0$ 以及应力和应变之间的相角差的正弦。因为这个缘故,$\delta$ 又称为力学损耗角,人们常用力学损耗角正切 $\tan\delta$ 来表示内耗的大小。

内耗的大小与聚合物本身的结构有关。一些常见的橡胶品种的内耗和回弹性能的优劣,可以从其分子结构上找到定性的解释。顺丁橡胶内耗较小,因为它的分子链上没有取代基团,链段运动的内摩擦阻力较小;丁苯橡胶和丁腈橡胶的内耗比较大,因为丁苯橡胶有庞大的侧苯基,丁腈橡胶有极性较强的侧氰基,因而它们的链段运动时内摩擦阻力较大;丁基橡胶的侧甲基虽没有苯基大,也没有氰基极性强,但是它的侧基数目比丁苯橡胶、丁腈橡胶的多得多,所以内耗比丁苯橡胶、丁腈橡胶还要大。内耗较大的橡胶,吸收冲击能量较大,回弹性就较差。

聚合物的内耗与温度的关系如图 8-18 所示。在 $T_g$ 以下,聚合物受外力作用形变很小,这种形变主要由键长和键角的改变引起,速度很快,几乎完全跟得上应力的变化,$\delta$ 很小,所以内耗很小。温度升高,在向高弹态过渡时,由于链段开始运动,而体系的黏度还很大,链段运动时受到摩擦阻力比较大,因此高弹形变显著落后于应力的变化,$\delta$ 较大,内耗也大。当温度进一步升高时,虽然形变大,但链段运动比较自由,$\delta$ 变小,内耗也小了。因此,在玻璃化转变区域将出现一个内耗的极大值,称为内耗峰。向黏流态过渡时,由于分子间互相滑移,因而内耗急剧增加。

频率与内耗的关系如图 8-19 所示。频率很低时,高分子的链段运动完全跟得上外力的变化,内耗很小,聚合物表现出橡胶的高弹性;在频率很高时,链段运动完全跟不上外力的变化,内耗也很小,聚合物显得刚性,表现出玻璃态的力学性质;只有中间区域,链段运动跟不上外力的变化,内耗在一定的频率范围将出现一个极大值,这个区域中材料的黏弹性表现得很明显。

前面讨论的蠕变和应力松弛,是静态力学松弛过程,而在交变的应力、应变作用下发生的滞后现象和力学损耗,则是动态力学松弛,因此有时也称后一类力学松弛为聚合物的动态

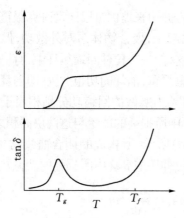

图 8-18　聚合物的形变和内耗与温度的关系　　图 8-19　聚合物的内耗与频率的关系

力学性质或动态黏弹性。在这种情况下,应力和应变都是时间的函数,那么这时的弹性模量应该怎样计算呢?

当 $\varepsilon(t) = \varepsilon_0 \sin \omega t$ 时,因应力变化比应变领先一个相位角 $\delta$,故 $\sigma(t) = \sigma_0 \sin(\omega t + \delta)$,这个应力表式可以展开成

$$\sigma(t) = \sigma_0 \sin \omega t \cos \delta + \sigma_0 \cos \omega t \sin \delta \tag{8-56}$$

可见应力由两部分组成,一部分是与应变同相位的,幅值为 $\sigma_0 \cos \delta$,是弹性形变的动力;另一部分是与应变相差 90° 角的,幅值为 $\sigma_0 \sin \delta$,消耗于克服摩擦阻力。如果定义 $E'$ 为同相的应力和应变的比值,而 $E''$ 为相差 90° 角的应力和应变的振幅的比值,即

$$E' = (\sigma_0/\varepsilon_0) \cos \delta \tag{8-57}$$

$$E'' = (\sigma_0/\varepsilon_0) \sin \delta \tag{8-58}$$

则应力的表达式变成

$$\sigma(t) = \varepsilon_0 E' \sin \omega t + \varepsilon_0 E'' \cos \omega t \tag{8-59}$$

因此,这时的模量也应包括两个部分,用复数模量表示如下

$$E^* = E' + iE'' \tag{8-60}$$

式中 $i = \sqrt{-1}$;$E'$ 称为实数模量;$E''$ 称为虚数模量,它们与 $E^*$、$\delta$ 的关系可以清楚地表示在复平面坐标上(图 8-20),从图上或由式(8-57)和式(8-58)可以得到

$$\tan \delta = E''/E' \tag{8-61}$$

我们也可以将应力和应变写成

$$\varepsilon(t) = \varepsilon_0 \exp(i\omega t)$$

$$\sigma(t) = \sigma_0 \exp[i(\omega t + \delta)]$$

此时复数模量为

$$E^* = \sigma(t)/\varepsilon(t) = (\sigma_0/\varepsilon_0) \exp(i\delta) \tag{8-62}$$

利用欧拉公式 $e^{i\delta} = \cos \delta + i \sin \delta$,并根据式(8-57)和式(8-58)便得

$$E^* = (\sigma_0/\varepsilon_0)(\cos\delta + i\sin\delta) = E' + iE'' \tag{8-63}$$

实数模量 $E'$ 又称为储能模量,表示应变作用下能量在试样中的储存,而虚数模量 $E''$ 表示能量的损耗,通常称为损耗模量。根据式(8-58)可以将式(8-55)变换为

$$\Delta W = \pi\varepsilon_0^2 E'' \tag{8-64}$$

可见单位体积试样每一周期损耗的能量与 $E''$ 有关。

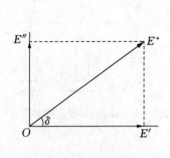

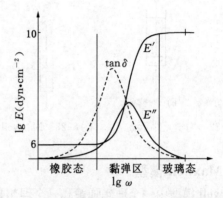

图 8-20　复数模量图解　　　　图 8-21　典型黏弹性固体的 $E'$、$E''$ 与频率的关系

在一般情况下,动态模量(又称绝对模量)按下式计算

$$E = |E^*| = (E'^2 + E''^2)^{1/2} \tag{8-65}$$

因为通常 $E'' \ll E'$,所以也常直接用 $E'$ 作为材料的动态模量。

复数模量与频率和温度有关,当固定温度而考虑聚合物的 $E'$ 和 $E''$ 随频率变化的情况时,我们可以得到 $E'$ 和 $E''$ 的频率谱;而固定频率改变温度则得到温度谱。温度谱和频率谱一起统称为聚合物的力学图谱。图 8-21 给出了一个不出现流动态的典型黏弹性固体的频率谱,可以看到,在低频时,材料呈橡胶状,模量 $E'$ 较小,且在一定频率范围内不随频率变化;在高频时,材料呈玻璃态,模量 $E'$ 较高,也在一定频率范围内变化不大;在中间频率范围,材料呈现黏弹性,$E'$ 随 $\omega$ 急剧升高,$E''$ 和 $\tan\delta$ 则在黏弹区中都出现一个极大值,而在高频和低频时都很小。

## 8.5　黏弹性的力学模型

为了更加深刻地理解力学松弛现象,很早就有人提出了用理想弹簧和理想黏壶,以各种不同方式组合起来,模拟聚合物的力学松弛过程。这种方法的优点在于直观,并且可以从它得到力学松弛中的各数学表式。

理想弹簧(见图 8-22(a))的力学性质服从虎克定律,应力和应变与时间无关

$$\sigma = E\varepsilon = \varepsilon/D \tag{8-66}$$

式中 $E$ 为弹簧的模量;$D$ 为柔量。

理想黏壶(见图 8-22(b))是在容器内装有服从牛顿流体定律的液体,应力和应变与时间有关

$$\sigma = \eta(\mathrm{d}\varepsilon/\mathrm{d}t) \quad \text{或} \quad \varepsilon = (\sigma/\eta)t \tag{8-67}$$

式中 $\eta$ 是液体的黏度;$\mathrm{d}\varepsilon/\mathrm{d}t$ 是应变速率。

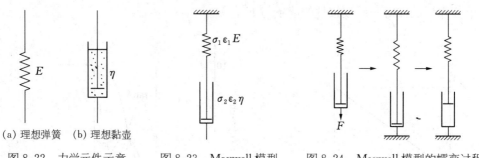

(a) 理想弹簧　(b) 理想黏壶

图 8-22 　力学元件示意　　　图 8-23 　Maxwell 模型　　　图 8-24 　Maxwell 模型的蠕变过程

### 8.5.1 　Maxwell 模型

Maxwell 模型由一个理想弹簧和一个理想黏壶串联而成(图 8-23)。模型受力时,两个元件的应力与总应力相等 $\sigma_0 = \sigma_1 = \sigma_2$,而总应变则等于两个元件的应变之和 $\varepsilon_0 = \varepsilon_1 + \varepsilon_2$,总应变速率也等于两个元件应变速率之和

$$\mathrm{d}\varepsilon/\mathrm{d}t = \mathrm{d}\varepsilon_1/\mathrm{d}t + \mathrm{d}\varepsilon_2/\mathrm{d}t \tag{8-68}$$

将式(8-66)对时间求导后和式(8-67)一起代入式(8-68)即得

$$\mathrm{d}\varepsilon/\mathrm{d}t = (1/E)(\mathrm{d}\sigma/\mathrm{d}t) + (\sigma/\eta) \tag{8-69}$$

式(8-69)就是 Maxwell 模型的运动方程。

Maxwell 模型对模拟应力松弛过程(见图 8-24)特别有用。当模型受到一个外力时,弹簧瞬时发生形变,而黏壶由于黏性作用,来不及发生形变,因此模型应力松弛的起始形变 $\varepsilon_0$ 由理想弹簧提供,并使两个元件产生起始应力 $\sigma_0$,随后理想黏壶慢慢被拉开,弹簧则逐渐回缩,形变减小,因而总应力下降直到完全消除为止,这与线型聚合物的应力松弛过程相符。应力松弛过程中总形变固定不变,$\mathrm{d}\varepsilon/\mathrm{d}t = 0$,式(8-69)变成

$$(1/E)(\mathrm{d}\sigma/\mathrm{d}t) + (\sigma/\eta) = 0; \quad \mathrm{d}\sigma/\sigma = -(E/\eta)\mathrm{d}t$$

当 $t = 0$ 时,$\sigma = \sigma_0$,上式积分即得

$$\sigma(t) = \sigma_0 \mathrm{e}^{-t/\tau}, \quad \tau = \eta/E \tag{8-70}$$

上式表示形变固定时应力随时间的变化。时间 $t$ 增加则应力 $\sigma$ 减少,当 $t \to \infty$ 时,$\sigma \to 0$,所得的曲线如图 8-25 所示,当 $t = \tau$ 时 $\sigma = \sigma_0/\mathrm{e}$,$\tau$ 称为松弛时间,表示形变固定时由于黏性流动使应力减少到起始应力的 $1/\mathrm{e}$ 倍所需的时间,因 $\tau = \eta/E$,所以松弛时间既与黏性系数有关,又与弹性模量有关,这也说明松弛过程是弹性行为和黏性行为共同作用的结果。

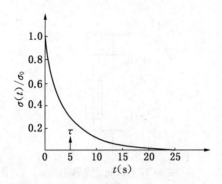

图 8-25 Maxwell 模型的应力松弛曲线
$G = 10^7 \text{ dyn·cm}^{-2}, \eta = 5 \times 10^7 \text{ P}, \tau = 5 \text{ s}$

应力松弛过程也可以用模量来表示。将式(8-70)除以 $\varepsilon_0$ 便得

$$E(t) = E(0)\mathrm{e}^{-t/\tau} \tag{8-71}$$

其中 $E(0) = \sigma_0/\varepsilon_0$ 表示起始模量。

Maxwell 模型也可以用来模拟聚合物的动态力学行为。当模型受一个交变应力 $\sigma(t) = \sigma_0 \mathrm{e}^{\mathrm{i}\omega t}$ 作用时,其运动方程式(8-69)可以写成

$$\frac{\mathrm{d}\varepsilon(t)}{\mathrm{d}t} = \frac{\sigma_0}{E}\mathrm{i}\omega \mathrm{e}^{\mathrm{i}\omega t} + \frac{\sigma_0}{\eta}\mathrm{e}^{\mathrm{i}\omega t}$$

在 $t_1$ 到 $t_2$ 时间区间内对上式积分,则

$$\varepsilon(t_2) - \varepsilon(t_1) = \frac{\sigma_0}{E}(\mathrm{e}^{\mathrm{i}\omega t_2} - \mathrm{e}^{\mathrm{i}\omega t_1}) + \frac{\sigma_0}{\mathrm{i}\omega\eta}(\mathrm{e}^{\mathrm{i}\omega t_2} - \mathrm{e}^{\mathrm{i}\omega t_1})$$

$$= \left(\frac{1}{E} + \frac{1}{\mathrm{i}\omega\eta}\right)[\sigma(t_2) - \sigma(t_1)] \tag{8-72}$$

应变增量除以应力增量即复数柔量 $D^*$,由上式得

$$D^* = \frac{\varepsilon(t_2) - \varepsilon(t_1)}{\sigma(t_2) - \sigma(t_1)} = \frac{1}{E} + \frac{1}{\mathrm{i}\omega\eta} = D - \mathrm{i}\frac{D}{\omega\tau} \tag{8-73}$$

因此实数柔量 $D' = D$,虚数柔量 $D'' = D/\omega\tau = 1/\omega\eta$。应力增量除以应变增量即复数模量 $E^*$,由式(8-72)得

$$E^* = \frac{\sigma(t_2) - \sigma(t_1)}{\varepsilon(t_2) - \varepsilon(t_1)} = \frac{E\omega\tau}{\omega\tau - 1} = \frac{E\omega^2\tau^2}{1 + \omega^2\tau^2} + \mathrm{i}\frac{E\omega\tau}{1 + \omega^2\tau^2} \tag{8-74}$$

因此
$$E' = \frac{E\omega^2\tau^2}{1 + \omega^2\tau^2}; \quad E'' = \frac{E\omega\tau}{1 + \omega^2\tau^2}; \quad \tan\delta = \frac{1}{\omega\tau}$$

按这些关系式给出的图像如图 8-26 所示,从定性上看,$E'$ 和 $E''$ 的形状是对的,但 $\tan\delta$ 的形状不对。

Maxwell 模型用于模拟蠕变过程是不成功的,它的蠕变相当于牛顿流体的黏性流动,而聚合物的蠕变则要复杂得多。Maxwell 模型也不能模拟交联聚合物的应力松弛过程。

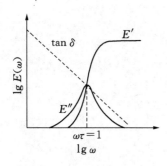

图 8-26　Maxwell 模型的动
态黏弹行为

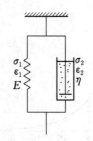

图 8-27　Voigt(或 Kelvin)
模型

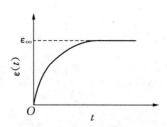

图 8-28　Voigt(或 Kelvin)模
型的蠕变曲线

### 8.5.2　Voigt(或 Kelvin)模型

　　Voigt 模型是由一个理想弹簧和一个理想黏壶并联而成的(见图 8-27)。由于元件并联,作用在模型上的应力由两个元件共同承受,尽管随着时间的延续,应力在两个元件上的分布情况不断在改变着,但始终满足 $\sigma = \sigma_1 + \sigma_2$,而两个元件的应变则总是相同的,$\varepsilon = \varepsilon_1 = \varepsilon_2$。因此,根据元件的方程,式(8-66)和式(8-67)可以直接写出模型的运动方程

$$\sigma = E\varepsilon + \eta(\mathrm{d}\varepsilon/\mathrm{d}t) \tag{8-75}$$

Voigt 模型可以用来模拟交联聚合物的蠕变过程。当拉力作用在模型上时,由于黏壶的存在,弹簧不能立刻被拉开,只能随着黏壶一起慢慢被拉开,因此形变是逐渐发展的。如果外力除去,由于弹簧的回复力,使整个模型的形变也慢慢回复。这与聚合物蠕变过程的情形是一致的。在蠕变过程中,应力保持不变 $\sigma = \sigma_0$,式(8-75)变成

$$\mathrm{d}\varepsilon/(\sigma_0 - E\varepsilon) = \mathrm{d}t/\eta$$

当 $t = 0$ 时,$\varepsilon = 0$,上式积分即得

$$\varepsilon(t) = (\sigma_0/E)(1 - \mathrm{e}^{-t/\tau}) = \varepsilon(\infty)(1 - \mathrm{e}^{-t/\tau}) \tag{8-76}$$

式中 $\tau = \eta/E$;$\varepsilon(\infty)$ 是 $t \to \infty$ 时的平衡形变,蠕变过程的松弛时间 $\tau$ 有时称为推迟时间,表示形变推迟发生的意思,图 8-28 是 Voigt 模型的蠕变曲线。

　　蠕变过程也可以用蠕变柔量来表示。式(8-76)除以起始应力 $\sigma_0$ 便得

$$D(t) = D(\infty)(1 - \mathrm{e}^{-t/\tau}) \tag{8-77}$$

必须注意,在理想弹性体中,$E = 1/D$,而在黏弹体中 $E(t) \neq 1/D(t)$,因为

$$E(t) = \sigma(t)/\varepsilon_0 \neq \sigma_0/\varepsilon(t) = 1/D(t)$$

当除去应力时,$\sigma = 0$,式(8-75)变成

$$E\varepsilon + \eta(\mathrm{d}\varepsilon/\mathrm{d}t) = 0; \quad \mathrm{d}\varepsilon/\varepsilon = -(E/\eta)\mathrm{d}t$$

当 $t = 0$ 时,$\varepsilon = \varepsilon(\infty)$,上式积分即得

$$\varepsilon(t) = \varepsilon(\infty)\mathrm{e}^{-t/\tau} \tag{8-78}$$

这是模拟蠕变回复过程的方程。

Voigt 模型也可以用来模拟聚合物的动态力学行为。当给模型的应变为 $\varepsilon(t) = \varepsilon_0 e^{i\omega t}$ 时,式(8-75)写成

$$\sigma(t) = E\varepsilon_0 e^{i\omega t} + i\omega\eta\varepsilon_0 e^{i\omega t} \tag{8-79}$$

于是复数模量

$$E^* = \sigma(t)/\varepsilon(t) = E + i\omega\eta \tag{8-80}$$

因此 $E' = E$, $E'' = \omega\eta$。而复数柔量

$$D^* = \frac{1}{E + i\omega\eta} = \frac{D}{1 + \omega^2\tau^2} - i\frac{D\omega\tau}{1 + \omega^2\tau^2} \tag{8-81}$$

因而 $D' = \dfrac{D}{1 + \omega^2\tau^2}$; $D'' = \dfrac{D\omega\tau}{1 + \omega^2\tau^2}$; $\tan\delta = \omega\tau$

这些关系的图像可参见图 8-29, $D'$ 和 $D''$ 曲线的形状是对的,$\tan\delta$ 的曲线型状仍然不对。

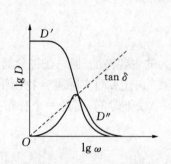

图 8-29 Voigt 模型的动态力学行为

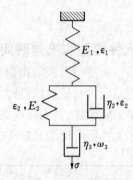

图 8-30 四元件模型

Voigt 模型显然不可能用以模拟应力松弛过程,因为有黏壶并联在弹簧上,要使模型建立一个瞬时应变,需要无限大的力。同时由于模拟蠕变过程时没有永久变形,模型也不能模拟线型聚合物的蠕变过程。

### 8.5.3 四元件模型

这个模型是根据高分子的分子运动机理设计的(见图 8-30)。考虑到聚合物的形变是由三个部分组成的:第一部分是由分子内部键长键角改变引起的普弹形变,这种形变是瞬时完成的,因而可以用一个硬弹簧 $E_1$ 来模拟;第二部分是链段的伸展、蜷曲引起的高弹形变,这种形变是随时间而变化的,前面我们已经看到,可以用弹簧 $E_2$ 和黏壶 $\eta_2$ 并联起来去模拟;第三部分是由高分子相互滑移引起的黏性流动,这种形变是随时间线性发展的,可以用一个黏壶 $\eta_3$ 来模拟。聚合物的总形变等于这三部分形变的总和,因此模型应该把这三部分元件串联起来,构成的四元件模型可以看作是 Maxwell 模型和 Voigt 模型串联而成的。通过这样四个元件的组合,可以从高分子结构的观点出发,说明聚合物在任何情况下的形变都有弹性和黏性存在。

用这个四元件模型来描述线性聚合物的蠕变过程特别合适。蠕变过程 $\sigma = \sigma_0$,因而聚合物的总形变

$$\varepsilon(t) = \varepsilon_1 + \varepsilon_2 + \varepsilon_3 = \frac{\sigma_0}{E_1} + \frac{\sigma_0}{E_2}(1 - e^{-t/\tau}) + \frac{\sigma_0}{\eta_3}t \tag{8-50}$$

图 8-31 是四元件模型的蠕变曲线和回复曲线,以及各时刻对应的模型各元件的相应行为。与图 8-32 给出的天然橡胶的蠕变实验得到的蠕变曲线和回复曲线比较,可以看到,这个模型是比较成功的。

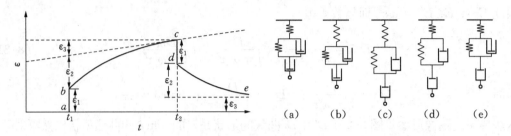

图 8-31　四元件模型的蠕变行为

### 8.5.4　多元件模型和松弛时间谱

上述诸模型虽然可以表示出聚合物黏弹行为的主要特征,但总是过分简单了一些,尤其是它们都只能给出具有单一松弛时间的指数形式的响应,而实际聚合物由于结构单元的多重性及其运动的复杂性,其力学松弛过程不止一个松弛时间,而是一个分布很宽的连续谱,为此须采用多元件组合模型来模拟。

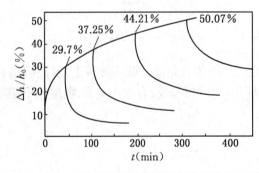

图 8-32　天然橡胶的压缩蠕变曲线

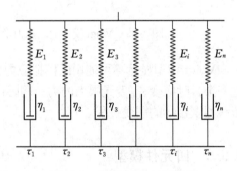

图 8-33　广义 Maxwell 模型

#### 1. 广义 Maxwell 模型

又称 Maxwell-Meichert 模型,是取任意多个 Maxwell 单元并联而成的(见图 8-33)。让每个单元由不同模量的弹簧和不同黏度的黏壶组成,因而具有不同的松弛时间,当模型在恒定应变 $\varepsilon_0$ 作用下,其应力应为诸单元应力之和,根据式(8-70)可以写出

$$\sigma(t) = \varepsilon_0 \sum_i^n E_i e^{-t/\tau_i} \tag{8-82}$$

应力松弛模量为

$$E(t) = \sum_i^n E_i e^{-t/\tau_i}$$

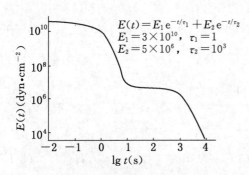
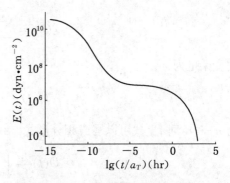

$$E(t)=E_1\mathrm{e}^{-t/\tau_1}+E_2\mathrm{e}^{-t/\tau_2}$$
$$E_1=3\times10^{10},\quad \tau_1=1$$
$$E_2=5\times10^{6},\quad \tau_2=10^{3}$$

图 8-34　两个 Maxwell 单元并联组合的　　　　　图 8-35　聚异丁烯 25 ℃的应力松弛
　　　　　模型的应力松弛行为　　　　　　　　　　　　　　　叠合曲线

图 8-34 给出了只由两个 Maxwell 单元并联组合模型的应力松弛行为,曲线出现了两个转变,与图 8-35 给出的实际聚合物的应力松弛行为对照,显然比只有一个转变(见图 8-26)的 Maxwell 模型,又前进了一步。当 $n\to\infty$ 时,上式可以写成积分形式

$$E(t)=\int_0^\infty f(\tau)\mathrm{e}^{-t/\tau}\mathrm{d}\tau \tag{8-83}$$

其中 $f(\tau)$ 称为松弛时间谱。由于松弛时间包括的数量级范围很宽,实用上采用对数时间坐标更为方便,因此通常另外定义一个新的松弛时间谱

$$H(\tau)=\tau f(\tau) \tag{8-84}$$

则上式变为

$$E(t)=\int_0^\infty \frac{H(\tau)}{\tau}\mathrm{e}^{-t/\tau}\mathrm{d}t=\int_{-\infty}^{+\infty}H(\tau)\mathrm{e}^{-t/\tau}\mathrm{d}\ln\tau \tag{8-85}$$

### 2. 广义的 Voigt 模型

又称 Voigt-Kelvin 模型,是取任意多个 Voigt 单元串联而成的(见图 8-36)。如果其第 $i$ 个单元的弹簧模量为 $E_i$,松弛时间为 $\tau_i$,则在拉伸蠕变时,其总形变应为全部 Voigt 单元形变的加和,根据式(8-76)可以写出

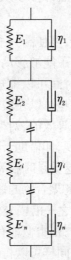

图 8-36　广义 Voigt 模型

$$\varepsilon(t) = \sum_i^n \varepsilon_i(\infty)(1 - e_i^{-t/\tau}) \tag{8-86}$$

蠕变柔量为

$$D(t) = \sum_i^n D_i(1 - e_i^{-t/\tau})$$

当 $n \to \infty$ 时，上式可以写成积分形式

$$D(t) = \int_0^\infty g(\tau)(1 - e^{-t/\tau})d\tau \tag{8-87}$$

式中 $g(\tau)$ 称为推迟时间谱。换成对数坐标时定义新的推迟时间谱

$$L(\tau) = \tau g(\tau) \tag{8-88}$$

因而

$$D(t) = \int_{-\infty}^{+\infty} L(\tau)(1 - e^{-t/\tau})d\ln\tau \tag{8-89}$$

以上讨论了聚合物黏弹性的力学模型理论。自然，模型只能帮助我们认识黏弹性现象，而不可能揭示黏弹性的实质，也不能解释聚合物为何具有宽的松弛时间谱，不能解决聚合物结构与黏弹性的关系，因此后来就发展了黏弹性的分子理论。

分子理论是从高分子的结构特征出发，提出简化的分子模型，并利用高分子已知的微观物理量(如键长、键角、分子量、均方末端矩和摩擦因子等)，通过统计力学方法处理，求出聚合物的各宏观黏弹性(如松弛时间分布、复数模量、复数黏度等)，用以研究聚合物的力学松弛过程。其中最著名的是 20 世纪 50 年代 P. E. Rouse、F. Bueche 和 B. H. Zimm 的"RBZ"理论(珠簧模型)，和 70 年代末 De Gennes 提出的至今仍广为关注的"蛇行理论"。详细内容在前面第三、五章已有论述，并可参阅章末诸参考书。

## 8.6  黏弹性与时间、温度的关系——时温等效原理

从高分子运动的松弛性质已经知道，要使高分子链段具有足够大的活性，从而使聚合物表现出高弹形变；或者要使整个高分子能够移动而显示出黏性流动，都需要一定的时间(用松弛时间来衡量)。温度升高，松弛时间可以缩短。因此，同一个力学松弛现象，既可在较高的温度下，在较短的时间内观察到，也可以在较低的温度下较长的时间内观察到。因此升高温度与延长观察时间对分子运动是等效的，对聚合物的黏弹行为也是等效的。这个等效性可以借助于一个转换因子 $a_T$ 来实现，即借助于转换因子可以将在某一温度下测定的力学数据，变成另一温度下的力学数据。这就是时温等效原理。

例如在 $T_1$、$T_2$ 两个温度下，一个理想聚合物的蠕变柔量对时间对数的曲线如图 8-37(a)所示，从图中可以看到，只要将两条曲线之一沿横坐标平移 $\lg a_T$，就可以将这两条曲线完全重叠。如果实验是在交变力场下进行的，则类似地有降低频率与延长观察时间是等效的，增加频率与缩短观察时间是等效的。因而同样可以将 $T_1$、$T_2$ 两个温度下，动态力学测量得到的两条 $\tan\delta$ 对 $\lg\omega$ 曲线，借助同一个移动因子 $a_T$ 叠合起来(见图 8-37(b))。这里的移动

因子 $a_T$ 定义为

$$a_T = \tau/\tau_s \tag{8-90}$$

式中 $\tau_s$ 和 $\tau$ 分别是指定温度 $T_s$ 和 $T$ 时的松弛时间。

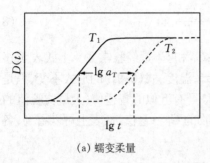
(a) 蠕变柔量

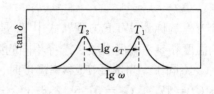
(b) 力学损耗因子

图 8-37 时温等效作图法示意

时温等效原理有很大的实用意义。利用时间和温度的这种对应关系,可以对不同温度或不同频率下测得的聚合物力学性质进行比较或换算,从而得到一些实际上无法从直接实验测量得到的结果。例如要得到低温某一指定温度时天然橡胶的应力松弛行为,由于温度太低,应力松弛进行得很慢,要得到完整的数据可能需要等候几个世纪甚至于更长时间,这实际上是不可能的。为此,我们可以利用时温等效原理,在较高温度下测得应力松弛数据,然后换算成所需要的低温下的数据。

图 8-38 是绘制聚合物在指定温度下应力松弛叠合曲线的示意图。图的左边是在一系列温度下实验测量得到的松弛模量时间曲线,其中每一根曲线都是在一恒定的温度下测得的,包括的时间标尺不超过 1 hr,因此它们都只是完整的松弛曲线中的一小段。图的右边则是由左边的实验曲线,按照时温等效原理绘制的叠合曲线。绘制叠合曲线时需先选定一个参考温度(作成的叠合曲线就是该温度下的模量时间关系,原则上任何温度都可以作为参考温度,图上以 $T_3$ 为参考温度),参考温度下测得的实验曲线在叠合曲线的时间坐标上没有移动,而高于和低于这一参考温度下测得的曲线,则分别向右和向左水平移动,使各曲线彼此叠合连接而成光滑的曲线,就成叠合曲线。这种完整曲线的时间坐标大约要跨越 $10\sim15$ 个数量级,可想而知,在一个温度下直接实验测得这条曲线是不可能的。

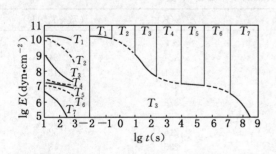

图 8-38 由不同温度下测得的聚合物松弛模量
对时间曲线绘制应力松弛叠合曲线的示意

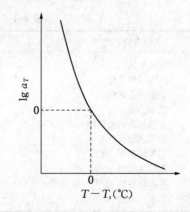

图 8-39 $\lg a_T$ 与 $(T-T_s)$ 的关系曲线

　　显然,在绘制叠合曲线时,各条实验曲线在时间坐标上的平移量是不相同的,如果将这些实际移动量对温度作图,可以得到像图 8-39 那样的曲线。实验证明,很多非晶态线型聚合物基本上符合这条曲线。据此,Williams、Landel 和 Ferry 提出了如下经验方程

$$\lg a_T = \frac{-C_1(T-T_s)}{C_2+T-T_s} \tag{8-91}$$

这个方程就称为"WLF 方程",式中 $T_s$ 是参考温度;$C_1$ 和 $C_2$ 是经验常数。上式表明移动因子与温度和参考温度有关。选择不同的温度作为参考温度,式(8-91)的形式不变,只是参数 $C_1$、$C_2$ 不同了。当选择 $T_g$ 参考温度时,则 $C_1$ 和 $C_2$ 具有近似的普适值(大量实验值的平均值):$C_1 = 17.4$,$C_2 = 51.6$。表 8-3 给出某些聚合物的 $C_1$、$C_2$ 值,从表上可以看到,各种聚合物的 $C_1$、$C_2$ 值实际上稍有不同。

表 8-3　几种聚合物的 WLF 方程中的 $C_1$、$C_2$ 值

| 聚　合　物 | $C_1$ | $C_2$ | $T_g(K)$ |
|---|---|---|---|
| 聚异丁烯 | 16.6 | 104 | 202 |
| 天然橡胶 | 16.7 | 53.6 | 200 |
| 聚氨酯弹性体 | 15.6 | 32.6 | 238 |
| 聚苯乙烯 | 14.5 | 50.4 | 373 |
| 聚甲基丙烯酸乙酯 | 17.6 | 65.5 | 335 |
| "普适常数" | 17.4 | 51.6 | |

　　由于各聚合物以 $T_g$ 为参考温度的 $C_1$、$C_2$ 值之间差别过大,实际上不能作为普适值,只在没有特征的 $C_1$、$C_2$ 值可用时,才被借用。进一步研究发现,采用另一组参数:$C_1 = 8.86$ 和 $C_2 = 101.6$,则对所有聚合物都可以找到一个参考温度 $T_s$,使与 $\lg a_T$ 对($T-T_s$)曲线符合得较好,这个 $T_s$ 通常落在 $T_g$ 以上约 50 ℃处,这时 WLF 方程变成

$$\lg a_T = \frac{-8.86(T-T_s)}{101.6+T-T_s} \tag{8-92}$$

式中的 $T_s$ 成了一个可调节的参量,因聚合物不同而异。表 8-4 给出若干聚合物的参考温度 $T_s$ 值。在 $T = T_s \pm 50$ ℃ 的温度范围内,式(8-92)对所有非晶态聚合物都是适用的。

表 8-4　几种聚合物的参考温度 $T_s$ 值

| 聚　合　物 | $T_s(K)$ | $T_g(K)$ | $(T_s-T_g)(K)$ |
|---|---|---|---|
| 聚异丁烯 | 243 | 202 | 41 |
| 聚丙烯酸甲酯 | 378 | 324 | 54 |
| 聚醋酸乙烯酯 | 349 | 301 | 48 |
| 聚苯乙烯 | 408 | 373 | 35 |
| 聚甲基丙烯酸甲酯 | 433 | 378 | 55 |
| 聚乙烯醇缩乙醛 | 380 | | |
| 丁苯共聚物 75/25 | 268 | 216 | 52 |
| 丁苯共聚物 60/40 | 283 | 235 | 48 |
| 丁苯共聚物 45/55 | 296 | 252 | 44 |
| 丁苯共聚物 30/70 | 382 | 291 | 37 |

　　有了 WLF 方程,便可以反过来直接由方程式计算各种温度下曲线的移动量,或根据

WLF 方程先作 $\lg a_T$ 对 $(T-T_s)$ 的图,然后从曲线上找到所需的各温度下的 $\lg a_T$ 值,根据这一数据确定诸实验曲线的水平移动量,绘制叠合曲线。

作叠合曲线时,有时单靠水平移动叠加得不到光滑曲线,尚需将不同温度下得到的实验曲线作垂直移动,这种手续称为垂直校正。其原因一方面是由于温度改变直接引起聚合物模量的变化,另一方面则由于温度改变引起了聚合物密度的变化,而模量是与单位体积中聚合物的质量有关的。因此,在作叠合曲线时,首先需将各温度下得到的实验曲线作垂直移动,然后再在时间坐标上移动。作了垂直改正后,便能得正确的光滑的叠合曲线了。如图 8-40 所示,曲线 1 先作垂直移动至曲线 1′ 位置,然后再作水平移动与曲线 2 叠合。

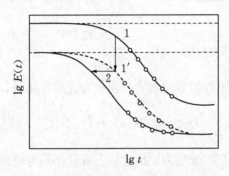

图 8-40　作叠合曲线时的垂直校正示意图

### Boltzmann 叠加原理

Boltzmann 叠加原理是聚合物黏弹性的一个简单但又非常重要的原理。这个原理指出,聚合物的力学松弛行为是其整个历史上诸松弛过程的线性加和的结果。对于蠕变过程,每个负荷对聚合物的变形的贡献是独立的,总的蠕变是各个负荷引起的蠕变的线性加和;对于应力松弛,每个应变对聚合物的应力松弛的贡献也是独立的,聚合物的总应力等于历史上诸应变引起的应力松弛过程的线性加和。这个原理之所以重要,在于利用这个原理,可以根据有限的实验数据,去预测聚合物在很宽范围内的力学性质。

对于聚合物黏弹体,在蠕变实验中应力、应变和蠕变柔量之间的关系为

$$\varepsilon(t) = \sigma_0 D(t)$$

式中 $\sigma_0$ 是在 $t=0$ 时作用在黏弹体上的应力。如果应力 $\sigma_1$ 作用的时间是 $u_1$,则它引起的形变为

$$\varepsilon(t) = \sigma_1 D(t-u_1)$$

当这两个应力相继作用在同一黏弹体上时,根据 Boltzmann 叠加原理,则总的应变是两者的线性加和(见图 8-41)。

$$\varepsilon(t) = \sigma_0 D(t) + \sigma_1 D(t-u_1)$$

现在考虑具有几个阶跃加荷程序的情况(见图 8-42)。$\Delta\sigma_1$、$\Delta\sigma_2$、$\cdots\Delta\sigma_n$ 分别于时间 $u_1$、$u_2$、$\cdots u_n$ 加到试样上,则总形变为

$$\varepsilon(t) = \Delta\sigma_1 D(t-u_1) + \Delta\sigma_2 D(t-u_2) + \cdots + \Delta\sigma_n D(t-u_n) = \sum_i^n \Delta\sigma_i D(t-u_i)$$

$$(8\text{-}93)$$

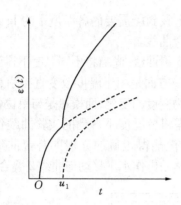

图 8-41 相继作用在试样上的
两个应力所引起的应变的线性加和

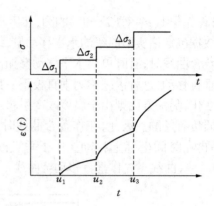

图 8-42 阶跃加荷程序下的蠕变叠加

上式就是 Boltzmann 叠加原理的数学表式。当应力连续变化时,上式可写成积分形式

$$\varepsilon(t) = \int_{-\infty}^{t} D(t-u)\mathrm{d}\sigma(u) = \int_{-\infty}^{t} D(t-u)\frac{\partial \sigma(u)}{\partial u}\mathrm{d}u \tag{8-94}$$

积分下限取 $-\infty$ 是考虑到全部受应力的历史。上式分部积分时假定 $\sigma(-\infty)=0$,并引进新变量 $a=t-u$ 则得

$$\varepsilon(t) = D(0)\sigma(t) + \int_{0}^{\infty} \sigma(t-a)\frac{\partial D(a)}{\partial a}\mathrm{d}a \tag{8-95}$$

类似地,对于应力松弛实验,Boltzmann 叠加原理给出与蠕变实验完全对应的数学表式。对于分别在 $u_1$、$u_2$、$\cdots u_n$ 作用在试样上的应变 $\Delta\varepsilon_1$、$\Delta\varepsilon_2$、$\cdots \Delta\varepsilon_n$,在时间 $t$ 的总应力为

$$\sigma(t) = \Delta\varepsilon_1 E(t-u_1) + \Delta\varepsilon_2 E(t-u_2) + \cdots + \Delta\varepsilon_n E(t-u_n) = \sum_{i}^{n} \Delta\varepsilon_i E(t-u_i)$$

当应变连续变化时则有

$$\sigma(t) = \int_{-\infty}^{t} E(t-u)\frac{\partial \varepsilon(u)}{\partial u}\mathrm{d}u = E(0)\varepsilon(t) + \int_{0}^{\infty} \varepsilon(t-a)\frac{\partial E(a)}{\partial a}\mathrm{d}a \tag{8-96}$$

## 8.7 聚合物黏弹性的实验研究方法

测定聚合物黏弹性的方法很多,这里只是简单地介绍几种。

### 1. 高温蠕变仪

这种蠕变仪在 20~200 ℃的温度范围内,可以很精确地测量聚合物的蠕变。聚合物试样是直径为 2.5 mm、长度为 30 cm 的单丝,它受到下夹具和重量为 20 g 负荷的拉力,试样随着时间而被拉长。测微计的精度为 0.001 cm。温度控制精度为 ±0.1 ℃,测定一个温度的蠕变曲线约需 20 hr。

### 2. 应力松弛仪

这种应力松弛仪是利用模量比试样大得多的弹簧片,通过其位置改变来测定拉伸时试样的应力松弛的。当试样被拉杆拉长时,弹簧片也向下弯曲,当试样发生应力松弛时,弹簧片逐渐回复原状。利用差动变压器测定弹簧片的回复形变,然后换算成应力。

### 3. 动态扭摆仪

扭摆仪的原理如图 8-43(a)所示。聚合物试样一端固定,另一端与一个自由振动的惯性体相连接。当由外力使惯性体扭转一个角度时,试样受到一扭转变形,外力除去之后,由于试样的弹性回复力使惯性体开始作扭转自由振动,因此这一装置就称为扭摆。由于试样内部高分子的内摩擦作用,振动受到阻尼衰减,振幅随时间增加而减小,振动曲线如图 8-43(b)所示。

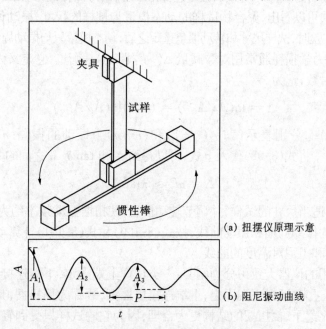

图 8-43 扭摆仪原理示意图和阻尼振动曲线

对于一般扭转振动体系,运动方程式是

$$I(\mathrm{d}^2\theta/\mathrm{d}t^2) + KG^*\theta = F(t)$$

式中 $\theta$ 为转动角;$I$ 是体系的转动惯量;$G^*$ 是复数切变模量;$K$ 是与试样形状及尺寸有关的常数。方程的第一项是惯性力,第二项是扭转试样所需要的力,最后一项是随时间变化的外力。对于自由振动,$F(t) = 0$,复数切变模量 $G^* = G' + \mathrm{i}G''$,故上式变成

$$I(\mathrm{d}^2\theta/\mathrm{d}t^2) + K(G' + \mathrm{i}G'')\theta = 0 \tag{8-97}$$

假定 $G'$ 和 $G''$ 不依赖于频率,则方程的一般解为

$$\theta(t) = \theta_0 \mathrm{e}^{(\mathrm{i}\omega - \alpha)t} = \theta_0 \mathrm{e}^{-\alpha t} \mathrm{e}^{\mathrm{i}\omega t} \tag{8-98}$$

式中 $\alpha$ 是衰减因子。将式(8-98)代回式(8-97)得

$$-I(\alpha^2 - \omega^2) + 2\mathrm{i}\omega\alpha I = KG' + \mathrm{i}KG''$$

因而可得

$$G' = (I/K)(\omega^2 - \alpha^2) \approx \frac{I\omega^2}{K}; \quad G'' = \frac{2\omega\alpha I}{K}; \quad \tan\delta = \frac{G''}{G'} \approx \frac{2\alpha}{\omega} \tag{8-99}$$

$$G = |G^*| = (G'^2 + G''^2)^{1/2} = (I/K)(\omega^2 + \alpha^2) \approx \frac{i\omega^2}{K}$$

因为 $\omega = 2\pi\nu = 2\pi/P$（式中 $\nu$ 和 $P$ 分别为振动频率和周期），而且对于横截面为矩形的试样，$K = CD^3\mu/16L$，故

$$G = \frac{64\pi^2 LI}{CD^3\mu P^2} = \frac{631.7LI}{CD^3\mu P^2} \qquad (8\text{-}100)$$

式中 $L$、$C$ 和 $D$ 分别为试样的有效长度、宽度和厚度；$\mu$ 为试样的形状因子，决定于试样的 $C/D$ 比值。由上式可以看出，聚合物试样的动态模量与试样的尺寸、振动体系的转动惯量和振动周期有关。实验时，试样尺寸和转动惯量选定之后，动态模量只与振动周期的平方成反比。

在扭摆法中，力学损耗通常用对数减量 $\Delta$（力学阻尼）来衡量，它定义为两个相继振动的振幅比值的自然对数，记为

$$\Delta = \ln(A_i/A_{i+1}) = (1/n)\ln(A_i/A_{i+n}) \qquad (8\text{-}101)$$

式中 $A_i$、$A_{i+1}$ 和 $A_{i+n}$ 分别表示第 $i$、$(i+1)$ 和 $(i+n)$ 个振动的振幅；$n$ 为正整数。因为 $A_n/A_{n+1} = \theta_n/\theta_{n+1}$，将式(8-98)代入上式，可以得到 $\Delta$ 和 $\tan\delta$、$\alpha$ 之间的关系

$$\Delta = \alpha P \approx \pi\tan\delta \qquad (8\text{-}102)$$

实验时，选用适当尺寸的试样，并调节转动惯量，使扭摆振动频率约为 1 Hz。改变温度并测量各温度下的振动周期和振动曲线，按式(8-100)和式(8-101)计算动态模量和力学阻尼，结果可得模量和阻尼对温度的曲线。

实验测量使用的仪器大致可分为两类：一类试样上端固定，下端连接惯性摆，称为正扭摆；另一类正好反过来，试样下端固定，上端连接惯性摆，故称为倒扭摆，其摆的重量由上端的吊丝承受。相比之下，倒扭摆的结构更为合理，因为它的试样只受到轻微的张力，而正扭摆的试样始终被迫承受整个惯性摆的重力作用。

作为扭摆法的延伸，J. K. Gillham 于 20 世纪 60 年代发明了扭辫分析(torsional braid analysis, TBA)，其原理和仪器均与扭摆法相似，差别只在于分析的试样被涂在一根由多股玻璃纤维编成的辫子上，因为试样的尺寸无法测量，一般以相对刚度 $1/P^2$（振动周期平方的倒数）代替扭摆测量中的 $G$ 值。此法的优点是测量所需试样很少，甚至可小于 100 mg，同时固有玻璃纤维辫子支撑，可以测量黏液状试样，从而扩大了仪器的应用范围，被广泛用于研究各种树脂的固化过程和各类聚合物的高温反应。

### 4. 受迫共振法

受迫共振法使用的振簧仪原理如图 8-44(a)所示。仪器有一个可以改变频率的电磁振动器。片状或纤维状试样的一端固定在振动头上，强迫作横向振动，另一端是自由的。当振动频率改变到与试样的自然频率相同时，引起试样的共振，试样自由端振幅将出现极大值（见图 8-44(b)），这个频率称为共振频率 $\nu_r$，振幅为极大值的 1/2 时的振动频率 $\nu_1$ 和 $\nu_2$ 之差，$\Delta\nu = \nu_2 - \nu_1$，称为半宽频率。试样的动态模量和力学内耗由下列关系式确定

$$E' = B\rho(L^4/D^2)\nu_r^2; \quad E'' = B\rho(L^4/D^2)\nu_r\Delta\nu; \quad \tan\delta = E''/E' = \Delta\nu/\nu_r \quad (8\text{-}103)$$

式中 $L$ 和 $D$ 分别是试样的长度和宽度；$\rho$ 为试样的密度；$B$ 是常数，对于第一次共振，$B_1 = 38.24$，第二次共振 $B_2 = 0.975$，如果试样截面是圆形的，则 $B_1 = 51.05$，$B_2 = 1.305$。

　　实验时,试样自由端的振幅大小可用电容拾振器经真空管电压表测量,或用光电池测量,更简单的方法是用低倍读数显微镜直接观测。振簧仪的频率范围在 50~500 Hz。试验同样在一系列温度下进行,测量结果给出试样的动态模量和力学损耗与温度的关系曲线。

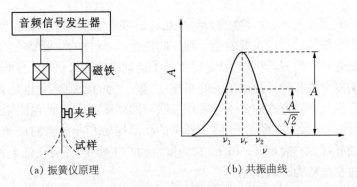

(a) 振簧仪原理　　　　　　　　(b) 共振曲线

图 8-44　振簧仪原理图和共振曲线

### 5. 受迫振动非共振法

　　受迫振动非共振法使用的仪器的典型代表是 20 世纪 50 年代末日本的高柳素夫发明的动态黏弹仪(rheovibron)(见图 8-45)。仪器通常有几种测量频率可供选择,薄膜或纤维状试样两端经过夹具、连杆分别与驱动器、应力传感器和位移检测器相连接,试样在恒定的预张力下由驱动器施加一固定频率的正弦伸缩振动,应力传感器和位移检测器分别检测到同样振动频率的正弦的应力和应变信号,经仪器的信号处理器处理,仪器直接给出它们之间的相角差(即力学损耗角)的正切值 $\tan\delta$、储能模量 $E'$ 和损耗模量 $E''$。测量过程中,试样的温度由温度控制系统通过炉子控制,或等速升温、或维持恒温。最后得到 $\tan\delta$、$E'$ 和 $E''$ 对温度 $T$ 或时间 $t$ 的图谱。

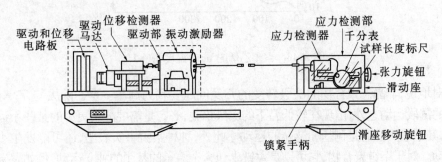

图 8-45　动态黏弹仪示意

　　20 世纪 70 年代以来,动态力学测量仪器有了长足的发展,有各国各大仪器公司提供的多种型号可供选择,变形模式再不只局限于简单的伸缩振动,剪切、压缩、弯曲和扭转等,几乎是应有尽有;测量的温度和频率范围均已加宽;测量的控制、运算直到结果输出均由计算机完成,非常方便。计算机化的结果,还使以上分类的界限变得模糊,常常是一个中央处理模块可以选配不同的测量模块和配件,使一台仪器既可以做动态的温度或频率扫描,也可以做静态的温度或时间扫描;既可以测量动态力学性质,也可以进行应力松弛或蠕变和蠕变回复实验。

## 8.8    聚合物的松弛转变及其分子机理

从分子运动的角度来看,聚合物的力学松弛总是与某种形式的分子运动联系在一起的。前面对聚合物力学松弛的讨论主要着重于现象的描述、黏弹性的主要特征和一般原理,这里我们将要讨论松弛转变的分子机理,就是要从分子运动的角度来研究力学松弛过程。

由于结构的复杂性和分子运动单元的多重性,聚合物的松弛转变也是多种多样的。不同的松弛过程分别与不同方式的分子运动相关联。例如在宽广温度范围内进行动态力学性质测量时,得到的力学损耗温度谱上,除了通常的结晶熔融和非晶态的玻璃化转变之外,还可发现若干个内耗峰。一般把 $T_m$ 和 $T_g$ 称为聚合物的主转变,而将在低于主转变温度下出现的其他松弛过程统称为次级松弛。

为了进一步研究的方便,习惯上把包括主转变在内的多个内耗峰,先不究其对应的分子机理如何,仅按出现的温度顺序,由高到低依次用 $\alpha$、$\beta$、$\gamma$、$\delta$ …等字母来命名(见图 8-46)。因此,高温的 $\alpha$ 松弛对结晶聚合物来说是熔融,而对非晶聚合物来说则是玻璃化转变,可见各种聚合物的 $\alpha$ 松弛,都有着确定的分子机理。可是其他次级松弛则不然,一个聚合物的 $\beta$ 松弛可能与另一个聚合物的 $\beta$ 松弛有完全不同的分子机理。

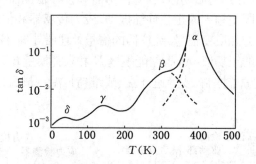

图 8-46    聚苯乙烯的 $\tan\delta$ 温度谱(1 Hz)

相对地说,非晶态聚合物的次级转变的归属问题要稍为简单一些。除去与 $T_g$ 对应的较大范围的链段运动之外,出现在较低温下的次级松弛,必定是需要能量更小的某些小运动单元的运动,其中最明显的是侧基和链端的运动。此外,种种实验事实表明,还可能发生小范围的主链运动。对于杂链聚合物,它可以是主链上包含杂原子的基团的独立运动,例如聚碳酸酯主链上的 —O—C—O— 基、聚酰胺的 —C—NH— 基和聚砜的 —S—O— 基等的运动;对于主链不含杂原子的碳链聚合物,则提出了局部松弛模式和曲轴运动模式来解释某些次级松弛。

局部松弛模式是指,在 $T_g$ 以下,通常克服主链内旋转位垒的链段运动被冻结了,但是较短的链段在其平衡位置周围作小范围的有限振动仍是可能的。例如主链绕碳碳单键的扭曲振动,由于力常数很小,可以在非常低的频率范围发生,并且由于 $T_g$ 以下本体的内摩擦很大,这种低频的扭曲振动衰减很快,引起聚合物的次级松弛。具有非周期性的特点。由于聚合物主链的内部自由度数目很大,因此这种主链局部扭曲振动模式具有很宽的频率分布,使这种次级松弛往往是一个很宽的松弛峰。局部松弛模式所对应的松弛过程的活化能与温度之间符合 Arrhenius 关系,而且它对压力不敏感,显然,它是与 $T_g$ 所对应的较大范围的链段运动不同的另一种松弛。

曲轴运动是在特殊情况下发生的一种碳碳主链的内旋转运动。许多主链上含有四个或更多线性相连—$CH_2$—基的聚合物,其动态力学温度谱上,在—120 ℃附近往往出现一个内耗峰,通常认为,它们就是由所谓曲轴运动引起的。这种曲轴运动的模式有三种,如图 8-47 所示,它们共同的特点是,当两端的两个单键落在同一直线上时,处在它们中间的 4~6 个—$CH_2$—基团可以这一直线为轴作转动而不扰动链上的其他原子,这种运动由于运动单元很小,需要的能量是很低的,因而通常作为 $\gamma$ 松弛出现在较低的温度。在聚乙烯和许多聚酰胺的次级松弛中,都能找到与这种机理对应的 $\gamma$ 松弛。而且当聚酰胺单体的碳原子数目从 11 逐渐减小时,$\gamma$ 松弛强度也逐渐减小,到尼龙 3 时,由于主链上只存在三个相连接的—$CH_2$—基团,不再可能发生上述曲轴运动,$\gamma$ 松弛消失。这些实验有力地支持了曲轴运动的机理。自然,当侧链含有四个相连的—$CH_2$—基时,也能发生曲轴运动引起相应的次级松弛。

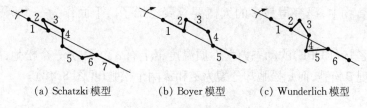

(a) Schatzki 模型　　　　(b) Boyer 模型　　　　(c) Wunderlich 模型

图 8-47　曲轴运动模型

表 8-5 和表 8-6 给出两个非晶聚合物的次级松弛温度、活化能及其对应的分子机理。必须指出,很多情况下,诸次级松弛的分子机理,常常是相当含糊的,不同作者往往提出不同的解释。从表上也可以看到,对聚苯乙烯的次级松弛的解释,就远不如对聚甲基丙烯酸甲酯那样明确。

**表 8-5　聚甲基丙烯酸甲酯的松弛转变**

| 松弛温度(K) | 活化能(kJ·mol$^{-1}$) | 分子运动 |
| --- | --- | --- |
| $T_g$　387 | 335 | 链段运动 |
| $T_\beta$　283(1 Hz) | 71~126 | 酯基转动 |
| $T_\gamma$　100(1 Hz) | 13 | 甲基转动 |
| $T_\delta$　4.2(1 Hz),15(10 Hz) | 3.1 | 酯甲基转动 |

**表 8-6　聚苯乙烯的松弛转变**

| 松弛温度(K) | 活化能(kJ·mol$^{-1}$) | 分子运动 |
| --- | --- | --- |
| $T_g$　377 | 335 | 链段运动 |
| $T_\beta$　300 | 126,138 | 局部松弛(或苯基的扭转振动) |
| $T_\gamma$　153(1 Hz) 138(1 Hz) | 33,38 | 苯基受阻旋转(或与—$CH_2$—运动有关) |
| $T_\delta$　50(10 kHz) 38(5.59 kHz) | 6.7 | 苯基振荡或摇摆 |

　　结晶聚合物的松弛转变,由于其结构的复杂性,比非晶聚合物要更复杂些。结晶聚合物中晶区和非晶区总是并存的,其非晶区可以发生前面讨论过的各种次级松弛,而且这些松弛的机理,由于可能在不同程度上受到晶区存在的牵制,将表现得更为复杂。另外,在晶区中还存在着各种分子运动,它们也要引起各种新的次级松弛。

　　在结晶聚合物的次级松弛研究中,时常采用不同结晶度的试样,进行对照实验,以便根据试样结晶度对各个次级松弛过程的影响,确定这些松弛过程哪些是由晶区分子运动引起的,哪些是由非晶区分子运动引起的,然后在 $\alpha$、$\beta$、$\gamma$ 等记号的下脚标以 $c$ 或 $a$,分别表明该松弛属于晶区或非晶区。

　　晶区引起的松弛转变对应的分子运动可能有:

　　(1) 晶区的链段运动;

　　(2) 晶型转变,指晶型 1 与晶型 2 的相互转变,例如聚四氟乙烯在室温附近出现了从三斜晶系向六方晶系的转变;

　　(3) 晶区中分子链沿晶粒长度方向的协同运动,这种松弛与晶片的厚度有关;

　　(4) 晶区内部侧基或链端的运动,缺陷区的局部运动,以及分子链折叠部分的运动等。

　　在结晶聚合物中,研究得最多的大概要算聚乙烯了。下面作为一个例子简单地予以介绍。

　　低密度聚乙烯(LDPE)的动态力学性质温度谱上有 $\alpha$、$\beta$ 和 $\gamma$ 三个松弛,高密度聚乙烯(HDPE)不出现 $\beta$ 松弛,而 $\alpha$ 松弛却分裂为 $\alpha$ 和 $\alpha'$ 两个松弛(见图 8-48)。

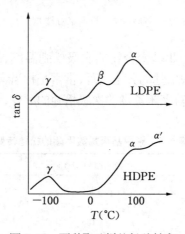

图 8-48　两种聚乙烯的松弛转变

　　关于聚乙烯的 $\alpha$ 松弛,目前尚有争论。倾向性的意见认为它是由两个不同活化能的松弛过程所组成的复合过程。不同程度地氯化后,聚乙烯的 $\alpha$ 松弛会减弱以至于消失,据此推测,$\alpha$ 松弛是晶区的分子运动引起的。同时,研究不同退火温度的影响发现,随着逐渐提高退火温度,$\alpha$ 松弛减小,并移向高温,因而有人提出 $\alpha$ 松弛是晶片表面分子链回折部分的再取向运动。因为退火使聚乙烯晶片变厚,分子链回折部分的数目相应减小,因而 $\alpha$ 松弛强度降低。至于 $\alpha'$ 松弛,有人认为是由晶片边界的滑动引起的。

　　聚乙烯的 $\beta$ 松弛归属问题比较清楚。图 8-48 上两种聚乙烯的对比结果已表明,它是属于非晶区的,进一步测量了几种不同支化度的聚乙烯试样发现,$\beta$ 松弛峰随支化度的减小而降低,证明 $\beta$ 松弛是由支化点的运动引起的。

聚乙烯的 $\gamma$ 松弛不论在高密度试样,还是在低密度试样中都出现,进一步研究发现,随着结晶度的提高,$\gamma$ 松弛峰降低,但是即使是比较完善的结晶中,$\gamma$ 松弛仍然出现。根据这些实验事实,大多数人认为 $\gamma$ 松弛是非晶区聚乙烯分子链的曲轴运动和晶区缺陷处分子链扭曲运动的结果。

# 习题与思考题

1. 在本体状态下,由四官能度交联剂交联而成的理想弹性网络它的密度 $\rho = 0.900\ \text{g·cm}^{-3}$ 在溶剂中平衡溶胀度为 $\nu_{2m} = 0.1$,溶剂的摩尔体积 $V_1 = 80\ \text{cm}^3\text{·mol}^{-1}$,溶剂与聚合物的相互作用参数 $\chi = 0.3$,请按式(8-48)计算网链的分子量 $M_c$。

2. 根据仿射网络模型的式(8-23)试推导 Mooney-Rivlin 关系式中的 $C_1$。

3. 理想橡胶的应力-应变曲线的起始斜率是 $2.0 \times 10^6\ \text{Pa}$,要把体积为 $4.0\ \text{cm}^3$ 的这种橡胶试条缓慢可逆地拉伸到其原来长度的两倍,需要做多少 J 的功?

4. 一理想橡胶试样被从原长 $6.00\ \text{cm}$ 拉伸到 $15.0\ \text{cm}$,发现其应力增加 $1.50 \times 10^5\ \text{Pa}$,同时温度升高了 5 ℃(从 27 ℃升到 32 ℃)。如果忽略体积随温度的变化,问在 27 ℃下,伸长 1% 时的模量是多少?

5. 一交联橡胶试片,长 $2.8\ \text{cm}$,宽 $1.0\ \text{cm}$,厚 $0.2\ \text{cm}$,重 $0.518\ \text{g}$,于 25 ℃时将它拉伸一倍,测定张力为 $1.0\ \text{kg}$,估算试样的网链的平均分子量。

6. 天然橡胶未硫化前的分子量为 $3.0 \times 10^4$,硫化后网链平均分子量为 6 000,密度为 $0.90\ \text{g·cm}^{-3}$。如果要把长度为 10 cm,截面积为 $0.26\ \text{cm}^2$ 的试样,在 25 ℃下拉长到 25 cm,问需用多大的力?

7. 用宽度为 1 cm、厚度为 0.2 cm、长度为 2.8 cm 的一交联橡胶试条,在 20 ℃时进行拉伸试验,得到如下结果:

| 负荷(g) | 0 | 100 | 200 | 300 | 400 | 500 | 600 | 700 | 800 | 900 | 1 000 |
|---|---|---|---|---|---|---|---|---|---|---|---|
| 伸长(cm) | 0 | 0.35 | 0.70 | 1.2 | 1.8 | 2.5 | 3.2 | 4.1 | 4.9 | 5.7 | 6.5 |

如果交联橡胶试样的密度为 $0.964\ \text{g·cm}^{-3}$,试计算交联橡胶试样网链的平均分子量。

8. 边长为 2 cm 的黏弹性立方体,其剪切柔量与时间的关系为 $J(t) = [10^{-10} + (t/10^8)]\text{dyn·cm}^{-2}$,要使它在 $10^{-4}\ \text{s}$、$10^{-2}\ \text{s}$、$10^0\ \text{s}$、$10^4\ \text{s}$ 和 $10^8\ \text{s}$ 之后产生剪切变形 $\Delta x = 0.40\ \text{cm}$,试计算各需用多重的砝码?

9. 某一聚合物可用单一 Maxwell 模型来描述,当施加外力,使试样的拉伸应力为 $1.0 \times 10^3\ \text{Pa}$,10 s 时,试样长度为原始长度的 1.15 倍,移去外力后,试样的长度为原始长度的 1.1 倍,问 Maxwell 单元的松弛时间是多少?

10. 一非晶聚合物的蠕变行为与一个 Maxwell 单元和一个 Voigt 单元串联组成的模型相似,在 $t = 0$ 时施加一恒定负荷使拉伸应力为 $1.0 \times 10^4\ \text{Pa}$,10 hr 后,应变为 0.05,移去负荷。回复过程的应变可描述为 $\varepsilon = (3 + e^{-t'})/100$,其中 $t' = t - 10(\text{hr})$,试估算力学模型的四个参数。

11. 一交联聚合物的力学松弛行为可用三个 Maxwell 单元并联来描述,其六个参数为 $E_1 = E_2 = E_3 = 1.0 \times 10^5$ Pa,$\tau_1 = 10$ s,$\tau_2 = 100$ s,$\tau_3 = \infty$。试计算下面三种情况的应力:(1)突然拉伸到原始长度的两倍;(2)100 s 后伸长到原始长度的两倍;(3)$10^5$ s 后伸长到原始长度的两倍。

12. WLF 方程 $\lg a_T = -C_1 (T - T_s)/[C_2 + (T - T_s)]$,当取 $T_g$ 为参考温度时,$C_1 = 17.44$,$C_2 = 51.6$。求以 $T_g + 50$ ℃ 时参考温度时的常数 $C_1$ 和 $C_2$。

13. 用于模拟某一线型聚合物的蠕变行为的四元件模型的参数为:$E_1 = 5.0 \times 10^8$ Pa,$E_2 = 1.0 \times 10^8$ Pa,$\eta_2 = 1.0 \times 10^8$ Pa·s,$\eta_3 = 5.0 \times 10^{10}$ Pa·s。蠕变试验开始时,应力为 $\sigma_0 = 1.0 \times 10^8$ Pa,经 5 s 后,应力增加至两倍,求 10 s 时的应变值。

14. 某试样长 4 cm,宽 0.5 cm,厚 0.125 cm,加负荷 10 kg 进行蠕变试验,得到数据如下:

| $t$(min) | 0.1 | 1 | 10 | 100 | 1 000 | 10 000 |
|---|---|---|---|---|---|---|
| $l$(cm) | 4.033 | 4.049 | 4.076 | 4.110 | 4.139 | 4.185 |

试作其蠕变曲线。如果 Boltzmann 原理有效,在 100 min 时负荷加倍,问 10 000 min 时蠕变伸长是多少?

15. 将密度为 0.93 g·cm$^{-3}$、网链平均分子量为 1 250 的橡胶试样,安装在扭摆上,并冷却至玻璃化温度以下。在 100 K 时,摆的频率为 55 Hz。如果此时试样的剪切模量为 $3.0 \times 10^9$ Pa,并忽略试样的尺寸随温度的变化,计算 27 ℃ 时摆的频率。

# 参 考 文 献

[ 1 ] 于同隐,等. 聚合物的黏弹性[M]. 上海:上海科学技术出版社,1986.

[ 2 ] MARK J E, ERMAN B. Rubberlike Elasticity A Molecular Primer[M]. New York: John Wiley & Sons, 1988.

[ 3 ] SPERLING L H. Introduction to Physical Polymer Science[M]. 4th ed. New York: John Wiley & Sons, 2006.

[ 4 ] MARK J E, et al. Physical Properties of Polymers[M], 3rd ed. Cambridge, Eng.: Cambridge University Press, 2004.

[ 5 ] BOWER D I. An Introduction to Polymer Physics[M]. Cambridge, Eng.: Cambridge University Press, 2002.

[ 6 ] RUBINSTEIN M, et al. Polymer Physics[M]. Oxford, Eng.: Oxford University Press, 2003.

[ 7 ] DOI M, et al. Introduction to Polymer Physics[M]. Oxford Eng.: Clarendon Press, 1996.

[ 8 ] FURUKAWA J. Physical Chemistry of Polymer Rheology[M]. Berlin: Springer, 2003.

[ 9 ] LIN Y-H. Polymer Viscoelasticity——Basics, Molecular Theories and Experiments[M]. New Jersey: World Scientific, 2003.

[10] FRIED J R. Polymer Science and Technology[M]. 2nd ed. Pearson Education, 2004.

[11] STROBL G. The Physics of Polymers[M]. 2nd ed. Berlin: Springer, 1997.

# 第九章

# 聚合物的其他性质

## 9.1  聚合物的电学性质

聚合物的电学性质可贵的是它们的高电阻,因而广泛地用作电绝缘材料和电容器中的电介质。近年来人们也注意到它们的导电性质,但毕竟不能取代传统的导电材料,只是在塑料电池、电致发光器材以及各种传感器中有应用。最近人们热议的有高分子半导体、高分子的铁电性、压电性、光致导电性等,在本章中不作讨论。

### 9.1.1  聚合物的介电性质[1, 2]

如果在一真空平行板电极上加以直流电压 $U$,在两个极板上将产生一定量的电荷 $Q_0$,这个真空电容器的电容为

$$C_0 = \frac{Q_0}{U}$$

电容 $C_0$ 与所加电压的大小无关,而决定于电容器的几何尺寸。如果每个极板的面积为 $S$,两极板间的距离为 $d$,则有

$$C_0 = \epsilon_0 \frac{S}{d}$$

比例常数 $\epsilon_0$ 称为真空电容率

$$\epsilon_0 = 8.85 \times 10^{-12} \ \text{F·m}^{-1}$$

如果在上述电容器的两极板间充满电介质,这时极板上的电荷将增加到 $Q$,即

$$Q = Q_0 + Q'$$

式中 $Q_0$ 是板间为真空时电极板所带的电荷;$Q'$ 为板间为介质所增加的额外电荷。

因此,有介质的电容器的电容 $C$ 比真空的增加了 $\varepsilon$ 倍

$$C = \frac{Q}{U} = \varepsilon C_0 = \varepsilon \epsilon_0 \frac{S}{d} = \epsilon \frac{S}{d} \tag{9-1}$$

式中 $\varepsilon$ 称为介电常数,是一个无因次的数,表征电介质储存电荷能力的大小,是介电材料的一个十分重要的性能指标。介电常数越大,说明电容器的电容越大。式中 $\epsilon$ 则称为介质的电容率,表示单位面积和单位厚度电介质的电容值。

把电介质放入真空电容器,引起极板上电荷量增加,电容增大,这是由于在电场作用下,

电介质中的电荷发生了再分布,靠近极板的介质表面上将产生表面束缚电荷,结果使介质出现宏观的偶极,这一现象称为电介质的极化。

平行板电容器的电场强度 $E$ 只与板间距离 $d$ 和外加电压 $U$ 有关

$$E = \frac{U}{d} \tag{9-2}$$

$E$ 与板间有无介质无关。

为了描述电介质极化程度的大小,引入称为极化强度 $P$ 的物理量:对于平行板间各向同性的均匀电介质,极化强度等于极化电荷密度,即

$$P = \frac{Q'}{S} = \frac{Q - Q_0}{S} = \varepsilon \epsilon_0 E - \epsilon_0 E = (\varepsilon - 1) \epsilon_0 E \tag{9-3}$$

极化强度 $P$ 也可表示为

$$P = \chi \epsilon_0 E \tag{9-4}$$

式中 $\chi$ 是材料的极化率,即单位场强下的极化强度,显然 $\chi = \varepsilon - 1$。

式(9-3)是各向同性的均匀电介质中极化强度 $P$、电介质的介电常数 $\varepsilon$ 和电场强度 $E$ 之间的普遍关系式。

极化强度 $P$ 是一个宏观的物理量。对于一个分子来说,极化的结果相当于外电场在分子上引起一个附加偶极矩 $\mu$,其大小决定于作用在分子上的局部电场强度 $E_l$

$$\mu = \alpha E_l \tag{9-5}$$

比例常数 $\alpha$ 称为分子极化率。

极化强度 $P$ 是单位体积内分子偶极矩 $\mu$ 的矢量和,如果单位体积电介质里的分子数为 $N$,则

$$P = N\mu = N\alpha E_l \tag{9-6}$$

这就是电场中介质极化强度和分子极化率的关系。

介电常数 $\varepsilon$ 也是衡量介质在外电场中极化程度的一个宏观物理量,而分子极化率 $\alpha$ 是衡量介质在外电场中极化程度的微观物理量,两者之间必然存在着一定的关系。Clausius 和 Mosotti 推导出介电常数 $\varepsilon$ 和分子极化率 $\alpha$ 之间的关系式为

$$\frac{\varepsilon - 1}{\varepsilon + 2} = \frac{N\alpha}{3\epsilon_0} \tag{9-7}$$

如果介质的分子量是 $M$,密度为 $\rho$,这个方程可写成摩尔形式

$$\frac{\varepsilon - 1}{\varepsilon + 2} \frac{M}{\rho} = \frac{\widetilde{N}\alpha}{3\epsilon_0} \tag{9-8}$$

式中 $\widetilde{N}$ 为 Avogadro 常数。

通常把量 $\widetilde{N}\alpha / 3\epsilon_0$ 定义为摩尔极化强度 $P_M$

$$P_M = \frac{\widetilde{N}\alpha}{3\epsilon_0} = \frac{\varepsilon - 1}{\varepsilon + 2} \frac{M}{\rho} \tag{9-9}$$

对于非极性介质,分子极化率 $\alpha$ 是电子极化率 $\alpha_e$ 和原子极化率 $\alpha_a$ 之和

$$P_M = \frac{\varepsilon-1}{\varepsilon+2}\frac{M}{\rho} = \frac{\widetilde{N}}{3\epsilon_0}(\alpha_e + \alpha_a) \tag{9-10a}$$

对于极性介质,在分子极化率 $\alpha$ 中还要加一项由于极性分子在电场作用下的取向而产生的取向极化率为 $\dfrac{\mu^2}{3kT}$

$$P_M = \frac{\varepsilon-1}{\varepsilon+2}\frac{M}{\rho} = \frac{\widetilde{N}}{3\epsilon_0}\left(\alpha_e + \alpha_a + \frac{\mu^2}{3kT}\right) \tag{9-10b}$$

这与实验事实是基本相符的,即:非极性介质的摩尔极化强度与温度无关,而极性介质的摩尔极化强度随温度升高而减小。

下面我们定性地讨论介电常数与分子结构的关系。

介电常数的数值决定于介质的极化,而介质的极化与介质的分子结构及其所处的物理状态有关。分子的极性大小是用偶极矩来衡量的。大量实验事实证明,存在一条偶极矩的矢量加和规律,即分子的偶极矩等于分子中所有键矩的矢量和。根据共价键的键矩和分子的偶极矩,可借以判断分子极性的大小。表 9-1 给出一些共价键的键矩和分子的偶极矩。

**表 9-1   某些共价键的键矩和分子的键极矩**

| 键矩 | | | | 分子偶极矩 | |
| --- | --- | --- | --- | --- | --- |
| 键 | 键矩(D) | 键 | 键矩(D) | 化合物 | 偶极矩(D) |
| C—C | 0 | C=N | 1.4 | $CH_4$ | 0 |
| C—C | 0 | C—F | 1.81 | $C_6H_6$ | 0 |
| C—H | 0.4 | C—Cl | 1.86 | $H_2O$ | 1.85 |
| C—N | 0.45 | C—O | 2.4 | $CH_3Cl$ | 1.87 |
| C—O | 0.7 | C=N | 3.1 | $C_2H_3OH$ | 1.76 |

聚合物分子的极性大小也用其偶极矩来衡量。在这里,同样可以由全部键矩的矢量加和来确定高分子的偶极矩,但是比之于简单分子来,情况自然要复杂得多了。好在各种高分子都有各自的重复单元,而且对大多数聚合物材料来说,聚合度大于 100,因此链端的效应一般可以忽略不计。于是,通常可以用重复单元的偶极矩作为高分子极性的一种指标。

按照偶极矩的大小,可将聚合物大致归为下面四类,它们分别对应于介电常数的某一数值范围,随着偶极矩的增加,聚合物的介电常数逐渐增大

| | | |
| --- | --- | --- |
| 非极性聚合物 | $\mu = 0D$ | $\varepsilon = 2.0 \sim 2.3$ |
| 弱极性聚合物 | $0 < \mu \leqslant 0.5D$ | $\varepsilon = 2.3 \sim 3.0$ |
| 中等极性聚合物 | $0.5 < \mu \leqslant 0.7D$ | $\varepsilon = 3.0 \sim 4.0$ |
| 强极性聚合物 | $\mu > 0.7D$ | $\varepsilon = 4.0 \sim 7.0$ |

这里的 D(Debye)是偶极矩的单位, $1D = 3.33 \times 10^{-30}$ C·m(库仑·米)。

表 9-2 给出了一些常见聚合物的介电常数,以供参考。

表 9-2　常见聚合物的介电常数 $\varepsilon$(60 Hz, ASTM D150)

| 聚　合　物 | $\varepsilon$ | 聚　合　物 | $\varepsilon$ |
|---|---|---|---|
| 聚四氟乙烯 | 2.0 | 乙基纤维素 | 3.0～4.2 |
| 四氟乙烯-六氟丙烯共聚物 | 2.1 | 聚酯 | 3.00～4.36 |
| 聚 4-甲基-1-戊烯 | 2.12 | 聚砜 | 3.14 |
| 聚丙烯 | 2.2 | 聚氯乙烯 | 3.2～3.6 |
| 聚三氟氯乙烯 | 2.24 | 聚甲基丙烯酸甲酯 | 3.3～3.9 |
| 低密度聚乙烯 | 2.25～2.35 | 聚酰亚胺 | 3.4 |
| 乙-丙共聚物 | 2.3 | 环氧树脂 | 3.5～5.0 |
| 高密度聚乙烯 | 2.30～2.35 | 聚甲醛 | 3.7 |
| ABS 树脂 | 2.4～5.0 | 尼龙 6 | 3.8 |
| 聚苯乙烯 | 2.45～3.10 | 尼龙 66 | 4.0 |
| 高抗冲聚苯乙烯 | 2.45～4.75 | 聚偏氟乙烯 | 4.5～6.0 |
| 乙烯-醋酸乙烯酯共聚物 | 2.5～3.4 | 酚醛树脂 | 5.0～6.5 |
| 聚苯醚 | 2.58 | 硝化纤维素 | 7.0～7.5 |
| 硅树脂 | 2.75～4.20 | 聚偏氯乙烯 | 8.4 |
| 聚碳酸酯 | 2.97～3.17 | | |

对于非极性聚合物,例如聚乙烯,由于分子结构的对称性,重复单元中的键矩矢量和为零,整个分子的偶极矩自然也等于零,因此可以设想 Clausius-Mosotti 关系式对它是有效的。

如果将 Clausius-Mosotti 关系式写成

$$\frac{\varepsilon - 1}{\varepsilon + 2} = KP \tag{9-11}$$

根据已发表的极化率的数据,可以计算出 $K = 0.327$。实验测量证实,在密度从 $0.92$～$0.99\ \mathrm{g \cdot cm^{-3}}$ 范围内,实验得到 $K = 0.326$,实验值与理论值十分一致。

如果高分子链中存在永久偶极矩,整个分子的偶极矩决定于分子的构象,这可以分为两种情况进行讨论。

一种比较特殊的情况是,整个高分子主链连同它的极性基团一起,僵硬地固定在一种单一的构象中,这种情况下,整个分子的偶极矩可以简单地由重复单元偶极矩的矢量加和来确定。例如聚四氟乙烯,尽管 C—F 的键矩高达 1.83D,但是在伸直构型中,高偶极矩的 —CF₂— 基团严格地交替反向排列,互相抵消;在螺旋构型(这在聚四氟乙烯的晶相中是典型的)中,同样由于偶极的平衡化,使整个分子偶极矩接近于零,只有当某些结构缺陷出现在分子构象中时,才使分子表现出刚刚可被检测的偶极取向效应。因此聚四氟乙烯的介电常数,和其他非极性聚合物一样,是很低的。另一个突出的例子是一种合成的多肽,—(RCOCHRNH)ₙ—,其中 R = —CH₂CH₂COOCH₂C₆H₅,它在溶液中很容易形成一种 $\alpha$ 螺旋,由氢键保持,每个重复单元的轴向偶极矩大约为 1.24D,整个分子的偶极矩即由所有重复单元轴向偶极矩加和而成,当分子量约为 $5 \times 10^5$ 时,整个分子的总偶极矩大约为 3 000D。

更一般的情况下,高分子将不是单一的固定不变的构象,这时可以用均方偶极矩来表征高分子的极性。如果在任一瞬间,整个分子的偶极矩 $\boldsymbol{m}$ 等于所有链段偶极矩 $\boldsymbol{m}_k$ 的矢量和,即

$$\boldsymbol{m} = \sum_{i=1}^{n} \boldsymbol{m}_{ki} \tag{9-12}$$

则这种分子的集合的均方偶极矩定义为

$$\langle m^2 \rangle = \langle \sum_{i=1}^{n} \boldsymbol{m}_{ki} \sum_{j=1}^{n} \boldsymbol{m}_{kj} \rangle = m_k^2 \left( n + \langle \sum_{i=1}^{n-1} \sum_{j=i+1}^{n} \cos \theta_{ij} \rangle \right) \tag{9-13}$$

式中 $\cos \theta_{ij}$ 是整个分子上重复单元 $i$ 和重复单元 $j$ 两偶极之间的夹角 $\theta_{ij}$ 的余弦的平均。由式(9-13)可以写出每个重复单元的有效均方偶极矩

$$\frac{\langle m^2 \rangle}{n} = m_k^2 \left( 1 + \frac{1}{n} \langle \sum_{i=1}^{n-1} \sum_{j=i+1}^{n} \cos \theta_{ij} \rangle \right) = g_r m_k^2 \tag{9-14}$$

式中 $g_r$ 称为高分子的链段相关因子,表征链段间的化学键的限制、链的邻近部分的立体阻碍和沿着链上偶极一偶极间的相互作用。

事实上,聚合物的介电常数和偶极矩之间,并不存在简单的关系,还依赖于高分子的其他结构因素。极性基团在分子链上的位置不同,对介电常数的影响就不同。一般说来,主链上的极性基团活动性小,它的取向需要伴随着主链构象的改变,因而这种极性基团对介电常数影响较小。而侧基上的极性基团,特别是柔性的极性侧基,因其活动性较大,对介电常数的影响就较大。

显然,那些发生取向运动时需要改变主链构象的极性基团,包括在主链上的和与主链硬连接的那些极性基团,它们对聚合物介电常数的贡献大小,强烈地依赖于聚合物所处的物理状态。在玻璃态下,链段运动被冻结,这类极性基团的取向运动有困难,因而它们对聚合物的介电常数的贡献就很小,而在高弹态时,链段可以运动,极性基团取向运动得以顺利进行,对介电常数的贡献也就大了。这就不难解释聚氯乙烯所含的极性基团密度几乎比氯丁橡胶多一倍,而室温下介电常数后者却几乎是前者的 3 倍。完全可以预料,这些主链含极性基团或极性基团与主链硬连接的聚合物,当温度提高到玻璃化温度 $T_g$ 以上时,其介电常数将大幅度地升高,如聚氯乙烯的介电常数将从 3.5 增加到约 15,聚酰胺的介电常数则可从 4.0 增加到将近 50。

分子结构的对称性对介电常数也有很大的影响,对称性越高,介电常数越小,对同一聚合物来说,全同立构介电常数高,间同立构介电常数低,而无规立构介于两者之间。

此外,交联、拉伸和支化等对介电常数也有影响。交联结构使极性基团活动取向有困难,因而降低了介电常数,如酚醛塑料,虽然极性很大,但介电常数却不太高。拉伸使分子整齐排列从而增加分子间的相互作用力,也降低极性基团的活动性而使介电常数减小。相反地,支化则使分子间的相互作用减弱,因而使介电常数升高。

## 9.1.2 聚合物的介电松弛与介电损耗[1, 2]

在外加电场作用下,分子偶极子不会立即取向,它是一个松弛过程,也像聚合物受到外加应力下,形变不是立即响应,也有一个松弛过程,这两种情况是相似的,都是由于分子的重新排列,所以黏弹性的测定和介电性质的测定都可以用来研究聚合物的分子重排,而介电性质的测试比黏弹性测试更为有利,因为可用的频率范围宽得多,可从 $10^{-4}$ Hz($10^4$ s/周)直至 $10^{14}$ Hz(光频)。

既然介电松弛与力学松弛是相似的,那么介电松弛时间 $\tau$ 也和力学松弛时间一样。介质极化中的变形极化(电子极化和原子极化)是瞬时完成的,而取向极化是在松弛过程中完

成的。因此,在讨论介电松弛时必须考虑到总的极化强度 $P$ 是来自与时间无关的变形极化强度 $P_d$ 和与时间有关的取向极化强度 $P_r$ 两个方面的贡献

$$P = P_d + P_r \tag{9-15}$$

在对介质突然施加恒定电压 $E$ 时,变形极化会在 $10^{-14}$ s(光频)的数量级内发生;只要施加的是频率小于光频的交变电场,变形极化也会完全跟上电场的交变。此时,取向极化则完全跟不上电场的交变,不能进行取向了,因此取向极化强度为零。所以,在光频下只有变形极化强度

$$P_d = \epsilon_0 (\varepsilon_\infty - 1) E \tag{9-16}$$

式中 $\varepsilon_\infty$ 是光频下介电常数的极限值。

假定对介质施加一个静电场 $E$,则

$$P = \epsilon_0 (\varepsilon_s - 1) E \tag{9-17}$$

式中 $\varepsilon_s$ 是静电介电常数,则取向极化强度逐渐增大,最后达到

$$P_r \Big|_{t \to \infty} = \epsilon_0 (\varepsilon_s - \varepsilon_\infty) E \tag{9-18}$$

因为取向极化是一个松弛过程,如果在一开始$(t = 0)$时,就施加一个静电场 $E$,则取向极化强度可表示为

$$P_r = P_r \Big|_{t \to \infty} (1 - e^{-t/\tau}) = \epsilon_0 (\varepsilon_s - \varepsilon_\infty) E (1 - e^{-t/\tau}) \tag{9-19}$$

现在考虑施加一个交变电场 $E = E_0 e^{i\omega t}$ 的情况。由于变形极化紧跟电场的变化,不存在时间上的滞后

$$P_d = \epsilon_0 (\varepsilon_\infty - 1) E_0 e^{i\omega t} \tag{9-20}$$

而取向极化滞后于电场的交变,有一个相位差,即取向极化强度 $P_r$ 应该是一个复数,为此,需要引入一个使 $P_r$ 与施加电场间的相位差相容的一个复数 $P_{r,0}$,$P_r$ 与 $P_{r,0}$ 的关系是

$$P_r = P_{r,0} e^{i\omega t} \tag{9-21}$$

其中 $P_{r,0} = \dfrac{1}{1 + i\omega\tau} \epsilon_0 (\varepsilon_s - \varepsilon_\infty) E_0$

总的极化强度是

$$P = P_d + P_r = \epsilon_0 (\varepsilon_\infty - 1) E + \frac{1}{1 + i\omega\tau} \epsilon_0 (\varepsilon_s - \varepsilon_\infty) E$$

这样 $P$ 也成复数了。按 $P = (\varepsilon - 1)\epsilon_0 E$,$\varepsilon$ 应改成 $\varepsilon^*$,称为复数介电常数

$$\varepsilon^* = 1 + (P/\epsilon_0 E) = 1 + (\varepsilon_\infty - 1) + \frac{\varepsilon_s - \varepsilon_\infty}{1 + i\omega\tau} = \varepsilon_\infty + \frac{\varepsilon_s - \varepsilon_\infty}{1 + i\omega\tau} \tag{9-22}$$

上式就是 Debye 色散关系式。

复数介电常数是 $\varepsilon^* = \varepsilon' - i\varepsilon''$,由式(9-22)可知

$$\varepsilon' = \varepsilon_\infty + \frac{\varepsilon_s - \varepsilon_\infty}{1 + \omega^2 \tau^2} \tag{9-23a}$$

$$\varepsilon'' = \frac{(\varepsilon_S - \varepsilon_\infty)\omega\tau}{1 + \omega^2\tau^2} \qquad (9\text{-}23b)$$

因为 $\varepsilon'$ 与 $\varepsilon''$ 两者之间有一个相位差,在实用中取相位角正切 $\tan\delta = \varepsilon''/\varepsilon'$ 表示电能的损耗

$$\tan\delta = \frac{(\varepsilon_S - \varepsilon_\infty)\omega\tau}{\varepsilon_S + \omega^2\tau^2\varepsilon_\infty} \qquad (9\text{-}23c)$$

关于 $\varepsilon^*$ 中的实数部分 $\varepsilon'$,从式(9-23a)可以看出,当 $\omega \to 0$ 时,$\varepsilon' \to \varepsilon_S$,即一切极化都有充分的时间,因而 $\varepsilon'$ 达到最大值 $\varepsilon_S$;当 $\omega \to \infty$ 时,则 $\varepsilon' \to \varepsilon_\infty$,即在极限高频下,偶极由于惯性,来不及随电场变化改变取向,只有变形极化能够发生。

复数介电常数 $\varepsilon^*$ 中的虚数部分 $\varepsilon''$ 表示一周中损耗的电能,称为介电损耗。从式(9-23b)可以看出:当 $\omega \to 0$ 时,$\varepsilon'' \to 0$,即频率低时,偶极取向完全跟得上电场的变化,能量损耗低;当 $\omega \to \infty$ 时,$\varepsilon'' \to 0$,表示频率太高,取向极化不能进行,损耗也小。将 $\varepsilon''$ 对 $\omega$ 求导,从 $d\varepsilon''/d\omega = 0$ 可以得到 $\omega\tau = 1$,这时 $\varepsilon''$ 达到极大值

$$\varepsilon'_{(\omega\tau=1)} = \frac{\varepsilon_S + \varepsilon_\infty}{2} \qquad (9\text{-}24a)$$

$$\varepsilon''_{max} = \frac{\varepsilon_S - \varepsilon_\infty}{2} \qquad (9\text{-}24b)$$

以上 $\varepsilon'$、$\varepsilon''$ 与频率的关系,可以清楚地表示于 Debye 介电色散图中(见图9-1)。

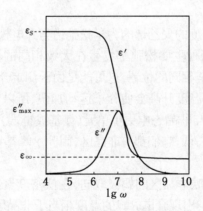

图 9-1 Debye 介电色散图

图9-1中按式(9-23b)作出的介电损耗 $\varepsilon''$ 对 $\omega$ 的曲线是一个驼峰曲线,可以证明,峰的半高宽为10的1.14倍。另一条是按式(9-23a)作出的 $\varepsilon'$ 对 $\omega$ 的曲线。两条曲线都是以 $\tau$ 为任意常数作出的。

如果从式(9-23a)和式(9-23b)出发,消去参数 $\omega\tau$,可以得到

$$\left(\varepsilon' - \frac{\varepsilon_S + \varepsilon_\infty}{2}\right)^2 + \varepsilon''^2 = \left(\frac{\varepsilon_S - \varepsilon_\infty}{2}\right)^2 \qquad (9\text{-}25)$$

这是一个圆的方程,如以 $\varepsilon''$ 对 $\varepsilon'$ 作图,将给出一个半圆(见图9-2),圆心在$((\varepsilon_S+\varepsilon_\infty)/2, 0)$半径是$(\varepsilon_S-\varepsilon_\infty)/2$。这图称为 Cole-Cole 图,可用于检验 Debye 色散关系式是否适用于各

种聚合物。图 9-2 是聚醋酸乙烯酯的例子。实验点都落在此半圆内,显示出最大损耗值比 Debye 关系式的理论值要少,而损耗峰比理论值要宽。一个简单的解释是:在实际聚合物的介电松弛谱上,峰的宽度都比具有单一松弛时间的 Debye 方程式给出的理论峰来得宽,峰高也降低了,这是由于长链分子缠结体系中,抑制链段或侧基取向的力本身就包含一个很宽的范围,使得一种尺寸运动单元的松弛时间不是 Debye 理论所指示的单一值,而是多分散性的。也就是说,这些宽峰实际上是许多具有单值松弛时间小峰叠加的结果。实测的聚合物介电松弛的 $\varepsilon''$ 对 $\varepsilon'$ 的曲线,也不是 Debye 方程式对应的完美的半圆形。

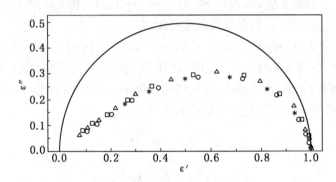

图 9-2　不同分子量的聚醋酸乙烯酯试样的 Cole-Cole 图

$*$—11 000 g·mol$^{-1}$;○—140 000 g·mol$^{-1}$;□—500 000 g·mol$^{-1}$;△—1 500 000 g·mol$^{-1}$.

图中介电常数归一化为 $\varepsilon_S - \varepsilon_\infty = 1$

图 9-3 是三种不同结晶度的聚乙烯的力学松弛谱与介电松弛谱的比较。最明显的特点是:在两种谱中的 $\alpha$、$\beta$、$\gamma$ 三种主要松弛都发生在大致相同的温度。然而对于同一种聚乙烯,两种谱的峰并不处在完全相同的位置,这可能是由于测定介电损耗用的频率比测定力学损耗时的频率高得多所致。温度升高会使分子运动加快,所以力学损耗的 $\alpha$ 峰出现的温度要比介电损耗的高。$\gamma$ 峰是与非晶态中更小单元(侧基或链端)的运动有关,如图 9-4 所示。对聚乙烯样品,不管结晶度高低,它们都有非晶区,因此 $\gamma$ 峰都发生在同一温度,这是与理论一致的。

介电松弛中的 $\beta$ 峰是反映非晶区的偶极取向,在低密度聚乙烯(低结晶度)中有较多的非晶区,因此 $\beta$ 峰最为突出。出现介电 $\beta$ 峰的温度相当于非晶区的玻璃化转变(链段运动),它不损耗能量,因此力学损耗谱没有峰而介电损耗谱中有峰,这种差异是不奇怪的。对线型聚合物而言,它的结晶度很高,因此在介电松弛谱中几乎没有 $\beta$ 峰。

在部分结晶的聚合物中,如高密度聚乙烯,结晶与非结晶区共存,使介电松弛谱变得更复杂,除了在非晶区的偶极取向之外,还有发生在结晶内和结晶的边界上的各种分子运动,如伸直的锯齿形链沿链轴方向的扭转和位移运动,结晶表面上的链折叠部位的折叠运动,晶格缺陷处的基团的运动等,如图 9-5 所示。对于发生在晶区的松弛过程的这些解释,尚有待进一步研究。

介电松弛的 $\alpha$ 峰是反映晶区中偶极子的旋转,而力学松弛的 $\alpha$ 峰是反映晶区的分子运动,它是晶片表面分子链回折部分的再取向运动。所以力学松弛比起介电松弛来,平均松弛时间较长而且峰较宽。

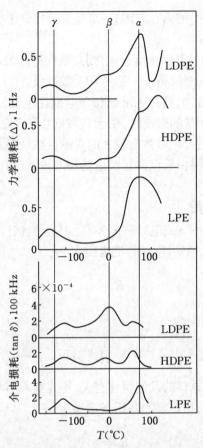

图 9-3 不同结晶度聚乙烯的力学松弛谱与介电松弛谱的比较

图中的直线是为比较三种主要松弛之用

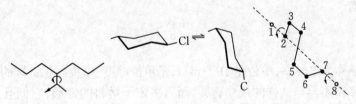

图 9-4 几种次级松弛示意

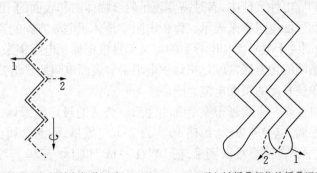

(a) 链沿链轴方向的扭转和位移运动      (b) 链折叠部位的折叠运动

图 9-5 结晶区的松弛运动

决定聚合物介电损耗大小的内在原因,一个是聚合物分子极性大小和极性基团的密度,另一个是极性基团的可动性。

聚合物分子极性愈大,极性基团密度愈大,则介电损耗愈大。非极性聚合物的 $\tan\delta$ 一般在 $10^{-4}$ 数量级,而极性聚合物的 $\tan\delta$ 一般在 $10^{-2}$ 数量级。

通常,偶极矩较大的聚合物,其介电常数和介电损耗也都较大。然而,当极性基团位于聚合物的 $\beta$ 位置上,或柔性侧基的末端时,由于其取向极化的过程是一个独立的过程,引起的介电损耗并不大,但仍能对介电常数有较大的贡献,这就使我们有可能得到一种介电常数较大、而介电损耗不至太大的材料,以满足制造特种电容器对介电材料的要求。

### 9.1.3  聚合物的导电性质[2]

材料的导电性是用电阻率 $\rho$ 或电导率 $\sigma$ 来表示的。当试样加上直流电压 $U$ 时,如果流过试样的电流为 $I$,则按照欧姆定律,试样的电阻 $R$ 为

$$R = \frac{U}{I} \tag{9-26}$$

试样的电导 $G$ 为电阻的倒数

$$G = \frac{1}{R} = \frac{I}{U} \tag{9-27}$$

电阻和电导的大小都与试样的几何尺寸有关,不是材料导电性的特征物理量。试样的电阻与试样的厚度 $h$ 成正比,与试样的面积 $S$ 成反比

$$R = \rho \frac{h}{S} \tag{9-28}$$

式中比例常数 $\rho$ 称为电阻率,单位是 $\Omega \cdot m$,是单位厚度和单位面积试样的电阻值。类似地,对试样的电导有

$$G = \sigma \frac{S}{h} \tag{9-29}$$

式中比例常数 $\sigma$ 称为电导率,单位是 $\Omega^{-1} \cdot m^{-1}$,是单位厚度、单位面积试样的电导值。显然,电阻率与电导率都不再与试样的尺寸有关,而只决定于材料的性质,它们互为倒数,都可用来表征材料的导电性。

在聚合物的导电性表征中,有时需要表示聚合物体内和表面的不同导电性,常常分别采用体积电阻率和表面电阻率来表示。体积电阻率是体积电流方向的直流场强与该处体积电流密度之比,前面关于电阻率和电导率的定义都是根据体积电阻率来讨论的,在提到电阻率而又没有特别指明的地方通常就是指体积电阻率。表面电阻率是沿试样表面电流方向的直流场强与该处单位长度的表面电流之比。

材料的导电性是一个跨越很宽范围的性质。公认的最好绝缘体,如石英、聚苯乙烯、聚乙烯和聚四氟乙烯,电导率极小,约在 $10^{-18}\,\Omega^{-1} \cdot m^{-1}$ 数量级,而金属在低温下的超导体,如铅在 $4\,K$ 下,电导率却高得难以测量,在 $10^{26}\,\Omega^{-1} \cdot m^{-1}$ 以上。工程上习惯将材料根据导电性粗略地划分为超导体、导体、半导体和绝缘体(电介质)四大类,它们的电导率、电阻率范围如表 9-3 所示。

表 9-3 超导体、导体、半导体和绝缘体的电导率和电阻率

| 材　　料 | 电阻率($\Omega\cdot m$) | 电导率($\Omega^{-1}\cdot m^{-1}$) |
|---|---|---|
| 超导体 | $\leqslant 10^{-8}$ | $\geqslant 10^{8}$ |
| 导　体 | $10^{-8}\sim 10^{-5}$ | $10^{8}\sim 10^{5}$ |
| 半导体 | $10^{-5}\sim 10^{7}$ | $10^{5}\sim 10^{-7}$ |
| 绝缘体 | $10^{7}\sim 10^{18}$ | $10^{-7}\sim 10^{-18}$ |

　　材料的导电性是由于物质内部存在传递电流的自由电荷,这些自由电荷通常称之为载流子,它们可以是电子、空穴,也可以是正、负离子。这些载流子在外加电场的作用下,在物质内部作定向运动,便形成电流。

　　根据"能带理论",不同材料本征的导电性发生差异的原因在于:导体中存在半空的导带,或者全空的导带与充满电子的价带在能级上有交叠,电子的能级跃迁很容易,在电场作用下,电子很容易摆脱原子核的束缚,产生数目非常多的载流子;对于绝缘体,导带与价带的能级间隔(能隙)过大,电子不容易跃迁到导带,几乎没有载流子;而半导体价带与导带的间隔比较合适,在一定的条件下,电子仍然能实现能级跃迁,而且容易通过掺杂添加一定数目的载流子如电子或空穴,有效地调控导电性能。

　　除此之外,材料导电性的优劣,还与这些载流子运动的速度有关,作为表征材料导电性的宏观物理量的电导率,和与载流子有关的一些微观物理量之间,必定存在着如下关系

$$\sigma = Nq\mu \tag{9-30}$$

式中 $N$ 为单位体积内载流子的数目,即载流子浓度;$q$ 为每个载流子上所带的电荷量;$\mu$ 为载流子的迁移率。

　　材料的电导率等于载流子浓度、迁移率以及每个载流子荷电量的乘积。因此,也可以说,载流子浓度和迁移率是表征材料导电性的微观物理量。

　　对聚合物来说,长期以来,一直认为有机高分子材料的导电性是很低的,在本质上属于绝缘体范围。但是实际上远非如此,尽管大量聚合物是作为绝缘材料使用的,可是某些聚合物却具有半导体、导体的电导率。

　　从导电机理来看,在聚合物中,存在电子电导,也存在离子电导,即导电载流子可以是电子、空穴,也可以是正、负离子。一般地说,大多数聚合物都存在离子电导,首先是那些带有强极性原子或基团的聚合物,由于本征解离,可以产生导电离子。此外,在合成、加工和使用过程中,进入聚合物材料的催化剂、各种添加剂、填料以及水分和其他杂质的解离,都可以提供导电离子,在没有共轭双键、电导率很低的那些非极性聚合物中,这种外来离子,成了导电的主要载流子,因而这些聚合物的主要导电机理是离子电导。而共轭聚合物、聚合物的电荷转移络合物、聚合物的自由基-离子化合物和有机金属聚合物等聚合物导体、半导体则具有强的电子电导。例如,在共轭聚合物中,分子内存在空间上一维或二维的共轭双键体系,$\pi$ 电子轨道互相交叠使 $\pi$ 电子具有类似于金属中自由电子的特征,可以在共轭体系内自由运动,分子间的电子迁移则通过"跳跃"机理来实现。

　　在一般聚合物中,特别是那些主要由杂质解离提供载流子的聚合物中,载流子的浓度是很低的。尽管离子杂质浓度低到对于其他性质完全可以忽略的等级,它对高绝缘材料电导率的影响却仍然是不可忽视的。

离子电导与电子电导各有自己的许多特点,但是在大多数聚合物中,由于导电性很小,确定它属于哪一种导电机理并不是很容易的。确定离子电导存在最直接的办法是直接检测离子的存在或离子到达电极时放电而形成的电极产物,可是,聚合物中进行这种检测是困难的。假定聚合物的电导率为 $10^{-9}\,\Omega^{-1}\cdot m^{-1}$,在横截面积为 100 mm²,厚 1 mm 的试样上,施加 100 V 电压,那么每小时在电极上只能产生约 $10^{-11}\,m^3$ 的气体,可见直接检测的困难之大是毋庸置疑的。离子的迁移与聚合物内部自由体积的大小密切有关,自由体积越大,离子迁移越易进行,迁移率越大,电子与空穴的迁移则相反,分子间互相靠近,有利于电子的"跳跃"通过,甚至可能产生 π 电子轨道的交叠,从而造成电子的直接通道。因此对聚合物施加静压力将使离子电导降低,电子电导升高,这一原理可以作为鉴别聚合物导电机理的一种方法。

实际上,在聚合物中,可能两类载流子同时存在、两种导电机理都起作用,试验条件的影响又增加了复杂性,使得对有些聚合物的导电机理鉴别,有时出现互相矛盾的结论。

饱和的非极性聚合物具有最好的电绝缘性能。它们的结构本身既不能产生导电离子,也不具备电子电导的结构条件。极性聚合物的电绝缘性次之。这些聚合物中的强极性基团可能发生微量的本征解离,提供本征的导电离子。

共轭聚合物是高分子半导体材料。主要有聚乙炔、聚苯、聚苯撑乙炔(PPV)、聚噻吩和聚苯胺类等,由于 π 电子在共轭体系内的一定程度的去定域化,提供了电子载流子,而且,这些 π 电子在共轭体系内又有很高的迁移率,使这类材料的电阻率大幅度降低。然而即使是结构最简单的线型聚乙炔,要实现 π 电子在分子链上的完全离域,在能量上并不稳定,而总是倾向于一定程度的定域,这一现象被称之为 Peierls 失稳,从而共轭聚合物的实际导电性能并不太高。为了实现共轭聚合物的高导电性,必须采用掺杂(doping)的方法。所谓掺杂就是向半导体材料掺入少量作为电子给予体或电子接受体的分子以改善导电性能,传统的半导体材料的掺杂一般是物理掺杂。而共轭聚合物的掺杂往往是通过氧化还原反应,因而是化学掺杂。例如,在聚乙炔中引入少量 $I_2$,氧化了少量聚乙炔,使得聚乙炔带正电,这类氧化掺杂称为 $p$ 型的掺杂:

$$[CH]_n + 3x/2 I_2 \rightarrow [CH]_n^{x+} + x I_3^-$$

也可以在聚乙炔中引入少量 Na,还原了少量聚乙炔,使得聚乙炔带负电,这类还原掺杂称为 $n$ 型的掺杂:

$$[CH]_n + x Na \rightarrow [CH]_n^{x-} + x Na^+$$

由于大多数共轭聚合物都是不溶不熔的固体或粉末,难以加工成型,力学性质不佳,限制了它们的应用。可采用引入柔性侧基的方法增加溶解性。对于热裂解聚合物,采用先加工成型后热裂解的方法,例如用牵伸的聚丙烯腈纤维热裂解环化、脱氢形成的双链含氮芳香结构的产物,称为黑 Orlon,电导率为 $10^{-1}\,\Omega^{-1}\cdot m^{-1}$,进一步热裂解到游离氮完全消失,可得电导率高达 $10^5\,\Omega^{-1}\cdot m^{-1}$ 数量级的高抗张碳纤维。

电荷转移络合物和自由基-离子化合物是另一类高电子电导性的有机化合物。它们是由电子给予体和电子接受体之间靠电子的部分或完全转移而形成的

$$D + A \longrightarrow D^{\delta+} A^{\delta-} \quad 电荷转移络合物$$

$$D + A \longrightarrow D^+ A^- \quad 自由基-离子化合物$$

电荷转移络合物在其晶相中是以电子给予体和电子接受体交替紧密堆砌的

···DADADADA···

形成相当脆性的固体,其电导性是通过电子给予体与电子接受体之间的电荷转移而传递电子造成的,因而电导率具有明显地各向异性,沿交替堆砌的方向最高。

例如,采用聚2-乙烯吡啶或聚乙烯咔唑作为高分子电子给予体,碘作为电子接受体,聚2-乙烯吡啶-碘已在高效率固体电池 Li-I$_2$ 原电池中得到了实际应用,电导约 $10^{-1}\Omega^{-1}\cdot m^{-1}$,聚乙烯咔唑-碘的电导率约 $10^{-2}\Omega^{-1}\cdot m^{-1}$。

还有一些结构因素对聚合物的导电性有明显的影响。例如,分子量对聚合物导电性的影响与聚合物的主要导电机理有关。对于电子电导,因分子量增加延长了电子的分子内通道,电导率将增加,对于离子电导则随分子量的减少直到链端效应使聚合物内部自由体积增加时,因离子迁移率增加,导电率将增加。

结晶与取向使绝缘聚合物的电导率下降,因为在这些聚合物中,主要是离子电导,结晶与取向使分子紧密堆砌,自由体积减小,因而离子迁移率下降。如聚三氟氯乙烯结晶度从 10% 增加至 50% 时,电导率下降为原来的 1/10～1/1 000。但是对于电子电导的聚合物,正好相反,结晶中分子的紧密整齐堆砌,有利于分子间电子的传递,电导率将随结晶度的增加而升高。

交联使高分子链段的活动性降低,自由体积减少,因而离子电导下降。电子电导则可能因分子间键桥为电子提供分子间的通道而增加。

杂质使绝缘聚合物的绝缘性能下降。因为对绝缘聚合物来说,导电载流子大都来自外部,杂质对其电导率的影响占有十分重要的地位。其中特别值得重视的是水分的影响,因为空气湿度对聚合物的影响是普遍存在的问题,而水分使聚合物的电导率升高作用又特别大。水本身就有微弱的电离,加之空气中的 $CO_2$ 或其他盐类杂质的溶解,将使离子载流子的浓度大为增加,从而大大提高电导率。有些本来电离度并不大的杂质,在水存在时,电离度将大大增加,因为物质的电离能与介质的介电常数成反比,水具有相当高的介电常数,使杂质的电离能大大降低,而物质的电离常数与电离能之间又是指数关系,因此介质的介电常数在指数项中强烈影响离子的浓度。

聚合物的电导性受湿度影响的程度,还与聚合物本身的极性和多孔性有关。非极性聚合物是憎水性的,表面不受水分润湿,导电性受影响小;极性聚合物则表现亲水性,尤其是具有多孔性时,吸水性增加,因此导电性受影响更大。例如酚醛树脂浸渍的夹板,在 90% 相对湿度下电阻率比未浸渍的大上千倍。

使聚合物的表面电阻率不受水分影响,在电讯和航空工业上尤为重要。飞机航行时,从低温高空突然飞入高湿度的气流中,往往会因机身结冰,通讯设备的表面电阻降低,可能一时失去效用,所以对于绝缘材料,不仅要求绝缘性能好,还要求它的电阻值不受湿度的影响,为此,防潮性能特别好的有机硅树脂常常作为表面处理剂使用。

各种添加剂对聚合物的导电性来说,也是一些外来的杂质。其中特别是极性的增塑剂和稳定剂、离子型催化剂、导电的填料等,对导电性的影响更大。

对于聚四氟乙烯、聚苯乙烯和聚乙烯等高绝缘性能的聚合物来说,残留的催化剂和添加的微量稳定剂等,往往是降低材料绝缘性能的主要杂质,为了获得高的电绝缘性能,需要仔细清除残留的催化剂或努力选用高效催化剂,在稳定剂等添加剂的使用上,也需谨慎选用。

增塑剂在聚氯乙烯中大量使用,加入增塑剂,使链段的活动性增加,自由体积增加,因而提高离子载流子的迁移率,如果采用极性增塑剂,增塑剂也会电离而增加离子浓度,使导电性显著增加。

导电填料的加入会提高聚合物的导电性。例如,为提高聚乙烯的耐紫外老化性能,加入3%炭黑,可使电导率提高几个数量级。利用这一性质,研究和发展了一大类导电复合材料,它们都是用聚合物作为黏结组分,与炭黑、金属细粉或导电纤维等导电组分混合加工而成的,根据导电组分的种类、粒度、表面接触电阻以及含量等因素的变化,可以得到适合于不同需要的各种导电等级的复合材料,并已被广泛应用。

温度对大多数聚合物的导电性的影响,可以用下面电阻率 $\rho$ 与温度 $T$ 之间的指数关系式表示

$$\rho = Ae^{E/RT}$$

式中 $A$ 是比例常数;$E$ 是活化能;$R$ 是气体常数。不管是离子电导,还是电子电导,从这两种导电机理出发,都得到上述形式的关系。这个关系式表明,聚合物的电阻率随温度的升高而急剧地下降,这主要是因为随温度的升高,聚合物中的导电载流子浓度急剧增加的缘故。

在绝缘聚合物的玻璃化温度区,电阻率的温度曲线发生了突然的转折,玻璃化温度上、下的曲线斜率不同。这是由于聚合物的链段活动性增加导致离子迁移率增加的结果。这种性质也可被利用来测量聚合物的玻璃化温度。

### 9.1.4  聚合物的电致发光性质[3,4]

共轭高分子作为半导体具备了制作有机二极管的基本要素外,还可能具有发光二极管(light emitting diode,LED)的性质。1990 年英国剑桥大学的科学家发现,聚苯撑乙炔(PPV)不仅是一种导电高分子材料,同时也是一种性能良好的电致发光材料。他们发明了一种从半导体聚合物即 PPV 转变成一种能发出绿黄色或橘黄色的材料工艺,他们使这种聚合物薄膜产生各种颜色。PPV 分子里碳原子的链是由单分子键和双分子键交替连接的,这种结构使 PPV 具有非同寻常的导电性和电致发光性。当连接链中的电子吸收外界能量时,它们可能被激发到较高能级,辐射出光子;当外界是紫外光时,产生的是荧光。如果聚合物的激发状态是由带电粒子注入而产生的,这种辐射称为电致发光。这种发光装置发出的光亮度与标准阴离子射线管相同,比液晶显示还亮。高分子材料电致发光的研究已成为非常活跃的领域,目前主要发现三种高分子材料体系有电致发光特性:PPV 体系、聚噻吩体系、聚芴等共轭高分子体系。

电致发光器件主要由电子注入极、发光层、空穴注入极三部分构成(见图 9-6)。电子注入极,即为 LED 器件的阴极,一般用功函较低的材料,如 Ca、Mg 等,提供多数载流子电子。发光层(EL 层)是由具有电致发光特性的半导体材料组成,高分子的电致发光器件的发光层就主要采用目前发现的 PPV 等三种体系。空穴注入极,即 LED 器件的阳极,一般用高功函材料,如表面涂有氧化铟锡(ITO)的导电玻璃。由于高分子电致发光材料具有较好的韧性,亦可选柔性的涂 ITO 的涤纶薄膜取代导电玻璃而制成可任意弯曲的 LED 器件。

一般认为电致发光机理是在一定电场条件下,少数载流子与多数载流子复合而生成激子,激子经辐射衰减,通过导带与价带间的跃迁,发出光子而发光。对于共轭高分子材料,它的共轭 $\pi$ 与 $\pi^*$ 轨道分别是最高占据分子轨道(HOMO)和最低未占分子轨道(LUMO),分

别对应于高分子材料的价带与导带。这类材料在一定电场作用下,载流子电子与空穴分别由阴极与阳极注入,电子与空穴分别在导带与价带间传输,两者相遇复合经辐射衰变而发光,显然辐射光子能量或光的颜色便由价带与导带之间的能隙所决定。

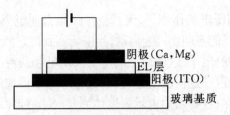

图 9-6　电致发光器件的基本装置示意

高分子材料是否最终能成为有效的 LED 器件的发光材料,并广泛应用到实际生活中,尚取决于是否有效地控制发光光谱区间,是否能最大限度地提高其发光效率,以及可加工性和稳定性等,科学家们现正在努力解决这些问题,这类材料的前景将是不可估量的。

### 9.1.5　聚合物的介电击穿[1]

前面几节都是讨论聚合物在弱电场中的行为的。在强电场($10^7 \sim 10^8$ V·m$^{-1}$)中,随着电场强度进一步升高,电流-电压间的关系已不再符合欧姆定律,$dU/dI$ 逐渐减小,电流比电压增大得更快(见图 9-7),当达到 $dU/dI = 0$ 时,即使维持电压不变,电流仍然继续增大,材料突然从介电状态变成导电状态。在高压下,大量的电能迅速地释放,使电极之间的材料局部地被烧毁,这种现象就称为介电击穿。$dU/dI = 0$ 处的电压 $U_b$ 称为击穿电压。击穿电压是介质可承受电压的极限。

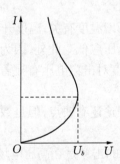

图 9-7　介质的电流与电压关系

虽然介电击穿与力学破坏相似,总是与材料的局部不完善性或某种弱点有关,人们还是试图定义一种相应的材料性质。由于一种绝缘体存在着一个能长期承受而不被破坏的最大电压,自然地引出了介电强度的概念。介电强度的定义是击穿电压与绝缘体厚度 $h$ 的比值,即材料能长期承受的最大场强

$$E_b = \frac{U_b}{h} \tag{9-31}$$

$E_b$ 就是介电强度,或称击穿场强,其单位是 MV·m$^{-1}$。由于聚合物作为绝缘材料用在电气

设备和器件上,发生介电击穿而遭到破坏的现象是时常遇到的,因而介电强度是高分子绝缘材料的又一项重要的指标。

聚合物的介电击穿按其形成的机理,大致可分为本征击穿、热击穿和放电引起的击穿三种主要形式。

1. **本征击穿**　是在高压电场作用下,聚合物中微量杂质电离产生的离子和少数自由电子,受到电场的加速,沿电场的方向作高速运动,当电场高到使它们获得足够的能量时,它们与高分子碰撞,可以激发出新的电子,这些新生的电子又从电场获得能量,并在与高分子的碰撞过程中激发出更多的电子,这一过程反复进行,自由电子雪崩似地产生以致电流急剧上升,最终导致聚合物材料的电击穿;或者因为电场强度达到某一临界值时,原子的电荷发生位移,使原子间的化学键遭到破坏,电离产生的大量价电子直接参加导电,导致材料的电击穿。

决定本征击穿的主要因素是聚合物的结构与电场强度,与冷却的条件、外加电压的方式和时间以及试样的厚度无关。但是关于聚合物的本征击穿与其化学结构的关系,到目前为止,人们还知道得很少,为了根据聚合物的结构,预言其本征击穿场强,需要对聚合物中的电子状态和迁移率有更加深入和详尽的了解,这还有待于进一步研究。

2. **热击穿**　发生在高压电场作用下,由于介电损耗所产生的热量来不及散发出去,热量的积累使聚合物的温度上升,而随着温度的升高,聚合物的电导率按指数规律急剧增大,电导损耗产生更多的热量,又使温度进一步升高,这样恶性循环的结果,导致聚合物的氧化、熔化和焦化以至发生击穿。热击穿是被研究得最清楚的一种介电击穿方式。Wagner 最先建立了热击穿理论,其理论公式为

$$U_b = \sqrt{\frac{\beta \rho_0 h}{0.24 a \mathrm{e}} \mathrm{e}^{-a T_0'/2}} \tag{9-32}$$

$\beta$ 和 $T_0$ 分别为材料的散热系数和环境温度,在常温下,材料的电阻率与温度的关系为 $\rho = \rho_0 \mathrm{e}^{-aT}$。

上式结果说明,热击穿电压与环境温度有关,温度升高,击穿电压按指数规律下降,也与散热条件有关,散热系数愈小击穿电压愈低。此外,因为热击穿过程是热量积累的过程,需要一定时间,因此加压时间,升压速度对击穿电压有显著的影响,脉冲式加压比缓慢升压下的击穿电压要高得多。

上述理论虽然由于过分简化,理论还有缺点,但是数学处理简单,结果又能说明热击穿的基本实验事实,至今仍被沿用。

3. **放电引起的击穿**　放电引起的击穿是在高压电场作用下,聚合物表面和内部气泡中的气体,因其介电强度(约 $3\ \mathrm{MV \cdot m^{-1}}$)比聚合物的介电强度($20 \sim 1\,500\ \mathrm{MV \cdot m^{-1}}$)低得多,首先发生电离放电。放电时被电场加速的电子和离子轰击聚合物表面,可以直接破坏高分子结构,放电产生的热量可能引起高分子的热降解,放电生成的臭氧和氮的氧化物将使聚合物氧化老化。特别是当高压电场是交变电场时,这种放电过程的频率成倍地随电场频率而增加,反复放电使聚合物所受的侵蚀不断加深,最后导致材料击穿。这种击穿造成的击穿通道呈特征的树枝状。

在实际应用中,聚合物的介电击穿一般既不是单纯的本征击穿,也不是典型的热击穿,而往往是气体放电引起的击穿,特别是当较低电压长时间作用时,气体放电造成的结构破坏更为突出。

纯粹均匀的固体绝缘聚合物的本征介电强度是很高的,通常超过 $100\ MV \cdot m^{-1}$,具体聚合物试样的介电强度,时常因为各种因素的影响而偏低,这些因素包括环境介质、物理状态、温度、加压方式和速度、电场频率、纯度以及所用电极的类型等等,而且它们对测量结果的影响往往甚至比结构因素更大,这就给精确测量聚合物的介电强度带来了很大的困难。为了比较测试的结果,必须严格规定统一的测试条件,当然,这样的标准测试得到的仍不是本征击穿场强。同一种聚合物,薄膜试样比固体试样的数值要高得多,这可能是薄膜试样比较均匀,而固体试样含有较多缺陷之故。

聚合物介电材料在使用期间的老化和变质,例如在强烈阳光下的化学降解或在拉伸应力下的开裂,都形成电学上的弱点,而严重地影响实际介电强度。因此,工业上为了改进产品的击穿性能,也常常模拟有关应用条件,设计特殊的试验,以评价材料在应用条件下的介电强度。此外,由于击穿试验是一种破坏试验,因此这一性能指标有时用耐压试验来代替,即在聚合物制件上加一试验电压,经过一定时间后不发生击穿,即认为产品合格。

## 9.1.6 聚合物的静电现象[1]

任何两种物质,互相接触或摩擦时,只要其内部结构中电荷载体的能量分布不同,在它们各自的表面就会发生电荷再分配,重新分离之后,每一种物质都将带有比其接触或摩擦前过量的正(或负)电荷,这种现象称为静电现象。聚合物在生产、加工和使用过程中,与其他材料、器件发生接触以至摩擦是免不了的,这时,只要聚合物中几百个原子中转移一个电子,就会使聚合物带有相当可观的电荷量,而使它从绝缘体变成了带电体。例如,塑料从金属模具中脱出来时就会带电,合成纤维在纺织过程中也会带电,塑料、纤维和橡胶制品在使用过程中产生静电,更是常见。干燥的天气,脱下合成纤维的衣服时,经常可以听到放电的响声,如果在暗处,还可以看到放电的辉光,这可能是日常生活中大家最熟悉的静电现象了。

由于一般聚合物的电绝缘性能很好,它们一旦带有静电,则这些静电荷的消除很慢,如聚乙烯、聚四氟乙烯、聚苯乙烯和聚甲基丙烯酸甲酯塑料产品得到静电荷后可保持几个月。

静电起电较简单的情况是接触起电,即两种材料只是表面接触,而不发生任何摩擦,就分开来所造成的静电现象。这种简单的过程,对起电机理的研究是较为有利的。

对两种金属接触时接触表面的电荷转移现象,已作了很多研究。一电子克服原子核的作用,从材料表面逸出,所需要的最小能量,称为逸出功或功函数。不同物质的功函数不同。两种金属接触时,它们之间的接触电位差与它们的功函数之差成正比,这种接触在界面上形成电场,在电场作用下电子将从功函数小的一方向功函数大的一方转移,直到在接触界面处形成的双电层产生的反向电位差与接触电位差相抵消时,电荷转移才停止,结果功函数高的金属带负电,功函数低的金属带正电。

电介质与金属接触时,界面上也必然发生类似的电荷转移,根据上述原理可以测出各种聚合物的功函数,两种电介质接触时,它们之间的接触电位差应该也与它们的功函数之差成正比,接触起电的结果,同样应该是功函数高的带负电,而功函数低的带正电。

摩擦起电的情况则要复杂得多,轻微摩擦时的起电特征与接触起电比较接近,但剧烈摩擦时起电特征却有很大的不同。

图 9-8 是尼龙 66 与不同功函数的金属在室温 $N_2$ 气氛中摩擦起电的实际结果,实验表明,金属与电介质摩擦起电,基本上是由它们的功函数高低决定的,对功函数高的金

属,尼龙66带正电,对功函数低的金属,尼龙66带负电。但是实验点的分散多少也反映出摩擦起电的复杂性。

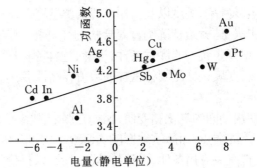

图9-8　尼龙66与不同功函数的金属摩擦起电

在剧烈摩擦时,局部接触面以较高的速度相对运动,聚合物因而发热甚至软化,有时两接触面间还有质量的交换,这就使情况复杂化了。因此,有些材料摩擦带电的符号与接触面上的压力有关,黏胶丝就是这种两性带电体的一个例子,与不锈钢棒摩擦,压力小时它带正电,压力大时则带负电。甚至相同材料的两物体之间,剧烈摩擦有时也要带电,例如两根橡皮棒作非对称摩擦时,动棒带正电,反复剧烈摩擦后,变成带负电了。显然,对于这一事实,只用接触电位来解释是不行了。

根据聚合物摩擦起电所带电荷的符号,可以把它们排列成摩擦起电序(见表9-4),两种聚合物摩擦时,产生的电荷符号,可按摩擦起电序来确定,较靠近正端的聚合物将带正电,较靠近负端的聚合物则带负电。实际上,不同作者实验得到的摩擦起电序稍有不同,这与他们的实验条件不同有关,但是总的来说,聚合物的摩擦起电序与其功函数大小的顺序基本上是一致的。

表9-4　聚合物的摩擦起电序

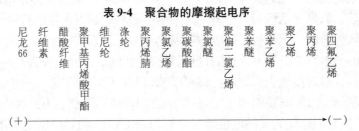

静电的积聚,在聚合物加工和使用中造成了种种问题。在合成纤维生产中,静电使许多工序发生困难。例如,吸水量不超过 $0.5\%$ 的干性纤维聚丙烯腈纺丝过程中,纤维与导辊摩擦所产生的静电荷,电压可达 15 kV 以上,不采取有效的措施,这些静电荷是不会很快自动消除的,将会使纤维的梳理、纺纱、牵伸、加捻、织布和打包等工序难以进行。在绝缘材料生产中,由于静电吸附尘粒和其他有害杂质,使产品的电性能大幅度下降。更严重的是这样摩擦产生的高压静电有时会影响人身或设备的安全。如果气体放电的电场强度按 $4.0\,MV\cdot m^{-1}$ 推算,它相当于表面电荷密度为 $3.6\times10^{-5}C\cdot m^{-2}$,也就是说,只要在 $5\times10^{5}\,\text{Å}^{2}$ 面积上存在一个电子,所带的电荷就足以引起周围空气的放电,这样的电荷密度并不能算是很高的,因此,由摩擦静电引起的火花放电是常见的事。但是,这在有易燃易爆的气体、蒸气和液体等存在的场合,却会酿成巨大的灾祸,例如易燃液体的塑料输送管道、矿井用橡胶传送带与塑料导

辊等,都可能因摩擦静电积聚而发生火花放电,导致燃料起火、矿井爆炸等重大事故。

防止静电危害的发生,可以从抑制静电的产生和及时消除产生的静电两方面考虑。

由于摩擦产生的静电电量和电位决定于摩擦材料的性质、接触面积、压力和相对速度等因素,可以通过选择适当的材料、减少静电的产生或使之互相抵消。例如,选择两种以上的材料,使它们在摩擦过程中产生符号相反的静电自相抵消;也可以设法减小接触面积、压力和速度,使摩擦产生的电荷量尽量减小。

绝缘体表面的静电可以通过三条途径消失:(1)通过空气(雾气)消失;(2)沿着表面消失;(3)通过绝缘体体内消失。因此可在三方面采取适当的措施,消除已经产生的静电。

通过空气消除静电,主要依靠空气中相反符号的带电粒子飞来与绝缘体表面的静电中和,或让带电粒子获得动能而飞散。利用尖端放电原理,制成高压电晕式静电消电器,已在化纤、薄膜、印刷等生产中应用。在不允许有火花出现的场合,也可采用辐照使气体电离的方法消除静电。

静电沿绝缘体表面消失的速度取决于绝缘体表面电阻率的大小。提高空气的湿度,可以在亲水性绝缘体表面形成连续的水膜,加上空气中的 $CO_2$ 和其他电离杂质的溶解,而大大提高表面导电性。进一步的方法是使用抗静电剂,它是一些阳离子型或非离子型活性剂,如胺类、季铵盐类、吡啶衍生物和羟基酰胺等。通常用喷雾或浸涂的办法涂布在聚合物表面,形成连续相,以提高表面的导电性。有时为了延长作用的时间,可将其加入塑料中,让它慢慢扩散到塑料表面而起作用。纤维纺丝工序中则采取所谓"上油"的措施,给纤维表面涂上一层具有吸湿性的油剂,它吸收空气中的水分而增加纤维的导电性,达到去静电的效果,这种油剂中常含有各种羟基化合物,或是一种含有三乙醇胺或少量乙二醇等的乳液。

静电通过绝缘体体内泄漏的速度,主要决定于绝缘体的电阻率大小,一般来说,当聚合物电阻率小于 $10^7 \Omega \cdot m$ 时,即使产生静电荷,也会很快泄漏掉。为了提高聚合物的体积电导率,最方便的方法是添加炭黑、金属细粉或导电纤维,制成防静电橡皮或防静电塑料。例如国内制造的一种防静电三角胶带,是掺炭黑的,其体积电阻率只有 $10^2 \Omega \cdot m$ 左右。

事物总是一分为二的。在人们认识了静电现象的规律之后,不只是消极地防止静电危害的发生,而且可以合理地利用它来为人类服务。在工农业生产中,静电已被越来越广泛的利用,其中与聚合物有关的有静电涂敷、静电印刷、静电分离和混合等。

# 9.2　聚合物的光学性质[4, 5]

非晶的均聚物有着良好的光学透明性能,例如,聚甲基丙烯酸酯类的高分子通常被称为有机玻璃,在某些情况下可代替无机玻璃使用,聚苯乙烯等的光学透明性也相当出色。

但大多数非均相的结晶性聚合物和共混物都不再具有单组分均聚物的光学透明性。结晶的聚合物存在密度和折射率有很大差别的结晶区与非晶区,光线在两相界面处发生折射和反射。即使是结晶度很高的聚合物,结晶区的空间取向往往是无规的,因而它们通常是不透明或半透明的。例如 ABS 塑料(即聚丙烯腈-丁二烯-苯乙烯共聚共混物)中,连续相 AS 共聚物是一种透明塑料,分散相丁苯胶也是透明的,但是 ABS 塑料是乳白色的,这也是由于两相的密度和折射率不同的结果。又例如有机玻璃,原是很好的透明材料,对于某些要求有较高抗冲性能的场合,有机玻璃显得韧性不足。为了改进抗冲性能,可以做成与 ABS 塑料相类似的 MBS 塑料,它也是一个两相体系材料,强度提高了很多,而透明性通常将丧失。但是如果严格调节两相中的共聚组成,使两相的折光率接近,可以避免两相界面上发生的光线的散射,得到透明的高抗冲 MBS 塑料。另一个透明的非均相材料是热塑性弹性体 SBS 嵌段共聚物,其中聚苯乙烯段聚集而成微区,分散在由聚丁二烯段组成的连续相中,但是由于微区的尺寸十分小,只有 10 nm 左右,不至于影响光线的通过,因而显得相当透明。

由于高分子材料制备成薄膜后总有一定程度的透明性,因此光学上的各种表征方法是高分子材料表征中极为重要和不可缺少的工具与技术,可获得其他技术难以获得的直观信息。聚合物的光学性能可简单地分为线性光学性能和非线性光学性能两部分。

### 1. 线性光学性能

当光在各向同性的线性电介质中传播,光是一种电磁波,在介质中可激发交变的电磁场,会使电介质的价电子偏离平衡位置形成偶极子,使介质得到极化,在场强较低的情况下,高次项的极化率对极化强度的贡献可被忽略。由式(9-4)可知,介质的线性极化强度为

$$\boldsymbol{P} = \chi_{\epsilon_0} \boldsymbol{E}$$

根据 Maxwell 电磁场理论,在交变的电磁场中,介质的线性极化强度为

$$\boldsymbol{P} = \sum_j \frac{N_j e^2 m}{\omega_j^2 - i\delta_j\omega - \omega^2} \boldsymbol{E} \tag{9-33}$$

式中 $N_j$ 为具有本征频率 $\omega_j$ 束缚态内的电子数密度;$\delta_j$ 为阻尼系数;$e$ 和 $m$ 分别为电子的电荷和质量。比较式(9-4)和式(9-33),极化率 $\chi$ 可写成复数形式 $\chi = \chi_R + i\chi_I$,实部和虚部分别为

$$\chi_R = \frac{e^2}{m\epsilon_0} \sum_j \frac{N_j(\omega_j^2 - \omega^2)}{(\omega_j^2 - \omega^2)^2 + (\delta_j\omega)^2} \tag{9-34a}$$

$$\chi_I = \frac{e^2}{m\epsilon_0} \sum_j \frac{N_j\delta_j\omega}{(\omega_j^2 - \omega^2)^2 + (\delta_j\omega)^2} \tag{9-34b}$$

介质的折射率 $n$ 和吸收系数 $\alpha$ 分别为

$$n^2 = \frac{1}{2}[\sqrt{(1+\chi_R)^2 + \chi_I} + (1+\chi_R)] \approx (1+\chi_R) \tag{9-35}$$

$$\alpha^2 = 2\frac{\omega^2}{c^2}[\sqrt{(1+\chi_R)^2 + \chi_I} - (1+\chi_R)] \approx 2\frac{\omega^2}{c^2}\chi_I \tag{9-36}$$

式中光波的圆频率 $\omega = 2\pi c/\lambda$;$c$ 是真空光速;由式(9-34)、式(9-35)和式(9-36)可知,$\chi$、$n$ 和 $\alpha$ 均是光波频率的函数,常把材料折射率随光波频率变化的性质称为折射率色散。折射率和吸收系数是所有光学材料中两个最基本的光学参数。

利用聚合物良好的线性光学性能,可以制备一些光学器件,如最具代表性的是广泛用于通讯的聚合物光纤。聚合物光纤的优点是柔韧性好、端面易加工易修复、价格低廉,但也有耐热性差,损耗大的缺点。高透明性的聚苯乙烯(PS)和聚甲基丙烯酸甲酯(PMMA)、聚碳

酸酯(PC)和苯甲基硅橡胶等均可作为光纤的芯,采用折射率更低的聚合物材料作为皮层,可有效地实现光线在光纤内的全反射。

影响聚合物光纤性能的主要因素有色散和损耗。色散会改变光脉冲的频宽从而影响通讯系统的传输容量和误码率,而损耗则影响传输距离。

聚合物光纤按其折射率分布结构分类大致可分为阶跃折射率型(step index, SI)和梯度折射率型(graded index, GI)两种。后者就是为了有效地改善光纤的色散性质,使得光纤拥有高带宽传输的特性,因而近年来更受重视。

近年来,采用氘代和氟化的方法来减少聚合物中 C—H 键的含量,可以显著降低光学损耗。

### 2. 非线性光学性能

有些材料高次项的极化率比较大,尤其在光波场足够强时,光在介质激发的电磁场场强较高,高次项的极化率对极化强度的贡献就不能被忽略,极化强度就含有光场的二次、三次项的贡献,可将极化强度 $P$ 分为线性和非线性两部分

$$P = P_L + P_{NL} = P_L + P^{(2)} + \cdots \tag{9-37}$$

$$P_L = \chi \epsilon_0 E, \ P_{NL} = \chi^{(2)} \epsilon_0 EE^* \tag{9-38}$$

$\chi^{(2)}$ 表示二阶非线性极化率。强光在非线性介质中传播会产生非线性极化,并由此导致不同频率光波间的能量和动量交换,实现光波的耦合。基于二阶非线性效应可以实现二次谐波产生(second harmonic generation, SHG):即新产生倍频的光;和频产生(sum frequency generation, SFG):即新产生频率为原来两束光频率之和的光;差频产生(difference frequency generation, DFG):即新产生频率为原来两束光频率之差的光,以及参量产生和参量放大等等诸多效应。$\chi^{(2)}$ 越大,这些效应就越明显,也就是说,高 $\chi^{(2)}$ 的介质可直接实现光频的有效转换,信号的载波和解码,在与信息传播有关的光学器件上有着极其重要的用途。目前我们生活中常见的 DVD 影碟机,如果采用非线性光学材料做它的光学读写头,可做到激光束在不同频率间的切换,从而兼容贮存信息更多的蓝光光盘。

$\chi^{(2)}$ 高的关键在于分子结构上具有非线性光学发色团,以及体系必须是非中心反演对称。无机材料中的铌酸锂、砷化镓等,有机化合物中的 2-甲基-4-硝基苯胺等都是性能优良的二阶非线性光学材料。在高分子材料中具有代表性的是共轭的聚丁二炔和非共轭的侧链上接枝诸多介晶基团的高分子侧链液晶。据报道,有机化合物和高分子侧链液晶的非线性光学活性可数倍于无机材料中性能最佳之一的铌酸锂。

为了让高分子材料实现高的非线性光学活性,主要通过以下几种方法:

(1) 将高非线性光学活性的有机小分子溶解或分散在高分子基质中,高分子材料只是起到一个载体的作用,如将 2-甲基-4-硝基苯胺溶解或分散在氟代的乙烯类共聚物中。

(2) 合成链单元具有光学活性的聚合物,在 $T_g$ 以上进行极化,然后在保持极化的同时冷却到 $T_g$ 以下,可以在常温下长久地保持这种极化上的取向状态,就有效地消除体系的中心反演对称。显然这是最有效但也是合成上难度较大的途径。

(3) 通过大分子反应将介晶基团接枝到聚合物侧链上,这种方法的优点在于侧链上的基团很容易通过电场取向。有些介晶基团本身有两个反应点,在接枝到主链的同时还能起到交联的作用,减少链的运动松弛,保持长时间的非线性光学活性。

# 9.3　聚合物的透气性[6]

聚合物被气体或液体(小分子)透过的性能称为渗透性,如果小分子是气体或蒸气,聚合物被气体或蒸气透过的性能称为透气性,不管透气性还是渗透性,英文都是同一个词"permeability"。

聚合物的透气性是指聚合物能透过气体的能力,它由两个因素决定的:第一是气体或蒸气(渗透物质)与聚合物的溶解能力;第二是气体或蒸气在聚合物中扩散的能力。如果气体不能溶解在聚合物中,就谈不上扩散和透气了。即使气体能溶解在聚合物中,却扩散速度非常慢,也不存在透气性。

透气性是用透过聚合物的气体体积来衡量,但是通过的气体体积与聚合物的面积、聚合物的厚度、透过的时间、扩散的速度、气体透过前的压力成比例

$$透过的气体体积(渗透物质的量) = P \times \frac{聚合物面积 \times 时间 \times 压力}{聚合物厚度}$$

这个比例系数 $P$ 称为"渗透系数",它的单位是$(cm^3 \cdot cm)/(cm^2 \cdot s \cdot Pa) = cm^2 \cdot s^{-1} \cdot Pa^{-1}$。既然透气性与气体在聚合物中的溶解度和扩散速度有关,在最简单的情况下应该可表示为

$$P = SD \tag{9-39}$$

因为溶解度系数 $S$ 和扩散系数 $D$ 都与温度有关,当然渗透系数也与温度有关

$$P = P_0 e^{-\Delta E/RT}$$

很多渗透物质在聚合物中的渗透系数为 $10^{-11} \sim 10^{-16} cm^2 \cdot s^{-1} \cdot Pa^{-1}$。

影响聚合物透气性的因素除了气体与高聚物的溶解度和扩散系数外,聚合物中高分子的堆砌密度、高分子的侧基结构、高分子的极性、结晶度、取向、填充剂、湿度和增塑等。例如,具有高结晶度的聚合物透气性较小,因为具有有序的结构使得能穿过气体的小孔比较少。当然气体分子本身的尺寸是很重要的,它影响气体在聚合物中的扩散。

一般来说弹性体的 $P$ 最大,其次是无定形的塑料,然后是半结晶的塑料。最近应用中的一个例子是生产饮料瓶子的无定形聚对苯二甲酸乙二酯,主要的要求是保持二氧化碳和水在瓶中不流失而保持氧气不得进入。我们必须认识到,气体必然是通过塑料不停地转移掉,即使转移的速度很慢,也会使软饮料最终走气,而成为淡而无味的饮料。因此这些饮料就有一个保质期,过了这个保质期即使没有卖掉也必须处理掉。

## 9.3.1　渗透物质(气体)的分子尺寸对渗透系数的影响

对弹性体来说,相邻的高分子链段有协同运动使得渗透物质在弹性体内能迅速地转移,而在非晶态聚合物中这种链段的协同运动受到限制,也就是说非晶态中的自由体积要比弹性体中的自由体积少。因此,渗透物质的分子尺寸对它在聚合物中的扩散速度起了决定性的作用。大多数扩散物质的分子尺寸为 $0.2 \sim 0.5$ nm(见表9-5),分子尺寸愈大,扩散愈慢,在图9-9中可以看出各种渗透物质的尺寸对渗透系数的影响。在图中还表示出弹性体(天然橡胶)比非晶态聚合物(硬聚氯乙烯)的扩散系数大。所以相应地弹性体的渗透系数也比

非晶态聚合物的大。

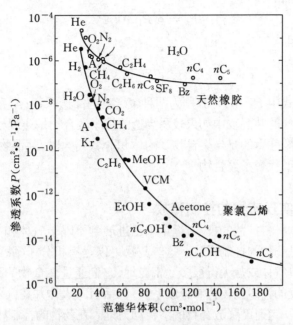

图 9-9　各种气体和液体在硬聚氯乙烯中的扩散系数比在天然橡胶中的小

表 9-5　各种渗透质的直径

| 分　子 | 直径(nm) | 分　子 | 直径(nm) |
|---|---|---|---|
| He | 0.26 | $C_2H_4$ | 0.39 |
| $H_2$ | 0.289 | Xe | 0.396 |
| NO | 0.317 | $C_3H_8$ | 0.43 |
| $CO_2$ | 0.33 | $n\text{-}C_4H_{10}$ | 0.43 |
| Ar | 0.34 | $CF_2Cl_2$ | 0.44 |
| $O_2$ | 0.346 | $C_3H_6$ | 0.45 |
| $N_2$ | 0.364 | $CF_4$ | 0.47 |
| CO | 0.376 | $i\text{-}C_4H_{10}$ | 0.50 |
| $CH_4$ | 0.38 | | |

　　关于液体分子在聚合物中渗透的例子有隐形眼镜。这种镜片的材料是具有交联网络的聚 2-羟基乙基丙烯酸酯和它的共聚物。由于羟基团的亲水性,它们在水中或盐水中溶胀而达到热力学平衡。眼睛的生理需要氧,而氧能溶解在水中。由此氧是通过水在聚合物中的渗透性带进到眼球的。另一个液体渗入聚合物的例子是小孩用的尿裤,尿液很快被渗透进入亲水性的聚合物材料中,所以小孩臀部不会感到潮湿。

## 9.3.2　共混聚合物的透气性

　　有好几种共混聚合物用于与透气性有关的场合。最简单的例子是用几层不同的聚合物组成薄膜,每种聚合物都有对某种特定的气体渗透性最小。关于食物的保鲜,人们总是希望隔离氧气但能让水气进去。如果有一种聚合物被分散在另一种聚合物中的共混聚合物,这种聚合物的渗透系数就成了两种聚合物渗透系数的加和

它可以按平行方式加和

$$P_b = \phi_1 P_1 + \phi_2 P_2$$

也可按串联方式加和

$$P_b = \frac{P_1 P_2}{\phi_1 P_1 + \phi_2 P_2}$$

这是两种极端情况,式中 $P_1$ 和 $P_2$ 分别为两种聚合物的渗透系数;$\phi_1$ 和 $\phi_2$ 分别为它们的体积分数。当然,在这样的共混物中如果较易渗透的那个聚合物是连续相,则共混物的渗透性最大,反之亦然。需要注意的是当聚合物 2 的体积分数增大时,共混物会有"相逆转",即聚合物 2 转变为连续相,代替了聚合物 1。

### 9.3.3 通过扩散实现药物的控制释放

气体通过聚合物材料扩散的技术,近年来已进展到不限于气体和其他小分子。近代进展的一个重大领域是药物的控制释放。这些药物可以是有机分子、肽或蛋白质,还有,这些分子的尺寸都比简单气体或盐大得多。相应地,它们通过聚合物的扩散就较慢。现在已经成功的或正在研发的许多药物控制释放系统,包括植入人体并在几年内不断释放药物的植入物,新型的可按一定速度释放药物的渗析动力丸。在药物的控制释放中,药物的释放是将药物包装在聚合物的膜内或者将药物均匀地分布在聚合物的网络中,这样聚合物限制了药物的扩散速度达到控制释放的目的。另一种方法是将药物以共价键的方法连接到水溶性的、与生物体相容的或者会降解而被身体吸收的聚合物上,一旦这一"药物-聚合物"的组合到达靶的后,聚合物与药物之间的键会断开,这种方法已被用于癌的化疗。

## 9.4 高分子的表面和界面性质[4]

长久以来,人们就认识到高分子的表面和界面性质对于高分子材料的制备和加工非常重要,但在相当长的一个阶段内,有关这方面的研究仍停留在经验阶段。当前,一些新的实验技术和新理论的诞生有助于人们在分子水平上理解高分子的表面和界面问题,也使得这一领域的研究极为活跃,发展迅猛。

高分子的表面和界面性质一般有以下几种情况:

(1) 通常高分子材料暴露在空气中,人们可以看到、能摸到的那部分称为高分子表面。从严格意义上讲,表面(或自由表面)是指纯的凝聚态物质与真空接触的部分。然而在实际生活中,大多数的表面都不可避免地与空气、油、灰尘等相接触。高分子材料暴露在空气中的表面实质上是高分子与空气的界面,因此表面与界面的概念的区分是相对而言的。

(2) 对于高分子稀溶液的液-固界面,这类体系中比较有意义的是分散在高分子溶液中的胶体,存在着巨大的液-固表面,高分子链与固体表面的相互作用就成了关键。如固体表面对高分子链有吸引作用,一条高分子链可能被固体表面的多个位置同时吸附,没有被吸附的部分在溶液中被溶剂化;如果高分子与固体表面没有任何相互作用,高分子链向固体表面的靠近将导致高分子长链的很多构象因固体表面的阻碍而不能实现,即构象熵有所损失,高分子长链倾向于离开表面,因此在液-固界面层附近长链高分子的浓度比在溶液本体中要低一些,这一效应被称为贫化效应(depletion)。

(3) 对称的聚合物界面指的是相同高分子或化学结构差异很小的两种高分子相互接触的那部分,与链的相互扩散(interdiffusion)、材料的熔接和破坏性质关系密切。

(4) 不对称的聚合物界面是由化学结构完全不同的两种高分子形成的,高分子共混物及相关材料属于这类界面。如果两种高分子不相容,在通常情况下,其界面部分仍可能难以确定。在界面上,不同种类的链在几个纳米到几百纳米的厚度层内可以互相贯通,取决于链段的统计长度和 Flory-Huggins 参数 χ。界面相(interphase)描述的是链可以互相贯通的区域,其物理性质完全不同于以两种高分子为主分别形成的各自两相区。两相区可以通过某些键相连接,例如嵌段高分子、接枝高分子通过化学键连接,也可通过氢键相连接,用以强化界面相,从而提高材料的力学性能。

(5) 复合材料的界面是由高分子和非高分子材料组成,通常非高分子材料是固体,如玻璃、炭黑、硼纤维、钢以及碳酸钙、二氧化钛颗粒。此种情况下,高分子链不可能扩散进非高分子材料内部,但可以用化学键连接或物理黏附。发泡材料(foam)可以看作是由空气与高分子组成的特殊复合材料。

有关表面(界面)张力的定义已由第四章 4.2 节给出,在这里不再赘述。表 9-6 和表9-7 分别给出了几种高分子在不同温度下的表面张力和几种高分子共混物的界面性质,从中我们可以知道高分子共混物的界面张力明显小于纯高分子与空气的表面张力。因此,在共混物中,界面相中高分子组分的浓度变化相对平缓。链的取向也会有很大的不同,在纯的高分子与空气表面,链倾向于平行表面;而一些理论证据表明在共混物的界面处,链的末端倾向于向界面垂直伸展。越小的界面张力预示着共混物越倾向于混容。

**表 9-6　几种高分子的表面张力**

| 聚 合 物 | 表面张力 $\gamma$(erg·cm$^{-2}$) | | $-(\mathrm{d}\gamma/\mathrm{d}T)$ (erg·cm$^2$·℃$^{-1}$) |
|---|---|---|---|
| | 20 ℃ | 140 ℃ | |
| 聚乙烯(PE) | 35.7 | 28.8 | 0.057 |
| 聚苯乙烯(PS) | 40.7 | 32.1 | 0.072 |
| 聚甲基丙烯酸甲酯(PMMA) | 41.1 | 32.0 | 0.076 |
| 聚二甲基硅氧烷(PDMS) | 19.7 | 14.0 | 0.048 |
| 聚氧乙烯(PEO) | 42.9 | 33.8 | 0.076 |
| 聚碳酸酯(PC) | 49.2 | 35.1 | 0.060 |
| 聚四氟乙烯(PTFE) | 23.9 | 16.9 | 0.058 |
| 聚甲基丙烯酸正丁酯(PnBMA) | 31.2 | 24.1 | 0.059 |
| 聚醋酸乙烯酯(PVA) | 36.5 | 28.6 | 0.066 |
| 聚氯丁烯(PBC) | 43.6 | 33.2 | 0.086 |
| 聚对苯二甲酸乙二醇酯(PET) | 44.6 | 28.3 | 0.065 |

**表 9-7　高分子共混物的界面性质**

| 共混聚合物 | $\gamma_{ab}$(140 ℃) (erg·cm$^{-2}$) | $S_{b/a}$(140 ℃) (erg·cm$^{-2}$) | $-\mathrm{d}\gamma_{ab}/\mathrm{d}T$ (erg·cm$^2$·℃$^{-1}$) | $W_a$(140 ℃) (erg·cm$^{-2}$) | 剪切强度 (dyn·cm$^{-2}$) |
|---|---|---|---|---|---|
| PMMA/PS | 1.7 | −1.6 | 0.013 | 62.4 | $6.5\times10^7$ |
| PE/PMMA | 9.7 | −6.5 | 0.018 | 51.1 | $5.2\times10^7$ |
| PnBM/PVA | 2.9 | 1.6 | 0.010 | 49.8 | $9.6\times10^7$ |
| PDMS/PCLP | 6.5 | 12.0 | 0.005 0 | 40.8 | $1.3\times10^8$ |
| PB(聚丁二烯)/PS | 3(100 ℃) | — | ～0 | — | — |

### 9.4.1　界面的黏结性能

由表 9-6 中的铺展系数 $S_{b/a}$ 大小可表征高分子 b 在高分子 a 表面上的铺展能力,由

$$S_{b/a} = -\frac{\partial G}{\partial A_b} = \gamma_a - \gamma_b - \gamma_{ab} \tag{9-40}$$

可知,$A_b$ 是高分子 b 所铺展的面积,正的 $S_{b/a}$ 表明铺展可导致自由能降低,铺展过程是可以自发进行的,两者的黏附能力较强,可获得较高的剪切强度。

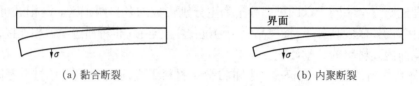

(a) 黏合断裂　　　　　　　　　　　(b) 内聚断裂

图 9-10　材料黏合后的破坏

两种材料形成界面后发生破坏可分为两种情况,如图 9-10 所示。理想状况是界面相强度已大于两种材料中的某个个体本身的强度,破坏发生在这个个体上,这被称为材料的内聚(cohesive)断裂。更常见的是破坏发生在界面相上,被称为黏合(adhesive)断裂,后者的临界破坏能为

$$G_c = 2\gamma_{ab}\left(\frac{\xi}{b}\right)^2 \tag{9-41}$$

$\xi$ 是由式(4-5)定义的界面厚度 $\xi = 2b/(6\chi)^{1/2}$。当然也可用式(4-4)定义的黏合功来表征界面的强度

$$W_a = \gamma_a + \gamma_b - \gamma_{ab} \tag{9-42}$$

式(9-41)和式(9-42)均忽略了界面破坏时链的断裂和抽离等对强度的贡献,代表了实际体系界面强度的下限,两者处于同一数量级,但由于定义的不同,具体数值上有差异。表 9-6 列出的 PMMA/PS 的根据表面张力计算的理论值 $W_a$ 比实验测得的断裂能 $5\times10^4$ erg·cm$^{-2}$ (50 J·cm$^{-2}$)要小 500 倍左右,界面相的实际断裂能又小于 PS 和 PMMA 各自的断裂能(均为 500 J·cm$^{-2}$)。

如果同一种高分子或两种高分子的相容性较好,可通过加热到两者的 $T_g$ 附近,使高分子链相互扩散发生界面贯通,实现类似金属材料的**高分子焊接**(polymer welding)。

### 9.4.2　高分子胶黏剂的性能

不相容的两种高分子,或者高分子和无机材料的界面,黏结性能一般较差,只能利用胶黏剂(adhesive)或胶水(glue)将两者黏接起来。胶黏剂有很多种,上古时人们就利用动物组织上获取的蛋白质,如鱼、骨和血液中的白蛋白制成胶状的水溶液来制成胶黏剂,中国古代建筑中也采用坚固的糯米石灰、桐油石灰等。后来人们利用至今仍在频繁使用的溶解在溶剂中的橡胶。现在结构最简单的胶黏剂是线型的无定型聚合物,压敏胶就属于这种类型。然而,真正性能好的胶黏剂成分相当复杂,往往在使用之前是聚合物单体,如环氧树脂胶、氰基丙烯酸酯,也可能是聚合物预聚体,如氨基甲酸酯,在使用时发生聚合,最终产物在很多情

况下是热固性树脂。还有一种胶黏剂是嵌段共聚物、悬浮液或胶乳，如家用的"白胶"，实际上是乙烯和醋酸乙烯酯的共聚物。以上种种胶黏剂，无外乎通过化学键和物理上的相互作用起到对两种材料的黏合。

黏合作用大致可分为以下几种类型：

(1) 纯机械黏附，胶黏剂流过粗糙的基板表面，起到一个吻合作用，黏合作用较弱。

(2) 胶黏剂与基板形成特殊的氢键相互作用。

(3) 胶黏剂与基板形成直接的化学键连接，如胶黏剂通过接枝聚合在基板上引入支化链。在不少系统中还提倡与基板的直接键合，例如，在胶黏剂中引入马来酸酐共聚单体，可以与金属表面发生键合。

(4) 对于高分子材料的黏合界面，两种高聚物的互相扩散相当重要，如果对界面上的某种高聚物进行交联，能大大提高黏结强度。

(5) 分子间的范德华力对黏结也有贡献。

在真实体系中，几种类型也可能同时存在。

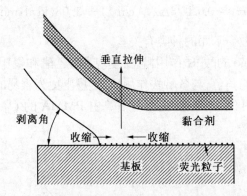

图 9-11　测试黏结性能的剥离测试示意图，荧光粒子用来跟踪胶黏剂在破坏过程中的移动

实验中一般采用剥离或搭接剪切测试来表征黏结性，如图 9-11 所示，如用 $P$ 表示剥离两种材料所需单位面积上的力($N \cdot m^{-2}$)，$\theta$ 为剥离角，胶黏剂的破坏强度 $G$ 为

$$G = P(1 - \cos \theta)$$

$G$ 的大小一般为 $10^2 \sim 10^4$ J·m$^{-2}$，不仅仅与剥离角有关，还与测试时的温度和剥离速率有很大关系。

### 9.4.3　表面改性

表面改性是为了改变高分子的表面性质。对表面进行氟化或化学反应可得到低表面张力的表面。也可对表面进行等离子体或电晕处理。等离子体是一种部分离子化的气体，拥有相同数量密度的电子和正离子。取决于空气和使用的离子，通过在聚合物的表面被氧化或引入一些杂质离子，聚合物表面的可黏结性可明显提高。例如，PMMA 在普通玻璃上浇膜，黏结性能很差，只要对普通玻璃用稀盐酸处理后，玻璃表面上的有些钠离子被氢所代替，黏结性能就有所提高。

### 9.4.4 黏合能与 Drago 常数

为了定量计算不同材料之间的黏合能力,Drago 等采用酸-碱作用对原理,即把极性的有机分子简单地看作是电子的给体(donors)或受体(acceptors),估算黏合能。根据这个原理,实验上可通过红外光谱,利用—OH 的伸缩振动频率的位移,计算形成酸-碱作用对的焓变 $\Delta H$。Drago 和 Wayland 提出黏合焓 $\Delta H$ 有以下关系[7]

$$-\Delta H = E_A^0 E_B^0 + C_A^0 C_B^0 \tag{9-43}$$

式中参数 $E_A^0$ 和 $E_B^0$ 分别为酸和碱的形成静电相互作用的敏感度(susceptibility),$C_A^0$ 和 $C_B^0$ 分别为酸和碱的形成共价键的敏感度。简而言之,$E^0$ 和 $C^0$ 分别代表了形成静电相互作用和形成共价键对黏合焓的贡献。

Drago 进一步将黏合 $\Delta H$ 与红外吸收频率的位移关联起来,发现例如氧和氮之类的电子给体与酚和脂肪醇作用造成的—OH 红外伸缩振动频率位移与 $\Delta H$ 有线性关系[8],即

$$-\Delta H = 0.010\,3\Delta \upsilon_{OH}(\text{cm}^{-1}) + 3.08(\text{kcal}\cdot\text{mol}^{-1})$$

这个半经验方程中的常数与基团的种类有关。

Fowkes 接受了 Drago 的酸-碱作用概念,发现乙酸乙酯和聚甲基丙烯酸甲酯(PMMA)中的羰基均担当了弱碱的角色,与各种酸作用后,定量上更为容易的羰基的红外振动位移均与 $\Delta H$ 呈线性关系(见图 9-12)[9]。从中可估算出 PMMA 的 $C_B^0 = 0.96(\text{kcal}\cdot\text{mol}^{-1})^{1/2}$,$E_B^0 = 0.68(\text{kcal}\cdot\text{mol}^{-1})^{1/2}$。

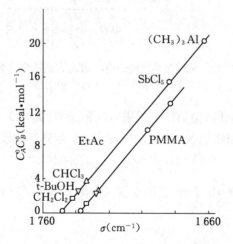

图 9-12 乙酸乙酯和 PMMA 分别与其他化学物质
形成酸-碱作用络合时发生羰基红外振动峰的位移

后来,Drago 及其合作者,总结了大量的实验事实,又重新定义了更为合理的酸碱静电相互作用敏感度 $E_A$、$E_B$,和共价作用敏感度 $C_A$、$C_B$,新旧敏感度之间存在以下的矩阵转换关系[10]

$$\begin{bmatrix} 0.50 & 0 \\ 0.11 & 1.89 \end{bmatrix} \begin{bmatrix} E_A^0 \\ C_A^0 \end{bmatrix} = \begin{bmatrix} E_A \\ C_A \end{bmatrix}$$

$$\frac{1}{0.945}\begin{bmatrix}1.89 & -0.11 \\ 0 & 0.5\end{bmatrix}\begin{bmatrix}E_B^0 \\ C_B^0\end{bmatrix}=\begin{bmatrix}E_B \\ C_B\end{bmatrix} \qquad (9\text{-}44)$$

新定义的敏感度虽然数值上发生了改变,但并不改变黏合焓变(式 9-43)的计算形式和数值,即

$$-\Delta H = E_A E_B + C_A C_B$$

由酸-碱作用对理论得出黏合焓变就可以计算黏合功了

$$W_{AB} = -fn_{AB}\Delta H \qquad (9\text{-}45)$$

式中 $n_{AB}$ 为界面上酸-碱作用对的数目;由于忽略了熵变的影响,需引入一个校正因子 $f$ 将焓变校正成为与黏合功真正有关的黏合自由能,$f$ 一般接近 1。当然,原则上熵变还是可以通过计算得到的。

Drago 常数包含了静电相互作用和共价键相互作用部分的计算,如再要考虑分子间范德华力部分的贡献,还要参照文献[11]进行额外的计算,与酸-碱作用对理论得出的黏合功直接相加就得到总的黏合功。这样,采用文献或参考手册里查到的 Drago 常数就可方便地估算两种材料的黏合功,并可判断能否实现黏合。

### 9.4.5　高分子材料的生物相容性

与人体组织直接接触的生物医用高分子材料在性能上是有特殊要求的。这些材料至少不能引发感染发炎,残存的引发剂和增塑剂等添加物的扩散都不至于让生物体得病。当然不同的器官组织局部对材料性能的要求是不一样的。我们在这里仅举两个例子,骨水泥(bone cement)和与血液接触的医用高分子材料。

#### 1. 骨水泥的特殊要求

骨水泥在外科手术中已被广泛使用,一个重要的例子是用它替换坏死的髋关节,人造髋关节必须连接大腿骨和骨盆,而且要能承受多年的循环受力。

最早的骨水泥是大约在 1960 年发明的聚甲基丙烯酸甲酯,四十多年来,基于丙烯酸酯类的骨水泥仍被频繁使用着。目前一种重要的基底材料是采用丙烯酸双酚 A-缩水甘油醇酯(bis-GMA)

它能达到较大程度的交联,在聚合时体积收缩非常小,在齿科填充材料中也有重要用途。另外,骨水泥中的填充物采用生物活性的玻璃陶瓷,这些玻璃陶瓷基于磷灰石、钙硅石。新的一类玻璃陶瓷是一种混合物 $CaO\text{-}MgO\text{-}SiO_2\text{-}P_2O_5\text{-}CaF_2$ 或化学成分和结构类似的复合材料。这些陶瓷的最有趣特性是骨水泥与骨组织直接接触的表面部分可形成磷酸钙的富集层,从而提高黏结性能。另外一个额外的优点是空气中的氧可促使部分未愈合组织或高分子表面低分子量层的形成。这层物质可以溶解在体液中,下面的填充物有助于诱导钙、磷成分在填充物空间中的成核,促进骨组织与骨水泥的直接黏合。最终高分子表面可完全被新

形成的类骨组织填满,达到令人满意的治疗效果。

2. **血液用高分子材料**

一般而言,当血液与异体接触,就会面临复杂的生物现象:发生凝结(coagulation)和免疫反应(immunity reactions)。许多科学家正致力于解决这一问题,尤其是对于血管修补和人造血管用的材料而言。

目前普遍采用的血管修补材料主要存在的问题是长效稳定性。首先,材料表面会快速吸附一些蛋白质,促使血液的凝结,导致血小板的粘连。其次,材料的表面性质和模量与人体血管有重要差别,后者将使血红细胞膜发生磨损,导致溶血现象、血小板活化和聚集。这里要考虑的不是高分子表面的磨损,而是血红细胞要经受长时间的摩擦。

最初,人们自然想到亲水性的高分子材料或表面是与血液相容的,不会诱发血液的凝结。在此基础上,人们考虑采用梯度模量材料,在外表面是韧而柔软,而内表面高度溶胀。还有些人详细考查了诸如极化率,表面所带净电荷或表面的总体电势等高分子的电学性质对性能的影响。

一个缓解上述问题的重要方法是在血液接触的表面上接枝水溶性的高分子。这一想法的依据是通过在表面接枝上具有较大流体力学体积的高分子如聚乙二醇等,来阻止血液蛋白到达表面。接枝高分子与蛋白质分子之间存在的排斥体积(熵排斥)可使蛋白质远离人造血管表面。另一个方法是在表面接枝硫酸肝素多聚糖,这一材料可阻止血液凝结和血栓的形成。带阴离子特性的肝素可通过离子作用连接到带有阳离子表面上,肝素会缓慢释放到血流中,在释放过程中,靠近表面的肝素浓度足够高,在手术后的几天内阻止血栓的形成。然而,过了这一阶段,肝素的释放速率就会降低,因此这一方法只适合于短期的手术和设备。

目前比较新的进展是在与血液接触的表面上引入活细胞,如单层的骨髓细胞和内皮细胞均有益于抗凝血。

总之,应用稀高分子溶液-胶体表面特性可实现油的回收、机械润滑、废水处理、造纸工艺、药物输送(drug delivery)、非喷溅型的乳胶涂料(nondrip latex paint)等。高分子模塑(molding)、聚合物回收、微电子封装、热塑性复合材料制备、橡胶增韧塑料材料的设计和制备、汽车轮胎的制备等方面也离不开有关高分子和高分子表面和界面性质的科学研究。可以想见,高分子表面和界面性质包含了丰富的内容,本节罗列的内容也许只是揭开了漂浮在海面上之冰山的一角,今后还有待于包括读者在内的高分子科学工作者进一步地努力开拓。

# 习题与思考题

1. 推导极化强度关系式 $P = (\varepsilon - 1)\epsilon_0 E$。

2. 试推导 Debye 色散方程式,并求出复介电常数的实部 $\varepsilon'$ 和虚部 $\varepsilon''$ 以及 $\varepsilon''_{max}$、$\tan\delta_{max}$ 等特征值表示式。

3. 导出在交变电场中单位体积的介质损耗功率与电场频率的关系式,并讨论当 $\omega \to \infty$ 时介质的损耗情况。

4. 假定某种聚合物的电导率为 $10^{-9}\,\Omega^{-1}\cdot m^{-1}$,载流子迁移率借用室温下烃类液体中离子载流子的数值 $10^{-9}\,m^2\cdot V^{-1}\cdot s^{-1}$,计算聚合物的载流子浓度,并估算聚合物中重复单元的数量密度(假定重复单元分子量为 100),比较所得结果加以讨论。

5. 本征的导电高分子在分子结构上有何特点,为什么说它是一种半导体材料。

6. 高分子二阶非线性光学材料在分子结构上有何特点。

7. 聚合物为什么会有透气性?如何减少透气性?

8. 已知硅片的 $E_A^0 = 4.39 (\text{kcal} \cdot \text{mol}^{-1})^{1/2}$, $C_A^0 = 1.14 (\text{kcal} \cdot \text{mol}^{-1})^{1/2}$, PMMA 的 $E_B^0 = 0.68 (\text{kcal} \cdot \text{mol}^{-1})^{1/2}$, $C_B^0 = 0.96 (\text{kcal} \cdot \text{mol}^{-1})^{1/2}$, 实验测得 PMMA 和硅片的酸碱作用对数为 $n_{AB} = 6 \times 10^{-6}$ mol·m$^{-2}$, 焓能校正因子 $f \approx 1$。求硅片与 PMMA 的 $E_A$、$C_A$ 和 $E_B$、$C_B$, 根据新旧定义的两种敏感度分别计算一下黏合焓,并计算黏合功,由此判别 PMMA 能否与硅片黏合。

# 参 考 文 献

[ 1 ] 何曼君,陈维孝,董西侠. 高分子物理[M]. 修订版. 上海:复旦大学出版社,1990.

[ 2 ] BOWER I D. An Introduction to Polymer Physics[M]. Cambridge, Eng. : Cambridge University Press, 2002.

[ 3 ] 施晓晖,陈靖民,杨玉良. 物理,1995, 24(5):284.

[ 4 ] SPERLING L H. Introduction to Physical Polymer Science[M]. 4th ed. New Jersey: Wiley Interscience, 2006.

[ 5 ] 冯端,师昌绪,刘治国. 材料科学导论——融贯的论述[M]. 北京:化学工业出版社, 2002:第 13 章.

[ 6 ] SPERLING L H. Introduction to Physical Polymer Science[M]. 4th ed. New Jersey: Wiley Interscience, 2006: Chapter 4.

[ 7 ] DRAGO R S, WAYLAND B B. J. Am. Chem. Soc. , 1965, 87:3571.

[ 8 ] DRAGO R S, VOGEL G C, NEEDHAM T E. J. Am. Chem. Soc. , 1971, 93:6014.

[ 9 ] FOWKES F M. J. Adhesion Sci. Technol. , 1990, 4:669.

[10] DRAGO R S, FERRIS D C, WONG N. J. Am. Chem. Soc. , 1990, 112:8953.

[11] FOWKES F M. J. Adhesion Sci. Technol. , 1987, 1:7.

# 第十章
# 聚合物的分析与研究方法

这一章介绍一些近代物理分析方法在聚合物的分析和结构研究方面的应用。由于篇幅限制只能选择一些常用的方法,作一些粗浅的介绍。

## 10.1 质 谱 法

### 10.1.1 质谱法的基本原理

普通的质谱方法是将试样在电子束的轰击下电离成离子,并让它们在电场作用下加速运动。

另一种被广泛应用的质谱仪称作飞行时间质谱仪(time-of-flight mass spectrometry, TOF-MS),它不需要大的电磁场。其工作原理也是首先将试样变成离子,然后在电场作用下使之加速运动,这些具有相同动能的离子,由于本身的质荷比不等,所以它们的运动速度也不相等,因此离子从加速区到达检测器所需的时间 $t$ 也不相等。假定加速区与检测器之间的距离为 $D$(约 1 m 左右),则时间 $t$ 与离子的质荷比有关

$$t = \frac{D}{v} = \frac{1}{\sqrt{2}}\left(\frac{D}{V^{1/2}}\right)\left(\frac{m}{e}\right)^{1/2} \tag{10-1}$$

如果离子所带的电荷都相等,则轻的离子首先到达检测器。检测器接一示波器,质谱图便可以在荧光屏上显示出来。这种仪器分析速度很快,1 秒钟可以得到几百上千个谱图,因此可以代替气相色谱的鉴定器,也可以研究速度很快的化学反应。

质谱中的一个技术关键就是样品的电离(ionization)。传统的电子轰击电离(EI)能量高,能将样品电离成分子离子以及大量的碎片离子,对有机小分子样品常能提供丰富的结构信息。但是难以用来分析大分子化合物,因为聚合物难以气化且热稳定性低,在电子轰击下,极易降解成断链或碎片,而没有分子离子峰,因而得不到样品分子量和分子量分布等信息。近年来,由于一些新的电离技术的问世,使得质谱技术在分析大分子一级结构上起着越来越重要的作用。

电喷雾技术(electrospray ionization, ESI)能在大气压下从溶液里直接产生完整的溶质生物大分子的分子离子[1]。样品溶液以很低的流速(1~20 μL/min)从毛细管中流出来,用一个高电压(1~5 kV)加在毛细管柱头上,使柱头液体喷雾成带电的很细的液滴。与以往的电离技术不同,它不只产生单电荷离子,生物大分子的 ESI 谱包含大量的多电荷离子,这些离子的形成主要通过贴附上或者失去若干个氢离子或金属离子,如 $Na^+$、$K^+$ 而形成的。

在大分子的正离子谱上能够观察到离子相应于$(M+nH)^{n+}$，$M$相应于分子的分子量，而$n$代表离子电荷的数目，$H$是贴附上氢离子的质量。带多个电荷的高分子量生物大分子所产生离子的质荷比$m/e$是相对低的。对于多数蛋白而言，观察到的$m/e$值一般都在$500\sim 2\,500$范围内，这样可以在一些质量范围不大的质谱仪上分析分子量很高的生物大分子。

基质辅助激光解吸电离(matrix-assisted laser desorption-ionization，MALDI)技术是近年来发展的软电离技术。其原理是将样品物质均匀地包埋在特定基质中，在脉冲式激光的作用下，基质物质吸收能量，在极短时间内被气化的同时将样品分子投射到气相中并得到电离。在此过程中，由于激光的极快速加热和基质的辅助作用，避免了样品分子的热分解，从而观察到分子离子峰且很少有碎片离子。尤其是对合成聚合物，主要观察到的是单电荷分子离子。因此MALDI技术和飞行时间质谱结合(MALDI-TOF-MS)，能够精确测定聚合物样品的绝对分子量，进而得到聚合物中单体单元、端基和分子量分布等信息。在聚合物结构分析中起着日益重要的作用。迄今为止，已可测定分子量达百万量级的聚合物。

MALDI-TOF-MS的过程可以形象地描述为[2]：将被分析样品(聚合物)的稀溶液和浓度较高的基质溶液均匀地混合，取少量的该混合溶液滴在MALDI的标靶上，使溶剂挥发，基质和聚合物形成结晶，将标靶放入质谱仪，用激光照射标靶，使基质气化的同时将聚合物解吸到气相中，中性的聚合物分子被质子化或金属离子化并被泵浦到飞行时间质谱计中进行质量分析，检测器便可检测到分子离子。

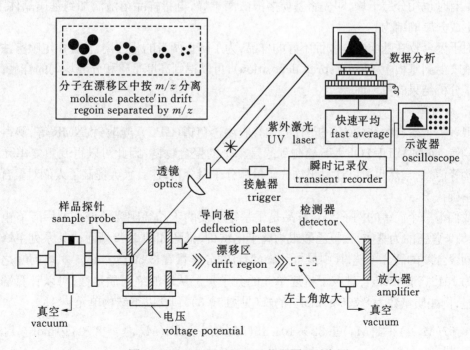

图 10-1　MALDI-TOF-MS仪器原理示意图

## 10.1.2 质谱法的工作步骤与应用

### 1. 基质的选择

基质的作用是吸收激光能量并在气化过程中将样品分子离子化，大多数基质是一些含有芳环的有机酸。选择基质的目的是使被测样品在分子水平上均匀地溶解在其中,一个重要原则就是两者之间的极性匹配。对于大多数聚合物,在相关文献中都可以找到合适的基质,读者可以参考这方面的综述来选择基质。

### 2. 样品的正离子化

聚合物样品在气化过程中可被离子化,包括质子化和金属离子化。只有那些分子结构中含有氨基的聚合物比较容易被有机酸质子化,因此基质中不需要再加入离子化试剂;含有氧杂原子的聚合物,如聚醚、聚丙烯酸酯、聚酯和聚酰胺等,倾向于被碱金属离子化,而含有双键的烃类聚合物,如聚苯乙烯、聚丁二烯和聚异戊二烯等,则倾向于结合铜离子或银离子。对于后两者,需加入适当的金属盐作为离子化试剂。然而不含双键和杂原子的聚烯烃,如聚乙烯和聚丙烯,由于没有合适的离子化方法,仍然难以用 MALDI-TOF-MS 分析。样品分子与金属离子的结合(binding)据认为与聚合物链的构象有关。

### 3. 样品的制备

样品的制备是决定 MALDI 实验成败的关键。除了上述基质和金属盐类的选择以外,制样的过程也很重要。现在一般用溶液液滴干燥技术(dried-droplet method),如果溶解情况良好,可以保证在溶剂挥发后,样品分子均匀地分散在基质晶体中。样品和基质的摩尔比控制在百分之一或万分之一,例如将 $5 \text{ mg} \cdot \text{cm}^{-3}$ 的聚合物溶液与 $0.25 \text{ mol} \cdot \text{L}^{-1}$ 的基质溶液以 $1:7$ 的体积比混合,取 $1 \mu \text{L}$ 这样的溶液滴在标靶基板上,在常压下或真空中干燥后即可测试。有时也用分层干燥,即先将基质溶液液滴干燥,再将样品溶液滴加到基质晶体上,干燥后形成分层的结构。

对于聚合物在基质中分散性不好的样品,为了防止两者的相分离,往往用电喷雾法将混合溶液喷射到基板上(electrospray deposition),可以得到高度平整和分散均匀的样品,大大提高了分析结果的重现性。

### 4. 应用举例

很多关于聚合物结构的分析方法,如凝胶渗透色谱(GPC)、光散射、NMR 等,测得的都是平均值,而 MALDI-TOF-MS 检测到的是单个的聚合物链,因此可以得到重复单元和端基结构等信息,当然也可以计算平均分子量和分子量分布,这就大大提高了人们对聚合物结构的精确认识。

我们举一个简单的例子[3]。样品是丁基锂引发的苯乙烯阴离子聚合被甲醇终止的产物,1,8,9-蒽三酚为基质,三氟乙酸银为离子化试剂,谱图如图 10-2 所示。其系列主峰对应于不同聚合度的高分子链,其中最可几峰($M_p$)的分子量在 $8\,800 \text{ g} \cdot \text{mol}^{-1}$。峰与峰之间的距离为 $104.15 \text{ g} \cdot \text{mol}^{-1}$,对应于重复单元的分子量。从峰的绝对质量数,可以计算端基的分子量,例如质量数为 $8\,706 \text{ g} \cdot \text{mol}^{-1}$ 的峰(见图 10-3),包含以下结构单元

$$57(M_{丁基}) + 1(M_H) + 82 \times 104.15(M_{苯乙烯}) + 108(M_{Ag^+}) = 8\,706 \text{ g} \cdot \text{mol}^{-1}$$

其中丁基、氢和银离子分别来自于引发剂、终止剂和离子化试剂。

图 10-3 中各峰的高度对应于该聚合度的聚合物链的含量(丰度),因此可以方便地对所有信号积分得到重均和数均分子量以及多分散性指数。

如将 MALDI-TOF-MS 和其他分析方法联用,例如和 GPC 结合使得多分散性样品和支化结构聚合物的分析成为可能。MALDI-TOF-MS 同样能够分析共聚物。由于观察到的是

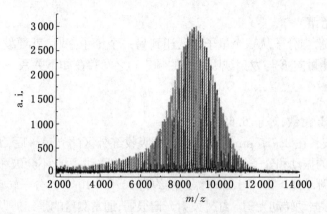

图 10-2　阴离子聚合聚苯乙烯的 MALDI-TOF-MS 谱图 ($M_n = 9\ 200\ \text{g·mol}^{-1}$)

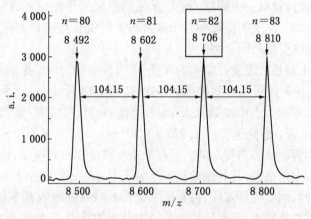

图 10-3　部分放大的谱图

每个高分子的绝对分子量,通过统计分析,可以得到共聚物的化学组成、序列分布、平均分子量和分子量分布等结构信息。

## 10.2　红外与拉曼光谱法[4]

红外光谱是研究波长为 $0.7\sim1\ 000\ \mu\text{m}$ 的红外光与物质的相互作用;拉曼光谱是研究波长为几百纳米的可见光与物质的相互作用。它们统称为分子振动光谱,是表征高聚物的化学结构和物理性质的一种重要工具。它们可以对以下一些方面提供定性和定量的信息。

(1) 化学:结构单元、支化类型、支化度、端基、添加剂、杂质。

(2) 立构:顺-反异构、立构规整度。

(3) 物态:晶态、介晶态、非晶态、晶胞内链的数目、分子间作用力、晶片厚度。

(4) 构象:高分子链的物理构象、平面锯齿形或螺旋形。

(5) 取向:高分子链和侧基在各向异性材料中排列的方式和规整度。

### 10. 2. 1　红外光谱

按照量子学说,当分子从一个量子态跃迁到另一个量子态时,就要发射或吸收电磁波,两个量子状态的能量差 $E$ 与发射或吸收光的频率 $\nu$ 之间存在如下关系

$$\Delta E = h\nu \tag{10-2}$$

式中 $h$ 称为 Planck 常数,等于 $6.62 \times 10^{-34}$ J·s。

红外辐射的波长在 $2 \sim 50$ μm 之间。当物质吸收红外区的光量子后,因光量子的能量较小,只能引起原子的振动和分子的转动,不会引起电子的跳动,因此不会破坏化学键,而只能引起键的振动(电子跳动能 $> 10^{-18}$ J,原子振动能约为 $10^{-20} \sim 10^{-19}$ J,分子转动能约为 $10^{-23}$ J),所以红外光谱又称振动转动光谱。红外发射光谱很弱,通常测量的是红外吸收光谱。

分子中原子的振动是这样进行的:当原子的相互位置处在相互作用平衡态时,位能最低,当位置略微改变时,就有一个回复力使原子回到原来的平衡位置,结果像摆一样作周期性的运动,即产生振动。原子的振动相当于键合原子的键长与键角的周期性改变。共价键有方向性,因此键角改变也有回复力。

按照振动时发生键长的改变或键角的改变,可将振动分为伸缩振动和变形振动(或弯曲振动)。例如—CH₂—基团可以有六种振动方式,如图 10-4 所示,对应于每种振动方式有一种振动频率,振动频率的大小用波数来表示,单位是 cm$^{-1}$。(注意:波数不等于频率。波数 $\tilde{\nu} = 1/\lambda$;频率 $\nu = c/\lambda$;$c$ 是光速,$c = 2.9979 \times 10^8$ m·s$^{-1}$)。当多原子分子获得足够的激发能量时,分子运动的情况是非常复杂的。所有原子核彼此作相对振动,也能与整个分子作相对振动,因此振动频率组很多,某些振动频率与分子中存在一定的原子基团有关,键能不同,吸收的振动能也不同,因此每种基团,每种化学键都有特殊的吸收频率组,相当于人的指纹一样,所以可以利用红外吸收光谱,鉴别出分子中存在的基团,结构的形状,双键的位置以及顺反异构等结构特征。

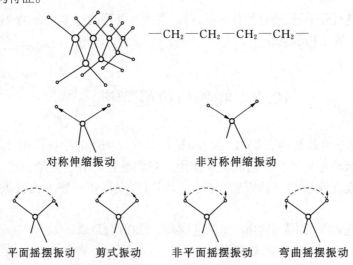

对称伸缩振动　　　　　非对称伸缩振动

平面摇摆振动　剪式振动　　非平面摇摆振动　弯曲摇摆振动

图 10-4　聚乙烯中—CH₂—基团的振动情况

随着近代科学技术的迅速发展,传统的红外光谱已不能满足需要,例如它的扫描速度太慢,使得一些动态的研究以及和其他仪器联用遇到困难,对吸收红外辐射较强的样品,或

吸收信号较弱的样品,以及痕量组分的分析都受到限制,因此就有傅立叶变换红外光谱(FTIR)的问世,现在这种仪器已基本普及。

FTIR 是由光学探测部分和计算机部分组成,其光学部分大多数由迈克耳逊干涉仪组成,干涉仪将由光源来的信号以干涉图的形式送往计算机进行傅立叶变换的数学处理,最后将干涉图还原成光谱图。

红外光谱可以研究固态、液态或气态的物质,所得的光谱图以吸收光带的波长或波数为横坐标,表示各种振动频率,以透射百分率或吸收百分率为纵坐标表示吸收强度,如图 10-5 所示。

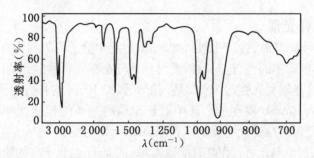

图 10-5　典型的聚合物红外光谱图

$$吸收百分率 = \frac{I_0 - I}{I_0} \times 100\%$$

$$透射百分率 = \frac{I}{I_0} \times 100\%$$

式中 $I$ 是透过试样的光强度;$I_0$ 是透过空白试验的光强度,再根据 Beer 定律 $\lg(I_0/I) = \varepsilon C l$ 可以从吸收或透过百分率中知道试样中基团的含量。式中 $l$ 是试样的厚度;$\varepsilon$ 是摩尔消光系数,它表示物质吸收辐射的能力;$C$ 是溶液的摩尔浓度。

在研究聚合物时,因为聚合物有很大的吸收能力,实验中主要的困难之一是需要制备非常薄的样品。对能够溶解的高聚物,必须选择吸收红外线很少的溶剂如 $CS_2$ 和 $CCl_4$ 等。当然溶剂不应该与高聚物有化学作用,并且不形成分子间的键,例如氢键。也有用苯、甲苯、氯仿、二氯乙烷和丙酮等作为溶剂的。

在微观结构上起变化而在光谱上出现特殊谱线的过程都可用此法研究。但是也应该注意到红外光谱法有局限性,对于含量小于 1% 的成分一般不易测准或测出,另外还有实验上的困难,如对不溶不熔高聚物要制备很薄的试样有困难,要精确测量在 0.1 mm 以下薄膜的厚度也有困难等,而且到目前为止,对复杂分子的振动还没有确实可靠的理论计算。

由于 FTIR 的快速扫描,可以在几秒钟内或者不到 1 秒钟就可得到一张质量很好的红外谱图,因此可用于研究瞬间的光谱变化。例如,可用于研究快速的化学反应过程,或者高聚物在受力过程中分子链取向度的变化,以及断裂机理的研究。或者与气相色谱,液相色谱以及凝胶透过色谱等直接联用,而不需要先搜集样品后再测绘红外谱图。

1986 年,Noda 等将核磁共振二维相关谱的有关概念向其他光谱学领域作了拓展[5],他们设想用一个低频率的扰动作用在样品上,通过测定比振动弛豫慢许多,但与分子尺寸运动紧密相关的不同弛豫过程的红外振动光谱,将数学相关分析技术用于红外光谱中得到二维红外相关光谱图。这种扰动可以是随机的噪音或静态的物理变化如电场、热、磁、化学、机械,甚至声波等变化。其显著的特点是:将光谱信号扩展到第二维上以提高光谱分辨率,简化含有许多重叠峰的复杂光谱;通过选择相关的光谱信号鉴别和研究分子内和分子间的相互作用。

近几年来,二维红外相关光谱发展迅猛,并且逐步在物理、化学、生物、材料、药学等领域得到了广泛的关注和应用。例如应用于聚合物材料的结构性能研究,生物蛋白质的次级结构研究,化学反应的反应机理探讨和动力学研究,同时与多种谱学相结合,使二维相关振动光谱技术有着广阔的应用前景。

### 10.2.2　激光拉曼光谱

当单色光作用于试样时,会产生散射光,在散射光中除了与入射光有相同频率的瑞利光以外还有一系列其他频率的光,这些散射光对称地分布在瑞利散射光的两侧,但其强度要比瑞利光弱得多,通常是瑞利光强的 $10^{-4}$,是入射光强的 $10^{-8}$,这种散射光被称为拉曼光,是印度物理学家 C. V. Raman 发现的。其中波长比瑞利光长的拉曼光叫斯托克斯(Stokes)线,而波长比瑞利光短的拉曼光叫反斯托克斯(antistokes)线。

频率为 $\nu_0$ 的入射单色光可看作具有能量为 $h\nu_0$ 的光子,当光子与物质的分子碰撞时,有两种情况:一种是弹性碰撞,光子仅改变运动的方向而与分子没有能量的交换,称为瑞利散射;另一种是非弹性碰撞,光子不仅改变运动方向,而且还与分子有能量交换,这就是拉曼散射。

分子的散射能级图 10-6 可以进一步说明拉曼散射和瑞利散射过程。处于基态 $E_0$ 的分子受到入射光子 $h\nu_0$ 的激发跃迁到受激虚态,而受激虚态是不稳定的,所以分子很快地又回到基态 $E_0$,把吸收的能量 $h\nu_0$ 以光子的形式(频率为 $\nu_0$)释放出来,这就是弹性碰撞,称为瑞利散射。然而跃迁到受激虚态的分子还可以回到电子的振动激发态 $E_n$,这时分子吸收了部分能量 $h\nu$,并释放出能量为 $h(\nu_0-\nu)$ 的光子,这就是非弹性碰撞,所产生的散射光为斯托克斯线。若分子原先就处于激发态 $E_n$ 的,受能量为 $h\nu_0$ 的入射光子激发后跃迁至受激虚态,然后很快地又回到原来的激发态 $E_0$,这也是弹性碰撞,它放出瑞利散射光。若处于受激虚态的分子不是回到原来的激发态,而是回到基态,这也是非弹性碰撞,放出能量为 $h(\nu_0+\nu)$ 的光子,即为反斯托克斯线,这时分子失掉了 $h\nu_0$ 的能量。由于在常温下原先处于基态的分子占绝大多数,所以通常斯托克斯线比反斯托克斯线强得多。

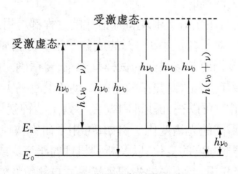

图 10-6　分子的散射能级跃迁

根据以上的说明可知拉曼散射光和瑞利散射光的频率之差(拉曼位移)与物质分子的振动和转动能级有关,不同的物质有不同的振动和转动能级,因而有不同的拉曼位移。对于同一物质,若用不同频率的入射光照射,所产生的拉曼散射光频率也不相同,但其拉曼位移却是一个确定的值。因此,拉曼位移是表征物质分子结构分析和定性检定的依据。散射光的强度与入射光波长的 4 次方成反比,所以拉曼光谱需要用波长较短的光源(可见光)。利用激光作为光源是因为激光强度大,使拉曼散射光的强度大大增加,只需几秒钟就能完成分析工作。另外,激光的方向性强,光束发散角小,可聚焦在很小的面积上,能对极微量的样品进行测定,只要用 $10^{-7}$ cm$^3$ 的液体、0.5 $\mu$g 的固体粉末或 $10^{11}$ 个气体分子就能得到较满意的拉曼光谱图。

虽然拉曼散射强度与样品中分子的浓度成正比,可是拉曼光谱在定量分析方面用得还是较少的,这是因为拉曼光的强度会受到样品的折光率、荧光、颜色等影响,也会受到入射光强的稳定性、光谱仪的灵敏度、背景杂散光的透过、检测器的灵敏度、散射池的结构等等的影响,所以在进行定量分析时经常用内标法、或对比法。

激光拉曼光谱仪是由激光光源、样品池、单色仪及检测记录系统等组成,激光拉曼光谱仪的光源多半是用气体激光器(如 He-Ne、Ar$^+$、Kr$^+$ 等激光器),要求功率为 10～1 000 mW,功率的稳定性好,变动不大于 1%,使用寿命在 1 000 hr 以上。拉曼散射光是很弱的,如果用 1 W 的激光光束,在光电倍增管上所能接收的拉曼光能量仅有 $10^{-10}$～$10^{-11}$ W,因此要求单色器具有成像好、分辨率高、杂散光小的特点,用两个光栅构成的双联单色器可以减少杂散光。激光拉曼光谱对液体、溶液、固体和气体均可测定,即可用于常量分析也能进行微量分析。拉曼散射信号与光源的强度成正比,因此用激光作为光源使拉曼光大为增强,但在另一个方面,也增加了样品分解的可能性,特别是高聚物或生物大分子和深色化合物更是如此,如用脉冲激光器或样品旋转技术可以防止或减少这种分解。有些样品用激光光束照射时,不仅产生拉曼散射光而且还会产生强度比拉曼信号大几百万倍的荧光信号。为了消除或降低荧光噪音的干扰,可事先将样品用强光照射就会使其荧光信号大大降低,或者选择适当的激光频率,使试样只产生拉曼光而不产生荧光;也可以在试杯中加入硝基苯及其衍生物来降低或消除荧光。

目前拉曼光谱技术发展很快,傅立叶变换光谱技术、表面增强拉曼、共焦显微拉曼、激光共振拉曼和紫外拉曼等新技术的出现,解决了拉曼光谱早期存在的一些问题,如荧光干扰、固有的灵敏度低等。

傅立叶变换技术同样可以运用到拉曼光谱的研究中,采用傅立叶变换技术对信号进行收集,多次累加来提高信噪比,并用 1 064 mm 的近红外激光照射样品,大大减弱了荧光背景。FT-Raman 在化学、生物学和生物医学样品的非破坏性结构分析方面显示出了巨大的生命力。

当一些分子被吸附到金、银或铜的粗糙化表面时,它们的拉曼信号强度可能增加 $10^4$～$10^7$ 倍,吸附分子的拉曼散射信号比普通拉曼散射(NRS)信号大大增强的现象,被称为表面增强拉曼散射(surface enhanced raman scattering, SERS),相应的应用这种技术测得的光谱就被称之为表面增强的拉曼光谱(SERS),可有效克服拉曼光谱灵敏度低的缺点,可以获得常规拉曼光谱所不易得到的结构信息,被广泛用于表面研究,吸附界面表面状态研究、生物大小分子的界面取向及构型、构象研究,结构分析等,可以有效分析化合物在界面的吸附取向、吸附态的变化、界面信息。

通过在光路中引进共聚焦显微镜(见本章 10.8 节),可消除来自样品的离焦区域的杂散光,形成空间滤波,保证了探测器到达的散光是激光采样焦点薄层微区的信号,测量样品可以小到 1 $\mu$m 的量级,尤其适用于高聚物中的细小包裹体的测量,如高分子共混物等,根据相微区中组分特征峰的强弱,可以准确了解微区中组分的成分、结构、对称性等信息。

激光共振拉曼光谱(RRS)是让产生激光频率与待测分子的某个电子吸收峰接近或重合时,这一分子的某个或几个特征拉曼谱带强度可达到正常拉曼谱带的 $10^4 \sim 10^6$ 倍,并观察到正常拉曼效应中难以出现的、其强度可与基频相比拟的泛音及组合振动光谱。与正常拉曼光谱相比,共振拉曼光谱灵敏度高,可用于低浓度和微量样品检测,特别适用于生物大分子样品检测,可不加处理得到人体体液的拉曼谱图。用共振拉曼偏振测量技术,还可得到有关分子对称性的信息。RRS 在低浓度样品的检测和络合物结构表征中,发挥着重要作用。结合表面增强技术,灵敏度已达到单分子检测。

## 10.3　核磁共振法[6,7]

核磁共振(nuclear magnetic resonance, NMR)是利用具有核磁矩的原子核作为磁探针来探测分子内部局部磁场的情况,而这一局部磁场的大小以及随着各种因素的变化正反映了分子的内部结构,以及各个分子之间的排列情况,所以核磁共振是研究分子内部结构及环境对分子结构影响的有力工具。要使分子产生核磁共振必需具备三个条件:

(1) 原子核具有磁性。凡是原子核的自旋量子数 $I > 0$ 的原子核都具有核磁矩。

(2) 需要有一个外加的均匀磁场,磁场强度为 $H_0$。自旋量子数 $I > 0$ 的磁性原子核在外磁场的作用下按不同方向取向,而产生能级的分裂。由量子力学原理知道,磁性原子核的磁矩可能取向的方向是由磁量子数 $m$ 决定,$m$ 的数值可为 $I$、$I-1$、$I-2$、$-(I-2)$、$-(I-1)$、$-I$,即 $m$ 有 $(2I+1)$ 个数值,也就是磁矩在外磁场作用下可以有 $(2I+1)$ 个取向,将能量分裂成 $(2I+1)$ 个能层。每一能层与零磁场的能层之间的能量差为 $E = m\mu H_0/I$,取向的磁核要在各能层之间发生跃迁,必须符合 $\Delta m \pm 1$ 的选择法则。

(3) 要有一个垂直于 $H_0$ 的交变电磁场 $H_1$。外界有一交变电磁场,它的频率为 $\nu_0$,当

$$h\nu_0 = \mu H_0/I \tag{10-3}$$

时,磁核就从外界的交变电磁场中吸收 $h\nu_0$ 的能量,使磁核在相邻两能层之间发生跃迁,也就是产生了核磁共振吸收,式中 $h$ 为 Planck 常数,$h = 6.6262 \times 10^{-34}$ J·s,$\mu$ 是原子核的磁矩。

**表 10-1　原子核的自旋量子数**

| 原子核 | 自旋量子数 $I$ | 原子核 | 自旋量子数 $I$ | 原子核 | 自旋量子数 $I$ | 原子核 | 自旋量子数 $I$ |
|---|---|---|---|---|---|---|---|
| $^1$H | 1/2 | $^{13}$C | 1/2 | $^{17}$O | 5/2 | $^{37}$Cl | 3/2 |
| $^2$H | 1 | $^{14}$N | 1 | $^{19}$F | 1/2 | $^{79}$Br | 3/2 |
| $^{11}$B | 3/2 | $^{15}$N | 1/2 | $^{31}$P | 1/2 | $^{81}$Br | 3/2 |
| $^{12}$C | 0 | $^{16}$O | 0 | $^{35}$Cl | 3/2 | $^{127}$I | 5/2 |

核磁共振实验装置如图 10-7 所示,将试样放在小试管内,试管放在一个传感线圈中,传感线圈的轴垂直于外磁场 $H_0$ 和射频场 $H_1$,$H_0$ 的强度可以调节,射频磁场可由射频发生器产生某一频率(如 60 MHz)的电磁波通过样品管外的射频输入线圈,作用于试样。由传感线圈接受的信号经射频放大器、检波器、低频放大器后,可在示波器中观察,或由计算机记录。在实验时可以固定射频磁场的频率 $\nu_0$,以改变外磁场强度 $H_0$,简称扫场法;或固定外磁场强度对 $H_0$ 而改变射频磁场的频率 $\nu_0$,简称扫频法。两种方法都可满足共振吸收的条件,而得到共振吸收谱图。

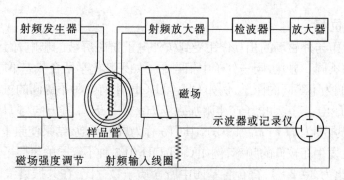

图 10-7　核磁共振实验装置示意

从式(10-3)可知,若外加磁场强度升 $H_0 = 14\,100\,\text{Gs}(1\,\text{Gs} = 10^{-4}\,\text{T})$,则质子 $^1\text{H}$ 的共振频率 $\nu_0 = 60\,\text{MHz}$,若 $H_0 = 23\,400\,\text{Gs}$,则 $\nu_0 = 100\,\text{MHz}$。如果再提高外加磁场的强度,可以进一步提高仪器的分辨率,现在已有用超导磁场的仪器,分辨率已达到 $\nu_0 = 900\,\text{MHz}$。

图 10-8 表示外磁场强度增加后,相应的频率也增加,提高了仪器的分辨力反映出聚碳酸酯的苯环上 4 个氢所处的环境不同而得到 4 个峰。

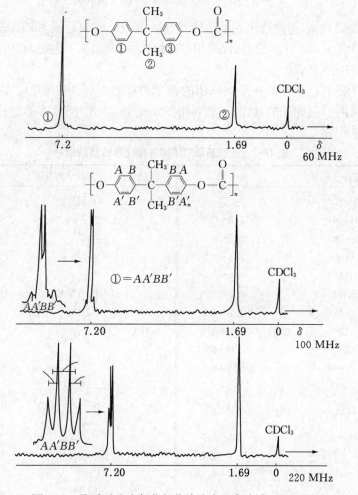

图 10-8　聚碳酸酯在氘化氯仿溶液中的高分辨 NMR 谱图

### 10.3.1 化学位移

原子核的磁矩与外磁场的相互作用受到核外电子抗磁屏蔽的影响,因而使共振频率与裸核的共振频率不同。显然,同一分子中相同原子如果其化学结合状态不同,则共振频率就不一样,常称它们为不等同的原子,例如 $CH_3CH_2OH$ 中有 3 种不等同的氢原子。原子或质子置于外磁场 $H_0$ 中,其运动电子产生附加磁场 $H_反 = -\sigma H_0$,其方向与 $H_0$ 相反,因此作用在原子核的磁场强度为 $H = H_0(1-\sigma)$,其中 $\sigma$ 称为屏蔽常数,结果使原子核的能层间差值减少。共振吸收发生在较低的频率,例如 $C_2H_5OH$ 中 3 种不等同的氢原子就有 3 个共振吸收峰,峰面积之比为 3∶2∶1,符合各基团中所含质子数之比,在共振谱线间产生的这种相对位移称为化学位移,研究高分子链的近程结构就是利用这一点。化学位移的表示方法有多种,化学位移是由于电子和外磁场相互作用所引起的,因此与外磁场的大小有关,常用相对单位 $\delta$(ppm) 来表示,当固定射频场频率 $\nu_0$ 而改变外磁场强度时

$$\delta = (H_{标准} - H_{试样})/H_{标准} \times 10^6 (\text{ppm})$$

当固定外磁场强度 $H_0$ 而改变射频场频率 $\nu_0$ 时

$$\delta = (\nu_{试样} - \nu_{标准})/\nu_{标准} \times 10^6 (\text{ppm})$$

对于质子的磁共振,通常选用的参比标准有水、氯仿、苯、环己烷和四甲基硅烷等。近来很多工作倾向于用 $\tau$ 表示化学位移,以四甲基硅烷作为内标,其 $\tau$ 值定为 $10.00$,则未知样品的 $\tau = 10.00 - \delta$。

核磁共振的研究已积累了一系列基团的化学位移数据(见表 10-2)。用化学位移鉴定化合物中有哪几种含氢原子的基团,正如利用红外光谱中的特征频率鉴定分子中各种基团一样。

**表 10-2 一些基团的核磁共振化学位移数据**

| 化合物中含氢原子的基团 | $\tau$ 值 | 化合物中含氢原子的基团 | $\tau$ 值 |
|---|---|---|---|
| $Si(CH_3)_4$ | 10 | OH(酚) | 0～6 |
| C—CH₂—C | 7.8～9.8 | C=CH₂ | 3.0～5.5 |
| CH₃—C | 8.0～9.2 | ⟨吡咯环 H, N, H⟩ | 2.8～4.3 |
| NH₂(烷胺) | 8.0～9.0 | —CNH₂ (酰胺) | 3.5～4.0 |
| S—H(硫醇) | 8.0～8.8 | | |
| O—H(醇) | 6.5～8.5 | ⟨呋喃环 H, O, H⟩ | 2.5～4.0 |
| CH₃—S | 7.3～8.5 | ⟨苯环 —H⟩ | 1～3.7 |
| CH₃—C≡ | 7.5～8.5 | | |
| C≡CH | 7.0～8.5 | ⟨噻吩环 H, S, H⟩ | 2.2～3.5 |
| CH₃—C=O | 7.3～8.0 | | |
| CH₃—N | 7～8.5 | ⟨吡啶环 N⟩ | 1.5～3.0 |
| CH₃—⟨苯基⟩ | 7.5～8.0 | RN=CH | 1.8～2.5 |
| C—CH₂—X | 6.5～6.7 | CHO | −0.5～2.0 |
| —NH₂(芳胺) | 6～6.8 | COOH | −3.3～0.3 |
| CH₃—O | 5.8～6.8 | | |
| CH₃—N(环) | 6.3 | | |

## 10.3.2 傅立叶变换核磁技术

目前普遍采用的脉冲 Fourier 变换(pulsed fourier transformation, PFT)核磁技术的发明标志着核磁技术的一次重大革新,它以强而短的射频脉冲替代传统的逐步改变射频磁场频率的扫频法。脉冲信号经 Fourier 逆变换在一定的频率域内可近似成一个方波信号,而方波信号实际上包含了激发样品中磁核能级跃迁所需的所有频率。射频脉冲作用在样品上后测到的是各个磁核的自由衰减信号(free induction decay, FID),将自由衰减信号再进行 Fourier 变换就还原成通常的包含化学位移信息的频谱,为了提高信号强度,可由多个脉冲得到的多个频谱进行累加。它不仅能大大提高信噪比,节省扫描时间,而且很容易进行信号的滤波处理,过滤掉随机噪声或不重要的信息。对于特定的实验还需实现对脉冲射频信号的序列、强度、宽度、时间间隔和方向的控制,在核磁仪上是很容易通过编程完成的。

## 10.3.3 自旋-自旋耦合,偶极去耦与交叉极化

如果只有化学位移这一效应,则 NMR 谱都将由一些单峰所组成,峰面积正比于等性核的数目。事实并非如此,从高分辨 NMR 谱图上可看到这些单峰实质上是由一组组多重峰(multiplet)所组成,产生这些多重峰的原因是核自旋与核自旋间有着能量的耦合,引起自旋能级上的微弱分裂。这种能量耦合有两种:一种称为直接耦合,它是由 A 核的核磁矩和 B 核的核磁矩产生的直接偶极相互作用;另一种称为间接耦合($J$ 耦合),它是 A 核的核磁矩和 B 核的核磁矩通过围绕 A 和 B 核外的电子云的间接传递作用使 A、B 核磁矩产生能量的耦合。在固体核磁中两种作用都存在,使得核磁谱图变得非常复杂。在非黏溶液中由于分子的快速各向同性运动,直接耦合可以被平均掉,但间接耦合则不会被平均掉,溶液高分辨 NMR 谱所呈现的多重峰正是 $J$ 耦合作用的结果。如果 $|J|$ 与 A 核和 B 核的化学位移处在同一数量级,必定会使谱线的归属难以分辨。所幸的是 $J$ 耦合的大小与外磁场 $H_0$ 无关。因此可以采用增强 $H_0$ 的办法使得 $|J| \ll \delta$,使谱图显得比较简单容易辨别。这是发展超导高场强 NMR 的重要原因之一。

当化合物存在有许多 $J$ 耦合时,图谱变得十分复杂而难以辨认,场强的提高又受到技术上的限制。为了简化图谱,人们还发展了一系列自旋去耦技术(decoupling),例如对 A 核和 B 核的体系,如果在 B 核的共振频率附近加一个射频场,这就引起 B 核在两个自旋态 $\alpha$ 和 $\beta$ 间发生激烈跃迁,结果使 A 核区别不清 B 核的不同状态,而只感受到其平均后的取向,因此 A 核和 B 核之间的耦合作用消失,A 的谱线合并成单线。去耦有同种核去耦和异种核去耦。通过去耦合技术不仅可以使图谱的分析变得非常容易,还可以设计实验确认复杂谱中哪些核之间是相互耦合的。

有机固体中稀核($^{13}$C)太少,就不会有明显的同核偶极耦合作用,偶极耦合作用中起主导作用的是异核偶极作用,如 $^{13}$C—$^1$H 偶极作用,这就用不着很复杂的同核去耦实验,但问题是灵敏度低。利用异核的偶极耦合作用,在异核去耦实验之前,通过特殊的脉冲序列,以极化传递的方式将 $^1$H 上的磁化量传递给 $^{13}$C,由于 $^1$H 核是大量存在的,丰核的 $^1$H 只损失总磁量的很少部分,却使 $^{13}$C 获得较大的磁化,从而提高 $^{13}$C 的灵敏度,固体中用的极化传递方法比较特殊,被称为交叉极化(cross polarization, CP)。

## 10.3.4 魔角旋转

固体中由于分子运动没有液体中那么自由,异核偶极去耦和交叉极化并不能解决固体

中各向异性的化学环境引起的谱线增宽,这个问题的解决需用到魔角旋转方法。所谓魔角旋转(magic angle spinning, MAS)是指将放置固体粉末样品的样品管在快速自转的同时又绕外磁场方向以一定的角度作快速公转,样品管与外磁场方向的夹角 $\theta$ 始终为 54.7°,这个角度称为"魔角"。选取魔角的意义在于,按取向函数的定义

$$\langle 3\cos^2\theta - 1 \rangle = 0$$

表明样品的取向度为"零",魔角旋转起到了与分子各向同性运动同样的效果,即将所有各向异性都平均为零,得到类似液体的高分辨谱。

交叉极化技术与 MAS 方法相结合,即 CP-MAS 方法,已成为 $^{13}C$ 固体高分辨谱的标准方法,它为固体材料的结构分析提供了重要的手段。

### 10.3.5 核磁共振在高分子链结构研究中的应用

高分子溶液的液体核磁谱与小分子的液体核磁谱一样作为常规的表征手段来确定化学基团的种类和数目,从而可以测定分子量、结构单元的连接方式、异构体的数目等。

**1. 结构单元连接方式的研究**

以 $CFCl_3$ 为例,在室温下测定了聚偏氟乙烯的二甲基乙酰胺溶液的 $F^{19}$ 核磁共振谱如图 10-9 所示,图中有 4 个吸收峰,分别属于下面结构式中的 A、B、C、D。从吸收峰的强度比可以判定在偏氟乙烯的分子中含有 5%～6% 的头—头的键接。

$$—CH_2—CF_2—CH_2—CF_2—CH_2—CF_2—CF_2—CH_2—CH_2—CF_2—CH_2—CF—CH_2—CF_2—$$
A      A      C    D       B     A      A

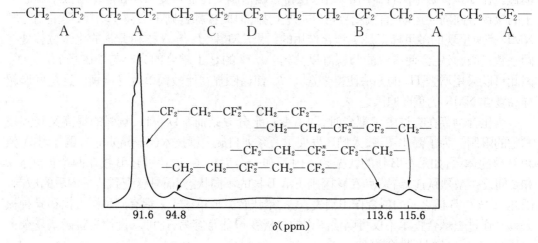

图 10-9 聚偏氟乙烯的二甲基乙酰胺溶液的 $F^{19}$ 核磁共振谱

$$\nu_0 = 56.4\,\text{MHz};温度:室温;内标:CFCl_3;\delta = \frac{H_{试样} - H_{CFCl_3}}{H_{CFCl_3}}$$

**2. 空间立构的研究**

聚甲基丙烯酸甲酯中有 3 种不同的氢原子,它们处在亚甲基、$\alpha$-甲基和酯基中。以四甲基硅烷为参比标准,测定了聚甲基丙烯酸甲酯氯仿溶液的高分辨核磁共振谱,发现用不同制备方法所得的高聚物其 $\alpha$-甲基都有 3 个吸收峰,而其强度则随制备方法而异,间同立构的在 $9.09\tau$ 处有吸收峰,全同立构的在 $8.78\tau$ 处有吸收峰,无规立构的在 $8.95\tau$ 处有吸收峰。根据吸收峰高度可估计不同聚合方法制备的聚甲基丙烯酸甲酯中各种构型的大致比例(见表 10-3)。

表 10-3　不同制备方法的 PMMA 中 3 种构型的含量

| PMMA 聚合方法 | 全同(%) | 无规(%) | 间同(%) |
|---|---|---|---|
| 100 ℃用过氧化苯甲酰引发本体聚合 | 8.9 | 37.5 | 53.9 |
| 0 ℃光引发本体聚合 | 7.5 | 30.0 | 62.5 |
| −62 ℃丁基锂作催化剂在甲苯溶液中聚合 | 63 | 19 | 18 |
| −70 ℃萘钠作催化剂在乙二醇二甲醚中聚合 | 10 | | 90 |

### 3. 双烯类聚合物异构体的研究

测定聚异戊二烯的 $CCl_4$ 溶液或 $CS_2$ 溶液的 NMR,其中—$CH_3$ 的化学位移,反式 1,4 为 8.40τ,顺式 1,4 为 8.33τ,其中 3,4 加成的含量可由 $CH_2$＝C—〈 质子的化学位移 5.33τ 与 〉C＝C〈$^H$ 质子的化学位移 4.92τ 和它们的吸收峰的强度比来估计。

高分辨液体核磁共振谱(NMR)的线宽一般小于 1 Hz,它提供了关于天然高分子和合成高分子的结构、构象、组成和序列结构等的详尽信息,因此,对于化学家来说核磁共振已经成为不可缺少的结构分析手段。多维高分辨谱技术的发展,使人们甚至已经可以获得复杂的蛋白质分子在溶液中的空间立体构象,并为揭示生物大分子的结构和功能的关系起到了重要的推动作用。液体核磁共振之所以可以获得如此高分辨的谱图,是因为其各种各向异性相互作用(如化学位移各向异性(chemical shift anisotropy, CSA)、偶极-偶极相互作用(dipolar-dipolar, DD)等)而使得分子在液体中的快速各向同性分子运动而被平均掉的缘故。但是在固体试样的核磁共振中,几乎所有这些各向异性相互作用均被保留,从而导致谱线的剧烈增宽,而且常常几乎无法分辨出谱线的任何细致结构。然而,绝大多数高分子的使用状态是固态,因此高分子材料科学家们试图了解在固体状态下材料的结构和微观物理化学过程,他们对固体高分辨核磁共振表现出极大的兴趣。因此,发展了新的固体核磁共振技术。有机高分子材料的主要组成原子为碳和氢,固体 $^1H$ 谱因存在着质子间强烈的同核偶极-偶极相互作用而很难获得高分辨核磁共振谱,这使得 $^{13}C$ 谱在固体有机高分子材料的研究中占有十分重要地位。关于 $^{13}C$ 固体核磁共振可参考有关书籍[8]。

## 10.3.6　核磁共振显微成像技术[8]

通常做 NMR 实验,都希望磁场愈均匀愈好,使样品的每个核处的磁场强度相等,共振信号在同一频率处被检测到,总信号强度是各个核信号强度的叠加。另一方面,当磁场不均匀时,原来的一条线会出现增宽或分裂,分裂的谱线代表样品中磁场强度不同处的核的信号,它给我们提供了空间分辨的 NMR 信号。核磁共振成像(magnetic resonance imaging, MRI)就是利用这一点,在原有的均匀静磁场上附加一个线性梯度场,使空间不同位置对应不同磁场强度,因而对应不同核磁共振频率,建立起空间位置与频率域的联系。如果以空间各点信号强度值作对比度就可得到核磁共振像。从核磁共振成像所获得的是关于原子核磁性质所表现的行为的信息。在成像机理上与其他成像方法(如电子显微镜、X 射线 CT 等方法)很不相同。比如一些溶液中的高分子对可见光透明,而对 MRI 就不透明。常用的核磁共振成像方法有三种:反应自旋密度空间分布的像称为自旋密度像;在自旋密度像基础上又加入部分反应自旋-晶格弛豫时间因素的空间分布的像称为 $T_1$ 加权像;若加入部分反应自旋-自旋弛豫时间因素的空间分布的像称为 $T_2$ 加权像。

　　作为一种无损检测方法,核磁共振成像技术已经在医学和生物学领域有着广泛的应用。生物体 MRI 磁场强度一般较小(<2 T),空间分辨率为 4 mm 左右。NMR 显微成像的空间分辨率更是在 10 μm 以下,具有高灵敏度、高空间分辨率的特点。NMR 显微成像有助于对高分子的结构和动力学研究,例如高分子中流体的分布、溶剂的扩散。然而对于固体材料的直接成像受到了可以达到的梯度场强度和样品线宽的限制。目前还不能做出像塑料等固体高分子材料的 NMR 成像,仅限于对固体材料中所含液体的成像。实验表明,介于液体与固体之间的天然或合成橡胶这种高弹态材料是一种比较理想的 NMR 显微成像样品。强烈的分子运动使得它们的自然线宽足够窄,能够得到令人可以接受的清晰图像。

# 10.4    小角激光散射法[9]

　　小角激光光散射(SALS)是 20 世纪 60 年代发展起来的一种实验方法,它能测定的结构尺寸范围从 0.5 μm 到几十微米,测定的结果本身就具有统计平均的性质。与电子显微镜法和 X 射线衍射法结合可以提供较全面的关于晶体结构或共混物结构的信息。聚合物球晶或共混物的相区域尺寸正处于上述范围,所以它可用于研究聚合物的结晶过程(或分相过程)中的球晶(相区域)的大小和形态,利用时间分辨的 SALS 可研究球晶(相区域)生长的速率、聚合物拉伸或剪切变形时球晶(相区域)的变形、晶粒(相区域)的取向等等。

## 10.4.1    用小角激光散射法测定球晶尺寸的原理

　　图 10-10 是小角激光散射法原理示意图。当一束单色性及准直性很好的激光光束穿过起偏振器照射到聚合物的薄膜样品时,由于样品内密度及极化率的不均一性而引起光的散射。散射光经过检偏振器以后的数据记录装置如光电倍增管或照相底片,最近已由操作更简便的 CCD(charged coupled devices)数码相机所代替。采用 CCD 不仅可大大提高测量的精度和灵敏度,而且可方便地实现实时的数字化记录。图中 $\theta$ 为散射角,$\mu$ 为方位角,如果检偏器和起偏器的偏振方向都是垂直方向(即图中 z 轴方向)称为 Vv 散射,如果检偏器水平而起偏器垂直,称为 Hv 散射。在研究结晶性聚合物的结构形态时用 Hv 散射;在比较球晶切向、径向与介质之间的折射率大小关系采用 Vv 散射;检测共混物的形态结构时一般只采用一块起偏器以获得线偏振光源。Hv 散射的图形呈四叶瓣状,如图 10-11 所示。

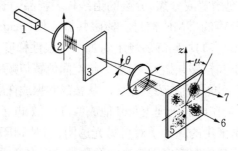

图 10-10    小角激光光散射实验装置示意

1—激光;2—起偏振器;3—样品;4—检偏振片;5—接收屏;6—入射光方向;7—散射光方向

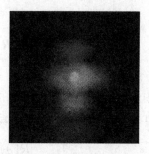

（a）Hv 散射　　　　　　　　　（b）Vv 散射

图 10-11　聚丙烯球晶结构的 Hv 和 Vv 图

　　散射理论的实质上是对真实三维空间的物质密度分布作傅立叶变换,目前有模型法和统计法两种,结晶性聚合物经加工、冷却以后,其内部多半形成球晶结构,用模型法来处理较为方便。现将模型法的理论简要叙述如下:

　　球晶在光学上呈各向异性,即球晶的极化率在径向和切向有不同的数值。可以把聚合物的球晶看作是一个均匀的、各向异性的圆球,周围是各向同性的基质,考虑光和圆球体系的相互作用,R. S. Stein 用模型法推导出球晶 Hv 和 Vv 散射光的强度公式

$$I_{Hv} = AV_0^2 \left(\frac{3}{U^3}\right)^2 \left[(\alpha_r - \alpha_t)\cos^2\frac{\theta}{2}\sin\mu\cos\mu(4\sin U - U\cos U - 3SiU)\right]^2 \quad (10\text{-}4a)$$

$$I_{Vv} = AV_0^2 \left(\frac{3}{U^3}\right)^2 \left[(\alpha_t - \alpha_s)(2\sin U - U\cos U - SiU) + (\alpha_r - \alpha_s)(SiU - \sin U)\right.$$
$$\left. + \frac{1}{\sqrt{A}V_0}\left(\frac{U^3}{3}\right)\frac{\cos\mu}{\sin\mu}\sqrt{I_{Hv}}\right]^2 \quad (10\text{-}4b)$$

式中 $A$ 是比例常数;$V_0$ 是球晶体积;$\alpha_r$,$\alpha_t$ 和 $\alpha_s$ 分别是球晶的径向、切向和介质的极化率;$\theta$ 是散射角;$\mu$ 是方位角;$U$ 是形状因子,对于半径为 $R$ 的球晶

$$U = \frac{4\pi R}{\lambda}\sin\frac{\theta}{2} \quad (10\text{-}5)$$

$SiU$ 是用下式定义的正弦积分,即

$$SiU = \int_0^U \frac{\sin x}{x}dx$$

从公式(10-4a)可看出,Hv 散射强度与球晶的光学各向异性$(\alpha_r - \alpha_t)$有关,还与散射角 $\theta$ 和方位角 $\mu$ 有关,当方位角 $\mu = 0°$、$90°$、$180°$ 和 $270°$ 时 $\sin\mu\cos\mu = 0$,因此在这四个方位的散射强度 $I_{Hv} = 0$;而当 $\mu = 45°$、$135°$、$225°$ 和 $315°$ 时,$\sin\mu\cos\mu$ 有极大值,因而散射强度也出现极大值,这就是 Hv 散射图之所以呈四叶瓣的原因。与光学显微图像的规律相同,但物理机制是不同的。而 Vv 散射强度是球晶的光学各向异性的散射强度部分,再叠加上球晶与基质的折射率之差造成的各向同性光学散射信号。因此 Vv 散射包含了更多的信息。

　　在 Hv 叶瓣中间,光强的分布随散射角 $\theta$ 而改变,理论和实验都进一步证实了当 $I_{Hv}$ 出现极大值时 $U_m$ 值恒等于 4.09,即

$$U_m = \frac{4\pi R}{\lambda}\sin\frac{\theta_m}{2} = 4.09$$

或

$$R = \frac{4.09\lambda}{4\pi\sin\frac{\theta_m}{2}} \tag{10-6}$$

因此,利用式(10-6)可以计算球晶的大小 $R$。如果实验所用的光源为氦氖激光,它的波长 $\lambda = 633$ nm,并考虑到测定的球晶是一种平均值,故采用符号 $\overline{R}$,于是式(10-6)可改写

$$\overline{R}(\mu) = \frac{0.206}{\sin\frac{\theta_m}{2}}(\mu m) \tag{10-7}$$

$\theta_m = \tan^{-1}d/L$,$d$ 是 Hv 图的中心到最大散射强度位置的距离;$L$ 为样品到 CCD 中心的距离;$d$ 和 $L$ 均从实验中测得。

对于单轴取向的聚合物,样品在拉伸取向时,球晶发生变形,呈椭球状,取向样品的光散射图也随之发生变化,样品(或球晶)在垂直方向伸长时,其光散射图则在水平方向伸长,这同样可由散射单元尺寸大小与 $\theta_m$ 的关系来解释。目前,SALS 技术已被广泛应用于研究聚合物的结晶形态和结晶动力学,这对于选择聚合物的合成方法、改进聚合物的加工工艺,从而提高最终制品的性能有一定意义。

### 10.4.2　用小角激光散射法研究相分离过程[10]

非晶的高分子两元共混物发生相分离时,两种组分在空间上的分布发生非均匀化,逐渐形成两个各自的浓度富集相。一般情况下,两种组分的折光指数差别会造成两相的折光指数不匹配,就会产生散射光。与结晶聚合物不同,相分离的非晶共混物在光学上是各向同性的。

如果高分子共混物处在相图的不稳区,相分离的机理被称作 spinodal 分解(spinodal decomposition),相分离开始时,散射的图形呈各向同性的圆环状(见图 10-12),这是发生 spinodal 分解的重要特征。随相分离过程的逐步进行,圆环状的半径逐渐由大变小,强度逐渐变大。有关高分子共混物分相机理的研究可参阅有关书籍[10]。

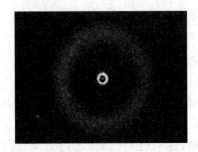

图 10-12　高分子共混物 spinodal 相分离的双连续相形态和小角激光散射图案

## 10.5　动态光散射法[11, 12]

经典的光散射法可测定高分子的重均分子量 $M_w$、回转半径 $R_g$ 和反映高分子与溶剂分

子相互作用的第二维利系数 $A_2$。

其实,在溶液中高分子并不是静止的,有布朗运动。动态光散射法(dynamic light scattering,又称为准弹性散射或光子相关光谱)是测定高分子在溶液中热布朗运动时的扩散系数 $D$、流体力学半径 $R_h$ 以及高分子的形态和溶剂化程度。本节将简明地介绍动态光散射法的工作原理和一些应用实例。

如果把溶液中每个高分子看作是一个各向同性的粒子,以一定波长(或频率)的入射光照射该粒子时,它不吸收入射光的能量而仅仅被入射光的电磁波诱导成为一个振动的偶极子,这个粒子将作为二次光源向各个方向发射出与入射光频率相等的球面电磁波,即所谓光的散射。这种与入射光频率相等 $(\omega = \omega_0)$ 的散射称为弹性散射,也称为瑞利(Rayleigh)散射。经典的光散射法是测定溶液中高分子的弹性散射。

如果散射粒子以一定的速度在运动,则散射频率会发生变化,称为多普勒位移(Doppler shift),频率位移的大小与散射粒子运动的速度有关,因此从理论上讲,通过测定散射光频率 $\omega$ 与入射光频率 $\omega_0$ 之差 $(\omega = \omega_0 \pm \Delta\omega)$ 可求出散射粒子的运动速度。对高分子来说,通过 $\Delta\omega$ 的测定可以求出高分子在溶液中由于布朗运动引起的平移扩散系数 $D_T$,从 $D_T$ 可算出高分子的流体力学半径 $R_h$。如果高分子是各向异性的,还可以求出高分子在溶液中的转动扩散系数 $D_R$ 和分子的不对称因子。实际上高分子布朗运动的平移扩散系数 $D_T$ 很小,所以 $\Delta\omega$ 也很小,如果入射光是可见光,$\omega_0$ 约为 $10^{14}$ Hz,而 $\Delta\omega$ 只有 $\pm 10^7$ Hz,相比之下这是一个很小的数值,因此称它为准弹性散射。准弹性光散射反映了分子的运动情况,故又称为动态光散射。相应地,经典的光散射可称为静态光散射。

高分子在溶液中的布朗运动没有固定的方向,散射光的频率位移 $\Delta\omega$ 也是不固定的,散射光强随频率的变化 $I_s(\omega)$ 是一种洛伦兹(Lorentz)分布,表示如下

$$I_s(\omega) = I_0(\omega_0) \frac{C\Gamma}{(\omega - \omega_0)^2 + \Gamma^2} \tag{10-8}$$

式中 $I_0(\omega_0)$ 是指频率为 $\omega_0$ 的入射光强,$C$ 是溶液的浓度,$\Gamma$ 是峰的半高宽(见图 10-13),如果散射质点运动得快,则 $\Gamma$ 值大,反之则 $\Gamma$ 值小,对高分子溶液来说 $\Gamma$ 值与高分子在溶液中的热扩散系数 $D$ 成正比

$$\Gamma = Dq^2 \tag{10-9}$$

$q$ 称为散射矢量,其大小为 $q = \frac{4\pi n}{\lambda} \sin\frac{\theta}{2}$;如果散射角 $\theta$、溶剂的折光率 $n$ 和入射光的波长 $\lambda$ 都已确定,则 $q$ 是一常数。因此用实验方法测出散射光随频率的变化 $I_s(\omega)$ 可以从峰的半高宽值 $\Gamma$ 中求出扩散系数 $D$。事实上 $D$ 的数值很小 $(D \approx 10^{-7})$,散射峰是很窄的,也就是说 $\omega_0$ 约 $10^{14}$ Hz 而 $\Delta\omega$ 约 $10^7$ Hz,两者相差 7 个数量级,这就很难用通常的滤波法或干涉法测出 $I_s(\omega)$ 中的 $\Delta\omega$。

由此人们想出了一种变通的方法,由于散射粒子的热运动使散射光强不稳定,如果测量的时间很短($\mu$s 或 ns),在某一瞬间测到的散射光强信号是在其平均值附近随机变化的信号,一般用光电倍增管经甄别放大后测得的散射光强是以光子数 $n$ 表示的信号,它是时间的函数 $n(t)$,如图 10-14(a)所示。从图中可看出在 $t$ 和 $(t+\tau)$ 时 $n$ 的值是不相等的,$\tau$ 是间隔时间,它是人为的、可变的量。当 $\tau$ 取得很小时 $(\tau \to 0)$,则 $n(t)$ 与 $n(t+\tau)$ 相等;而 $\tau$ 增大时,$n(t)$ 与 $n(t+\tau)$ 的值相差较远,也就是说当 $\tau$ 很小时 $n(t)$ 与 $n(t+\tau)$ 是相关的,$\tau$ 很大时 $n(t)$

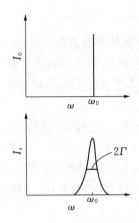

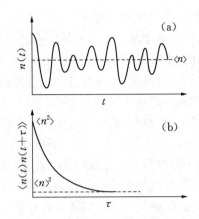

图 10-13　入射光强与散射　　　　图 10-14　(a) 散射光强的涨落信号；
光强随频率的变化　　　　　　(b) 光子数 $n(t)$ 的自相关函数 $\langle n(t)n(t+\tau)\rangle$

与 $n(t+\tau)$ 就不相关了,这种随时间涨落的物理量 $n(t)$ 它的相关性可用自相关函数 $\langle n(t)n(t+\tau)\rangle$ 来表示,它的定义是:两个随着时间变化着的物理量 $n(t)$ 与 $n(t+\tau)$ 的乘积对时间的平均,它的数学表达式为

$$\langle n(t)n(t+\tau)\rangle = \lim_{t\to 0}\frac{1}{t}\int_0^t n(t)n(t+\tau)\mathrm{d}t \tag{10-10}$$

当然,自相关函数是随 $\tau$ 而变的,在很多场合下它是一种指数衰减的形式如图 10-14(b)所示,它的数学表示式为

$$\langle n(t)n(t+\tau)\rangle = \langle n\rangle^2 + (\langle n^2\rangle - \langle n\rangle^2)\exp(-\tau/\tau_c) \tag{10-11}$$

式中 $\tau_c$ 称为相关时间或松弛时间。

根据 Wiener-Khintchine 定理,任何一个自相关函数 $\langle n(t)n(t+\tau)\rangle$ 与它的频谱密度 $I_s(\omega)$ 之间是傅立叶变换的关系,即

$$I_s(\omega) = \frac{1}{2}\int_{-\infty}^{\infty}\mathrm{d}\tau\mathrm{e}^{-i\omega\tau}\langle n(t)n(t+\tau)\rangle \tag{10-12}$$

这样,$I_s(\omega)$ 峰的半高宽值 $2\Gamma$ 与 $\langle n(t)n(t+\tau)\rangle$ 中的相关时间 $\tau_c$ 成倒数关系,式(10-9)可写成

$$\tau_c = (2\Gamma)^{-1} = (2Dq^2)^{-1} \tag{10-13}$$

因此,对高分子溶液来说散射光的频率位移很小,很难测出 $I_s(\omega)$ 中的 $\Delta\omega$ 峰。只要能测出 $\langle n(t)n(t+\tau)\rangle$,同样可以得到扩散系数 $D$。但是扩散系数与浓度 $C$ 有关

$$D = D_0(1 + k_D C + \cdots) \tag{10-14}$$

式(10-14)中,$D_0$ 是无限稀释时的扩散系数

$$D_0 = \frac{kT}{6\pi\eta R_h} \tag{10-15}$$

式中 $\eta$ 是溶剂的黏度;$k$ 是 Boltzmann 常数;$T$ 是绝对温度。测定一系列具有不同浓度的溶

液的 $D$ 值,根据式(10-14)外推到 $C \to 0$ 就可得到 $D_0$ 值。已知 $D_0$ 就可根据式(10-15)求得高分子的流体力学半径 $R_h$,$D_0$ 还与分子量 $M$ 有关

$$D_0 = K_D M^{-b} \tag{10-16}$$

如果事先知道常数 $K_D$ 和 $b$ 的值,可从测得的 $D_0$ 求出 $M$。

　　对于一般高分子来说,$D = 10^{-6} \sim 10^{-8}$ cm³·s⁻¹, $q \approx 10^5$ cm⁻¹, $\tau_c \approx 10^{-6}$ s,要精确求得 $\tau_c$,至少要求在 $10^{-6}$ s 左右的短时间内进行 $n(t)$ 的高速测量及短时间内进行演算 $\langle n(t)n(t+\tau) \rangle$ 的光子相关器。在入射光源方面要求有稳定光强的单一波长的偏振光,一般使用 2 W 及其以上的 $\lambda = 488$ nm 或 514.5 nm 的氩离子激光器,也可用 $\lambda = 633$ nm 的氦-氖激光器。入射光通过散射池所产生的散射光是通过检偏振器进入到光电倍增管测出光强的,因此要求光电倍增管对光源的波长灵敏度高而且暗电流小。例如,聚苯乙烯乳胶(直径 $d_0 = 0.176$ μm,质量分数为 $5.5 \times 10^{-4}$%) 使用 72 通道的 Malvern 相关器,在 $\theta = 60°$, $T = 25$ ℃ 时测得的 $\langle n(t)n(t+\tau) \rangle$ 对 $\tau$ 曲线,其形状就类似于图 10-14(b)所示。假定相关函数呈单指数衰减,则

$$c(\tau) \equiv \langle n(t)n(t+\tau) \rangle = \alpha + \beta \exp(-2\Gamma\tau) \tag{10-17}$$

上式与式(10-11)相比较,$\alpha$ 就是相关曲线的基线。用最小二乘法对相关曲线进行指数拟合可以求得 $\Gamma = 1590$ s⁻¹, $\beta = 0.592$。如果用已知的溶剂黏度 $\eta_0$,溶质分子的直径 $d_0$,温度 $T$ 和散射矢量 $q$ 代入 Einstein-Stokes 公式

$$\Gamma = kTq^2/3\pi\eta_0 d_0 \tag{10-18}$$

可计算出 $\Gamma = 1583$ s⁻¹,测定值与计算值比较接近。

## 10.5.1　动态光散射的数据处理[13]

　　对于粒径比 $q^{-1}$ 小的球形分子,用动态光散射法测定分子的运动仅是平移扩散运动,但是当均方半径 $\langle R_g^2 \rangle^{1/2} > q^{-1}$,即 $q\langle R_g^2 \rangle^{1/2} \geqslant 1$ 时,则在相关曲线 $c(\tau)$ 中除了有平移扩散系数 $D_T$ 的贡献外,还有分子本身的旋转扩散系数 $D_R$ 的贡献,因此,$c(\tau)$ 曲线不是单指数的形式。另外,合成高分子的分子量有多分散性,分子量分布对 $c(\tau)$ 也有影响,因此指数衰减速度 $\Gamma$ 也有一个分布。为了要从 $\Gamma$ 中分离出两种不同的扩散系数的贡献,以及 $\Gamma$ 的分布等问题,必须对 $c(\tau)$ 的数据进行解析,以下将介绍几种解析法。必须指出的是:如果测试数据精度不高,即使选用了合适的解析法也是毫无意义的。

　　1. 累积法(cumulants method)

　　如果试样是多分散性的,那么谱线的宽度 $\Gamma$ 也是多分散的,因此式(10-11)中的 $\exp(-\tau/\tau_c)$ 是一种平均值,令 $g^{(1)}(\tau) = \exp(-\tau/\tau_c)$,则

$$|g^{(1)}(\tau)| = \langle \exp(-\Gamma\tau)_{av} \rangle = \int_0^\infty G(\Gamma)\exp(-\Gamma\tau)d\Gamma \tag{10-19}$$

式中 $G(\Gamma)$ 是归一化的谱线宽度分布函数。

$$\ln|g^{(1)}(\tau)| = \langle -\Gamma\tau_{av} \rangle = -\langle D \rangle_{av} q^2 \tau \tag{10-20}$$

如用累积展开,则

$$\ln g^{(1)}(\tau) = -\langle\Gamma\rangle\tau + \frac{1}{2!}\mu_2\tau^2 - \frac{1}{3!}\mu_3\tau^3 + \frac{1}{4!}(\mu_4 - 3\mu_2^2)\tau^4 + \cdots = \sum_{m=1}^{\infty} K_m(\Gamma)(-\tau)^m/m!$$

(10-21)

式中 $K_m$ 是第 $m$ 个累积,$K_1 = \mu_1 = 0$,$K_2 = \mu_2$,$K_3 = \mu_3$,$K_4 = \mu_4 - 3\mu_2^2$,$\langle\Gamma\rangle = \int_0^\infty \Gamma G(\Gamma)\mathrm{d}\Gamma$,

$\mu_i = \int_0^\infty (\Gamma - \langle\Gamma\rangle)^i G(\Gamma)\mathrm{d}\Gamma$,这些函数的示意图如图 10-15 所示。

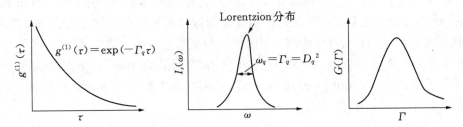

图 10-15　动态光散射中散射电场相关函数 $g^{(1)}(\tau)$,频谱密度 $I(\omega)$ 和谱线密度分布函数 $G(\Gamma)$

如果所得的实验数据用式(10-21)进行拟合,通过计算机,用非线性最小二乘法可算出 $K_1$、$K_2$、$K_3$、$\cdots$ 等数值,其中 $K_2$ 是反映 $G(\Gamma)$ 的分布宽度的,$K_3$ 是反映分布不对称的,$K_4$ 是反映分布的峰形和尖锐程度的。$K_m$ 的误差随着 $m$ 的变化而增大,实际上,可信的值大约是 $K_1$ 和 $K_2$,如果按式(10-20)算出的扩散系数 $\langle D_T \rangle_{av}$ 就是式(10-21)中的第一项,因此,$\langle D_T \rangle_{av} = \langle\Gamma\rangle/q^2$,它是扩散系数的 $Z$ 均值,$\langle D_T \rangle_{av} = \sum_i c_i M_i D_{Ti} / \sum_i c_i M_i$,这个方法所需的时间短。

**2. 直方图法**

直方图法(histogram method)是把 $G(\Gamma)$ 用 $M$ 个宽度为 $\Delta\Gamma$ 的不连续的长方块拼合起来表示,因为 $\Delta\Gamma = (\Gamma_{\max} - \Gamma_{\min})/M$,因此 $|g^{(1)}(\Gamma)|$ 能表示为

$$|g^{(1)}(\tau)| = \sum_{j=1}^M G(\Gamma_j)\int_{\Gamma_j - \Delta\Gamma/2}^{\Gamma_j + \Delta\Gamma/2} \exp(-\Gamma\tau)\mathrm{d}\Gamma$$

(10-22)

又因为 $\Gamma$ 的分布 $G(\Gamma)$ 是归一化的,即 $\sum_{j=1}^M G(\Gamma_j) = 1$,所以我们可以将测得的 $|g^{(1)}(\Gamma)|$ 用式(10-22)进行拟合,然后用最小二乘法通过计算机求出 $G(\Gamma_j)$ 值。一般情况下,如果每个频道有 $10^7$ 个光子数,$M$ 取 8~14 就够了。

**3. 用线性响应理论的解析法**

这种方法是基于分子模型严格地计算出自相关函数的初始斜率,然后再与实验值进行比较。此外还有些方法可参阅有关文献。

## 10.5.2　动态光散射的应用

表 10-4 是用动态光散射法测定球状生物大分子的平移扩散系数的例子。

**表 10-4　光散射法测定生物大分子的 $D_T$**

| 样　品 | 浓度 (mg·cm⁻³) | 温度 (℃) | pH | 加　　　盐 | 平移扩散系数 ($10^{-7}$ cm²·s⁻¹) |
|---|---|---|---|---|---|
| 牛血清白蛋白(BSA) | 30 | 室温 | 6.91 | — | $10.2\pm0.2$ |
| 牛血清白蛋白(BSA) | 30 | 室温 | 6.80 | 0.5 mol·L⁻¹ KCl | $6.7\pm0.1$ |
| 牛血清白蛋白(BSA) | 0.5~20 | 20 | 6.0 | 0.1 mol·L⁻¹ NaCl+0.01 mol·L⁻¹磷酸盐缓冲液 | $5.76\pm0.05$ |
| 小牛胸腺(DNA) | 0.5 | 室温 | 7.00 | 0.15 mol·L⁻¹ NaCl+0.015 mol·L⁻¹柠檬酸三钠 | $0.2\pm0.1$ |
| 卵白蛋白 | 50 | 室温 | 6.80 | 0.5 mol·L⁻¹ KCl | $7.1\pm0.2$ |
| 溶菌醇 | 60 | 室温 | 5.60 | — | $11.5\pm0.3$ |
| 溶菌醇 | 3~20 | 20 | 6.0 | 0.1 mol·L⁻¹ NaCl+0.01 mol·L⁻¹磷酸盐缓冲液 | $10.6\pm0.2$ |
| 烟草花叶病毒(TMV) | 0.1 | 室温 | 7.20 | 0.01 mol·L⁻¹磷酸钠缓冲液 | $0.40\pm0.02$ |
| 烟草花叶病毒(TMV) | 0.1 | 20 | 7.5 | 0.001 mol·L⁻¹磷酸钠缓冲液 | $0.280\pm0.006$ |
| 烟草花叶病毒(TMV) | 3 | 20 | 6.0 | 0.025 mol·L⁻¹醋酸盐缓冲液 | $0.29\pm0.01$ |
| 烟草花叶病毒(TMV) | 0.12 | 20 | 6.0 | 醋酸盐缓冲液 | 0.35 |
| 烟草花叶病毒(TMV) | 0.1 | 20 | 6.0 | 醋酸盐缓冲液 | 0.37 |
| 烟草花叶病毒(TMV) | (0) | 20 | 6.0 | 醋酸盐缓冲液 | 0.45 |
| 烟草花叶病毒(TMV) | 0.2 | 25 | 7.5 | 0.001 mol·L⁻¹ EDTA 缓冲液 | $0.39\pm0.01$ |
| 烟草花叶病毒(TMV) | 0.4~1.63 | 25 | 7.5 | 0.001 mol·L⁻¹磷酸钠缓冲液 | 0.365 |

如何从平移扩散因子 $D_T$ 求算溶质的分子量 $M$，有下列几种方法。

**1. 利用 Einstein-Stokes 公式**

根据 Einstein 公式，当溶液无限稀时，$D_T^0$ 与平移摩擦系数 $\zeta_T$ 成反比

$$D_T^0 = kT/\zeta_T \tag{10-23}$$

而按 Stokes 定律，如果溶质分子是球状的，球的半径为 $a$，溶剂的黏度为 $\eta$，则 $\zeta_T$ 与分子的流体力学形状有关。

$$\zeta_T = 6\pi\eta a \tag{10-24}$$

如果溶质分子是旋转椭球，它们的半径为 $a$、$b$、$b$，则

$$\zeta_T = \frac{6\pi\eta a\,(1-b^2/a^2)^{1/2}}{\ln\left[\dfrac{1+(1-b^2/a^2)^{1/2}}{b/a}\right]} \qquad (椭球状) \tag{10-25}$$

或半径为 $a$、$a$、$b$，则

$$\zeta_T = \frac{6\pi\eta b\,(a^2/b^2-1)^{1/2}}{\tan^{-1}(a^2/b^2-1)^{1/2}} \qquad (扁球状) \tag{10-26}$$

式中 $a$ 是椭球的长半轴；$b$ 是椭球的短半轴；$\zeta_T$ 是平均的平移摩擦系数。如果椭球的体积与半径为 $R_0$ 的圆球的体积相等，即 $\frac{4}{3}\pi R_0^3 = \frac{4}{3}\pi ab^2$，或 $\frac{4}{3}\pi R_0^3 = \frac{4}{3}\pi a^2 b$，则

$$\frac{4}{3}\pi a^3 = \frac{\bar{v}M}{\widetilde{N}} \qquad (圆球) \tag{10-27}$$

$$\frac{4}{3}\pi R_0^3 = \frac{\bar{v}M}{\widetilde{N}} \qquad (旋转椭球) \tag{10-28}$$

式中 $\bar{v}$ 是溶质分子的偏微比容；$M$ 是分子量；$\widetilde{N}$ 是 Avogadro 常数。以上公式只适用于未溶

剂化的溶质分子。对于那些没有水合作用的球状分子，可从已知的 $\bar{v}$、$\eta$、$D$，求出分子量 $M$。反之，如果分子量 $M$ 是已知的，则从测得的 $D_T$，通过式(10-23)、式(10-24)、式(10-27)、式(10-28)来区分未溶剂化的分子是球状的还是旋转椭球状的。可是要确定旋转椭球是椭球状的还是扁球状的，还需要其他方面的信息。

**2. 扩散法与沉降法结合**

如果有一种离心力 $\omega^2 r$ 作用在质量为 $M/\tilde{N}$ 的溶质分子上，则溶质分子以 $\mathrm{d}r/\mathrm{d}t$ 的速度进行沉降，它们之间有如下的关系

$$F = \zeta_T \frac{\mathrm{d}r}{\mathrm{d}t} = \omega^2 r (M/\tilde{N})(1-\bar{v}\rho_1) \qquad (10\text{-}29)$$

式中 $\zeta_T$ 是平移摩擦系数；$\mathrm{d}r/\mathrm{d}t$ 是溶质分子沉降的速度；$\omega$ 是离心转子的角速度；$r$ 是溶质分子离开旋转中心的距离。其中溶质受到溶剂的浮力为 $\omega^2 r(M/\tilde{N})\bar{v}\rho_1$。$\bar{v}$ 是溶质的偏微比容；$F$ 是每个溶质分子受到的力，式(10-29)是对无限稀的溶液而言，如果溶液有一定的浓度，则用溶液的密度 $\rho$ 代替溶剂的密度 $\rho_1$

$$\zeta_T \frac{\mathrm{d}r}{\mathrm{d}t} = \omega^2 r(M/\tilde{N})(1-\bar{v}\rho) \qquad (10\text{-}30)$$

定义沉降系数为单位离心力的沉降速度，即

$$S = \frac{\mathrm{d}r}{\mathrm{d}t} / \omega^2 r = \frac{M}{\tilde{N}\zeta_T}(1-\bar{v}\rho) \qquad (10\text{-}31)$$

沉降系数 $S$ 是一个可用实验测定的值，它只与溶质分子参数有关。如果将 $S$ 与 $D_0 = kT/\zeta_T$ 结合可得

$$M = S_0 RT / D_0 (1-\bar{v}\rho_1) \qquad (10\text{-}32)$$

式中 $R$ 是气体常数；下标 0 是指浓度为零的外推值；$\rho_1$ 是溶剂的密度。如果溶液有一定浓度，则扩散系数可用另一种表示式

$$D = \frac{C}{\tilde{N}\zeta_T}\left(\frac{\partial\mu_2}{\partial C}\right)_{T,p}(1-\bar{v}C) \qquad (10\text{-}33)$$

式中 $C$ 是溶液的浓度；$\mu_2$ 是溶质的化学位；对理想溶液来说 $\left(\frac{\partial\mu_2}{\partial C}\right)_{T,p} = \frac{RT}{C}$，所以在式(10-33)中有一校正因子 $(1-\bar{v}C)$。式(10-33)是用于有一定浓度时用动态光散射法测定平移扩散系数的公式，也可写成

$$D = \frac{RT}{\tilde{N}\zeta_T}(1+A_2 C+\cdots)(1-\bar{v}C) \qquad (10\text{-}34)$$

式中 $A_2$ 是第二维利系数，式(10-31)与式(10-34)联立可得

$$\frac{S}{D} = \frac{M(1-\bar{v}\rho)}{RT(1+A_2 C+\cdots)(1-\bar{v}C)} \qquad (10\text{-}35)$$

从 $S/D$ 与 $C$ 的关系中可求出第二维利系数 $A_2$。注意 $S$ 和 $D$ 都与溶剂的性质有关，因此一定要在同一种溶液、同样的 $T$ 和 $P$ 时测定 $S$ 和 $D$，用扩散系数和沉降系数结合的方法测定

分子量 $M$ 对分子量较大的分子特别有用。例如有人利用式(10-32)测得 R-17 病毒的分子量为

$$M = 293RS_{20,w}^0 / D_{20,w}^0 (1 - \bar{v}\rho_{20,w}) = (3.81 \pm 0.14) \times 10^6$$

式中 $S_{20,w}^0$ 是 $S_{20,w}$ 的零浓度外推值。如果 $S$ 是在某种溶剂 s 和某种温度 $T$ 下测得的,则可换算成 20 ℃、水溶液中的 $S$ 值

$$S_{20,w} = \frac{1 - \bar{v}\rho_{20,w}}{1 - \bar{v}\rho} \frac{\eta_{T,s}}{\eta_{20,w}} \tag{10-36}$$

表 10-5 中列出用式(10-32)测出的 $M$ 值,它包括了很广的分子量范围。

**表 10-5　用扩散系数法和沉降法结合算出的分子量**

| 试样 | 分子量 $M$ |
|---|---|
| 溶菌酶 | $14\,500 \pm 300$ |
| R-17 病毒 | $(3.81 \pm 0.14) \times 10^6$ |
| 噬菌体入 | $(45.2 \pm 2.0) \times 10^6$ |

### 3. 利用平移扩散系数与分子量的关系式

对高分子同系物(分子结构相同、而分子量不同的聚合物)来说,随着分子尺寸的增大,平移扩散系数会下降。有人用谱线宽度法测定了一系列聚苯乙烯在丁酮中柔性高分子的平移扩散系数,发现平移扩散系数的零浓度外推值与分子量有下面的关系

$$D_0 = K_D M^{-b} \tag{10-16}$$

式中 $K_D$ 和 $b$ 是常数,它取决于高分子和溶剂的性质以及测试的温度,聚苯乙烯-丁酮体系在 298 K 时 $K_D = (3.1 \pm 0.2) \times 10^{-1} \text{ cm}^2 \cdot \text{s}^{-1}$, $b = 0.53 \pm 0.02$,其实早就有人指出 $b$ 与特性黏度指数 $a([\eta] = KM^a)$ 之间有定量关系。

$$1 + a = 3b \tag{10-37}$$

$a$ 的范围在 $0.58 \sim 0.64$ 时, $b = 0.527 \sim 0.547$,这个结果与谱线宽度法的实验结果非常一致。

例如聚 γ-苄基-L-谷氨酸盐(poly-γ-benzyl-L-glutamate, PBLG)在 1,2-二氯乙烷中呈螺旋状结构 $D_0 = 1.96 \times 10^{-3} M^{-0.77} \text{ cm}^2 \cdot \text{s}^{-1}$;而在二氯醋酸中呈无规线团状, $D_0 = 2.95 \times 10^{-5} M^{-0.585} \text{ cm}^2 \cdot \text{s}^{-1}$,而且许多蛋白质分子在氯化胍(guanidinium chloride)这类变性剂中都是呈无规线团状。例如许多蛋白质分子在 $6 \text{ mol} \cdot \text{L}^{-1}$ 氯化胍 $+ 0.1 \text{ mol} \cdot \text{L}^{-1}$ β-巯基乙醇的溶剂中都服从下面的关系式

$$D_0 \approx 7.58 \times 10^{-5} M^{-0.53} \tag{10-38}$$

这里的 $b = 0.53$ 说明是无规线团状的,因此我们在极稀释溶液中测得扩散系数 $D_0$ 就可估计出蛋白质的分子量。例如溶菌酶在氯化胍中变性后测得的 $D_{20,w} = (7.3 \pm 0.1) \times 10^{-7} \text{ cm}^2 \cdot \text{s}^{-1}$,经过溶剂的黏度换算后得 $D_{20,6\text{MGnHCl}} = 4.57 \times 10^{-7} \text{ cm}^2 \cdot \text{s}^{-1}$。如果用 $M = 14\,500$ 代入式(10-38)得出 $D_0 = 4.7 \times 10^{-7} \text{ cm}^2 \cdot \text{s}^{-1}$,两者很一致。以上是举了一些生物样品的例子。对于合成高分子,如果知道体系的 $b$ 和 $K_D$,当然可从 $D_0$ 中求出 $M$。

某些高分子或生物大分子随着溶剂性质的不同,它们的构象会发生变化。例如从螺

旋形转变成无规线团或从无规线团形转变成螺旋形,因为分子形状的转变会引起流体力学体积的转变,所以可用动态光散射测出这种转变。例如在 1,2-二氯乙烷和二氯醋酸的混合溶剂中测定 PBLG 的平移扩散系数 $D_T$,发现 $D_T$ 是溶剂组成和温度的函数:在 25 ℃时,随着二氯醋酸成分的增加,增加 76% 时 $D_T$ 有明显的变化,在 80% 的二氯醋酸中,PBLG 浓度为 5 g·L$^{-1}$ 时,25 ℃的 $D_T = 1.47 \times 10^{-7}$ cm$^2$·s$^{-1}$,到了 40 ℃时 $D_T = 1.2 \times 10^{-7}$ cm$^2$·s$^{-1}$,这种螺旋形—无规线团形的转变是属于大的构象变化,因此反映在 $D_T$ 上的变化也较大,可是有些更小的构象的变化,例如将立体同分异构活性剂(allosteric activator)丁二酸钾联结在丁氨二酸氨甲酰酶上,沉降系数 $S$ 下降 4%,氧连接到血红素上沉降系数 $S$ 下降 4%,这种微小的变化都能用动态光散射法检测出来。因此可以用测定 $D_T$ 的方法来研究酶的构象变化。总之,与高分子运动性质有关的物理量,都可用动态光散射来测定。利用所测得的动态物理量可再去研究生物过程的其他变化,例如弹性硬蛋白的凝聚等。动态光散射法的最大优点是试样可以不受到电力、离心力、剪切力等外来的干扰,它只需要试样自身存在的一种自发的涨落就行了。但这并不意味着用外来的力就没有帮助了,例如电泳光散射就借助外力的。

以上是介绍用动态光散射法如何测得平移扩散系数以及如何从平移扩散系数求得分子量、分子的构象、分子的尺寸以及分子在溶液中形态的转变等。关于如何用动态光散射测定各向异性高分子绕自身旋转运动时的转动扩散系数 $D_R$,以及从 $D_R$ 中得到刚性棒状和椭球状的生物大分子和合成高分子等信息,请参考有关的书籍[14]。

# 10.6  X 射线衍射和 X 光小角散射法[15, 16]

## 10.6.1  X 射线衍射研究晶体结构

设有等同周期为 $d$ 的原子面,入射线与原子面间的交角为 $\theta$。从图 10-16 可知,从原子面散射出来的 X 射线产生衍射的条件是相邻的衍射 X 射线间的光程差等于波长的整数倍,即

$$2d\sin\theta = n\lambda$$

这就是著名的布拉格(Bragg)公式,式中 $n$ 是整数,知道 X 射线的波长和实验测得交角 $\theta$,就可算出等同周期 $d$。实际上用单色的 X 射线,对于不动的单晶,满足上式的条件是不存在的,所以必须采用粉末照相法及单晶转动法。

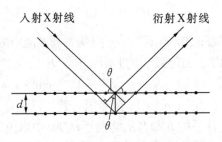

图 10-16  X 射线在晶体原子面上的衍射

### 1. 粉末照相法

当单色的 X 射线通过粉末晶体时,因为粉末中包含无数任意取向的晶体,所以必然会有一些晶体使它们的晶面间的等同周期 $d$ 和 X 射线与晶面间的交角 $\theta$ 满足布拉格公式。这样,从这些反射面就得到了锥形的 X 射线束,锥形光束的轴就是入射线,它的顶角恰等于 $4\theta$,如图 10-17 所示。满足布拉格公式的晶面可以有很多组,它们或是相应于不同 $n$ 值的(如 $n = 1, 2, 3, \cdots$),或是相应于不同的面间距 $d$ 的,这样就得到了很多顶角不等的锥形光束。如果将这些锥形光束摄制下来,就得到了一系列的同心圆或圆弧,如图 10-18 所示。从这样的衍射图上测定入射角 $\theta$ 是很方便的。如样品至相片的距离 $R$ 已知,从衍射图上测得圆或圆弧的直径为 $l$,则 $\theta$ 可按下式算出

$$\frac{l}{2\pi R} = \frac{4\theta}{360} \quad \text{或} \quad \theta = \frac{90l}{2\pi R}$$

也可按下式计算

$$2\theta = \tan^{-1}\frac{l}{2R}$$

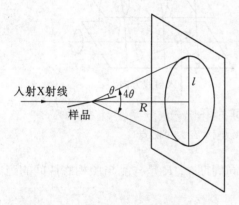

图 10-17　粉末法的 X 射线衍射示意

图 10-18　等规聚丙烯粉末 X 射线衍射图

### 2. 单晶旋转法

不动的单晶不能产生衍射图案,但是当晶体以恒速转动时,它们的晶面是可以满足产生衍射图案的条件的。如果一束窄的 X 射线束垂直地投射到晶体的主晶轴方向的一列原子上,如图 10-19(a)所示,而晶体是绕着主晶轴以恒速转动着,并且主晶轴方向的等同周期为 $x$,则这一序列原子所散射的 X 射线满足衍射的条件是

$$x\cos\phi = n\lambda \quad (n = 0, \pm 1, \pm 2, \cdots)$$

这样,当晶体转动时就产生了如图 10-19(b)所示的锥形散射光束。这些位于锥形光束上的衍射线可以用两种方法摄制成衍射图案:一种是将相片卷成圆筒形,样品放在圆筒形相片的中心,X 射线从一侧射入,这样得到的衍射图案是许多平行的层线,层线上分布着许多衍射点,每一层线相当于不同的 $n$ 值,$n = 0$ 的层线即入射光束的线称为"赤道线";另一种方法是将平整的照相底片放置在垂直于 X 射线入射的方向上,这样得到的是一系列的双曲线,如图 10-20 所示。

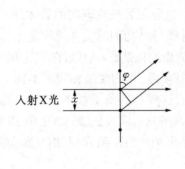

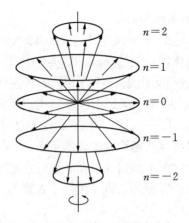

(a) X射线垂直投射到晶体主晶轴        (b) 晶体转动时产生锥形散射光束

图 10-19    锥形散射示意

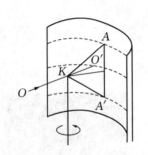

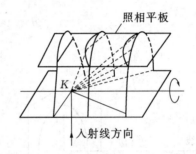

图 10-20    单晶旋转法衍射照片示意

$K$ 为样品,$OO'$ 为入射线,$AA'$ 为对称层线上的迹点

从照片图上很易测定顺着旋转轴方向的等同周期 $x$, $R$ 是样品与照相底片间的距离, $A$ 是 $n$ 次层线与赤道线间的距离,则

$$x = n\lambda / \cos\phi; \quad \phi = \tan^{-1}\frac{R}{A}$$

聚合物很难得到足够大的单晶,所以用来作 X 射线研究的都是部分结晶的多晶体,甚至是玻璃态,这样得到的衍射图案是弥散的图,但聚合物的薄膜或纤维经单向拉伸后,可以使分子链有一定程度的取向,晶粒也有一定程度的取向,可以将晶粒中的原子面分成两类:一类晶面垂直于拉伸轴;另一类晶面平行于拉伸轴,没有一定的方向,因此纤维就满足了单晶旋转的条件,当入射的 X 射线垂直于拉伸轴的方向投射到纤维的样品时,就产生纤维衍射图,得到的图案与旋转单晶的图案是一样的,沿纤维轴(分子链方向)的等同周期可从衍射图上测定层线间的距离而得到,图 10-21 是等规聚丙烯经过拉伸后的 X 射线衍射图。其他晶轴方向的等同周期可以用"试误法"求得,务求能够解释照片上的衍射点。

聚合物晶胞的对称性不高,一般是三斜或单斜晶系。衍射点不多,而且有些还重叠在一起,又与非晶态的弥散图混在一起。因此,晶胞参数不是很易求得的,可以根据已知的键长键角间的关系作出模型,然后按设想的分子模型计算各衍射点的强度,检查是不是与实验符合,从而确定晶体中高分子链上的各个原子的相对排列方式(晶态结构)。X 射线衍射法除了测定晶体结构的晶胞参数外,还可以测定纤维的取向度和结晶性聚合物的结晶度。

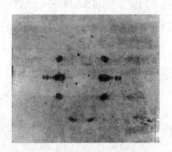

图 10-21 取向等规聚丙烯的 X 射线衍射图

　　因为结晶聚合物是一种多晶体,当晶粒平面垂直于纤维轴的方向时,在 X 射线衍射图上得不到反射点,只有当晶粒平面与 X 射线方向成一定角度时,才能得到反射点。对于晶粒无规取向的聚合物,晶粒平面在各个方向都有,因此它的 X 射线衍射图是许多封闭的同心圆,像粉末多晶的衍射图那样。对于经过拉伸而取向的结晶聚合物,衍射图上的同心圆退化成为圆弧,图 10-22 是聚丙烯薄膜拉伸时 X 射线衍射图的变化。取向度愈高,圆弧愈短。在高度取向的聚合物中,圆弧已缩小成为衍射点。圆弧的强度 $I(\theta)$ 与取向角为 $\theta$ 的晶粒数成正比,如图 10-23 所示。所以实验测定圆弧的强度 $I(\theta)$ 对取向角 $\theta$ 的分布就可以得到晶粒取向的分布。

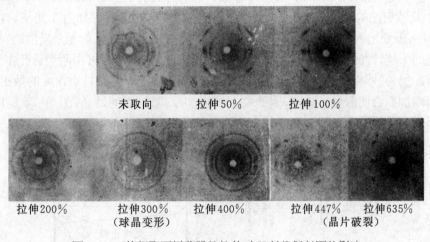

| 未取向 | 拉伸50% | 拉伸100% |

| 拉伸200% | 拉伸300%<br>(球晶变形) | 拉伸400% | 拉伸447% | 拉伸635%<br>(晶片破裂) |

图 10-22 等规聚丙烯薄膜的拉伸对 X 射线衍射图的影响

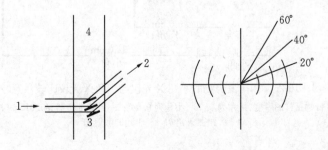

图 10-23 不完全取向的纤维 X 射线衍射示意

测定结晶度的原理是利用结晶的和非晶的两种结构对 X 射线衍射的贡献不同,把衍射相片上测得的衍射峰分解为结晶的和非晶的两部分(见图 10-24),结晶峰面积与总的峰面积之比就是结晶度,如果分解过程是正确的,加上适当的校正可得正确的结果。

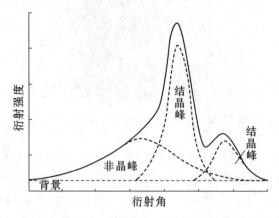

图 10-24  聚乙烯的 X 射线衍射曲线

## 10.6.2  X 光小角散射法

虽然都以 X 光作为光源,但 X 光小角散射法(SAXS)在仪器的构造、测试的原理和应用范围上,与 X 光衍射法有很大的差异。X 光衍射法的衍射角(又称布拉格角)$\theta$ 为 $10\sim30°$,而 X 光小角散射法的散射角 $\theta$ 小于 $2°$,有时前者称为广角法,后者称为小角法。由于测定的 $\theta$ 角较小,就要求入射的 X 光是一束单色准直的平行光。如果入射光是发散的,将会引起对散射光的干扰,因此在入射光与试样之间需要装一准直器,一般可用两个针孔作为入射光的准直器。另外,照相底片与试样的距离必须很远,才能使入射光与小角度的散射光分开,但是距离增加后会使散射光减弱,因此要求试样加厚,曝光时间延长,图 10-25 是广角与小角在仪器上的差别的示意图。

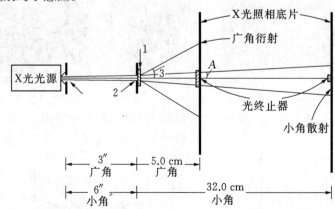

图 10-25  用于聚合物的小角 X 光仪与广角 X 光仪比较示意
1—聚合物试样的厚度,广角为 $0.02''$,小角为 $0.04''$;2—针孔准直器,$\phi0.015\sim0.025''$;
3—广角衍射角 $\theta$;4—小角的散射角

聚合物在小角测量时有两种 X 光的效应:一种是弥散的散射;另一种是不连续的衍射。

这两者是相互独立的。不管固态的或液态的聚合物都有弥散散射,一般这种弥散散射强度,它在 $\theta = 0°$ 处最强,在 $1\sim2°$ 内随着角度增加而下降,在溶液中弥散散射要弱得多。如果对固体聚合物进行拉伸会使弥散散射强度改变(见图 10-26)。许多固体晶态聚合物都有不连续的衍射,最常见的是衍射强度在相当于布拉格空间 75~200 Å 处有一极大值,当聚合物变形后,这种不连续的环也变得有取向性,图 10-27 是不连续衍射的照片。在通常情况下,取向聚合物的小角 X 光照片中既有弥散的散射,又有不连续的衍射,如图 10-27(c)所示。

(a) 未取向的聚合物　　　　　　　　(b) 取向的纤维(垂直于纤维轴)

图 10-26　典型的小角弥散散射

(a) 退火的,未取向尼龙 610　　(b) 取向线型聚乙烯的不连续衍射　　(c) 取向线型聚乙烯的弥散散射和不连续衍射

图 10-27　典型的小角不连续衍射

下面分别讨论两种不同的 X 光效应与聚合物结构的关系。

**1. 小角散射**

X 光散射与其他光的散射一样,都是由于体系的光学不均匀性所引起的。例如在均匀的大气中存在着尘埃和水气的颗粒,大气的电子密度与尘埃或水汽的电子密度不等,使体系光学上不均匀,当日光照射时便产生了可见的散射光。如果颗粒的尺寸为几个微米,分散在均匀的介质中(如高分子溶液),以 X 光作为入射光源,因为 X 光的波长远远小于可见光,因此只能在很小的范围内 ($\theta < 2°$) 观察到光的散射。散射光的强度、强度的角度依赖性都与这些颗粒的尺寸、形状、分布的情况有关,因此可利用 X 光小角散射的测定,研究高分子溶液中高分子的尺寸和形态,研究固体聚合物中的空隙、空隙的尺寸和形状等。

对于颗粒尺寸和形状都相同的、颗粒与颗粒之间没有干涉的蛋白质稀溶液,可用下式计算颗粒的尺寸。

$$I_\theta = I_0 \exp(- KR^2\theta^2)$$

式中 $I_\theta$ 是布拉格角为 $\theta$ 时的散射光强;$I_0$ 是 $\theta = 0$ 时的光强;$R$ 是散射质点的回转半径;$K = 16\pi^2/3\lambda^2$ 是与波长有关的常数,将上式写成对数形式为

$$\ln I_\theta = \ln I_0 - KR^2\theta^2$$

以 $\ln I_\theta$ 对 $\theta^2$ 作图,从斜率可求出颗粒的尺寸 $R$(见图 10-28)。必须指出,高分子在溶液中的颗粒尺寸与浓度有关,因此常常作浓度的外推,以求得浓度为零时颗粒的尺寸(见图 10-29)。如果颗粒是圆球形的,$R$ 当然就是颗粒的半径,如果颗粒是椭球形或棒形的,则可从 $R$ 值算出椭球的轴比或棒的长度。

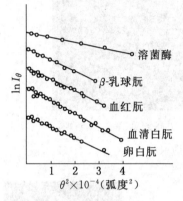

图 10-28　一些蛋白物的弥散散射图

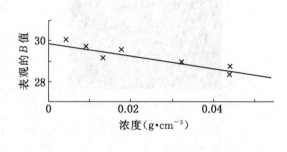

图 10-29　血清蛋白在不同浓度下测得的尺寸

如果测定的体系是浓溶液,则颗粒与颗粒接近,相互有干扰,需要利用电子密度起伏的相关函数与散射功率的关系计算溶质分子的尺寸。纤维或薄膜在成型过程中会带入许多肉眼看不见的微小气泡或空隙,从而影响成品的质量。因为空隙或气泡的电子密度与纤维或薄膜的不同,可以用 X 光小角散射法测量它们的大小和形状。

**2. 小角衍射**

因为小角衍射反映出试样中长周期的结构,而不是短周期的化学结构,一般都用于研究取向的纤维。例如很早就有人用 X 光测得尼龙纤维和聚酯纤维的小角衍射图,图中子午线方向有反射,可计算出在纤维轴方向有 75～100 Å 的长周期结构。大多数的结晶性纤维都能观察到这样的长周期,只有聚四氟乙烯、有规聚苯乙烯和聚丙烯腈纤维是例外的。关于长周期的定量计算可参阅有关的专著。

**3. 同步辐射 X 光技术**

所谓同步辐射是指在同步加速器中的带电粒子以接近光速作曲线运动时,沿轨道的切线方向会发出强烈的电磁辐射。以这种电磁辐射作为光源,波长在远红外到 X 射线之间,其性能远比一般的实验室光源好,比通常实验室用的最好的 X 光源亮 1 亿倍以上。无需反复扫描,只要用极短的辐照时间就可实现对样品 X 光散射、衍射信号的数据采集。

# 10.7　小角中子散射法[17]

本节主要讲述小角中子散射法(SANS)[17]的原理。衍射是波所特有的现象,根据波粒

二象性原理,粒子具有波动性,因此也应产生衍射现象,这一点已由电子衍射得到证实。中子被发现后,由于它的许多特殊性质,引起了人们对其波动性的极大兴趣。

利用 X 射线衍射和散射技术使我们已能够测出物质中原子间的距离,并了解它们的空间位置关系。但正如其他有效的工具一样,X 射线也是有其局限性的。例如原子的 X 射线的散射振幅随着原子序数的增大而急剧上升。当原子质量相差较大时,我们难以用 X 射线在轻重原子共存的材料中精确测定较轻原子的位置。中子的波长和 X 射线一样,与物质中原子的间距同数量级,从理论上讲,一定可以像 X 射线一样用来探测物质的微观结构,而且有它独特的优势,中子散射(neutron scattering)恰能弥补 X 射线所存在的上述局限。中子与 X 射线相比,有几处显著的不同:

(1) 中子为一中性粒子。由于没有电相互作用,原子核外电子云的大小和分布状况对其几乎没有影响。原子与物质相互作用时,代表其散射本领的物理量——散射长度主要取决于原子核的性质。因此可对物质进行更深一层的了解。

(2) 与 X 射线明显不同的是,到目前为止我们还没有发现中子散射长度与原子序数之间的函数关系。与 X 射线相比,中子散射长度的绝对数值相差并不很大,这样较轻原子对散射谱的贡献就大大地提高了。

(3) 同一元素的同位素,其化学性质是相同的。由于它们的核外电子数完全一样,对 X 射线的散射也基本相同。但中子散射的主体是核散射。原子核内中子数的变化可以极大地影响其散射长度,同一种元素对同一束光源(或粒子流)反映出如此不同的结果,是中子相对于目前已知各种探测物的一个独一无二的特点。利用这一特性,可以在实验中进行同位素替换,得到对比结果,必能更深刻地揭示物质的本质。

中子散射尚不能完全普及的最大制约因素是其光源必须是核反应堆产生的中子。反应堆中引出的中子,强度随波长的变化遵从 Maxwell 分布呈一连续谱线,它的峰值位置与反应堆内部的温度有直接的关系。例如,在反应堆的温度为 0 ℃和 100 ℃时,峰值波长分别是 1.55 Å 和 1.33 Å。这一波长段正是研究物质微观结构所需要的。

用来探测物质结构的射线(或粒子流),其本身的波长必须是已知的。由反应堆中出来的包含所有波长的中子,经过单色器晶体过滤后,反射中子的波长由布拉格公式决定

$$\lambda = 2d \sin\theta$$

式中 $\lambda$ 为反射中子的波长;$d$ 为晶面间距;$\theta$ 为入射中子流与单色器晶面的夹角。中子的波长就可以根据需要进行选择。照射到样品上产生散射,单位时间内产生的散射强度 $I$ 为

$$I = I_0 N \sigma$$

式中 $I_0$ 为单位时间和每单位面积的中子入射流的强度;$N$ 为对散射起作用的原子核数目;$\sigma$ 为每个原子核的散射截面。一般用中子计数器可探测出散射谱线的强度随散射角 $\varphi$ 的变化。中子计数器有一定的面积,在接收信号时存在一固定的张角 $\Delta\Omega$,故实际接收的散射强度 $I$ 表示为

$$I = I_0 N \frac{d\sigma}{d\Omega} \Delta\Omega$$

式中 $d\sigma/d\Omega = b^2$ 为单个原子核的微分散射截面;$b$ 就是单个原子的散射长度,是弹性中子散

射实验中与具体原子核有关的常数,与入射中子流的波长无关。作为散射基本单元的原子核尺寸远远小于中子流的波长,因此单个原子核的散射信号是球形对称的,$b$ 不随散射角而变化。但由于样品中存在很多原子核,每个原子核产生的散射信号会产生干涉,根据散射理论,整个体系的微分散射截面为

$$N \frac{d\sigma}{d\Omega} = \langle b^2 \rangle \sum_{j,k} e^{-iq(r_i - r_j)} + N(\langle b^2 \rangle - \langle b \rangle^2) \qquad (10\text{-}39)$$

式中 $\langle b \rangle$ 和 $\langle b^2 \rangle$ 为体系中原子核的平均散射长度和均方散射长度。$r_i$ 和 $r_j$ 是原子核的空间位置。可以看出,上式中只有前一项与样品的结构和散射角度有关,被称为相干散射;后一项只是散射各向同性的背景信号,被称为非相干散射。

　　将晶体中原子核排列的空间信息代入式(10-39)进行计算,得到晶体理想的散射截面,与实验结果进行比较,就可推断出样品的晶体结构。这是弹性中子散射测定物体静态性质的基本原理。利用混入少量氘代链作为标记,弹性中子散射特别适合测定单一组分或多组分的聚合物熔体中链的尺寸和构象。这对于激光小角散射实验来说是很难实现的。

　　任何一种探测源在与样品发生作用时,不仅会产生与入射源相同能量的散射束——弹性散射,还会产生与入射源能量不同的散射束——非弹性散射。与动态光散射类似,非弹性中子散射的产生是由于入射束在与样品发生碰撞时有能量交换,即入射粒子流吸收了晶格振动的能量或释放能量给晶体。由于晶格振动(或称声子)的能量级为 $0.01 \sim 0.1$ eV,与 X 射线的能量(约为 $10^4$ eV)相比是如此的微不足道,以至于我们很难探测出 X 射线散射中非弹性散射的发生。热中子的能量和晶格振动的声子能量和分子振动的特征频率在同一数量级,中子获得(或损失)一个声子的能量可使中子的速度以及与之相关的波长发生很大的变化。中子非弹性散射可测量频率在 $10^7 \sim 10^{14}$ Hz 的分子运动,可获得诸如晶体振动频率与晶体空间结构的关系,高分子侧链基团的振动和转动,以及高分子链构象变化的动力学信息,从而使人们能更深刻地了解高分子的运动规律。因此通过非弹性的中子散射可以测定物体的动态性质。表 6-3 列出了用小角中子散射测定的实验结果。

# 10.8　激光共聚焦显微镜[18]

　　激光扫描共聚焦显微技术(laser scanning confocal microscopy, LSCM)是近十几年迅速发展起来的一项新的显微技术,已在生物科学,材料科学等领域得到了广泛的应用。

　　共聚焦显微技术是在传统的光学显微分析技术的基础上发展起来的,传统的光学显微镜使用的是场光源,样品上每一点的图像都会受到邻近点的衍射光或散射光的干扰;激光共聚焦显微镜利用激光束经照明针孔形成点光源对标本内焦平面上的每一点扫描,样品上的被照射点,在探测针孔处成像,由探测针孔后的光电器件 CCD 逐点或逐线接收,迅速在计算机监视器屏幕上形成图像。照明针孔与探测针孔相对于物镜焦平面是共轭的,焦平面上的点同时聚焦于照明针孔和发射针孔,焦平面以外的点不会在探测针孔处成像,这样得到的共聚焦图像是标本的光学横断面,克服了普通显微镜图像模糊的缺点。如果在显微镜的载物台上加一个微量步进马达,可使载物台上下步进移动,最小步进距离为 $0.1$ $\mu$m,则样品各个

横断面的图像都能清楚地显示,实现了"光学切片"的目的。图 10-30 是共聚焦显微镜的原理图。

利用计算机技术组建的激光共聚焦显微成像仪可以将断层图像进行三维图像构建,不但能揭示细胞材料的结构和提供材料的长、宽、厚、断层面积、体积等参数,而且可以给人以三维立体的概念。例如,可以使材料的图像旋转起来从而能随意观察材料各个侧面的表面结构。

激光共聚焦显微成像仪不但可以观察材料形态的动态变化,而且用适当的荧光探针(荧光标记的分子)可以观察材料内部的化学变化。例如在生物上利用荧光探针已经实现了细胞内游离 $Ca^{2+}$、pH 值及其他细胞内离子的实时测定。

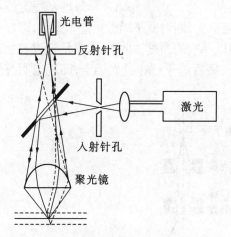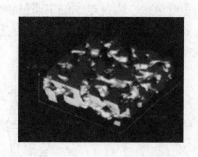

图 10-30　激光共聚焦显微镜的原理示意　　图 10-31　SBR/PB 共混物的 LCSM 三维形态照片

Hashimoto 等利用 LCSM 研究了由苯乙烯-丁二烯的无规共聚物(SBR)和聚丁二烯(PB)组成的共混物的相分离过程。克服了传统光学显微镜只能给出两维图像的弱点,给出了清晰的三维形态图(见图 10-31)。对形态数据进行快速 Fourier 变换就直接得到了光散射数据,而无需再到光散射仪上去测定。

# 10.9　电子显微镜[19]

电子显微镜(EM)的主要特点是具有很高的放大倍数和分辨能力,可以观察到在普通光学显微镜下所看不见的微小东西。因此电子显微镜是现代用以探索微观物质世界的强有力的工具,已在许多科学技术研究部门被广泛地应用。

聚合物是一个极其复杂的体系,其结构的研究也是一个相当困难的课题,所以有关聚合物结构的概念,尚存在着许多不同观点的争论。而电子显微镜法在聚合物结构概念的发展和完善过程中提供了直接可靠的实验证据,因此它与 X 射线法一样,是研究聚合物结构的一种重要方法。

任何一种显微镜的基本性能指标是它的分辨能力,所谓分辨能力就是显微镜所能分清邻近两个小质点的最小距离。目前,电子显微镜所能达到的分辨能力为 1~2 Å,比光学显微镜的分辨能力高几百倍。

### 10.9.1　透射电子显微镜的构造原理

透射电子显微镜(transmission electron microscopy, TEM)的构造是相当复杂的,包括高稳定度的高压电源、高真空系统和显微镜筒等几个组成部分。显微镜筒是成像的主要部分,它的结构大致上与光学显微镜相类似,如图 10-32 所示,包括电子枪(相当于光学显微中的光源)、聚焦透镜、接物透镜、投影透镜和用来观察物像的荧光屏,所不同的是电子显微镜的光源是一股高速的电子流和电子显微镜的透镜是一个磁场。大家知道,在光学显微镜中光线通过物体时,由于物体各部分厚薄疏密程度的不同,对光的吸收程度有差别,因此形成了轮廓清楚的物像。然而电子显微镜中物像的形成并不是由于物体对电子的吸收效应所产生的,而是由于物体内部结构对电子发生散射作用的结果。物体各部分厚薄疏密程度的不同,对电子散射的能力也各不相同,物体厚度和密度愈大,则对电子的散射能力愈强,即电子被散射的角度愈大。因此电子细束通过物体时,则以不同的角度被散射开,然后通过接物透镜重新会聚成像,所形成的初像再经投影透镜放大,最后电子打在荧光屏上,而现出明亮清晰的物像,可以直接观察或摄影记录。

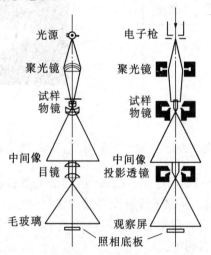

图 10-32　透射电子显微镜和光学显微镜的构造和成像原理示意图

显微镜的分辨能力由下式决定

$$d = \lambda/2n\sin\theta$$

式中 $d$ 是显微镜能分辨的邻近两个小点的最小距离;$\lambda$ 是光源的波长;$n$ 是透镜周围介质的折射率;$\theta$ 是透镜对成像点张角的 1/2。可以看出,显微镜的分辨能力 $d$ 与光源波长成正比,即光源的波长愈短,显微镜的分辨能力愈高。可见光的波长为 7 900～3 800 Å。普通光学显微镜的分辨能力为 100 nm 到 10 $\mu$m;紫外线的波长为 380～100 Å,紫外线显微镜的分辨能力为 100 nm 以下。电子显微镜以电子束为光源,其波长比可见光短得多,所以电子显微镜的分辨能力比普通光学显微镜高得多。电子的波长与加速电压高低有关,加速电压愈高,电子的速度愈大,波长愈短。例如用 $10^5$ V 的加速电压,可得到波长为 0.037 Å 的电子束,如果用大张角的磁透镜,则理论上分辨能力可能达到 0.05 Å,但是,由于电子束的单色性不够理想,加上磁透镜的聚焦误差,限制了电子显微镜分辨能力的提高,实际上,目前电子显微镜的分辨能力仅达 1～2 Å。

### 10.9.2　透射电子显微镜的实验方法

在电子显微镜的研究中,样品的制备是一个极其重要的环节,它关系到实验的成败。由于电子的穿透能力较弱,大约只有 X 射线穿透能力的万分之一,即电子只能穿透几百埃到 1 000 Å 厚度的薄膜,因此一般物体都不能直接进行观察,而必须经过一定的手续,制备专用的样品。

样品的制备方法一般有两类:一类是直接法;另一类是间接法。凡是电子束可以透过的薄膜或薄片样品,都可以直接放入电子显微镜进行观察。为了获得这样的薄膜或薄片样品,可以采取稀溶液挥发成膜的办法,也可以使用专用的超薄切片机,直接由固体聚合物材料上切取,前者适用于观察分子的大小和形态、薄膜的结构以及培养得到的单晶等;后者适用于研究固体聚合物的内部结构。对于许多电子不能透过的大块聚合物样品,为了研究其表面结构,则必须采用样品复型的方法,制备可供观察的间接样品。方法是在原样品的表面上蒸发一层很薄的碳膜,然后将原样品聚合物溶解掉,留下一层与原样品的表面结构一样的复型薄膜,即可用于电子显微镜观察。对于不易溶解的试样,则须进行两次复型。

由直接法或间接法所制得的样品,虽然已可进行电子显微镜的观察,但所得的物像尚不够清晰,还必须设法增加物像的反差。对于那些表面凹凸不平的样品,一般可作金属定向蒸发处理,来提高物像的反差,即在样品上,以较小的角度定向蒸发一层重金属原子,使凹凸不平的表面上落下数量不等的重金属原子,由于重金属原子对电子具有极强的散射能力,因此落有重金属原子的部分在物像中出现阴影,增加物像的明暗对比(见图 10-33)。同时,从阴影区域的大小可以确定样品凸起部分的高度 $h$

$$h = l\tan\theta$$

式中 $l$ 是阴影的长度;$\theta$ 是金属原子喷射的角度。在多相体系聚合物的结构研究中,则时常采用"着色"技术,使照片上样品的某些部分颜色加深,以便与样品的其他部分区别开来。例如对高抗冲聚苯乙烯和 ABS 等一类橡胶改性塑料,为了弄清楚其相结构与性质之间的关系,通常用四氧化锇($OsO_4$)处理样品,由于 $OsO_4$ 能与橡胶中残留的不饱和双键反应,结果使样品的橡胶相部分"着色",电子显微镜照片上,橡胶相变成黑色,而塑料相则仍为白色,呈现清晰的相结构的图像。

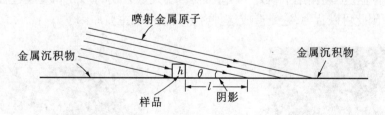

图 10-33　对样品作金属定向蒸发处理示意图

### 10.9.3　透射电子显微镜在聚合物研究中的应用

#### 1. 对结晶聚合物形态结构的研究

用电子显微镜已经观察到一系列结晶聚合物的单晶体,它们都具有规则的几何外形。尽管各种单晶体的外形各不相同,甚至同一种结晶聚合物在不同的结晶条件(温度、溶液浓度、溶剂性质等)下,也可以形成不同形态结构的单晶体,例如聚乙烯在二甲苯溶液中形成菱形薄片状单晶体,而在辛烷溶液中则形成六角形的单晶体,但是各种单晶体的晶片厚度却大致相等,都在 100 Å 左右。配合电子衍射的研究确定了在单晶中分子链是取垂直于晶片平面的方向平行排列的,但是分子链的长度通常要比晶片厚度大几十到几百倍。从而导致了关于结晶聚合物聚集态结构的折叠链结构概念的产生。

此外,用电子显微镜还观察到几种特殊的聚合物结晶形态,包括在高压下形成的伸直链结构、在剪切力场下形成的纤维状晶体和纤维状晶与片晶的复合体——串晶等。

在通常情况下,结晶聚合物往往生成比单晶体的结构形式更为复杂的球晶。用电子显微镜已经观察到球晶的精细结构,发现它是由许多扭曲成螺旋状的微小晶带所组成的(见图 6-12)。并已确定,在晶带中分子链是垂直于球晶的径向方向而平行排列的。尽管对于聚合物的晶态结构细节尚有争论,电子显微镜毕竟已为晶态聚合物的结构研究提供了大量可靠的直接证据,而在对于聚合物晶态结构的进一步研究中,它无疑地仍是不可缺少的工具,必将发挥巨大的作用。

2. 对非晶态聚合物形态结构的研究

电子显微镜除了可研究晶态结构外,也用于非晶态聚合物结构的研究。例如,用电子显微镜观察聚碳酸酯的溶液浇铸薄膜,发现薄膜上存在几十埃到几百埃大小的球粒结构,而且随着退火温度的提高和退火时间的延长,球粒的尺寸明显地增大,这类结果导致了关于非晶聚合物聚集态结构的局部有序概念。虽然对上述实验结果的可靠性尚有争论,但是进一步研究终将对弄清楚非晶聚合物的聚集态结构提供更多更可靠的证据。

3. 研究两相体系聚合物的结构形态和增韧机理

以高抗冲聚苯乙烯为例。图 10-34 是运用超薄切片和着色技术制备的高抗冲聚苯乙烯样品的电子显微镜照片,从照片上可以看到,橡胶相(深色部分)成颗粒状分散在连续的聚苯乙烯塑料相中,而在橡胶粒子的内部还包藏着相当多的聚苯乙烯,由于这种包藏结构,提高了橡胶相的模量,也增加了橡胶相的实际体积分数。

橡胶相的引入,大幅度提高了聚苯乙烯的抗冲强度,搞清这种两相体系材料的增韧机理有着很大的理论和实际意义,在这方面的研究中,电子显微镜仍是不可缺少的工具。图 10-35 是拉伸条件下,高抗冲聚苯乙烯内部裂纹发展情况的电子显微镜照片,照片表明,分散的橡胶颗粒在应力作用下引发了大量的裂纹,大量裂纹的形成和发展过程中可以吸收大量的能量,因此可以认为,它是造成这种材料高韧性的主要原因。

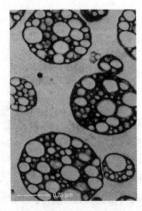

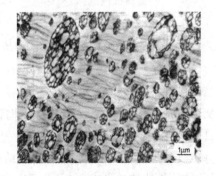

图 10-34　高抗冲聚苯乙烯的海岛状形态结构　　图 10-35　高抗冲聚苯乙烯在拉伸时形成的银纹

### 10.9.4 扫描电子显微镜

扫描电镜(scanning electron microscopy, SEM)是详细研究三维表面结构的有力工具。它在许多方面都比透射电子显微镜优越:

(1) 聚焦景深300倍于光学仪器,因而粗糙的样品表面,可以构成细致清晰的图像,而且立体感强(见图10-36)。

(2) 分辨率高,表面扫描电镜二次电子像的分辨率已达100 Å,透射扫描电镜可达5 Å。

(3) 放大倍数大,通过电子系统的变换,调节视域和聚焦条件,可使放大倍数从20倍调至10万倍。

(4) 配置X射线接收系统,可直接探测样品表面的成分。

(5) 配有各种性能的样品台,能使样品处于多种环境条件下进行试验观察,如表面形态、力学、磁学、电学性能测定,高低温条件下的相变及形态变化等。

图10-37是扫描电镜的结构原理示意图。由灯丝、栅极和阳极构成电子枪,从电子枪发射出来的电子流,经三个电磁透镜聚焦后,变成一股细束。置于末级透镜上部的扫描线圈能使电子束在试样表面做光栅状扫描。试样在电子束作用下,激发出各种信号,信号的强度取决于试样表面的形貌、受激区域的成分和晶体取向。由探测器和高灵敏毫微安计把激发出的电子信号接收下来,经信号放大处理系统,输送到显像管栅极以调制显像管的亮度。由于显像管中的电子束和镜筒中的电子束是同步扫描的,由试样表面任一点所收集到的信号强度与显像管屏上相应点亮度之间是一一对应的,因此试样状态不同,相应的亮度也必不同。可见,由此得到的图像一定是试样状态的反映。放置在试样斜上方的X射线接收系统可用来进行微区成分分析。

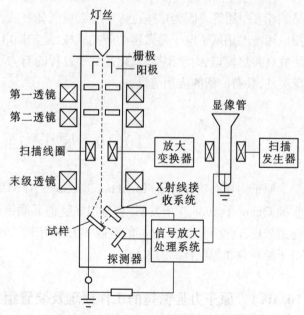

图10-36　等规聚丙烯球晶的SEM照片　　图10-37　扫描电镜结构原理示意

值得强调的是,入射电子束在试样表面上是逐点扫描的,像是逐点记录的,因此试样各点所激发出来的各种信号都可选录出来,并可同时在相邻的几个显像管上或记录仪上显示出来,这给试样综合分析带来极大的方便。图 10-35 是具有自由表面的等规聚丙烯球晶的扫描电镜照片。结晶条件为:含 6% 的石蜡油,130 ℃ 等温结晶 2 hr,液氮淬冷,经电子束蚀刻后,进行 SEM 观察。标尺为 20 $\mu$m,放大 500 倍。

传统的扫描电镜对不导电或导电性能不太好的样品还需喷金后才能达到理想的分辨率。随着高分子科学的发展要尽量保持样品的原始表面,在不做任何处理的条件下进行分析。最近出现的模拟环境工作方式的扫描电镜,即环境扫描电镜(environmental SEM, ESEM),就是为了适应上述条件而产生的新的扫描电镜技术。

为了让 ESEM 的样品室能够模拟工作环境,必须让样品室达到较高的低真空。目前主要采用的是两级压差光栅和气体二次电子探测器及其他一系列相关技术。它使用 1 个分子泵和 2 个机械泵,2 个压差(压力限制)光栅将主体分成 3 个抽气区,镜筒处于高真空,样品周围为环境状态,样品室和镜筒之间存在一个缓冲过渡状态。可使扫描电镜的样品室的低真空压力达到 2 600 Pa,也就是样品室可容纳分子更多,在这种状态下,可配置水瓶向样品室输送水蒸气或输送混合气体,若跟高温或低温样品台联合使用则可模拟样品的周围环境,结合扫描电镜观察,可得到环境条件下试样的变化情况。使用时,高真空、低真空和环境三个模式可根据情况任意选择,并且在三种情况下都配有二次电子探测器,都能达到 3.5 nm 的二次电子图像分辨率。ESEM 的特点是:

(1) 非导电材料不需喷镀导电膜,可直接观察,分析简便迅速,不破坏原始形貌。

(2) 可保证样品在 100% 湿度下观察,即可进行含油含水样品的观察,能够观察液体在样品表面的蒸发和凝结以及化学腐蚀行为。

(3) 可进行样品热模拟及力学模拟的动态变化实验研究,也可以研究微注入液体与样品的相互作用等。因为这些过程中有大量气体释放,只能在环扫状态下进行观察。环境扫描电镜技术拓展了电子显微学的研究领域,是扫描电子显微镜领域的一次重大技术革命,是研究材料热模拟、力学模拟、氧化腐蚀等过程的有力工具,受到了国内广大科研工作者的广泛关注,具有广阔的应用前景。

# 10.10　原子力显微镜[20]

原子力显微镜(atomic force microscopy, AFM)是由 IBM 公司的 Binnig 与 Stanford 大学的 Quate 于 1986 年所发明,它与扫描隧道显微镜(STM)最大的差别在于并非利用电子隧道效应,而是利用原子之间的范德华力作用来呈现样品的表面特性,弥补了扫描隧道显微镜不能观测非导电样品的欠缺。

## 10.10.1　原子力显微镜的工作原理及装置组成

AFM 的工作原理是将一个对微弱力极敏感的微悬臂一端固定,另一端有一个微小的针尖,针尖尖端原子与样品表面原子间存在着极微弱的排斥力($10^{-8} \sim 10^{-6}$ N),利用光学检测法或隧道电流检测法,通过测量针尖与样品表面原子间的作用力来获得样品表面形貌的三维信息(见图 10-38)。

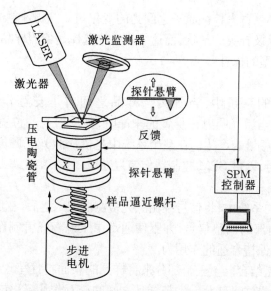

图 10-38　原子力显微镜原理与装置示意

　　假设两个原子中,一个是在悬臂(cantilever)的探针尖端,另一个是在样本的表面,它们之间的作用力会随距离的改变而变化,其作用力与距离的关系如图 10-39 所示,当原子与原子很接近时,彼此电子云斥力的作用大于原子核与电子云之间的吸引力作用,所以整个合力表现为斥力的作用,反之若两原子分开有一定距离时,其电子云斥力的作用小于彼此原子核与电子云之间的吸引力作用,故整个合力表现为引力的作用。若从能量的角度来看,这种原子与原子之间的距离与彼此之间能量的大小也可从 Lennard-Jones 公式中得到另一种印证(见图 10-39):

$$E(r) = 4\varepsilon \left[ \left( \frac{\sigma}{r} \right)^{12} - \left( \frac{\sigma}{r} \right)^{6} \right]$$

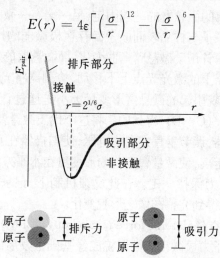

图 10-39　AFM 针尖与原子的作用能与作用力示意图

AFM 的装置可分成三个部分:力检测部分、位置检测部分、反馈系统(见图 10-38)。

**1. 力检测部分**

在原子力显微镜(AFM)的系统中,所要检测的力是原子与原子之间的范德华力。所以在本系统中是使用微小悬臂来检测原子之间力的变化量。这微小悬臂有一定的规格,例如长度、宽度、弹性系数以及针尖的形状,而这些规格的选择是依照样品的特性,以及操作模式的不同,而选择不同类型的探针。

2. 位置检测部分

在原子力显微镜的系统中,当针尖与样品之间有了交互作用之后,会使得悬臂(cantilever)摆动,所以当激光照射在悬臂的末端时,其反射光的位置也会因为悬臂摆动而有所改变,这就造成偏移量的产生。在整个系统中是依靠激光光斑位置检测器将偏移量记录下并转换成电的信号,以供 SPM 控制器作信号处理。

3. 反馈系统

在原子力显微镜的系统中,将信号经由激光检测器取入之后,在反馈系统中会将此信号当作反馈信号,作为内部的调整信号,并驱使通常由压电陶瓷管制作的扫描器做适当的移动,以保持样品与针尖保持合适的作用力。

原子力显微镜便是结合以上三个部分来将样品的表面特性呈现出来的:在原子力显微镜的系统中,使用微小悬臂来感测针尖与样品之间的交互作用,这作用力会使悬臂摆动,再利用激光将光照射在悬臂的末端,当摆动形成时,会使反射光的位置改变而造成偏移量,此时激光检测器会记录此偏移量,也会把此时的信号给反馈系统,以利于系统做适当的调整,最后再将样品的表面特性以影像的方式给呈现出来。

## 10.10.2　原子力显微镜的工作模式

原子力显微镜的工作模式是以针尖与样品之间的作用力的形式来分类的,主要有以下几种。

1. 接触模式(contact mode,CM)

将一个对微弱力极敏感的微悬臂的一端固定,另一端有一微小的针尖,针尖与样品表面轻轻接触。由于针尖尖端原子与样品表面原子间存在极微弱的排斥力($10^{-8}\sim10^{-6}$ N),由于样品表面起伏不平而使探针带动微悬臂弯曲变化,而微悬臂的弯曲又使得光路发生变化,使得反射到激光位置检测器上的激光光点上下移动,检测器将光点位移信号转换成电信号并经过放大处理,由表面形貌引起的微悬臂形变量大小是通过计算激光束在检测器四个象限中的强度差值(($A+B$)-($C+D$))得到的。将这个代表微悬臂弯曲的形变信号反馈至电子控制器驱动的压电扫描器,调节垂直方向的电压,使扫描器在垂直方向上伸长或缩短,从而调整针尖与样品之间的距离,使微悬臂弯曲的形变量在水平方向扫描过程中维持一定,也就是使探针-样品间的作用力保持一定。在此反馈机制下,记录在垂直方向上扫描器的位移,探针在样品的表面扫描得到完整图像之形貌变化。

2. 横向力(摩擦力)显微镜(lateral force microscopy,LFM)

横向力显微镜是在原子力显微镜表面形貌成像基础上发展的新技术之一,工作原理与接触模式的原子力显微镜相似。

当微悬臂在样品上方扫描时,由于针尖与样品表面的相互作用,导致悬臂摆动,其摆动的方向大致有两个:垂直与水平方向。一般来说,激光位置探测器所探测到的垂直方向的变化,反映的是样品表面的形态,而在水平方向上所探测到的信号的变化,由于物质表面材料特性的不同,其摩擦系数也不同,所以在扫描的过程中,导致微悬臂左右扭曲的程度也不同,检测器根据激光束在四个象限中，$((A+C)-(B+D))$ 这个强度差值来检测微悬臂的扭转弯曲程度。而微悬臂的扭转弯曲程度随表面摩擦特性变化而增减(增加摩擦力导致更大的扭转)。激光检测器的四个象限可以实时分别测量并记录形貌和横向力数据。

**3. 轻敲模式(tapping mode，TM)**

用一个小压电陶瓷元件驱动微悬臂振动，其振动频率恰好高于探针的最低机械共振频率($\approx 50\ kHz$)。由于探针的振动频率接近其共振频率，因此它能对驱动信号起放大作用。当把这种受迫振动的探针调节到样品表面时(通常为 $2\sim20\ nm$)，探针与样品表面之间会产生微弱的吸引力。在半导体和绝缘体材料上的这一吸引力，主要是凝聚在探针尖端与样品间水的表面张力和范德华吸引力。虽然这种吸引力只是在接触模式下记录到的原子之间的斥力的 $1/1\,000$ 倍，但是这种吸引力也会使探针的共振频率降低，驱动频率和共振频率的差距增大，探针尖端的振幅减少。这种振幅的变化可以用激光检测法探测出来，据此可推出样品表面的起伏变化。

当探针经过表面隆起的部位时，这些地方吸引力最强，其振幅便变小；而经过表面凹陷处时，其振幅便增大，反馈装置根据探针尖端振动情况的变化而改变加在 $z$ 轴压电扫描器上的电压，从而使振幅(也就是使探针与样品表面的间距)保持恒定。同接触模式 AFM 一样，用 $z$ 驱动电压的变化来表征样品表面的起伏图像。

在该模式下，扫描成像时针尖对样品进行"敲击"，两者间只有瞬间接触，克服了传统接触模式下因针尖被拖过样品而受到摩擦力、黏附力、静电力等的影响，并有效的克服了扫描过程中针尖划伤样品的缺点，适合于柔软或吸附样品的检测，特别适合检测有生命的生物样品。

**4. 相移成像(phase imaging，PI)**

作为轻敲模式的一项重要的扩展技术，相移模式(相位移模式)是通过检测驱动微悬臂探针振动的信号源的相位角与微悬臂探针实际振动的相位角之差(即两者的相移)的变化来成像。

引起该相移的因素很多，如样品的组分、硬度、黏弹性质等。因此利用相移模式(相位移模式)，可以在纳米尺度上获得样品表面局域性质的丰富信息。迄今相移模式(相位移模式)已成为原子力显微镜的一种重要检测技术。

经过十多年来的不断发展，AFM 目前已有多种形式。例如，摩擦力显微镜(FFM)，测量悬臂受到水平方向的力(摩擦力)而发生的偏转运动，通过记录偏转程度获得样品表面摩擦力分布图像及凝聚形态；扫描黏弹性显微镜(SVM)，在扫描器 $z$ 方向上加正弦振动(应变)，悬臂受反作用力也会产生周期振动(应力)，从而测量样品表面模量，评价样品表面的黏弹性。其他还有诸如激光力显微镜(LFM)、磁力显微镜(MFM)、静电力显微镜(EFM)和表面电位显微镜(SEPM)等等。

AFM 在研究聚合物表面结构方面相对于其他分析仪器，如透射电镜(TEM)、扫描电镜(SEM)、光电子能谱(ESCA)等，有其独特优势。对高分子样品，AFM 可以达到纳米级分辨率；可得到样品在实际空间中表面的三维图像；可用于表面结构动态过程研究；可在诸如空气、水、常温或高温等多种环境条件下观测，因而得到越来越广泛的应用。

**5. 力曲线测量**

AFM 除了形貌测量之外，还能测量力对探针-样品间距离的关系曲线 $Zt(Zs)$。它几乎包含了所有关于样品和针尖间相互作用的必要信息。当微悬臂固定端被垂直接近，然后离开样品表面时,微悬臂和样品间产生了相对移动。而在这个过程中微悬臂自由端的探针也在接近、甚至压入样品表面,然后脱离,此时原子力显微镜测量并记录了探针所感受的力,从而得到力曲线。$Zs$ 是样品的移动,$Zt$ 是微悬臂的移动。这两个移动近似于垂直于样品表面。用悬臂弹性系数 $c$ 乘以 $Zt$,可以得到力 $F = cZt$。如果忽略样品和针尖弹性变形,可以通过 $s = Zt - Zs$ 给出针尖和样品间相互作用距离 $s$。这样能从 $Zt(Zs)$ 曲线决定出力-距离关系 $F(s)$。这个技术可以用来测量探针尖和样品表面间的排斥力或长程吸引力,揭示定域的化学和机械性质,像黏附力和弹力,甚至吸附分子层的厚度。如果将探针用特定分子或基团修饰,利用力曲线分析技术就能够给出特异结合分子间的力或键的强度,其中也包括特定分子间的胶体力以及疏水力、长程引力等,还可以测量单个高分子的力学拉伸曲线。

### 10.10.3  原子力显微镜的应用

现以聚合物膜表面形貌观察为例来说明 AFM 在高分子领域中的应用。

Kajiyama 等人应用 AFM 研究了单分散聚苯乙烯(PS)/聚甲基丙烯酸甲酯(PMMA)共混成膜的相分离情况[21](见图 10-40)。对于膜厚度小于二倍链无扰回转半径 $2\langle R_g \rangle$ 的二维超薄膜,膜表面形态随超薄膜厚度的不同而变化。膜厚为 10.2 nm 表面较为平坦,而膜厚下降至 6.7 nm 后 AFM 图像可以清晰地显示 PMMA 相分离的岛状结构。

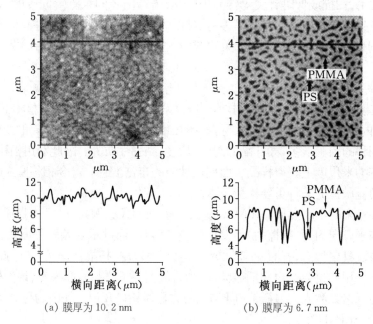

(a) 膜厚为 10.2 nm          (b) 膜厚为 6.7 nm

图 10-40  用 AFM 观察的 PS/PMMA(30/70)共混物在金表面上以不同厚度进行相分离的形态和一维浓度分布

Kajiyama 等人还观测了聚乙烯的菱形单晶[22],并对其不同角度表面摩擦力进行测量,得出结晶表面链折叠方式与分子量有关的结论。分子量较小时 $(M_w = 1 \times 10^4)$,结晶表面链为相邻的紧密平行折叠,表面摩擦力应与摩擦角度有较强的依赖性;而当分子量较高时 $(M_w = 5.2 \times 10^5)$,表面摩擦力与摩擦角度有较小的依赖性,说明表面链是排列不规则的,且与结晶的连接点并不一定相邻(见图 10-41)。

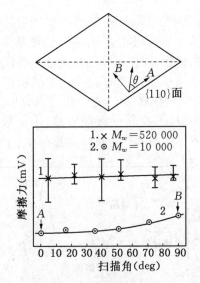

图 10-41　用 AFM 测定的高密度聚乙烯单晶在
不同角度下的表面摩擦力

$M_w = 10\,000$，$T = 520\,K$

# 10.11　聚合物的热分析[23]
## ——差示扫描量热法和差热分析

　　热分析(thermal analysis，TA)是指用热力学参数或物理参数随温度变化的关系进行分析的方法。热分析技术主要用于反映物质的相变，如通过差示扫描量热法(differential scanning calorimetry，DSC)和差热分析(differential thermal analysis，DTA)研究玻璃化转变行为、熔融行为和结晶动态。随着热分析技术向自动化、高性能、微型化和联用技术方向日益发展和完善，开拓了聚合物研究的广度和深度。动态调制技术的应用有效地分离了可逆和不可逆的热转变；控制速率热分析(controlled-rate thermal analysis，CRTA)可以将样品性质变化的速率通过调节样品的温度来控制；热分析联用技术的发展则提供更为全面、动态和微观的信息。

　　DTA 和 DSC 的主要区别是：DTA 测定的是试样与参比物之间的温度差 $\Delta T$ 随温度 $T$ 变化的关系，DTA 所得到的差热曲线，即 $\Delta T$-$T$ 曲线中出现的差热峰或基线突变的温度对应于聚合物的转变温度或聚合物反应时的吸热或放热现象；而 DSC 测定的是在相同的程控温度变化下，用补偿器测量样品与参比物之间的温差保持为零所需热量对温度 $T$ 的依赖关系，它在定量分析方面的性能明显优于 DTA。DSC 谱图的纵坐标为焓变化率 $dH/dT$，曲线中出现的热量变化峰或基线突变相对于聚合物的转变温度。因此，DSC 的主要优点对热效应的响应更快、更灵敏、峰的分辨率更好，更有利于定量分析；其缺点是使用温度低。一般用到 600 ℃以上，基线便明显变坏，已不能使用最高灵敏度档。对于 DTA，因为无需补偿加热器，目前超高温 DTA 可做到 2 400 ℃，一般高温炉也能作到 1 500～1 700 ℃。所以，需要用高温的矿物、冶金等领域还只能用 DTA。对于需要温度不高，而灵敏度要求很高的有机物高分子及生物化学领域，DSC 则是一种很有用的技术，正因如此，其发展也非常迅速。

图 10-42 是聚合物 DTA 的模式图,DSC 曲线的模式与其相似。当温度达到玻璃化转变温度 $T_g$ 时,样品的热容增大就需要吸收更多的热量,使基线发生位移。因此聚合物的玻璃化转变一般都表现为基线的转折,仅仅在样品经受过冻结应变或退火处理时玻璃化转变表现为一小峰。如果样品能够结晶,并且处于过冷的非晶状态,那么在 $T_g$ 以上可以进行结晶,同时放出结晶热而产生一个放热峰 $T_c$。进一步升温,结晶熔融吸热,出现吸热峰 $T_m$。再进一步升温,样品可能发生氧化、交联反应而放热,出现放热峰。最后样品发生分解、断链,出现吸热峰。当然,并不是所有的聚合物样品都存在上述全部物理变化和化学反应。

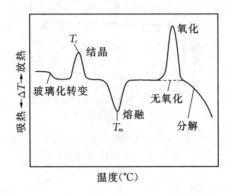

图 10-42　某个聚合物 DTA 的曲线,其 DSC 曲线与之类似

通过 DTA 和 DSC 曲线上峰的位置可确定发生热效应的温度,由峰的面积可确定热效应的大小,由峰的形状可了解有关过程的动力学特性。DSC 谱图的纵坐标表示样品放热或吸热的速率(即热流速率),由 DSC 谱图测定 $T_g$ 的方法见图 10-43。由玻璃化转变前后的直线部分取切线外延得到上、下两条虚线,从突变曲线上平分两延长线间距离(对应于热容增量 $\Delta C_p$)的 C 点作切线。通常将实验曲线上平分 $\Delta C_p$ 的点所对应的温度作为 $T_g$,称为中点玻璃化转变温度 $T_g$(mid),但国际热分析协会(ICTA)推荐将转变前延长线与切线的交点 B 作为 $T_g$,称为玻璃化转变起始温度 $T_g$(onset)。对于熔融或结晶转变,通常取峰顶温度或峰两侧各自的斜率最大处作的两条切线的交点作为转变温度。DSC 测定的聚合物熔融热对应于其熔融峰的面积,首先通过标准物质测出单位面积所对应的热量($mJ \cdot cm^{-2}$)。然后由测试样品的峰面积即可求得样品的熔融热焓 $\Delta H_f$($mJ \cdot cm^{-2}$),若百分之百结晶的样品的熔融热焓 $\Delta H_f^*$ 是已知的,则可按下式计算样品的结晶度 C

$$C = \frac{\Delta H_f}{\Delta H_f^*} \times 100\%$$

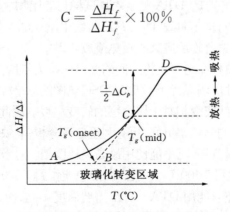

图 10-43　DSC 谱图中 $T_g$ 温度的确定

传统 DSC 测定的聚合物热流包括可逆和不可逆转变两部分:热容($C_p$)为可逆转变、玻璃化转变、熔点和结晶等为部分可逆转变、$T_g$ 附近的分子链残留内应力或热焓的弛豫、冷结晶、热固化、热裂解、氧化或蒸发等为不可逆转变。近年来出现的调制 DSC(modulated DSC,MDSC)能将总热流分解成可逆和不可逆两部分,其主要改进在于其程控温度基于传统的线性加热程序上叠加正弦振荡加热方式(图 10-44 中的虚线)进行调制得到锯齿形升温模式(图 10-44 中的实线)。MDSC 以缓慢线性加热方式得到高解析度,同时采用正弦波振荡加热方式形成瞬间剧烈的温度变化而保证高灵敏度,因而可以观测到某些传统 DSC 无法测定或被掩盖的弱转变。

图 10-45 示出丙烯腈-丁二烯-苯乙烯共聚物(ABS)/聚对苯二甲酸乙二酯(PET)混合物玻璃化转变区间的 MDSC 曲线。由于两种聚合物不能完全相容,预计会出现两个玻璃化转变。但是传统 DSC 则将 ABS 的玻璃化转变隐藏在 PET 的冷结晶峰中。利用 MDSC 将可逆和不可逆转变分离,由此显示出两个组分玻璃化转变及其对应的 $T_g$。

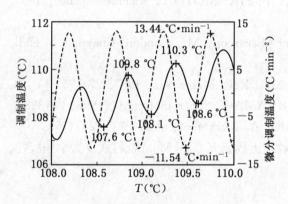

图 10-44 MDSC 中的正弦振荡升温模式

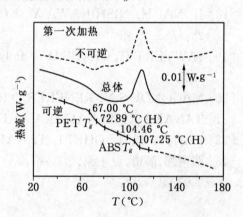

图 10-45 ABS/PET 的 MDSC 谱图

# 参 考 文 献

[ 1 ] 卞则梁,王光辉. 化学通报,1994, 7:40.

[ 2 ] HANTAN S D. Chem. Rev. , 2001, 121:527.

[ 3 ] RAEDER H J, SCHREPP W. Acta Polym. , 1998, 49:272.

[ 4 ] 薛奇. 高分子结构研究中的光谱方法[M]. 北京:高等教育出版社,1995.

[ 5 ] NODA I, OZAKI Y. Two-dimensional Correlation Spectroscopy: Applications in Vibrational and Optical Spectroscopy[M]. Chichester, Eng. : John Wiley & Sons, 2004.

[ 6 ] 裘祖文,裴奉奎. 核磁共振波谱[M]. 北京:科学出版社,1992.

[ 7 ] 杨玉良. 功能高分子学报,1992, 5(2):117.

[ 8 ] 杨玉良,胡汉杰. 高分子物理[M]. 北京:化学工业出版社,2001:第 13 章.

[ 9 ] STEIN R S. 散射和双折射方法在高分子织构研究中的应用[M]. 徐懋,等译,北京:科学出版社,1983.

[10] THOMAS E L. 何嘉松,等译. 聚合物的结构与性能[M]. 北京:科学出版社,1999: 第 6 章.

[11] BERNE B J, PECORA R. Dynamic Light Scattering[M]. New York:Wiley Inter-science, 1975.

[12] CHU B. Laser Light Scattering[M]. New York:Academic Press, 1974.

[13] CHU B, GULARI E. Physica Scripta, 1979, 19:476.

[14] CHEN S H, CHU B, NOSSAL R. Scattering Techniques Applied to Supramolecular and Nonequilibrium Systems[M]. New York:Plenum Press, 1981.

[15] 胡家璁. 高分子 X 射线学[M]. 北京:科学出版社,2003.

[16] 莫志深,张宏放. 晶态聚合物结构和 X 射线衍射[M]. 北京:科学出版社,2003.

[17] ROE R J. Methods of X-Ray and Neutron Scattering in Polymer Science[M]. Ox-ford, Eng. :Oxford University Press, 2000.

[18] JINNAI H, NISHIKAWA Y, KOGA T, HASIMOTO T. Macromolecules, 1995, 28:4782.

[19] SAWYER L C, GRUBB D T. Polymer Microscopy[M]. London:Chapman & Hall, 1987.

[20] MAGONOV S N, RENEKER D H. Ann. Rev. Mater Sci. , 1997, 27:175.

[21] TANAKA K, TAKAHARA A, KAJIYAMA T. Macromolecules, 1996, 29:3232.

[22] KAJIYAMA T, OHKI I, TAKAHARA A. Macromolecules, 1995, 28:4768.

[23] 张俐娜,薛奇,莫志深,金熹高. 高分子物理近代研究方法[M]. 武汉:武汉大学出版社, 2003:第 5 章.

# 附录 单位转换表

## Conversion Factors

### Length

$1\ m = 10^2\ cm = 10^3\ mm = 10^6\ \mu m = 10^9\ nm = 10^{10}\ \text{Å}$

### Volume

$1\ \text{Litre} = 10^{-3}\ m^3 = 10^3\ cm^3$

### Mass

$1\ kg = 10^3\ g$

### Force

$1\ N = 1\ kg \cdot m \cdot s^{-2} = 10^5\ g \cdot cm \cdot s^{-2} = 10^5\ dyn$

### Energy

$1\ J = 1\ kg \cdot m^2 \cdot s^{-2} = 1\ N \cdot m = 10^7\ g \cdot cm^2 \cdot s^{-2} = 10^7\ erg$

$1\ cal = 4.18\ J$

$1\ eV = 1.602 \times 10^{-19}\ J$

$1\ cm^{-1}\ (\text{wavenumber unit of energy}) = 1.986 \times 10^{-23}\ J$

### Stress (also Modulus of Pressure)

$1\ Pa = 1\ N \cdot m^{-2} = 1\ J \cdot m^{-3} = 1\ kg \cdot m^{-1} \cdot s^{-2} = 10\ dyn \cdot cm^{-2} = 10\ g \cdot cm^{-1} \cdot s^{-2}$

$1\ bar = 10^5\ Pa$

$1\ atm = 1.013 \times 10^5\ Pa = 1.013\ bar$

$1\ torr = 1\ mmHg = 133.3\ Pa$

### Viscosity

$1\ Pa \cdot s = 1\ kg \cdot m^{-1} \cdot s^{-1} = 10\ g \cdot cm^{-1} \cdot s^{-1} = 10\ Poise$

### Surace tension

$1\ N \cdot m^{-1} = 1\ J \cdot m^{-2} = 10^3\ dyn \cdot cm^{-1}$

**Power**

$1\ \mathrm{W} = 1\ \mathrm{kg \cdot m^2 \cdot s^{-3}} = 1\ \mathrm{J \cdot s^{-1}} = 10^7\ \mathrm{erg \cdot s^{-1}}$

Metric horse power $= 735.5\ \mathrm{W}$

**Electric charge**

$1\ \mathrm{C} = 2.998 \times 10^9\ \mathrm{cm^{3/2} \cdot g^{1/2} \cdot s^{-1}}$

**Electric dipole moment**

$1\ \mathrm{C \cdot m} = 2.998 \times 10^{11}\ \mathrm{cm^{5/2} \cdot g^{1/2} \cdot s^{-1}} = 2.998 \times 10^{29}\ \mathrm{Debye}$

**Fundamental Constants**

Avogadro's number $\widetilde{N} = 6.02 \times 10^{23}\ \mathrm{mol^{-1}}$

Boltzmann constant $k = 1.38 \times 10^{-23}\ \mathrm{J \cdot K^{-1}} = 1.38 \times 10^7\ \mathrm{Pa \cdot \mathring{A}^3 \cdot K^{-1}}$

Gas constant $R = k\widetilde{N} = 8.31\ \mathrm{J \cdot mol^{-1} \cdot K^{-1}}$

Speed of light in vacuum $c = 2.998 \times 10^8\ \mathrm{m \cdot s^{-1}}$

Elementary charge $e = 1.60 \times 10^{-19}\ \mathrm{C}$

Gravitational constant $G = 6.67 \times 10^{-11}\ \mathrm{m^3 \cdot s^{-2} \cdot kg^{-1}}$

Atomic mass unit (1/12 of the mass of $^{12}\mathrm{C}$ atom) $= 1.66 \times 10^{-27}\ \mathrm{kg}$

Planck constant $h = 6.63 \times 10^{-34}\ \mathrm{J \cdot s}$

**Defined Constants**

Zero of the Celsius scale $(0\ ℃) \equiv 273.15\ \mathrm{K}$

Standard gravitational acceleration $g \equiv 9.806\ 65\ \mathrm{m \cdot s^{-2}}$

$kT = 4.114 \times 10^{-21}\ \mathrm{J}$ (at 298 K)

$RT = 2.478\ \mathrm{kJ \cdot mol^{-1}} = 0.592\ \mathrm{kcal \cdot mol^{-1}}$ (at 298 K)

**Greek Alphabet**

| Alpha | $A$ | $\alpha$ | Iota | $I$ | $\iota$ | Rho | $P$ | $\rho$ |
|-------|-----|----------|------|-----|---------|-----|-----|--------|
| Beta | $B$ | $\beta$ | Kappa | $K$ | $\kappa$ | Sigma | $\Sigma$ | $\sigma$ |
| Gamma | $\Gamma$ | $\gamma$ | Lambda | $\Lambda$ | $\lambda$ | Tau | $T$ | $\tau$ |
| Delta | $\Delta$ | $\delta$ | Mu | $M$ | $\mu$ | Upsilon | $\Upsilon$ | $\upsilon$ |
| Epsilon | $E$ | $\varepsilon, \epsilon$ | Nu | $N$ | $\nu$ | Phi | $\Phi$ | $\phi, \varphi$ |
| Zeta | $Z$ | $\zeta$ | Xi | $\Xi$ | $\xi$ | Chi | $X$ | $\chi$ |
| Eta | $H$ | $\eta$ | Omicron | $O$ | $o$ | Psi | $\Psi$ | $\psi$ |
| Theta | $\Theta$ | $\theta$ | Pi | $\Pi$ | $\pi$ | Omega | $\Omega$ | $\omega$ |

**SI Prefixes**

| | | | | | | |
|---|---|---|---|---|---|---|
| $10^{-1}$ | deci | d | | 10 | deca | da |
| $10^{-2}$ | centi | c | | $10^2$ | hecto | h |
| $10^{-3}$ | milli | m | | $10^3$ | kilo | k |
| $10^{-6}$ | micro | $\mu$ | | $10^6$ | mega | M |
| $10^{-9}$ | nano | n | | $10^9$ | giga | G |
| $10^{-12}$ | pico | p | | $10^{12}$ | tera | T |
| $10^{-15}$ | fempto | f | | $10^{15}$ | peta | P |
| $10^{-18}$ | atto | a | | $10^{18}$ | exa | E |
| $10^{-21}$ | zepto | z | | $10^{21}$ | zetta | Z |

**图书在版编目(CIP)数据**

高分子物理/何曼君等编著. —3 版. —上海：复旦大学出版社，2007.3 (2024.11 重印)
(博学·高分子科学系列)
ISBN 978-7-309-05415-6

Ⅰ. 高…　Ⅱ. 何…　Ⅲ. 高聚物物理学　Ⅳ. O631.2

中国版本图书馆 CIP 数据核字 (2007) 第 031360 号

高分子物理(第三版)
何曼君　张红东　陈维孝　董西侠　编著
责任编辑/白国信

复旦大学出版社有限公司出版发行
上海市国权路 579 号　邮编：200433
网址：fupnet@ fudanpress.com　http://www.fudanpress.com
门市零售：86-21-65102580　　团体订购：86-21-65104505
出版部电话：86-21-65642845
常熟市华顺印刷有限公司

开本 787 毫米×1092 毫米　1/16　印张 22.25　字数 541 千字
2007 年 3 月第 3 版
2024 年 11 月第 3 版第 25 次印刷
印数 143 401—148 500

ISBN 978-7-309-05415-6/O · 391
定价：49.00 元

复旦大学出版社向使用我社《高分子物理》(第三版)的教师免费赠送课件,该课件涵盖了作者的主要教学内容和部分延展资料。欢迎完整填写下面的表格索取课件。



教师姓名:＿＿＿＿＿＿＿＿＿＿＿＿

任课课程名称:＿＿＿＿＿＿＿＿＿＿＿＿＿＿＿

任课课程学生人数:＿＿＿＿＿＿

联系电话:＿＿＿＿＿＿＿＿＿＿＿＿＿＿　手机:＿＿＿＿＿＿＿

e-mail 地址:＿＿＿＿＿＿＿＿＿＿＿＿＿＿＿＿＿＿

所在学校名称:＿＿＿＿＿＿＿＿＿＿＿＿＿＿＿　邮政编码:＿＿＿＿＿＿

所在学校地址:＿＿＿＿＿＿＿＿＿＿＿＿＿＿＿＿＿＿＿＿＿＿

学校电话总机(带区号):＿＿＿＿＿＿＿　学校网址:＿＿＿＿＿＿＿＿＿＿

系名称:＿＿＿＿＿＿＿＿＿＿＿＿　系联系电话:＿＿＿＿＿＿＿＿＿



每位教师限赠课件一个。

邮寄课件地址:＿＿＿＿＿＿＿＿＿＿＿＿＿＿＿＿＿＿＿＿＿＿＿

邮政编码:＿＿＿＿＿＿＿＿＿＿

请将本页完整填写后,剪下邮寄到
　　上海市国权路 579 号
　　复旦大学出版社理科编辑部梁玲收
邮政编码:200433
联系电话:(021)65654718
传真:(021)65642892
或直接将上述信息发送邮件至 2648053254@qq.com 索取。